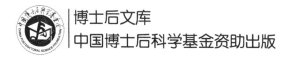

博士后文库
中国博士后科学基金资助出版

山楂叶研究

英锡相 主编

科学出版社

北京

内 容 简 介

本书是国内第一部系统深入研究山楂叶的专著,主要包括山楂叶的研究概况、药效学、化学成分及质量、药动学,以及黄酮单体化合物首过效应、药理作用机制及剂型研究等内容。书中回顾了山楂叶研究现状及未来发展趋势,对脂肪肝发病机制做了较详尽的阐述,并以山楂叶防治脂肪肝作用为切入点,重点研究了山楂叶提取物及其黄酮类单体化学成分的药动学、黄酮单体化合物的首过效应及其药理作用机制,对生物样品制备及生物分析方法建立与验证也做了较详实的介绍,使读者能在短时间内掌握生物样品处理及中药药动学研究方法。

本书可作为致力于系统研究中药的中医药科研人员、相关专业本科生和研究生的参考书,对山楂叶感兴趣的爱好者也可选择性地阅读部分章节。

图书在版编目(CIP)数据

山楂叶研究 / 英锡相主编. —北京:科学出版社,2016.6
(博士后文库)
ISBN 978-7-03-048418-5

Ⅰ. ①山… Ⅱ. ①英… Ⅲ. ①山楂–树叶–研究 Ⅳ. ①S661.5

中国版本图书馆 CIP 数据核字(2016)第 119785 号

责任编辑:刘 亚 黄 敏 / 责任校对:张怡君
责任印制:徐晓晨 / 封面设计:陈 敬

科学出版社 出版
北京东黄城根北街 16 号
邮政编码:100717
http://www.sciencep.com

北京中石油彩色印刷有限责任公司 印刷
科学出版社发行 各地新华书店经销

*

2016 年 7 月第 一 版　开本:720×1000　1/16
2017 年 5 月第 二 次印刷　印张:20 1/4
字数:420 000

定价:98.00 元
(如有印装质量问题,我社负责调换)

《博士后文库》编委会名单

主　任　陈宜瑜
副主任　詹文龙　李　扬
秘书长　邱春雷
编　委　（按姓氏汉语拼音排序）
　　　　傅伯杰　付小兵　郭坤宇　胡　滨　贾国柱
　　　　刘　伟　卢秉恒　毛大立　权良柱　任南琪
　　　　万国华　王光谦　吴硕贤　杨宝峰　印遇龙
　　　　喻树迅　张文栋　赵　路　赵晓哲　钟登华
　　　　周宪梁

《山楂叶研究》编委会名单

主　审　康廷国
主　编　英锡相
副主编　李海波　刘　晶　张文洁
编　委　（按姓氏笔画排序）
　　　　　　王思源　李翠玉　杜　洋　陈映辉
　　　　　　孟一晗　英哲铭　徐　靓　高瑜聪
　　　　　　薛禾菲

《博士后文库》序言

博士后制度已有一百多年的历史。国内外普遍认为，博士后研究经历不仅是博士研究生在取得博士学位后找到理想工作前的过渡阶段，而且也被看成是未来科学家职业生涯中必要的准备阶段。中国的博士后制度虽然起步晚，但已形成独具特色、相对独立和完善的人才培养及使用机制，成为造就高水平人才的重要途径，它已经并将继续为推进中国的科技教育事业和经济发展发挥越来越重要的作用。

中国博士后制度实施之初，国家就设立了博士后科学基金，专门资助博士后研究人员开展创新探索。与其他基金主要资助"项目"不同，博士后科学基金的资助目标是"人"，也就是通过评价博士后研究人员的创新能力给予基金资助。博士后科学基金针对博士后研究人员处于科研创新"黄金时期"的成长特点，通过竞争申请、独立使用基金，使博士后研究人员树立科研自信心，塑造独立科研人格。经过30年的发展，截至2015年年底，博士后科学基金资助总额约26.5亿元人民币，资助博士后研究人员5.3万余人，约占博士后招收人数的1/3。截至2014年年底，在我国具有博士后经历的院士中，博士后科学基金资助获得者占72.5%。博士后科学基金已成为激发博士后研究人员成才的一颗"金种子"。

在博士后科学基金的资助下，博士后研究人员取得了众多前沿的科研成果。将这些科研成果出版成书，既是对博士后研究人员创新能力的肯定，也可以激发在站博士后研究人员开展创新研究的热情，同时使博士后科研成果在更广范围内传播，更好地为社会利用，进一步提高博士后科学基金的资助效益。

中国博士后科学基金会从2013年起实施博士后优秀学术专著出版资助工作。经专家评审，评选出博士后优秀学术著作，中国博士后科学基金会资助出版费用。专著由科学出版社出版，统一命名为《博士后文库》。

资助出版工作是中国博士后科学基金会"十二五"期间进行基金资助改革的一项重要举措,虽然刚刚起步,但是我们对它寄予厚望。希望通过这项工作,使博士后研究人员的创新成果能够更好地服务于国家创新驱动发展战略,服务于创新型国家的建设,也希望更多的博士后研究人员借助这颗"金种子"迅速成长为国家需要的创新型、复合型、战略型人才。

中国博士后科学基金会理事长

目 录

《博士后文库》序言

第一章 山楂叶的研究概况 ··· 1
第一节 山楂叶的基源 ·· 1
第二节 山楂叶的本草考证 ·· 1
第三节 山楂叶的化学成分研究 ···································· 1
第四节 山楂叶总黄酮提取工艺及单体成分分析 ······················ 3
第五节 山楂叶的药理作用研究 ···································· 5

第二章 山楂叶防治脂肪肝药效学研究 ································ 12
第一节 脂肪肝发病机制 ··· 12
第二节 中医治疗脂肪肝的研究 ··································· 15
第三节 AFLD 与 NAFLD 大鼠模型的复制及血脂等指标的比较研究 ······ 17
第四节 山里红叶抗脂肪肝有效部位的筛选 ························· 21
第五节 山楂叶总黄酮对 NAFLD 大鼠疗效研究 ····················· 40
第六节 山楂叶总黄酮对 AFLD 大鼠疗效的实验研究 ················· 45

第三章 山楂叶的化学成分及质量研究 ································ 53
第一节 山楂叶的化学成分与鉴定 ································· 53
第二节 HPLC 法同时测定山楂叶中 8 种活性成分 ··················· 70
第三节 不同产地、不同采收期山楂叶 8 种活性成分变化研究 ········· 75
第四节 不同采收期山里红叶总黄酮及牡荆素-2″-O-鼠李糖苷含量研究 ······· 78
第五节 ICP-MS 法测定山楂叶中的微量元素 ························ 83

第四章 山楂叶提取物及单体成分药动学研究 ························· 89
第一节 中药药动学研究概况 ····································· 89
第二节 山楂叶提取物在正常及 NAFLD 大鼠体内的药动学研究 ········ 96
第三节 山楂叶提取物药动学研究 ································ 129
第四节 金丝桃苷药动学研究 ···································· 142
第五节 牡荆素-4″-O-葡萄糖苷药动学研究 ························ 148
第六节 牡荆素-2″-O-鼠李糖苷药动学研究 ························ 166
第七节 异槲皮苷药动学研究 ···································· 185

- 第八节　牡荆素药动学研究 ··· 192
- 第九节　液质联用等技术研究山里红叶提取物及单体成分药动学 ············· 209

第五章　山楂叶中单体成分首过效应研究 ··· 229
- 第一节　牡荆素首过效应研究 ··· 229
- 第二节　牡荆素-4″-O-葡萄糖苷首过效应研究 ·· 236
- 第三节　牡荆素-2″-O-鼠李糖苷首过效应研究 ·· 243

第六章　山楂叶中单体成分抗氧化活性研究 ··· 252
- 第一节　HPLC 法测定 MDA 含量的抗氧化作用研究 ····································· 252
- 第二节　牡荆素-4″-O-葡萄糖苷及牡荆素-2″-O-鼠李糖苷对人脂肪干细胞(hADSC)增长及氧化应激反应的影响 ·· 263
- 第三节　牡荆素-4″-O-葡萄糖苷保护 TBHP 诱导 ECV-304 细胞损伤机制研究 ······ 272
- 第四节　金丝桃苷保护 ECV-304 细胞氧化损伤的机制研究 ·························· 279

第七章　牡荆素-2″-O-鼠李糖苷滴丸研究 ··· 287
- 第一节　牡荆素-2″-O-鼠李糖苷剂型选择 ·· 287
- 第二节　牡荆素-2″-O-鼠李糖苷滴丸制备工艺优化研究 ······························ 287
- 第三节　牡荆素-2″-O-鼠李糖苷滴丸质量标准研究 ······································ 292
- 第四节　牡荆素-2″-O-鼠李糖苷与丹参滴丸对大鼠急性心肌缺血药效的比较研究 ·· 304
- 第五节　牡荆素-2″-O-鼠李糖苷滴丸在大鼠体内药动学研究 ······················· 307

附录　本书编者发表山楂叶研究论文 ··· 314

编后记 ·· 316

第一章 山楂叶的研究概况

第一节 山楂叶的基源

山楂属 Crataegus 为蔷薇科 Rosaceae 梨亚科 Maloideae 的一个大属,对其准确分类极其困难[1];北美洲的植物学家曾将山楂属定为1100种,但经后人重新审定后,大部分定为亚种和变种。目前,山楂属被认定的有100~200种[2],分为两亚属:一亚属为山楂亚属 Crataegus,主要分布在欧亚大陆;另一亚属为 Americanene,主要分布在北美洲。药用的山楂属植物均属于山楂亚属。中国有山楂属植物17种2变种。中国山楂属植物常见的有8种2变种[3],如山楂、山里红、野山楂、云南山楂、湖北山楂、甘肃山楂、辽山楂、毛山楂、山楂无毛变种等。另外,高光跃等[4]还提到了华中山楂、绿肉山楂、菊红山楂。广西的黄燮才[5]却发现山楂原植物有5种1变种,即山楂、山里红、野山楂、云南山楂、光萼林檎和台湾林檎。历代本草记载入药品种为野山楂,地区用药有云南山楂[6];山楂叶为山楂及其变种山里红的叶。

第二节 山楂叶的本草考证

山楂叶为蔷薇科植物山楂(Crataegus pinnatifida Bge.)或山里红(Crataegus pinnatifida Bge. var major N. E. Br)的干燥叶,经本草考证,山楂之名始载于《本草纲目》[7],在此之前以"赤爪草"之名始载于《新修本草》[8]。

第三节 山楂叶的化学成分研究

山楂化学成分的研究始见于1921年,20世纪50年代之前,研究多集中于其所含的维生素、鞣质、三萜类成分。随着研究发现山楂所含黄酮类成分对心血管有明显的药理作用后,人们对山楂叶及山里红叶有了进一步的了解,分离出了各种黄酮类化合物、有机酸类化合物及一些微量化合物。丁杏苞等[9]从山楂叶中分离出槲皮素、金丝桃苷、牡荆素、牡荆素-2″-O-鼠李糖苷、盐酸二乙胺、山梨醇、对羟基苯甲苹果酸;董英杰等[10]从大果山楂叶中分离出了5,7,4′-三羟基黄酮-8-C-β-D-葡萄糖苷;斯建勇和陈迪华[11]从云南山楂叶中分离出了芦丁、熊果酸、胡萝卜苷、二十九烷醇等6个化合物;容小翔和宁在兰[12]对芸香苷、山楂苷、牡荆素4′,7-O-葡萄糖苷、乙酰牡荆素-4′-鼠李糖苷进行了报道;Zhang和Xu[13]从山楂果及叶中分离得到了淫羊藿苷、山奈酚、7-O-α-L-鼠李糖-3-O-β-D-葡萄糖山奈酚、3-O-β-D-葡萄糖槲皮素、3-O-β-D-半乳糖槲皮素、3-O-β-D-葡萄糖(6→1)-α-L-鼠李糖槲皮素、3-O-β-D-半乳糖(6→1)-α-L-鼠李糖槲皮素、6"-O-乙酰基牡荆素、8-C-β-D-(2"-O-乙酰基)-吡喃葡萄糖芹菜素、pinnatifinoside A～D；刘菌华和余伯阳[14]首次从山里红叶中分离得到槲皮素3-O-[α-L-鼠李糖(1-4)-α-L-鼠李糖(1-6)-β-葡萄糖苷]和正三十烷醇。国外还分离出低聚无色矢车菊素、无色矢车菊素和表儿茶精的共聚物、二聚无色矢车菊素、无色缔纹天竺素和缔纹天竺苷[15]；许洛[16]通过研究证明山楂叶总黄酮(total flavone of hawthorn leave, TFHL)中不存在二氢黄酮和二氢黄酮醇；黄肖霄[17,18]从山楂叶中分离得到 α-tetrahydrobisabolen-2, 5, 6-triol、10, 11-dihydroxynero-lidol、3, 5, 4′-三甲氧基-4-羟基-联苯(3, 5, 4′-trimethoxy-4-hydroxyl-biphenyl)、(+)-7R, 8S-5-methoxy dihydrodehydroconiferyl alcohol、5, 4′-二甲氧基-联苯-4-羟基-3-O-β-D-葡萄糖苷(5, 4′-dimethoxy-biphenyl-4-ol-3-O-β-D-glucoside)、18, 19-seco, 2α, 3β, -dihydroxy-19-oxo-urs-11, 13(18)-dien-28-oicaci、3, 9-dihydroxy-megastigma-5-ene、(3S, 5R, 6R, 7E)-megatsigmane-7-ene-3-hydrox-y-5, 6-epoxy-9-O-β-D-glucopyranoside、(Z)-3-hexenyl-6-O-β-D-xylopyranosyl-(1″-6′)-β-D-gluco-pyranoside(β-primeveroside)、苯甲酸、对羟基苯丙酸、反式对羟基桂皮酸。周晨晨等[19]从山楂叶中分离得到3-乙氧基-4-羟基苯甲酸、3, 4-二甲氧基苯丙醛、对乙氧基苯甲酸、对甲基苯甲酸、对羟基苯甲酸、3-甲氧基-4-甲基苯甲酸、对甲氧基苯丙酸、对甲氧基苯丙醛、反式对乙氧基桂皮酸、1-(3, 4, 5-三甲氧基苯基)乙烷-1′S, 2′-二醇、3-甲氧基对羟基苯甲醛、对羟基苯甲醛、6-羟基苯甲酸苄酯-2-O-β-D-葡萄糖苷。郝东方等[20]从山楂叶中分离得到扩谷甾醇。目前已报道的化合物还有绿原酸、山楂酸、熊果酸、嘌呤衍生物、五加皮酸、咖啡酸、对羟基肉桂酸、皂苷、胆碱、挥发油等[109,110]。从各种山楂叶及花中分离的成分主要有：①黄酮类：目前从该属植物中分离出的黄酮类化合物有近50种，其苷元主要为芹菜素、木犀草素、山奈酚、槲皮素等。②黄烷及其聚合物：花青素、无色花青素及儿茶精类广泛存在于山楂属植物中，它们多以单体、二聚物或多聚物形式存在，现分离得到的这类成分有矢车菊素、表儿茶精、儿茶精、无色缔纹天竺素、缔纹天竺苷和其他黄烷聚合物。③三萜类成分：熊果酸、齐墩果酸、山楂酸。④脂肪类和芳香族酸类化合物。⑤有机胺类化合物：乙酰胆碱、三甲胺、乙胺、异戊胺。⑥其他：糖类、谷甾醇和大量维生素C及一些微量元素。

  目前认为山楂属植物的主要活性成分为黄酮和原花色苷元的二聚体及多聚体，其中的黄酮大部分以苷的形式存在于植物体中，原花色苷元的含量很少。其黄酮和黄酮醇的苷元分别为芹菜素、木犀草素、槲皮素、山奈酚和 8-甲氧基山奈酚；其糖的部分为葡萄糖、L-鼠李糖、木糖、阿拉伯糖、芸香糖和新橙皮糖。其以黄酮为苷元的苷多为碳苷，而以黄酮醇为苷元的苷多为氧苷[21,22]，如牡荆素、牡荆素-2″-O-鼠李糖、异牡荆素、异牡荆素-2″-O-鼠李糖苷、荭草素、荭草素-2″-O-鼠李糖苷、异荭草素、异荭草素-2″-O-鼠李糖苷、牡荆素-2″-O(4″-乙酰基)-O-鼠李糖苷、槲皮素、金丝桃苷、绣线菊苷、芦丁、8-甲氧基-山奈酚、8-甲氧基-山奈酚-3-葡萄糖苷、木犀草素-7-O-β-D-

葡萄糖苷、(−)-表儿茶素/(+)-儿茶素、(−)-表儿茶素/(−)-儿茶素、(+)-儿茶素/(+)-儿茶素、(+)-儿茶素/(−)-表儿茶素。

除黄酮外，还有一类重要的化合物，即原花色苷元的聚合物，为儿茶素或表儿茶素经C-4、C-8位连接而成，这些化合物经矿酸处理可形成花青素，因此称为原花色苷元。4，8-位连接的二聚原花色苷元有很多立体异构体，这类聚合物一般由2~8个儿茶素构成[23]。

第四节 山楂叶总黄酮提取工艺及单体成分分析

一、山楂叶总黄酮提取工艺

冯宝树[24]以稀乙醇浸渍提取为基础，采用吸附性树脂进行分离去杂，并结合使用少量的聚酰胺精制，获得了TFHL含量高于80%的产品，具有无毒害、成本低的优点；王威和王春利[25]利用水煮法所提样品中的总黄酮含量为3.9%，此方法采取全物理过程，无任何化学变化及污染，是一条理想的提取山楂黄酮类物质的途径。利用酶法提取山楂叶中的总黄酮，与传统提取工艺相比，提取率提高了16.9%，提取条件温和[26]；山楂叶中黄酮类化合物的最佳提取条件是：70%乙醇为溶剂，山楂叶质量与溶剂体积比为1:10，在80℃条件下回流4次，每次0.5h[27]；徐淑卿和郑宝玉[28]利用正交试验法筛选的山楂叶最佳提取工艺条件为60℃时用60%乙醇提取4h[28]；有人采用了水煮醇沉法、稀醇渗漉法、铅盐沉淀法和石灰水沉淀法等综合方法，以防山楂叶黄酮的遗漏[29]。用正交法探讨山楂叶中黄酮类化合物的乙醇提取工艺结果表明，70%乙醇溶液为提取剂，在煮沸下浸提4~5h，用50%乙醇溶液作树脂的洗脱剂为提取效果最佳[30]。山楂叶黄酮类化合物的最佳提取工艺研究表明，60%乙醇为溶剂，山楂叶质量与溶剂体积比为1:6，80℃浸提两次，每次3h，可将叶中95%的黄酮浸提出来[31]。有采用大孔吸附树脂分离纯化葛根与山楂叶中总黄酮的报道，D101型树脂对混合物中的总黄酮有良好地吸附，其吸附分离的工艺条件为山楂叶黄酮的饱和吸附量为11.28mg/g[32]。丁氏等则用80%乙醇回流提取山楂叶粗粉，他们将提取液浓缩至糖浆状，用热水萃取数次，合并萃取液，减压浓缩，硅藻土拌料，依次用乙醚、丙酮与乙醇回流提取。其中丙酮提取物经硅胶柱层析，氯仿-甲醇-水梯度洗脱，薄层层析检控，相同部分合并，分别得到槲皮素、金丝桃苷、牡荆素、牡荆素-2″-O-鼠李糖苷、盐酸二乙胺等化合物[33]。《山楂叶中黄酮类化合物及提取方法》一文中归纳出了三种总黄酮的提取方法，即水煎煮法、溶剂萃取法及树脂吸附法[34]；《山楂叶中黄酮类化合物的提取方法研究》一文中采用醇类进行浸提，萃取后得到的黄酮化合物，在山楂叶中可达2%以上，具有很高开发价值[35]。欧山楂花、叶、果中含有的黄酮化合物大不相同，花中主要的黄酮为金丝桃苷，叶中则以牡荆素-2″-O-鼠李糖苷为主，而果实中含有的黄酮量极少，主要以金丝桃苷为主。果实中没有发现牡荆素的衍生物,原花色苷元聚合物的含量与采收期关系极大,一般5月含量最高,8月含量最低,约为5月的50%[112]。山楂果实与叶中的黄酮类成分含量有所不同。高光跃和冯毓秀[36]认为三种黄酮成分(芦丁、金丝桃苷、牡荆素)在果实与叶中的含量有很大差异,均表现为叶中含量较高,即叶中含牡荆素0.95%,果实含0.038%;叶中含芦丁0.16%,果实含0.018%;叶中含金丝桃苷0.16%,果实含0.023%。吉林的刘氏等也认为山楂果实与叶中所含有的黄酮单体化合物种类及总黄酮含量有所不同,叶中的总黄酮含量高于果实中的[37];而江苏的陈氏等却认为山楂果肉中的黄酮成分最高,叶较低[38]。8种山楂属植物叶中的总黄酮含量表现为:野山楂最高为3.8%,其次是山楂及湖北山楂;山楂、山里红、云南山楂和湖北山楂叶子中均含有牡荆素、芦丁和金丝桃苷三种成分,其含量比果实中的高2~10倍,表明以上数种山楂的叶具有开发利用前途,其他几种山楂叶中的有效成分含量低或资源不多,利用价值较差[39]。

二、山楂叶单体黄酮类成分分析

从20世纪80年代初起,国内对山楂资源调查、临床应用和开发研究进行了一系列的工作,同时在研究山楂的基础上,对山里红叶也进行了化学、药理、临床等多方面的研究。对山里红叶化学成分的研究表明,其叶中主要含有黄酮类(主要有牡荆素及其苷类)、三萜、鞣质及微量元素,基本与山楂相同。为了充分开发利用山里红叶资源,对山里红叶的化学成分、药理作用进行了多方面的研究,开发了总黄酮制剂(片剂和胶囊等),应用在缓解心绞痛、降低胆固醇及甘油三酯等方面,建立了山楂叶化学成分测定,但大多为单一成分测定,用来控制药品质量。例如,广山楂及其叶质量分析研究中测定总黄酮及有机酸类成分并采用TLC法鉴别不同山楂叶中的黄酮及有机酸[40]。Liu等[41]采用高效液相色谱(HPLC)法分析山里红叶中的8种主要多元酚类成分,结果表明,不同种、不同产地及不同采收期的山楂叶中这8种主要多元酚类成分的含量存在明显的差异;仲英和杨尚军[42]采用高效液相色谱法测定TFHL中的牡荆素含量,结果表明,样品经提取、分离、水解,去掉大部分杂质,可达到基线分离,为TFHL提供了准确、灵敏的含量测定方法;李标等[43]采用高效液相色谱法测定山楂叶中金丝桃苷的含量,结果表明,金丝桃苷浓度在一定范围内与峰面积线性关系良好,可作为山楂叶的定量分析方法;胡光祥和於洪建[44]采用RP-HPLC法测定山楂叶中的牡荆素含量,结果表明,牡荆素样品处理方法适当,杂质少,可作为山楂叶的定量分析方法;王晓燕[45]给出了两种"益心酮"粉针剂含量的测定方法:紫外-可见分光光度法和高效液相色谱法,结果表明,两种方法均能很好地测定其有效成分,达到质量控制的目的;郑河平[46]采用高效液相色谱法测定心安胶囊中牡荆素鼠糖苷的含量;孙国兵[47]采用高效液相色谱测定心安胶囊中槲皮素的含量,并采用酸水解甲醇超声提取样品,可在10min完成分析;马艳蓉[48]采用分光光度法测定复心片中总黄酮的含量,结果表明,该方法简便、灵敏、准确,可用于该制剂质量控制;Svedstrom等[49]采用高效液相色谱法测定了山楂中的原花青素

2～6聚体并对多元酚成分进行了比较分析;Rehwald[50]等采用反相高效液相色谱法对山楂叶中的花黄酮类成分进行了定性定量研究[50];还有许多文献报道采用高效液相色谱法测定人体及大鼠体内的芦丁、金丝桃苷及槲皮素等成分[51-53]。Zhang等[54]采用液质联用技术同时测定大鼠血浆中牡荆素-4″-O-葡萄糖苷、牡荆素-2″-O-鼠李糖苷、芦丁、牡荆素的含量。Cheng等[55]采用高效液相色谱法与紫外光电二极管阵列检测法同时测定山楂叶提取物中牡荆素-4″-O-葡萄糖苷、牡荆素-2″-O-鼠李糖苷、芦丁、金丝桃苷的含量。

三、山楂叶中其他成分分析

赵中杰和江佩芬[56]用氨基酸自动分析仪测定山楂和其叶中的17种氨基酸的含量。结果表明,叶中的氨基酸含量达10.3%,而山楂叶仅为2.4%,两者之比为4.3∶1;被测各种氨基酸的含量,叶比果实高3～8倍。同一样品不同氨基酸含量的高低顺序大致为:叶中谷氨酸＞亮氨酸、天冬氨酸＞丙氨酸、甘氨酸、缬氨酸、赖氨酸、精氨酸、苯氨酸＞苏氨酸、丝氨酸、异亮氨酸、脯氨酸、酪氨酸＞组氨酸、甲硫氨酸＞胱氨酸。果实中天冬氨酸、谷氨酸＞亮氨酸、赖氨酸、丙氨酸、缬氨酸、苏氨酸、丝氨酸、甘氨酸、异亮氨酸、苯丙氨酸、精氨酸、脯氨酸＞组氨酸、酪氨酸、甲硫氯酸、胱氨酸。

孙树英和王洪存[57]采用高频等离子体发射光谱法测定了山楂叶中的17种微量元素,其中有8种是必需的微量元素,钾、钙、磷、镁的含量较高,锌、铜的含量比值为2.7,这些微量元素的存在对维持人体健康极为重要。赵中杰和江佩芬[58]用电感耦合等离子体发射光谱法测定山楂和山楂叶中25种元素的含量,结果表明,山楂叶中有益元素的含量高于或接近于山楂中有益元素的含量。火焰原子吸收法测定山楂叶中钙、锰、铁、锌、镁、铜、铅、铬的含量表明其钙、铁的含量高,山楂叶中钙的含量接近鸡蛋中钙的含量,铁、锰、铜的含量均高于鸡蛋中的[59]。

成熟期山楂叶中维生素的含量是果实中的10倍左右,新鲜山楂叶浸膏中维生素的含量高于存放时间过长样品中的[60]。

第五节 山楂叶的药理作用研究

山楂叶被《中华人民共和国药典》2015版(以下简称为《中国药典》)收载[61],其提取物主要含黄酮类成分,本节主要对山楂叶治心血管药理、其他药理作用及临床应用作简要阐述。

一、山楂叶治疗心血管药理作用

1. 增加心肌的收缩力 研究表明,各种山楂花与叶的提取物均对离体心脏显示出增强心肌收缩的作用[62]。山楂花、叶的提取物中主要含有黄酮和原花色苷元的聚和物,对豚鼠离体显示出剂量依赖性的增加心肌收缩作用[63];灌注山楂花与叶的提取物,可以抑制由于高钾、低钙所致的豚鼠离体心肌收缩力下降,拮抗利血平所致的豚鼠心肌收缩力减弱[64]。麻醉狗注射山楂花提取物显示改善心肌收缩作用的剂量相关性;注射含有二聚原花色苷元的提取物,可以拮抗β受体阻断剂心得安所致的豚鼠心肌收缩力减弱,但对心得安所致的动脉压下降和心律降低无影响;静脉注射提取物能够补偿豚鼠经异博定所致的豚鼠心肌收缩力减弱[65]。

2. 降低血管外周阻力 山楂叶提取物静脉注射 30mg/kg,可以明显增加与动脉压和总外周血管阻力相关联的麻醉大鼠心时观察时间 30min;提取物静脉注射 15mg/kg,可以增加麻醉狗的心时输出量、降低外周血管阻力,明显升高心率。灌胃 12.5mg/kg 生药给正常大鼠和 3.2~25mg/kg 生药给高血压大鼠,1~2h 后,二者的血压均下降[65];12.5mg/kg 生药连续灌胃 15 天,高血压动物和正常血压动物的血压均显著下降[66]。将山楂叶中总黄酮制成的益心酮以 45mg/kg 腹腔注射家兔,测定血小板聚集百分率,结果表明,益心酮和阿司匹林在体外对家兔血小板聚集均有抑制作用,益心酮在体内对家兔血小板聚集有抑制作用[67]。静脉注射山楂叶提取物 30min 后,全血比黏度数值与对照组相比有显著下降[68]。有报道牡荆素-2″-O-鼠李糖苷对血管内皮细胞血管活性物质有明显的影响[69]。将山楂叶中提取的总黄酮山楂聚烷以 12.5mg/kg、5.0mg/kg、10.0mg/kg 静脉注射对急性实验性心肌缺血犬有降压作用[70]。山楂叶、花、果实混合制成的剂型,具有降压和利尿的作用[71]。

3. 提高冠状动脉和心肌的血流量 山楂叶提取物灌注离体兔心可以大大提高冠状动脉血流量可能并非与黄酮化合物有关,而是可能与生物胺有关[68]。以山楂叶提取物灌注豚鼠,可以拮抗过量钾所致的离体豚鼠心脏血流量减少,并超过高钾中毒前的正常值[62]。成年狗口服山楂叶提取物,以左心室植入的热电偶测量,经第三次给药后 1h,冠状动脉血流量和心肌血流量可以分别提高到 39%和 28%;第二次给药后 1.5h,冠脉血流量和心肌血流量并未恢复到给药前的水平[64]。同法注射山楂叶和花中的原花色苷元 12~70mg/kg,成年狗也显示出剂量依赖性增加心肌血流量的作用。在有效剂量 35mg/kg、70mg/kg 条件下,平均心肌血流量增加约 70%。另外,给麻醉猫注射 35mg/kg 山楂叶提取物,也同样显示增加心肌血流量的作用[72]。山楂叶提取物中黄酮类成分对豚鼠离体心脏收缩频率有一定影响,但当浓度较高时则有减速作用。山楂叶和花的提取物都有正性肌力作用[73]。

4. 增加心肌耐缺氧能力 家兔每天口服 30mg 山楂叶提取物,6 周后,发现对缺氧心肌细胞具有保护作用[68]。豚鼠窒息试验及白鼠缺氧试验表明,山楂花与叶的提取物均能显著提高动物的耐缺氧能力和延长动物缺氧状态下的存活时间[65]。以 150mg/kg 提取物给予实验性心肌梗死的家兔,并于造模前 2 天给药,造模后持续给药 10 天,可以防止家兔心肌梗死面积的增大[74];一次给药或多次给予山楂叶聚合黄酮,均能抑制垂体后叶素诱发的家兔急性实验性心肌缺血,对实验性犬急性心肌缺血也有保护作用[75]。豚鼠颈静脉注射垂体后叶素后，可产生急性心肌缺血，但从颈静脉注入山楂叶提取物，5min 后再注入上述剂量的后叶素，结果山楂叶提取物能显著减少后叶素引起的 T 波增高，降低或恢复后叶素引起的 ST 段上移，增快后叶素引起的心率减慢[76]。山楂叶提取物可减少家兔血小板聚集并具有改善大鼠实验性心肌缺血的作用[77]；益心酮片对实验性心肌缺血具有保护作用，用山楂提取物预处理对心肌缺血也具有保护作用[78, 79]。山楂干燥果实、花和叶水提取中的主成分鞣质，可引起显著而持久的豚鼠冠状动脉扩张作用，并可同时增强豚鼠心脏收缩的振幅，还可增加狗冠状动脉的血流量。Nikolov[8]证明，单子山楂叶中的总黄酮具有扩张冠状动脉血管的作用，还具有改善心脏活力和兴奋中枢神经系统的作用[64]。研究表明，TFHL 对大鼠心肌缺血性损伤、异丙肾上腺素致大鼠急性心肌缺血、麻醉犬冠脉结扎所致心肌缺血均具有保护作用[80-82]，对培养心肌细胞的缺氧再给氧损伤具有保护作用，提示其作用机制与增强细胞抗氧化作用、减少自由基及脂质过氧化物导致的细胞膜损伤和抑制细胞凋亡有关[83, 84]。叶希韵等研究表明，TFHL 能够抑制氧自由基对 VEC 的伤害，对血管内皮细胞氧化损伤具有保护作用，证明其可治疗 AS 鹌鹑高血脂引起的 AS 病变[85, 86]。山楂叶汤等可改善冠状动脉粥样硬化性心脏病患者的血脂载脂蛋白和血小板聚集[87]。山楂叶的主要成分牡荆素-2″-O-鼠李糖苷对缺氧再给氧损伤心肌细胞的保护作用，表明牡荆素-2″-O-鼠李糖苷可明显保护心肌细胞缺氧再给氧性损伤[88]；山楂叶提取物有明显的改善冠状动脉作用，证明山楂属黄酮类化合物具有治疗心肌缺血的作用[89, 90]；山楂、山楂叶及其有效成分牡荆素-2″-O-鼠李糖苷可增加小鼠心肌血流量，具有一定的增加大鼠心肌能量和收缩的作用[91, 92]。

5. 增加心率等　豚鼠离体心脏灌注 0.1mL 山楂花与山楂叶的提取物，或灌注其二聚原花色苷元均显示有心率加快、加速传导、消除折反及抗心率失常的作用[93]；大鼠口服不同山楂花、叶的制剂和提取物均显示剂量依赖性作用[74]。

二、山楂叶其他药理作用

山楂叶对蛋黄乳剂快速形成的小鼠高胆固醇血症有非常显著的降低作用，但剂量无显著差别，灌胃给药也能显著降低结扎冠脉大鼠的血清肌酸激酶(CPK)活性和心肌梗死面积[94]。益心酮口服液能明显降低大鼠测定心肌酶 CPK、LDH、CK-MB 水平，缩小心肌缺血面积；降低高血脂大鼠的血清胆固醇及甘油三酯水平[93]。最近报道山楂叶提取物具有抗炎、镇痛[95]，以及降低血脂和血压作用[96, 97]；给药山楂叶浸膏具有利尿作用，且山楂叶利尿作用温和、缓慢而持久，利尿时对电解质影响较小，血钾水平无明显变化，山楂叶制剂改善心肌代谢的利尿作用可能与强心作用有关[98]；与山楂叶提取物中类似成分的山楂具有抗补体活性的药理作用[99]；TFHL 对脑缺血[101, 102]、脑水肿有保护作用，能促进神经细胞生长、改善学习记忆障碍及保护神经细胞[103]，且具有明显的抗氧化[104, 105]和调脂[106, 107]，能改善由酒精引起的肝组织脂肪样变和炎症坏死[108]，可抑制 α-葡萄糖苷酶并对 II 型糖尿病大鼠具有保护作用[109, 110]。山楂的茎、叶还对

三、山楂叶制剂的临床应用

心安胶囊(主成分为山楂叶提取物),每日3次,每次3粒,3个月为一个疗程。治疗80例高脂血症(空腹血清总胆固醇≥250mg/dL 和/或甘油三酯≥160mg/dL),治疗3个月后显效34例,总有效率70.0%。治疗冠心病53例,其中显效7例,有效者46例;心电图明显好转16例,占30.2%[112]。

山楂酮片(主成分为山楂叶总黄酮),每日3次,每次4片(每片含25mg)4周一个疗程,治疗心绞痛219例,结果症状有效率92.2%,心电图有效率47.1%[113]。

益心酮(主成分为山楂叶总黄酮),每次服60mg,日服3次,1月为一个疗程,治疗冠心病心绞痛28例,结果显效13例,有效11例,无效4例,总有效率85.71%[114]。研究表明,山楂叶提取物和益心酮片在临床上均明显改善急性心肌缺血大鼠的血清心肌酶损伤程度,降低丙二醛(malondialdehyde,MDA)的含量,对异丙肾上腺素所致大鼠心肌缺血损伤具有显著的保护作用[115];益心酮分散片为预防冠心病、心绞痛、高血脂的新药[78]。

山楂黄酮片(主成分为山楂叶总黄酮),每片含山楂总黄酮75mg,每日3次,每次4片,4周为一个疗程。结果33例心律失常患者,除一例房颤治疗前后心律无明显改变外,其余32例早搏病例,治疗前5min早搏次数平均为(55.66±47.15)次,治疗后平均为(21.50±30.23)次,总有效率为62.5%[116]。

醒脑安心胶囊(由山楂叶等中药组成)具有活血益气、疏经通络、清脑醒脑、散瘀止痛之功效[117]。

参 考 文 献

[1] Hegi G. Illustrrierte Flora von Mitteleuropa Munchen. Lehmann-Verlag,1908~1931,725.
[2] Mabberley D J. The Plant Book. Cambridge:Cambridge University Press,1987. 152.
[3] 吴征镒. 新华本草纲要. 第三册.上海:上海科学技术出版社,1990:97.
[4] 高光跃,冯毓秀,秦秀芹. 山楂类果实的化学成分分析及其质量评价. 药学学报,1995,30(2):138-143.
[5] 黄燮才. 中药山楂原植物的研究. 广西植物,1989,9(4):303-310.
[6] 高光跃,冯毓秀. 中药山楂的本草考证. 中国中药杂志,1994,19(5):259-260.
[7] 李时珍. 本草纲目(校点本). 第三册.北京:人民卫生出版社,1978:1773.
[8] 苏敬,李励. 新修本草(辑复本).合肥:安徽科学技术出版社,2005:357.
[9] 丁杏苞,姜碉青,佐春旭,仲英. 山楂叶化学成分的研究. 中国中药杂志,1990;15(5):39-41.
[10] 董英杰,戴宝合,张乃先,张明磊. 大果山楂叶黄酮成分研究. 沈阳药科大学学报,1996,13(1):31-33.
[11] 斯建勇,陈迪华. 云南山楂化学成分的研究. 中国中药杂志,1998,23(7):422-423.
[12] 容小翔,宁在兰. 山楂研究新进展述略. 黑龙江中医药,1995,(4):54-56.
[13] Zhang P C, Xu S X. Flavonoid Ketohexosefuranosides from the leaves of *Crataegus pinnatifida* Bge. var. *major* N. E. Br. .Phytochemistry, 2001, 57(8):1249-1253.
[14] 刘荣华,余伯阳. 山里红叶化学成分研究. 中药材,2006,29(11):1169-1173.
[15] 中国人民解放军175医院. 山楂综述. 中草药通讯,1975,5(46):23-24.
[16] 许洛. 山楂叶总黄酮的提取与分析. 泰山医学院学报,1988,9(2):116-119.
[17] 黄肖霄,李殿明,李玲芝,郭东东,任瑞涛,宋少江. 山楂叶化学成分的分离与鉴定. 沈阳药科大学学报,2012,

29(5): 340-343, 347.
- [18] 黄肖霄, 牛超, 高品一, 李玲芝, 明萌, 宋少江. 山楂叶的化学成分. 沈阳药科大学学报, 2010, 27(8): 615-617, 638.
- [19] 周晨晨, 刘春婷, 黄肖霄, 武洁, 李玲芝, 李殿明, 宋少江. 山楂叶中芳香族化合物的分离和鉴定. 中国药物化学杂志, 2013, 23(3): 213-217.
- [20] 郝东方, 杨芮平, 周玉枝, 陈欢, 李志峰, 裴月湖. 山楂叶的化学成分. 沈阳药科大学学报, 2009, 26(4): 282-284, 323.
- [21] Nikolov N. Recent Investigations of *Crataegus* Flavonoids. *In*: Farkas L, et al. Studies in Organic Chemsitry 11. New York: Flavonoids and Bioflavonoids, Amsterdam Oxford New York Elsevier, 1981: 325-351.
- [22] 张培成, 徐绥绪. 山楂叶中新黄酮化合物的分离与结构鉴定. 中国药物化学杂志, 1999, 9(33): 214-215.
- [23] Kranen-Fiedler U. Ingredients obtained from *Crataegus*. Arzneim Forsch, 1953, (3): 436-437.
- [24] 冯宝树. 由山楂叶提取山楂总黄酮的方法. 发明专利公报, 1992, 8(27): 14.
- [25] 王威, 王春利. 从山楂叶中提取黄酮类物质及其鉴定方法. 食品科学, 1994, 15(3): 53-55.
- [26] 王晓. 酶法提取山楂叶中总黄酮的研究. 工艺技术, 2002, 2(23): 145-146.
- [27] 张世润. 山楂中黄酮类化合物提取工艺条件的筛选. 东北林业大学学报, 2001, 4(29): 71-72.
- [28] 徐淑卿, 郑宝玉. 用正交试验法筛选山楂叶花的提取方法. 中成药, 1996, 18(11): 6-7.
- [29] 李冬菊. 山楂叶总黄酮的提取及其鉴别. 辽宁中医杂志, 2003, 7(30): 578-579.
- [30] 刘振南. 用正交法探讨山楂叶中黄酮类化合物的乙醇提取工艺. 广西民族学院学报(自然科学版), 1999, 3(5): 27-28.
- [31] 何改. 山楂叶黄酮类化合物最佳提取工艺研究. 食品研究与开发, 2002, 1(23): 16-17.
- [32] 安彩贤, 李冶姗. 大孔吸附树脂分离纯化葛根与山楂叶中总黄酮的研究. 中成药, 2004, 4(26): 698-701.
- [33] 斯建勇, 陈迪华. 云南山楂叶化学成分的研究. 中国中药杂志, 1998, 23(7): 422-423.
- [34] 张世润, 王立娟. 山楂中黄酮类化合物及提取方法. 中国林副特产, 2000, 1(52): 47-48.
- [35] 迟玉森, 张贵香. 山楂叶中黄酮类化合物的提取方法研究. 中国商办工业杂志, 1999, 9(2): 22-24.
- [36] 高光跃, 冯毓秀. 山楂类果实的化学成分分析及其质量评价. 药学学报, 1995, 30(2): 256-258.
- [37] 许正斌. 山楂叶综述. 中医药学报, 1995, (4): 49-51.
- [38] 江苏新医学院. 中药大辞典. 上册. 上海: 上海科学技术出版社, 1986: 199.
- [39] 高光跃. 山楂属主要植物叶子生药学研究. 天然产物研究与开发, 1994, 6(4): 27-35.
- [40] 陈勇. 广山楂及其叶质量分析研究. 时珍国医国药, 1999, 10(7): 511-513.
- [41] Liu R H, Yu B Y, Qiu S X, Zheng D. Comparative analysis eight major polyphenolic components in the leaves of *Crataegus* by HPLC. Chinese Journal Natural Product, 2005, 3(3): 162-167.
- [42] 仲英, 杨尚军. 高效液相色谱法测定山楂叶总黄酮中牡荆素含量. 时珍国医国药, 2000, 10(11): 871-872.
- [43] 李标, 张锴, 曹文丁. 高效液相色谱法测定山楂叶中金丝桃苷的含量. 中国药业, 2003, 12(12): 37-38.
- [44] 胡光祥, 於洪建. RP-HPLC 法山测定山楂叶牡荆素含量. 中草药, 2002, 10(33): 905-906.
- [45] 王晓燕. "益心酮"粉针剂含量的测定. 科技情报开发与经济, 2003, 12(13): 296-297.
- [46] 郑河平. 心安胶囊中牡荆素鼠糖苷的检测方法研究. 中国药事, 2002, 9(16): 555-556.
- [47] 孙国兵. 高效液相色谱测定心安胶囊中槲皮素的含量. 辽宁中医学院学报, 2004, 1(6): 46-47.
- [48] 马艳蓉. 复心片中总黄酮含量的测定. 宁夏医学院学报, 2000, 3(22): 178-179.
- [49] Svedstrom U, Kostiainen R, Kostiainen R. High-performance liquid chromatographic determination of oligomeric procyanidins from dimers up to the hexamer in hawthorn. J Chromatogr A, 2002, 968(1-2): 53-60.
- [50] Rehwald A, Meier B, Sticher O. Qualitative and quantitative reversed-phase high-performance liquid chromatography of flavonoids in *Crataegus* leaves and flowers. J Chromatogr A, 1994, 677(94): 25-33.
- [51] Chang Q, Zuo Z. Difference in absorption of the two structurally similar flavonoid glycosides, hyperoside and isoquercitrin in rats. Eur J Pharm Biopharm, 2005, 59(3): 549-555.
- [52] Kazuo I, Takashi F, Yasuji K. Determination of rutin in human plasma by high-performance liquid chromatography utilizing solid-phase extraction and ultraviolet detection. J Chromatogra B Analyt Technol Biomed Life Sci, 2001, 759(1): 161-168.
- [53] Chang Q, Zhu M, Zuo Z, Chow M, Walter K. High-performance liquid chromatographic method for simultaneous determination of hawthorn active components in rat plasma. Journal of chromatography B Analyt Technol Biomed Life Sci, 2001, 760(2): 227-235.
- [54] Zhang W L, Xu M, Yu C, Zhang G, Tang X. Simultaneous determination of vitexin-4"-*O*-glucoside, vitexin-2"-*O*-rhamnoside, rutin and vitexin from hawthorn leaves flavonoids in rat plasma by UPLC-ESI-MS/MS. J

Chromatogr B Analyt Technol Biomed Life Sci, 2010, 878(21): 1837-1844.
[55] Cheng S L, Qiu F, Huang J, He J. imultaneous determination of vitexin-4″-O-glucoside, vitexin-2″-O-rhamnoside, rutin, and hyperoside in the extract of hawthorn(*Crataegus pinnatifida* Bge.)leaves by RP-HPLC with ultraviolet photodiode array detection. J Sep Sci, 2007, 30(5): 717-721.
[56] 赵中杰, 江佩芬. 山楂和山楂叶的氨基酸分析. 天然产物研究与开发, 1992, 4(2): 60-62.
[57] 孙树英, 王洪存. 山楂叶中微量元素的含量测定.天然产物研究与开发, 1991, 3(4): 43-45.
[58] 赵中杰, 江佩芬. 山楂和山楂叶中25种元素的含量. 天然产物研究与开发, 1992, 4(2): 57-59.
[59] 马建强. 火焰原子吸收法测定山楂叶中钙锰铁锌镁铜铅铬的含量. 广东微量元素科学, 1992, 11(5): 51-55.
[60] 孙家莉, 王文彤. 山楂叶维生素含量及稳定性的研究. 特产研究, 1991, (4): 8.
[61] 中华人民共和国药典委员会. 中华人民共和国药典. 2015年版一部. 北京: 化学工业出版社, 2015: 32.
[62] Occhiuto F, Circosta C, Costa R. Pharrnakokinetische untersuchungen wurden mit ^{14}C-markierten procyanidinen. durchgefuhrt. Planta Med, 1986, (20): 52-63.
[63] Leukel-Lenz A, Fricke U, Holzl J. Studies on the acivity of *Crataegus* compounds upon the isolated guinea pig heart. Planta Medica, 1986, 52(6): 545-546.
[64] Trunzler G, Schuler E. Comparative studies and gastrophantin in the isolated heart of Homoiothermals. Arzneim Forsch, 1962, (12): 198-202.
[65] Gabard B. Zur Pharmacakologie von *Crataegus*. *In*: Rietbrock N, et al. Wandlungen in der Therapie der Herzinsuffizienz. Braunschweig Wiesbaden: Friedr Vieweg, 1983: 43-53.
[66] Occhiuto F, Circosta C, Costa R. De *Crataegus oxyacantha* L. Activite electrique et tension. arterielle chez le rat. Planta Med, 1986, (20): 37-51.
[67] 郝一彬, 汤允昭, 梁勇. 益心酮对兔血小板聚集功能的影响. 山西医药杂志, 1986, 5(3): 170-171.
[68] 中医研究院中医药信息研究所. 国外医学·中医中药分册.1985: (4): 51.
[69] 朱晓新, 李连达. 牡荆素鼠李糖苷对血管内皮细胞血管活性物质的影响. 中国药理通讯, 2004, 3(21): 12.
[70] 广州第四制药厂. 山楂对心血管系统药理作用的初步研究. 中草药通讯, 1977, 2(9): 30.
[71] 刘寿山. 中药研究文献摘要 北京: 科学出版社, 1979: 72.
[72] Maevers V W, Hensel H. Changes in local myocardial blood flow following oral administration of a *Crataegus* extract to non-anesthetized dogs. Arzneimittelforschung, 1974, 24(5): 783-785.
[73] 李钦章, 陈小佳. 山楂叶中黄酮苷对离体蛙心的作用. 暨南大学学报(自然科学版), 1996, 17(3): 86-89.
[74] Guendiev J. Experimental myocardial infarction of the rat and stimulation of the revascularization by the flavonoid drug crataemon. Arzneim Forsch, 1997, 27(Ⅱ): 1576-1579.
[75] Koppermann E. Clinical and experimental studies of the effect of an injectable *Crataegus* extract. Arztl Forsch, 1956, 10(12): 585-592.
[76] Eichstädt H, Bäder M, Danne O. *Crataegus*-extrakt hilft dem patienten mit NYHAII-Herzinsuffizienz. Therapiewoche, 1989, (39): 3288-3296.
[77] 杨利平. 山楂叶提取物对家兔血小板聚集和大鼠实验性心肌缺血的影响. 中草药, 1993, 9(24): 482-483.
[78] 朴晋华, 董培智, 高天红. 益心酮片对实验性心肌缺血的保护作用. 中国中药杂志, 2003, 28(5): 442-445.
[79] Al Makdessi S. Myyocardial protection by pre-treatment with *Crataegus oxyacantha*. Arzneim Forsch, 1996, 46(1): 25-27.
[80] 高东雁, 刘健, 李卫平, 姚继红, 王建新. 山楂叶总黄酮对大鼠心肌缺血性损伤的保护作用及机制研究. 中药药理与临床, 2012, 28(5): 64-66.
[81] 闽清, 白育庭, 余薇, 田庆龙, 劳超, 张宇萍. 山楂叶总黄酮对实验性大鼠心肌缺血的作用及其机制研究. 中国现代应用药学, 2011, 28(2): 95-99.
[82] 喻斌, 李宏铁, 张良, 许立, 方泰惠. 山楂叶总黄酮对麻醉犬冠脉结扎所致心肌缺血的保护作用. 中药新药与临床药理, 2008, 19(6): 461-464.
[83] Włoch A, Kapusta I, Bielecki K, Oszmiański J, Kleszczyńska H. Activity of hawthorn leaf and bark extracts in relation to biological membrane. J Membrane Biol, 2013, 246(7): 545-556.
[84] 闽清, 白育庭, 余薇, 舒慧. 山楂叶总黄酮对缺氧再给氧心肌细胞的保护作用及机制研究. 中药药理与临床, 2011, 27(1): 30-33.
[85] 叶希韵, 程容懿, 徐敏华等. 山楂叶总黄酮防治鹌鹑动脉粥样硬化. 华东师范大学学报(自然科学版), 2003, (2): 106-109.
[86] 叶希韵, 王耀发. 山楂叶总黄酮对血管内皮细胞氧化损伤的保护作用. 中国现代应用药学, 2002, 4(19): 265-268.
[87] 蔡久英, 瞿桂兰, 宋基敏. 山楂叶汤和银杏叶片对冠状动脉粥样硬化性心脏病患者血脂载脂蛋白和血小板聚集功

能影响的比较. 中国中西医结合急救杂志, 1999, (6)8: 344-346.
- [88] 朱晓新, 李连达. 牡荆素鼠李糖苷对缺氧再给氧气损伤心肌细胞的保护作用研究. 中国天然药物, 2003, 1(1): 44-49.
- [89] Taskov M. On the coronary and cardiotonic action of Crataemon. Acta Physiol Pharm, 1997, 3(4): 53-57.
- [90] Schussler M, Holzl J, Fricke U. Myocardial effects of flavonoids from *Crataegus* species. Arzneim Forsch, 1995, 45(2): 842-845.
- [91] 李连达. 活血化瘀研究论文选编. 北京中医研究院, 1982, 255
- [92] Popping S. Effect of a hawthorn extract on contrction and energy turnover of islated rat cardiomyocytes. Arzneim Forsch, 1995, 54(2): 1157-1161.
- [93] 侯金玲. 益心酮口服液对大鼠实验性心肌缺血和高脂血症的影响. 山东医药工业, 1995, 3(14): 41-43.
- [94] Lang E. Einmalige I V. 1991. Gabe eines Crateaegus-Extraktes bei chroni scher Herzinsuffizienz. Therapiewoche, 38: 2448~2454
- [95] 王瑛, 孙广红, 张瑞芬, 张明, 王立洁. 山楂叶提取物镇痛与抗炎作用实验研究. 中医药学报, 2012, 40(1): 38-39.
- [96] 于秋红, 黄沛力. 山楂叶对大鼠血脂调节作用的研究. 中华医药文萃, 2004, (1): 9-10.
- [97] 黄飞. 山楂叶多糖的功能活性测定研究. 广西轻工业, 2001, (2): 47-49.
- [98] 匡锦萍. 山楂叶的利尿实验. 中国中药杂志, 1992, 17(1): 52.
- [99] Shahat T L. Anti-complementary activity of *Crataegus sinaica*. Planta Med, 1996, 62(1): 10-13.
- [100] 纪影实, 李红, 杨世杰. 山楂叶总黄酮对脑缺血一再灌注损伤的保护作用. 中国药理通讯, 2008, 25(2): 48-49.
- [101] 刘俊芳, 连建学, 李昌俊, 郑瑶, 郭莲军. 山楂叶总黄酮对大鼠脑缺血再灌注损伤的保护作用研究. 中国药房, 2011, 22(35): 3277-3280.
- [102] 李红, 张爽, 纪影实, 杨晓春, 杨世杰. 山楂叶总黄酮对大鼠局灶性脑缺血再灌注损伤的保护作用. 中草药, 2010, 41(5): 794-798.
- [103] 张雷. 山楂叶总黄酮对脑缺血的保护作用. 上海中医药杂志, 2004, 8(38): 55-57.
- [104] 李莉, 吕红, 庞红. 山楂叶总黄酮抗衰老作用的实验研究. 时珍国医国药, 2007, 18(9): 2143-2144.
- [105] 张远荣, 蒋企洲. 山楂叶黄酮的抗氧化作用. 药学与临床研究, 20111, 19(3): 287-288.
- [106] 杨宇杰, 王春民, 党晓伟, 左彦珍. 山楂叶总黄酮对高脂血症大鼠血管功能损伤的保护作用. 中草药, 2007, 38(11): 1687-1690.
- [107] Wang T, An Y T, Zhao C F, Han L F, Mavis B Y, Wang, Zhang Y. Regulation effects of *Crataegus pinnatifida* leaf on glucose and lipids metabolism. J Agr Food Chem, 2011, 59(3): 4987-4994.
- [108] 李素婷, 陈龙, 王冉, 高玉峰, 齐洁敏. 山楂叶总黄酮对小鼠急性酒精性肝损伤保护作用的实验究. 时珍国医国药, 2012, 23(11): 2903-2904.
- [109] Li H L, Song F R, Xing J P, Tsao R, Liu Z Q, Liu S Y. Screening and structural characterization of α-glucosidase inhibitors from hawthorn leaf flavonoids extract by ultrafiltration LC-DAD-MSn and SORI-CID FTICR MS. J American Soc Mass Spectr, 2009, 20(8): 1496-1503.
- [110] 张鹏, 张培新. 山楂叶总黄酮对2型糖尿病大鼠的保护作用. 中药药理与临床, 2015, 31(4): 114-117.
- [111] 零陵地区卫生防疫站, 湖南省卫生防疫站, 湖南省中医药研究所. 561种中草药抗菌作用筛选报告. 湖南医药杂志, 1974, (5): 52.
- [112] 郭忠莹. 心安胶囊降脂作用研究. 河北医药, 1988, 10(1): 9.
- [113] 翁维良, 张问渠, 于英奇. 山楂叶治疗冠心病心绞痛219例疗效分析. 北京医学, 1986, 8(2): 101.
- [114] 李国璜, 王加玑, 陈文敏. 国产益心酮治疗冠心病心绞痛45例疗效观察. 山西医药杂志, 1986, 15(3): 183.
- [115] 鲍慧玮, 李婷, 孙敬蒙, 张炜煜. 山楂叶提取物类脂体与益心酮片对大鼠急性心肌缺血药效的比较研究. 中国实验方剂学杂志, 2014, 20(2): 140-143.
- [116] 翁维良. 山楂黄酮片治疗心律失常的临床观察. 山西医药杂志, 1988, 17(1): 24.
- [117] 原雪梅, 丁翔龙, 张晓芬, 陶有林, 王素霞, 王鹤丽. 醒脑安心胶囊质量标准研究. 方药研究, 1995, (6): 39-40.

第二章 山楂叶防治脂肪肝药效学研究

第一节 脂肪肝发病机制

脂肪肝是遗传-环境-代谢应激相关因素所致的以肝细胞脂肪变性为主的临床病理综合征[1]。由于各种原因引起的肝脏脂肪代谢紊乱、脂类物质动态平衡失调，肝细胞摄取脂肪增加而脂肪氧化减少，当肝脏对脂肪合成能力增加和/或转运入血的能力下降时，脂类物质中的三酰甘油在肝内蓄积过多，超过肝脏重量的5%，或组织学上50%以上的肝实质脂肪化时，即为脂肪肝[2]。随着饮食结构和生活方式的改变，脂肪肝的患病率不断增加，对人类健康和社会发展构成严重威胁。因此，脂肪肝的流行病学研究受到普遍关注。根据是否饮酒将脂肪肝分为酒精性脂肪肝病(alcoholic fatty liver disease，AFLD)和非酒精性脂肪肝病(non-alcoholic fatty liver disease，NAFLD)。流行病学研究显示，脂肪肝在我国的发病率为5.2%～11.4%，所处地区经济越发达，发病率越高，发病年龄呈年轻化趋势，脂肪肝在我国已经成为继病毒性肝炎之后的第二个常见的肝脏疾病。

目前认为脂肪肝的发病机制主要是由于输入肝脏的游离脂肪酸(free fatty acid，FFA)过多，使肝细胞对FFA的摄取及用其合成的甘油三酯(triglyceride，TG)相继增多，最终造成肝内脂肪蓄积[3]；肝细胞合成的FFA增加或从碳水化合物转化的TG增多，当肝细胞合成TG的能力超过其分泌TG的能力时，则诱致脂肪肝[4]。此外，极低密度脂蛋白(very low density lipoprotein，VLDL)合成或分泌障碍，引起TG排泄减少，也可导致肝细胞脂肪蓄积[5]。至今，脂肪肝的发病机制还不完全清楚，现将近年来有关脂肪肝发病机制的研究总结如下。

一、AFLD发病机制

(一)乙醛对肝细胞的影响

研究表明[6]乙醛在体内能与多种组织蛋白结合，形成稳定的和不稳定的乙醛蛋白加合物(acetaldehyde protein adduct，APA)，不但改变了蛋白质结构，而且导致蛋白质功能异常[如胶原蛋白合成增加、蛋白酶失活、线粒体损伤、还原型谷胱甘肽(GSH)耗竭、氧利用率障碍等]。此外，研究发现[7]乙醛具有削弱过氧化物酶体增殖物激活受体α(peroxisome proliferator activated receptor-α，PPAR-α)的作用。PPAR-γ是前脂肪细胞分化过程中重要的调节因子[8]，对脂肪细胞的增殖和分化起着重要作用。Hammarstedt等的[9]研究表明，PPAR-γ被其配体激活后，可促进脂肪细胞分化，提高脂肪组织对FFA

的摄取量,在一定程度上抑制细胞因子的活性和表达。Lapsys 等[10]的研究提示,PPAR-γ可以通过改善脂质代谢的程度从而减少肝脏脂质沉积,治疗脂肪肝。

(二)氧化应激与脂质过氧化对 AFLD 的影响

氧化应激状态是指氧化作用过量而使来自分子氧的游离基或活性氧及其代谢物的产生超过机体的防御能力,即氧化物和抗氧化物之间的动态平衡失调[11]。Conde 等[12]的研究表明,酒精在肝细胞内通过细胞色素 P4502E1 在铁离子参与下产生过多的氧应激产物,同时长期摄入乙醇影响线粒体的氧利用率。此外,乙醛可降低 GSH 的浓度,引起脂质过氧化反应,增加自由基的毒性作用,促进细胞凋亡[13]。脂质过氧化反应产物可刺激纤维化的产生,也可通过对胶原合成的负反馈性抑制,增加氧化反应产物,影响 DNA 和蛋白质的结构及功能。

(三)细胞因子的启动对 AFLD 的影响

研究表明,在 AFLD 患者中,脂多糖(lipopolysaccharide,LPS)是启动免疫应答的重要激活因子。在乙醇存在的情况下,LPS 可以启动并激活炎性因子。同时发现,AFLD 患者的外周血单核细胞中肿瘤坏死因子 α(tumor necrosis factor-α,TNF-α)、白细胞介素-6(interleukin-6,IL-6)、IL-8 均升高。另有研究显示[14],乙醇可以诱导肝细胞内转移生长因子 α(tansforming growth factor-α,TGF-α)的产生,从而刺激了肝脏 Kupffer 细胞胶原的合成。在 AFLD 中,酒精浸润下的肝细胞产生的 TGF-α 可促使肝脏纤维化的发展,TGF-α 抗体能显著抑制这一效应。同时发现,肝脏 Kupffer 细胞抑制激活撕裂原蛋白激酶代谢途径,降低 TGF-β 诱导产生的胶原 mRNA 水平及 TNF-α 浓度[15]。而 TNF-α 可直接引起肝细胞脂肪变性、炎症及肝细胞坏死。因此,TNF-α、IL-6、IL-8 等对肝脏的损伤可能是 AFLD 发生的重要机制之一。

(四)Kupffer 细胞和内毒素的作用

Kupffer 细胞是酗酒者肝脏炎症和纤维化细胞因子诱导产生的主要细胞。酒精可诱导激活 Kupffer 细胞是肝细胞损伤的重要机制之一。酒精不能直接激活 Kupffer 细胞,但可以通过内毒素或肠道内细菌产生的内毒素脂多糖来激活。近年来,许多学者认为内毒素对肝脏的损害主要是通过激活 Kupffer 细胞,释放一系列生物活性物质引起的。内毒素与 Kupffer 细胞特异受体 CD14 及 Toll 样受体 4(Toll-like receptor 4,TLR4)结合激活该细胞[16],再通过激活核转录因子 κB(nuclear factor-κB,NF-κB)或其他转录因子,进而释放大量的核转录因子,如 NF-κB、TNF-α、前列腺素 E2(prostaglandin E2,PGE2)、IL-6、IL-8 等炎症因子[17]。

二、NAFLD 发病机制

二次打击学说[18]被认为是 NAFLD 的主要发病机制。"第一次打击"主要是胰岛素抵抗引起的肝脏脂肪变性，胰岛素抵抗时胰岛素敏感性降低，使体内 FFA 增多，沉积于肝脏，导致肝脏脂肪变性，既为进一步的脂质过氧化反应提供了反应基质，也使肝脏对各种损伤打击的易感性增加。"第二次打击"主要为氧化应激和脂质过氧化，它们引起肝细胞微粒体损伤、Kupffer 细胞功能减退、ATP 能量合成减少，最终加速肝细胞损伤，甚至导致肝细胞死亡，形成脂肪性肝纤维化及肝硬化。因此，引起 NAFLD 的主要原因如下。

(一)第一次打击

1. 胰岛素抵抗 胰岛素抵抗是指肝脏、周围脂肪及肌肉组织对胰岛素作用的生物反应低于正常水平。单纯性脂肪肝只存在胰岛素抵抗，而非酒精性脂肪肝炎(non-alcoholic steatohepatitis，NASH)既有胰岛素抵抗又有肝细胞线粒体异常。当 NASH 内的线粒体异常出现胰岛素抵抗时，FFA 将大量向肝组织输送；同时线粒体内脂肪酸 β 氧化增加，引起肝细胞损害、炎症及纤维化。研究还发现[19]，胰岛素抵抗在不同程度脂肪肝患者间无差异，表明胰岛素抵抗可能是原发性病理变化。

2. 脂质代谢紊乱 有关资料表明，脂质代谢紊乱的患者约 50%伴有脂肪肝；而在脂肪肝中伴有血脂升高者达 60.4%[20]，其中 NAFLD 患者的血脂升高主要为单纯 TG 升高，或以 TG、血清总胆固醇(total cholesterol，TC)升高为主[21]。动物实验也表明，高脂饮食脂肪肝模型大鼠血浆中的 TG、TC 及肝组织中的 TG 含量一般较高。

3. FFA 增加 有关资料显示，在反映机体脂代谢方面，FFA 的变化可能比 TG 和 TC 的变化更灵敏[23]。目前认为，血浆中的 FFA 是机体能量代谢的重要能源物质之一，可导致机体产生胰岛素抵抗及代谢紊乱。Frayn[24]的研究表明，在具有胰岛素抵抗状态的人群中，常常伴随有高水平的 FFA 存在。FFA 水平升高不但可以干扰胰岛素的作用，而且对骨骼肌和肝脏胰岛素敏感性具有重要的负性作用[25]。

4. 瘦素抵抗 瘦素(leptin)主要是指由脂肪细胞分泌的一种蛋白质。研究证实，脂肪细胞大小与瘦素分泌量存在一定程度的相关性[26]，因此血清瘦素水平主要受皮下脂肪组织总量的影响。Van Harmelen 等[27]研究发现，皮下脂肪中的瘦素基因 mRNA 水平是其内脏脂肪中的 2 倍，推测瘦素主要是由皮下脂肪组织分泌的。而 Bjorntorp[28]认为 NAFLD 患者的血 FFA 升高，其中 50%以上的 FFA 来源于内脏脂肪分解，提示瘦素对 NAFLD 有一定影响。

(二)第二次打击

1. 氧应激和脂质过氧化 氧应激(oxygen stress, OS)是指来自分子氧的游离基或反应性氧化物(reactive oxygen species, ROS)及其代谢物的产生超过其防御或去毒能力。脂质过氧化是氧应激增强后发生的 ROS 与膜磷脂的多不饱和脂肪酸起过氧化反应形成脂质过氧化物(lipid peroxide, LPO)。LPO 不仅使内源性 ROS 增加，毒性增强，而且使肝细胞对外源性过氧化物毒害的敏感性增加。相关报道[29]认为，大量产生的 ROS，在 NAFLD 发病过程中对肝细胞的损害，可通过改变线粒体膜通透性转变孔的开关，导致细胞凋亡；ROS 还可导致脂质过氧化，加重线粒体损伤。因此，

ROS 在 NAFLD 的发病机制中可能直接造成肝损害。另外，氧应激自身调控趋化因子、细胞因子(特别是 TNF-α)和细胞黏附因子的表达，促发肝脏炎症反应。此外，ROS 氧化积聚不饱和脂肪酸，导致脂质过氧化，过氧化脂质释放丙二醛（MDA），MDA 使蛋白质发生交联，形成 Mallory 小体，后者可诱发自身免疫反应。

2. TNF-α　TNF-α 是介导肝脏损伤的主要因子，由脂肪细胞分泌，也可由内毒素、免疫复合物、乙醇、病毒等多种物质诱导巨噬细胞产生，肝脏的 TNF-α 受体具有高亲和力、低容量等特点，决定了肝脏是 TNF-α 的重要作用靶点。在 NAFLD 肝组织中，TNF-α 表达于肝脂肪变区及炎症活动区的肝窦壁细胞及炎细胞中，其阳性表达随肝脏炎症损伤程度的加重而增加，提示 TNF-α 可能是 NAFLD 炎症过程中的关键性炎症因子[30]。研究发现，*TNF-α* 基因–238 位点 G/A 的突变与 NAFLD 易感性相关[31]。Koteish 和 MaeDiehl[32]的初步研究也表明，用 TNF-α 的中和性抗体处理成年 ob 小鼠将在两周之内使其脂肪肝减轻 75%。同时 Teoh 等[33]报道 TNF-α 导致 IL-8、IL-4 等炎性细胞因子引起中性粒细胞趋化，诱导肝细胞的增殖和凋亡，同时 ROS 和谷胱甘肽的含量可能决定了 TNF-α 是促进肝细胞增殖还是促进肝细胞凋亡。

第二节　中医治疗脂肪肝的研究

中医学中无脂肪肝的病名，但根据临床表现大多将其归属于"积证"、"痞薄"、"胁痛"、"痰痞"等病证的范畴，与肝郁痰湿有关。《金匮要略》中有："心下坚，大如旋盘，枳术汤主之"。其所述的症候类似于脂肪肝。中医学的"肝"与肝脏有着明显的不同，中医学的肝不仅是一个解剖学的概念，同时也是一种病理生理学的概念，了解中医学的肝对我们认识脂肪肝是很必要的。中医学认为，肝为五脏之一，发于右胁部，是人体重要而且最大的脏器，与胆相表里。其阴阳属性为阴中之阴，又称为厥阴。肝具有升发、喜条达、恶抑郁、体阴而用阳、主敷和、主怒的特性。其功能主要是主疏泄(包括调节情志、促进消化、疏调气血、通利水道、调节冲任)，主藏血(包括储藏血液、调节血量)，主藏魂、肝司生殖的作用。其开窍于目，主筋，其华在爪与发，与厥阴经脉相连。引起中医肝病的主要病因有：寒邪侵袭、郁怒伤肝、气滞血瘀、药物等的影响。其发病主要表现在筋脉爪甲的异常、头面及两目的异常、胸腹的异常、功能失调的异常，以及发病季节的特殊性。清代周学海在《读医随笔》中说："故凡脏腑十二经之所化，皆必借肝胆之气鼓舞之，始能调畅而不病。凡病之气结、血凝、痰饮、跗肿、惊厥、癫狂、积聚、痞满、眩晕皆肝气不能舒畅所致也。"指出肝胆气化失常是引起气郁、血瘀、痰饮等病症的关键。综合历代医家的认识：痰、饮、水三者互为因果，其产生虽与脾、肺、肾三脏有关，但肝胆气机郁滞，亦可聚湿成痰，成饮为水。古代所述痰症中的四肢倦怠，体肥身重；七情郁滞，胸胁痞满；眩晕头风，纳呆食少；等等，与脂肪肝患者表现的症候有相似之处。某些胁痛患者，因病后过食肥甘厚味，过分强调休息，滋生痰浊；又因胁痛日久，肝脾肾功能失调，痰浊不能及时排除，羁留体内，痰浊血瘀形成脂肪肝。因此，脂肪肝的治疗大多以疏利肝胆、健脾化湿、祛痰散结为主，特别强调审证求因，辩证论治，重视改善体质，这样才能收到较好的效果。

20世纪90年代以来，对单味中草药的抗脂肪肝药理研究报道较多，其中出现率较高的有枸杞子、绞股蓝、丹参、山楂、郁金、泽泻、柴胡、大黄、绿茶、茵陈等，对这些单味中草药在抗脂肪肝的疗效方面基本取得了共识[34]。枸杞子水提物对四氯化碳所致的肝损伤具有降低肝细胞脂质沉积的作用[35]；枸杞子糖是枸杞子的主要成分之一，能有效对抗自由基过氧化，使受损膜电学功能发生逆转，具有调节脂质代谢的效应，并对四氯化碳导致的小鼠肝脂质过氧化损伤起到明显的保护作用[36]。绞股蓝能抑制脂肪细胞产生游离脂肪酸及合成中性脂肪，对脂质代谢失调有明显调控作用，因而可以治疗脂肪肝[37]。丹参可促进脂肪酸在肝中的氧化，降低肝中的脂肪含量，因而可以治疗脂肪肝[38]。山楂、茵陈、郁金、泽泻、柴胡有降低血糖和抗脂肪肝的作用，可作用于脂肪代谢的各个环节，如通过干扰外源性胆固醇的吸收，抑制内源性胆固醇代谢[39]。绿茶可以防止烯醇及中性脂肪在肝脏中沉积[40]。

在抗脂肪肝复方中药的实验研究中，钟杰和吴万垠[41]将肝胆宁（生地黄、沙参、当归、枸杞子、麦冬、陈皮、何首乌、甘草等药物组成）制成口服液，对乙硫氨酸所致小鼠脂肪肝，通过肝脂质测定、肝脏病理学检查，均发现具有良好的治疗作用，并认为其机制可能是通过保护肝细胞、增强肝细胞对脂质的清除能力而起作用。潘智敏等[42]发现，调脂积冲剂（由莪术、莱菔子、半夏、生山楂、川朴、枳壳、泽泻、丹参、白蔻仁等药物组成）能显著降低造模小鼠的血清TG、肝组织胆固醇、TG的含量及血中谷丙转氨酶含量，并可改善肝细胞的脂变性情况。赵文霞[43]通过对乙硫氨酸所致脂肪肝模型及大鼠高脂血症模型的动物实验显示，脂肝乐胶囊（主含赤芍、黄芪、决明子、山楂、泽泻等）具有明显降低TG、抑制脂肪在肝脏沉积、改善血液流变性的作用。黄兆胜等[44]观察虎金丸（虎杖、郁金、泽泻、三七、山楂、灵芝）对大鼠脂肪肝病理学和超微结构的影响表明，虎金丸能显著改善其病理变化，使其脂变程度明显减轻，肝细胞超微结构基本恢复正常。虎金丸的作用可能与保护膜结构进而稳定磷脂含量、保护细胞免受损伤有关，另外也与阻止脂质过氧化有关。日本学者发现，小柴胡汤能抑制造模大鼠脂肪肝的发生和降低肝中脂质过氧化物的含量水平[45]。河福金等[46,47]研究证实，中药小柴胡汤能很好地保护肝细胞膜系统，并能提高其稳定性，促进肝细胞内糖、蛋白质的合成，增强肝细胞对有害因子的抵抗。戴宁等[48]用复方中药（黄精、山楂、丹参、泽泻、陈皮）干预高脂饲料诱导的大鼠脂肪肝模型，通过免疫组织化学证明该复方中药能显著抑制脂肪肝肝细胞色素P450ⅡE1的表达，具有防治脂肪肝的作用。汪晓军等[49]经实验发现，清肝活血饮（由决明子、柴胡、赤芍等9味药物组成）能明显降低脂肪肝大鼠血脂，减轻肝脂变、肝细胞坏死程度，调整血浆蛋白比例和肝-体比，且效果优于对照组（东宝肝泰），差异有显著性意义，并认为清肝活血饮对大鼠脂肪肝有肯定治疗作用，推测降低血脂和肝脂、减少肝脏脂质沉积、保护肝细胞、改善肝脏微循环等是其主要作用机制。唐瑛等[50]同样以东宝肝泰为对照组、以消脂饮（由山楂、决明子和泽泻等4味中药的提取物组成）为治疗组进行实验，结果发现，治疗组与对照组相比，用药各组大鼠血清，以及肝中TC、TG和MDA含量均明显降低，而肝中超氧化物歧化酶（superoxide dismutase，SOD）活性明显升高，他们认为该药物可通过清除自由基、提高机体抗氧化能力而达到治疗的目的。

进入21世纪，具有我国传统文化特色的中药正面临着前所未有的发展机遇和挑战。脂肪肝见于各种疾病，许多疾病之所以久治不愈，肝功能不能恢复的原因之一，就是因为脂肪肝的存在。消除脂肪能够延缓形成肝硬化的时间，避免发生肝功能衰竭，有利于其他疾病的治疗，但与疾病相关联的脂肪肝具有较顽固的特点，单纯西药治疗效果并不十分满意。中西医结合治疗脂肪肝具有较好的疗效，它体现了中医整体观念和西医微观检查的优势，取长补短，明确治疗的准确性，对改善症状十分有益，是一种值得提倡的、深受广大患者欢迎的疗法。随着人们生活水平的不断提高，人类疾病医疗模式已由单纯的疾病治疗模式转变为预防、保健等模式，传统医药学正发挥着越来越大的作用，并备受青睐。中医药作为世界优秀传统医药文化，具有系统的理论体系、独特的诊疗方法、显著的临床疗效，正被越来越多的国家和地区所认识。随着人们生活水平的提高，脂肪肝的发病率和检出率也日渐提高，中医药治疗脂肪肝越来越多的得到众多医师和患者的重视，并取得了较好的疗效。中药药理研究，尤其是单味中药药理作用[51]，可为中医药治疗组方提供参考。李中平等[52]的研究表明，山楂叶提取物能够改善NAFLD大鼠的糖脂代谢异常，模型组与自然恢复组相比，山楂叶提取物组大鼠体重明显降低，血清TC、FFA等明显降低。魏秀芳等[53]的研究亦证实，TFHL自乳化颗粒可降低脂肪肝大鼠的血脂，保护肝功能，从而起到治疗大鼠脂肪肝的作用。中医药治疗疾病不能脱离辩证论治这一基本原则，众多现代药理研究表明，具有降脂或抗脂肪肝作用的单味中药堆积在一起，不是完全意义上的中医方剂，亦不符合中医理论的基本要求，更无法保证其疗效。因此，将临床辩证与辨病相结合，尽可能地使临床与实验结果同步进行，以求能更好明确其治疗机制，从而在解决统一诊断标准和疗效标准的基础上，力求能真正开发出有效的、比较统一且可重复的治法方药，更好地为临床服务。

然而，长期以来，中药的应用基础研究较少，导致中成药产品的有效性和安全性缺乏规范可靠的科学数据的证明，从原材料到最终产品缺少可控的质量标准。应将传统医药学与现代科学技术相结合，建立和完善中药标准规范体系，实现中药现代化；而中药的药效物质基础、作用机制、应用理论的研究，以及新技术、新方法的应用等方面应不断深入。同时充分利用现代科技的方法和手段，借鉴国际通行的医药标准和规范，研究、开发中药产品并应用于临床。

山楂叶主要含有总黄酮类成分，研究表明TFHL具有显著的抗氧化能力[54, 55]及降血脂药理活性[56]，基于脂肪肝与高血脂的密切关系，本研究将深入探讨TFHL对脂肪乳剂、酒精导致的NAFLD大鼠和AFLD大鼠的治疗作用，明确TFHL对肝脏功能的保护作用及其可能的作用机制，为临床治疗提供实验依据。

第三节 AFLD与NAFLD大鼠模型的复制及血脂等指标的比较研究

本研究参考人类脂肪肝的分类及诊断标准，分别建立大鼠NAFLD模型和AFLD

模型，并比较两类脂肪肝模型大鼠血脂等指标的异同，为研究脂肪肝发病机制及其药物筛选提供依据。

一、仪器、试药与动物

(一) 仪器

7600型全自动生化分析仪（日本日立公司）；TD电子分析天平（中国余姚市金诺天平仪器有限公司）；HH-4数显恒温水浴锅（中国北京市永光明医疗仪器厂）。

(二) 药品与试剂

胆固醇，国药集团化学试剂有限公司，批号F20061011；三号胆盐，杭州微生物试剂有限公司，批号Y0015；甲醛溶液，广州化学试剂厂，批号20070527；吐温-80、丙二醇，大连医药集团化玻公司；56°红星二锅头白酒，北京酿酒总厂；猪油，自制；天冬氨酸氨基转移酶（aspartate aminotransferase，AST）试剂盒，批号20090321；丙氨酸氨基转移酶（glutamate-pyruvate transaminase，ALT）试剂盒，批号20090211；甘油三酯（triglyceride，TG）试剂盒，批号20090207；总胆固醇（total cholesterol，TC）试剂盒，批号20090302；γ-谷氨酰转肽酶（γ-glutamyl-transferase，GGT）试剂盒，批号20090702；低密度脂蛋白（low density lipoprotein cholesterol，LDL-C）试剂盒，批号20090120；高密度脂蛋白（high density lipoprotein-cholesterol，HDL-C）试剂盒：批号20090305。

(三) 动物

健康Wistar大鼠，雄性，体重250～300g，辽宁中医药大学实验动物中心提供，实验动物生产许可证号：SCXK(辽)2003—008；实验动物研究严格按照实验室动物保护指导原则进行，实验期间自由饮水，大鼠给药试验前禁食12h。

二、方　　法

(一) 脂肪乳剂的配制

根据预实验结果并参考文献[57]加以改进。脂肪乳剂配方：10%胆固醇、5%蔗糖、40%猪油、2%三号胆盐、5%吐温-80、5%丙二醇。制成的高脂乳剂于4℃储存，使用前37℃水浴加热熔化。

(二) NALFD模型和ALFD模型的复制与检测

大鼠适应性饲养1周后，随机分为NAFLD模型组（10只）、AFLD模型组（10只）

和正常组(10只)。所有动物每天给予标准饲料,自由进食和饮水。NAFLD模型组大鼠灌服脂肪乳剂,实验开始第1~3周,乳剂剂量按5.0mL/kg、7.5mL/kg、10mL/kg每周递增,后5周持续按10mL/kg灌胃。参照文献[58],AFLD模型组每日灌胃给予56%红星二锅头酒1次。1~4周,每天按5mL/kg灌胃;第5周开始每天按8mL/kg灌胃。每周称重1次,相应调整灌胃量。8周末将所有大鼠禁食12h后,随机处死NAFLD模型组、AFLD模型组和正常组大鼠各2只,眶静脉取血,放置,离心10min(3000r/min),测定ALT、AST、TC、TG、LDL-C、HDL-C、GGT的含量并制作病理切片,确定已形成NAFLD模型和AFLD模型。

三、检测项目与结果

(一)各组大鼠血清肝功酶及生化指标的变化

NAFLD、AFLD组血清肝功酶ALT、AST、GGT的含量显著高于正常组,差异有统计学意义($P<0.05$或$P<0.01$);AFLD组与NAFLD组比较,AST升高显著,差异有统计学意义($P<0.05$);GGT、ALT稍有升高但无明显差异,结果见表2-1。

表2-1 各组大鼠肝功酶ALT、AST的含量(均值±SD)　　　(单位:U/L)

组别	AST	ALT	GGT
正常组	177.3±8.611	48.13±3.409	11.73±1.581
NAFLD组	244.0±9.020**	60.13±5.792**	16.63±3.498**
AFLD组	272.1±14.90**	78.50±5.13**■	15.88±1.85**

**$P<0.01$,与正常组相比较;■$P<0.01$,与模型组相比较

(二)各组大鼠血清脂质变化

AFLD组和NAFLD组大鼠血清TG、TC、LDL-C水平均显著高于正常组,HDL-C低于正常组,差异均有统计学意义($P<0.01$);且AFLD组血清TG水平又显著高于NAFLD组($P<0.01$),结果见表2-2。

表2-2 各组大鼠血清中脂质、载脂蛋白的含量(均值±SD)　　　(单位:mmol/L)

组别	TG	TC	LDL-C	HDL-C
正常组	0.64±0.14	1.97±0.15	0.37±0.03	1.10±0.09
NAFLD组	0.98±0.030	3.92±0.340**	0.57±0.074**	0.56±0.028**
AFLD组	1.68±0.23**■■	2.36±0.11**■■	0.46±0.14■	0.79±0.15**■

**$P<0.01$,与正常组相比较;■$P<0.05$,■■$P<0.01$,与模型组相比较

(三)肝脏组织病理学变化

肉眼观察肝脏的外观,并取大鼠肝组织用10%中性福尔马林充分固定,经乙醇脱

水、二甲苯透明、石蜡包埋、切片、苏木精-伊红(HE)染色、封片后,观察病理切片。正常组肝脏外观红褐色,质软富弹性,光学显微镜(简称为光镜)下观察肝小叶结构正常,肝细胞大小形态正常,肝索排列整齐,核圆,位于细胞中央,细胞质均匀(图2-1A);NAFLD组肝脏泛黄,油腻感,光镜下观察肝细胞细胞质疏松,部分肝细胞内出现大小不等的脂滴(图2-1B);AFLD组肝脏肿大,边缘钝厚,质脆,肝细胞水肿明显(细胞质中有蛋白性颗粒出现),肝细胞内充满大泡状脂滴,部分肝细胞出现点状坏死(图2-1C)。

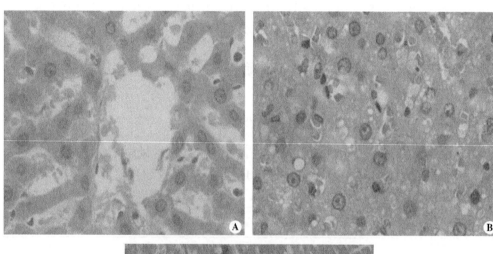

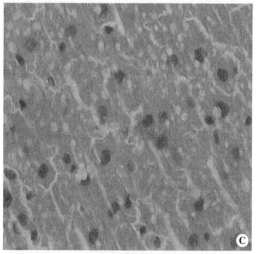

图2-1　大鼠肝脏组织变化(HE×400)
A. 正常组；B. NAFLD组；C. AFLD组

四、讨　论

(1)本实验在建立NAFLD模型时,采用的高脂高糖配方将猪油和胆酸盐含量加大，去除了丙基硫氧嘧啶，加入了蔗糖。该配方有以下优势：高胆固醇基础上加入胆酸盐可促进胆固醇的吸收，乳剂中加入蔗糖可增加动物摄取的热量，更快导致 NAFLD 的产生。由于丙硫氧嘧啶有导致肝损伤、浮肿、腹胀、食欲减退等不良反应[59]，因此在改良的脂肪乳剂中将其去除。我们采用乳剂灌胃方式，确保摄入足够量脂肪，并采取逐步加大剂量的原则，解决了该类模型大鼠易出现死亡的问题，保证了造模成功率。

(2) 本实验在建立 AFLD 模型时，采用 56%白酒灌胃的方法。以逐步加大剂量为原则，防止过量饮酒后醉倒现象。另外，本实验用普通饲料喂养(脂肪控制在 5%以内)，酒精灌胃造模成功，表明 AFLD 是基于酒精刺激下的脂肪合成增多，而非食物脂肪在肝脏的沉积增多。

(3) 采用脂肪乳剂、56%的白酒经 8 周分别成功复制 NAFLD、AFLD 大鼠模型。病理切片显示 NAFLD 组大鼠部分肝细胞内出现大小不等的脂滴，AFLD 组出现大泡状脂滴。与正常组比较，AFLD 组、NAFLD 组血清 TG、TC、LDL-C、ALT、AST 含量与正常组比较差异有统计学意义($P<0.01$)。

(4) 相同的实验周期内，AFLD 组血清 TG 水平显著高于 NAFLD 组。本研究结果还显示，NAFLD 组血清脂质以 TC 升高为主，AFLD 组血清 TG、TC 均显著升高，并且与 NAFLD 组有显著差异，表明酒精会加速脂质尤其是 TG 在肝脏的异位沉积。其分子机制可能与乙醇及其代谢产物乙醛改变了肝脏脂质代谢信号途径有关。

第四节　山里红叶抗脂肪肝有效部位的筛选

一、山里红叶不同提取物抗脂肪肝作用

20 世纪 80 年代初，国内对山楂资源的调查、临床应用和开发研究展开了一系列的工作，并在研究山楂叶的基础上，对山里红叶也进行了化学、药理、临床等多方面的研究。结果表明，山里红与山楂叶及山楂主要成分有相似之处，均含有黄酮类(主要有牡荆素及其苷类)、三萜、鞣质及微量元素等。为了充分开发利用山里红叶资源，对山里红叶的化学成分、药理作用也进行了多方面的研究，开发的总黄酮制剂(片剂和胶囊等)应用于缓解心绞痛、降低胆固醇及 TG 等方面。为了深入研究山里红叶抗脂肪肝的药理作用，本研究采用复合方式建立大鼠高血脂造成脂肪肝模型，对山里红叶提取物活性部位进行筛选；通过血液生化，肉眼观察高血脂大鼠的一般生理情况，计算肝-体比；结合肝脏病理切片研究山里红叶提取物预防脂肪肝的效果。

(一)仪器、试药与动物

1. 仪器　7600 型全自动生化分析仪(日本日立公司)；AR2140 电子分析天平(中国上海奥豪斯公司)；LD4-2 型离心机(中国常州国华电器有限公司)；HH-4 数显恒温

水浴锅(中国常州国华电器有限公司);DW-2 型恒温调热器(中国江苏南通县教学仪器二厂);ZDHW 调温电热套(中国北京中兴伟业仪器有限公司)。

2. 试药 TG 检测试剂盒(北京九强生物有限公司);TC 检测试剂盒(北京九强生物有限公司);HPL-C 检测试剂盒(上海科华生物工程有限公司);LDL-C 检测试剂盒(上海科华生物工程有限公司);血清谷丙转氨酶检测试剂盒(上海生物制品研究所);谷草转氨酶检测试剂盒(上海生物制品研究所);胆固醇[中国医药(集团)上海化学试剂公司];丙硫氧嘧啶(沈阳东北大药房);猪油(沈阳市五一市场售板油炼制);基础饲料(辽宁中医实验动物中心提供);95%医用酒精(沈阳卫龙商贸有限公司);10%乌拉坦溶液(辽宁中医药大学药理教研室提供)。

3. 动物 雄性 Wistar 大鼠由辽宁中医药大学实验动物中心提供,合格证号辽实动字第(2000)042 号

4. 药材 本研究所用药材为山里红叶,采于辽宁省沈阳市辽中县,由辽宁中医药大学植物教研室王冰教授鉴定。

(二)山里红叶水及不同浓度乙醇提取物的制备

最常用的提取方法是水煎煮和回流提取法,这两种方法对绝大多数药材中的活性成分均有较好的提取效果。根据药品实际生产工艺,本研究选择水及不同浓度的乙醇提取,制备山里红叶提取物,分别研究它们对高血脂大鼠不同生化指标及肝脏的影响。

山里红叶各 1kg,分别加入水,以及 30%、50%、70%、90%乙醇,回流提取 2 次,每次溶剂的体积为所用药材的 15 倍、10 倍,分别提取 3h、2h,合并 2 次提取液,滤过,减压蒸去乙醇,备用。

(三)山里红叶各种提取物降脂及抗脂肪肝作用研究

1. 动物分组 将体重为(230±20)g 的雄性 Wistar 大鼠 96 只饲养 1 周后分为 12 组,每组 8 只,分别为正常组 1 组、造模组 1 组和给药组 5 组(每组分低剂量组和高剂量组,共 10 组)。

2. 模型复制和给药 除正常组食普通饲料,其余各组从实验第 1 天起给予普通饲料外,每日按体重灌胃给予含 2%胆固醇、0.2%丙硫氧嘧啶的猪油,给药组灌胃后 4～5h,按体重分别灌服山里红叶提取物(参照心安胶囊:每粒含总黄酮 80mg,每次 3 粒,每日 2 次或 3 次,每日最高服用量 720mg)。山里红叶提取物出膏率约为 20%,总黄酮含量约为 30%,因此 720mg 总黄酮为 12g 生药所含有,即人每日服用山里红叶药材为 12g/70kg。实验动物和人临床用药剂量估算公式为 $d_B=d_A\times K_B/K_A$(其中 d_B 为动物公斤[①]体重剂量,d_A 为人公斤体重剂量,K_5/K_1 为动物和人折算系数之比约为 6.3),按计算公式计算,动物每日服山里红生药量 0.9g/kg(低剂量)、5.4g/kg(高剂

[①] 1 公斤=1000g,下同

量），换算成提取物分别为：低剂量每毫升含生药 0.12g 提取物、高剂量每毫升含生药 0.72g 提取物，即大鼠每日灌胃一次，每次 1mL，连续喂饲 16 天，于当晚先称体重后将所有大鼠禁食 12h，并于次日用 10%的乌拉坦溶液将所有的动物麻醉后于颈动脉取血、测血清胆固醇及 TG 等指标，并将所有的动物处死后摘取肝脏，称重，观察肝脏外观变化。

3. 观察指标　生理情况：精神、活动、饮食、皮毛及体重。血液生化检测：TC、TG、ALT、AST、HDL 和 LDL。肝-体比（肝湿重与体重的比值）。

4. 统计学处理　用 SigmaPlot10.0 及 SigmaStat3.5 统计软件完成。

(四) 实验结果

1. 生理情况　实验期间正常组动物精神充沛，灵活好动，饮食正常，皮毛整洁，体重持续增加；不同给药组在灌胃后均有不同程度的精神萎靡，活动减少，饮食减少，皮毛凌乱，体重下降等表现；给药组动物的精神和饮食量明显优于造模组。

2. 血液生化检测　各血液生化检测结果见表 2-3～表 2-8。

表 2-3　山里红叶不同提取物对大鼠 TC 的影响　　（单位：$\mu mol/L$）

组别	序号								均值±SD
	1	2	3	4	5	6	7	8	
1	4.35	3.85	4.26	4.7	3.24	4.5	4.79	3.58	4.16±0.55*
2	3.58	3.96	3.3	2.47	5.19	3.78	3.95	3.20	3.68±0.78*
3	3.19	3.48	3.95	3.2	3.82	3.27	3.59	4.11	3.58±0.35*
4	3.27	3.89	4.21	4.07	2.78	4.35	3.23	3.44	3.66±0.56*
5	5.78	4.95	5.23	5.44	5.11	6.12	6.62	6.86	5.76±0.71
6	4.5	4.53	4.83	4.84	4.85	4.98	4.14	4.72	4.67±0.27*
7	3.98	3.22	4.11	3.82	4.23	4.54	4.67	4.16	4.09±0.45*
8	3.96	4.83	5.11	—	4.84	4.14	5.72	4.5	4.14±1.76*
9	3.79	3.35	3.96	4.63	4.67	4.42	3.81	4.14	4.10±0.46*
10	4.94	4.53	5.57	3.18	5.05	3.94	4.21	5.58	4.63±0.83*
11（模型组）	5.78	6.09	6.63	7.75	5.05	6.79	6.19	6.44	6.34±0.79
12（对照组）	2.19	2.14	2.00	2.04	1.49	2.62	1.79	2.05	2.04±0.33*

表 2-4　山里红不同提取物对大鼠 TG 的影响　　（单位：$\mu mol/L$）

序号	组别								均值±SD
	1	2	3	4	5	6	7	8	
1	0.85	0.42	0.32	0.38	0.35	0.38	0.39	0.37	0.433±0.17*
2	0.37	0.73	0.49	0.55	0.72	0.26	0.51	0.63	0.533±0.16*
3	0.72	0.36	0.51	0.67	0.66	0.55	0.36	0.45	0.535±0.14*

续表

序号	组别								均值±SD
	1	2	3	4	5	6	7	8	
4	0.55	0.56	0.55	0.81	0.94	0.48	0.42	0.53	0.605±0.18*
5	0.94	0.48	0.52	0.63	0.61	0.40	0.40	0.38	0.545±0.19
6	0.82	0.79	0.41	0.65	0.89	1.2	0.46	0.51	0.716±0.26
7	0.44	0.55	1.31	0.85	0.55	0.50	0.72	0.57	0.686±0.28
8	0.70	0.57	0.80	0.46	0.51	0.82	0.79	0.41	0.633±0.17
9	0.60	0.44	0.34	0.25	0.34	0.33	0.66	0.43	0.424±0.14
10	0.43	0.80	0.74	0.90	0.56	0.59	0.43	0.69	0.643±0.17
11（模型组）	0.75	0.36	0.55	0.45	0.50	0.58	0.68	0.53	0.550±0.12
12（对照组）	0.50	0.58	0.75	0.68	0.23	0.50	0.68	0.30	0.528±0.19*

表 2-5　山里红叶不同提取物对大鼠 LDL 的影响　　（单位：μmol/L）

组别	序号								均值±SD
	1	2	3	4	5	6	7	8	
1	1.10	1.00	1.31	1.77	0.77	1.51	1.58	1.07	1.26±0.34
2	1.07	1.25	1.04	1.10	1.91	1.16	0.96	0.56	1.13±0.38
3	1.21	1.06	0.96	0.96	1.01	0.72	0.71	0.97	0.95±0.17*
4	0.92	0.91	1.07	1.25	0.74	1.33	0.91	0.84	0.996±0.20*
5	1.74	1.63	1.51	1.84	1.94	2.34	2.57	2.46	2.00±0.40
6	0.85	1.15	1.71	0.90	1.10	0.78	1.09	2.20	1.22±0.49
7	0.95	0.52	0.85	0.87	1.04	1.02	1.02	1.24	0.939±0.21*
8	1.02	1.54	2.85	1.09	2.20	0.85	1.15	1.71	1.55±0.69
9	0.90	0.76	0.95	1.36	1.22	1.44	1.06	0.89	1.07±0.24*
10	1.69	1.44	1.84	0.94	1.31	1.23	0.48	1.37	1.29±0.43
11（模型组）	2.39	2.42	2.98	3.52	1.51	2.87	3.28	3.32	2.79±0.62
12（对照组）	1.51	2.87	0.13	0.43	0.1	0.16	0.28	0.32	0.725±0.92*

表 2-6　山里红叶不同提取物对大鼠 HDL 的影响　　（单位：μmol/L）

组别	序号								均值±SD
	1	2	3	4	5	6	7	8	
1	0.85	0.73	0.74	0.54	0.63	0.51	0.75	0.52	0.659±0.13
2	0.52	0.63	0.52	0.24	0.68	0.53	0.83	0.78	0.591±0.18
3	0.68	0.53	0.83	0.78	0.69	0.55	1.00	0.94	0.75±0.17
4	0.55	1.00	0.94	0.95	0.76	0.76	0.56	0.57	0.761±0.19
5	0.76	0.96	0.86	0.57	0.85	0.98	1.16	1.21	0.919±0.21

续表

组别	序号								均值±SD
	1	2	3	4	5	6	7	8	
6	1.78	1.70	0.79	1.70	1.93	1.65	0.60	0.87	1.38±0.53*
7	0.83	0.75	1.28	1.08	0.66	1.14	0.83	0.48	0.881±0.27
8	0.83	0.48	0.70	0.60	0.87	1.78	1.70	0.79	0.969±0.49
9	1.23	0.57	1.00	0.75	0.92	0.97	1.18	0.54	0.895±0.26
10	0.54	0.64	0.64	0.47	0.69	0.50	1.20	1.09	0.721±0.27
11(模型组)	1.01	0.75	1.22	0.99	1.06	0.89	0.52	0.42	0.858±0.28
12(对照组)	1.06	0.89	0.24	0.49	0.38	0.31	0.32	0.22	0.489±0.31

表 2-7　山里红叶不同提取物对大鼠 ALT 的影响　　(单位：μmol/L)

组别	序号								均值±SD
	1	2	3	4	5	6	7	8	
1	66	73	68	65	58	69	72	99	204.4±12.1
2	139	113	108	139	113	88	137	116	206.9±18.1
3	113	88	137	116	126	81	94	81	204.0±21.4
4	88	99	91	114	65	89	100	85	204.7±14.1
5	66	98	90	95	104	120	101	97	202.4±15.1
6	98	120	86	123	80	96	85	106	200.9±16.0
7	85	108	134	95	119	84	132	79	199.0±22.0
8	140	69	90	85	106	98	120	86	200.6±22.4
9	116	100	77	106	94	116	97	74	199.3±15.8
10	74	95	91	76	87	59	71	83	202.2±11.8
11(模型组)	85	81	69	71	88	73	90	79	204.1±7.93
12(对照组)	88	73	65	67	93	46	90	79	205.0±15.8

表 2-8　山里红叶不同提取物对大鼠 AST 的影响　　(单位：μmol/L)

组别	序号								均值±SD
	1	2	3	4	5	6	7	8	
1	174	134	156	182	143	184	243	173	173.6±33.4
2	213	247	192	428	218	256	218	169	242.6±79.9
3	218	256	218	169	168	148	235	151	195.4±41.3
4	168	235	151	250	220	188	325	317	231.8±64.3
5	220	188	325	317	224	172	171	149	220.8±66.8
6	215	289	233	213	217	219	180	217	222.9±30.6
7	134	174	252	161	160	162	206	198	180.9±36.7

组别	序号								均值±SD
	1	2	3	4	5	6	7	8	
8	212	198	181	180	217	215	289	233	215.6±34.8
9	175	212	173	160	126	176	135	164	165.1±26.6
10	164	172	161	185	162	166	209	215	179.3±21.7
11(模型组)	182	177	189	166	258	197	185	186	192.5±28.0
12(对照组)	258	197	208	278	222	222	285	186	232.0±37.3

单因素方差分析(one-way analysis of variance, one-way ANOVA)统计分析结果表明,模型组 TC 除与50%乙醇提取物给药低剂量组无显著差异外与各组间均存在显著性差异,说明各给药组均有不同程度降低胆固醇的作用($P<0.05$)。统计结果见图2-2。

one-way ANOVA 统计结果表明,模型组与正常组,水及30%乙醇提取低剂量、高剂量给药组 TG 比较有显著差异($P<0.05$)。统计结果见图2-3。

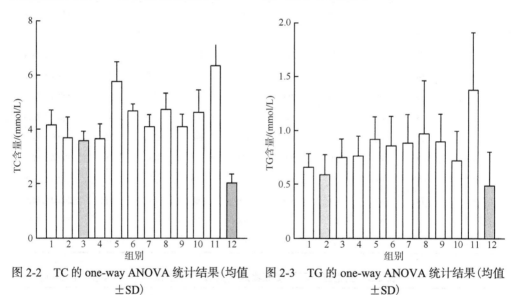

图2-2 TC 的 one-way ANOVA 统计结果(均值±SD)

图2-3 TG 的 one-way ANOVA 统计结果(均值±SD)

统计结果表明,模型组与正常组 LDL 水平有显著差异($P<0.05$),与30%乙醇提取物低剂量、高剂量给药组,以及70%与90%乙醇提取物低剂量给药组有显著性差异($P<0.05$)。统计结果见图2-4。

one-way ANOVA 统计结果表明,正常组与模型组无显著性差别,与其他各组 HDL 水平差别不大。统计结果见图2-5。

第二章 山楂叶防治脂肪肝药效学研究 ·27·

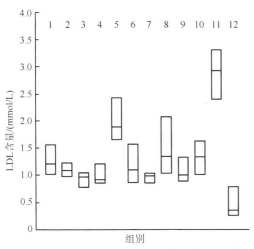

图 2-4 LDL one-way ANOVA 统计结果（均值±SD）

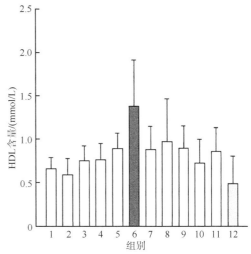

图 2-5 HDL one-way ANOVA 统计结果（均值±SD）

one-way ANOVA 统计结果表明,模型组与正常组及给药各组 ALT 水平差距不大。
one-way ANOVA 统计结果表明,模型组与正常组及给药各组 AST 水平差距不大。

3. 肝-体比统计 肝-体比,即肝湿重与体重之比值,统计结果见表 2-9。

表 2-9 体重、肝重及肝-体比 （体重/g）

组别		序号								均值±SD
		1	2	3	4	5	6	7	8	
1	给药前	214	218	230	241	224	230	248	220	228±12
	给药后	238	238	247	249	247	256	252	237	255±25
	肝重	11.0	8.31	8.30	8.24	9.09	10.0	10.8	8.00	9.70±1.4
	肝-体比	0.036	0.035	0.034	0.033	0.037	0.034	0.029	0.034	0.034±0.002
2	给药前	204	240	245	230	234	238	242	225	232±13
	给药后	248	282	262	278	260	256	266	242	262±14
	肝重	11.5	9.84	8.80	9.70	9.72	10.0	11.4	8.23	9.90±1.1
	肝-体比	0.046	0.035	0.034	0.035	0.037	0.039	0.043	0.034	0.038±0.005
3	给药前	235	235	240	225	220	244	235	235	233±7.7
	给药后	243	237	242	210	240	247	256	255	241±14
	肝重	7.90	7.56	8.25	7.43	7.90	8.72	8.63	8.34	8.09±0.47
	肝-体比	0.033	0.032	0.034	0.035	0.033	0.035	0.034	0.033	0.034±0.001*
4	给药前	247	234	229	220	230	216	236	239	231±10
	给药后	263	245	246	227	234	223	234	246	240±13
	肝重	5.92	8.35	7.87	7.38	7.68	12.2	7.37	7.95	8.09±1.8

续表

组别		序号								均值±SD
		1	2	3	4	5	6	7	8	
	肝-体比	0.023	0.034	0.032	0.033	0.033	0.055	0.032	0.032	0.034±0.009*
5	给药前	234	220	234	230	232	242	221	222	229±7.8
	给药后	231	236	248	244	256	262	269	246	249±13
	肝重	8.25	9.46	9.00	7.78	11.3	8.20	9.04	8.63	8.96±1.1
	肝-体比	0.036	0.040	0.036	0.032	0.044	0.031	0.034	0.035	0.036±0.004
6	给药前	212	224	227	220	243	242	238	213	227±12
	给药后	271	266	261	249	281	237	262	231	257±17
	肝重	11.5	9.18	9.58	10.1	10.6	9.46	12.3	8.04	10.1±1.4
	肝-体比	0.042	0.035	0.037	0.041	0.038	0.040	0.047	0.035	0.039±0.004
7	给药前	228	236	220	230	230	220	233	246	230±8.5
	给药后	250	249	249	237	251	246	255	255	249±5.7
	肝重	7.7	8.27	7.64	6.90	8.06	7.50	8.19	8.03	7.79±0.5
	肝-体比	0.031	0.033	0.031	0.029	0.032	0.031	0.032	0.032	0.031±.001*
8	给药前	245	220	214	222	248	248	237	232	233±13
	给药后	265	243	247	251	263	249	261	260	255±8.3
	肝重	8.72	8.77	7.46	8.21	9.44	8.27	8.53	9.31	8.59±0.64
	肝-体比	0.033	0.036	0.030	0.033	0.036	0.033	0.033	0.036	0.034±0.002*
9	给药前	245	235	210	237	233	225	242	247	234±12
	给药后	247	244	218	249	247	244	253	259	245±12
	肝重	9.53	8.25	8.13	8.84	8.99	8.98	9.46	9.22	8.93±0.5
	肝-体比	0.039	0.034	0.037	0.036	0.036	0.037	0.037	0.036	0.036±0.001
10	给药前	240	240	248	229	243	262	235	249	243±10
	给药后	225	249	252	213	272	258	239	248	245±19
	肝重	8.82	9.46	10.1	7.82	10.2	9.73	8.77	8.88	9.21±0.79
	肝-体比	0.039	0.038	0.040	0.037	0.037	0.038	0.037	0.036	0.038±0.001
M	给药前	230	231	225	242	210	220	248	233	230±12
	给药后	238	253	253	239	244	235	222	234	240±10
	肝重	10.1	11.2	10.8	8.53	11.4	9.24	9.15	10.1	10.1±1.0
	肝-体比	0.042	0.044	0.043	0.036	0.047	0.039	0.041	0.043	0.042±0.003
C	给药前	218	210	220	220	213	210	212	239	218±9.5
	给药后	274	281	296	322	307	295	306	345	303±23
	肝重	7.73	8.04	8.76	9.60	9.00	8.50	9.27	10.0	8.861±0.77
	肝-体比	0.028	0.029	0.030	0.030	0.029	0.029	0.030	0.029	0.029±0.001*

注：M. 模型组；C. 正常组

one-way ANOVA 统计结果表明，模型组肝指数与正常组肝指数比较有显著性差异（$P<0.05$），与30%和70%低、高剂量给药组有显著性差异，尤以70%高剂量组预防脂肪肝效果明显。One-way ANOVA 统计结果有显著性差异（$P<0.05$），说明70%高剂量给药组有显著预防脂肪肝的作用趋势。统计结果见图 2-6。

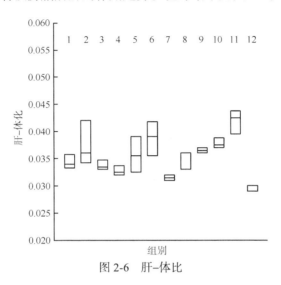

图 2-6　肝-体比

肝-体比值统计结果提示，模型组血清 TC 含量显著高于给予提取物组，说明该提取物具有显著降低高血脂大鼠 TC 水平的作用。山里红叶提取物对大鼠血清中 TC、LDL 等含量的上升均有很明显的抑制作用，同时给药组与造模组相比，其 HDL 含量大部分有所提高。血液生化检查能客观反映高脂血症的情况，各组之间 ALT 及 AST 差异不大。另外，肝-体比研究结果表明，大鼠高血脂形成后，山里红叶提取物可能不但能够降低高血脂，同时也有预防脂肪肝的趋势，实验结果有待深入研究。

（五）讨论

本实验以高血脂大鼠模型为基础，对山里红叶提取物进行筛选，结果表明山里红叶水提取物和 30%乙醇提取物降脂效果最好，70%及 90%的乙醇提取物降脂效果其次，50%乙醇提取物的降脂效果最不明显。肝-体比值统计结果提示，高血脂大鼠造模成功后，给予山里红叶提取物（70%的乙醇提取）具有明显预防脂肪肝的作用，该提取物防治大鼠脂肪肝的作用尚需深入研究。

二、山里红叶提取物抗脂肪肝有效部位筛选

本实验采用高血脂脂肪肝模型对山里红叶提取物进行药理作用研究。明确山里红叶提取物预防脂肪肝的作用，为山里红叶新药开发提供理论依据。

(一)山里红叶提取物的制备

取山里红叶 3kg，按 70%乙醇提取山里红叶的最佳工艺 $A_1B_2C_3$ 提取，即加溶剂 24 倍量、提取 5h、提取 2 次为最佳提取工艺。再按大孔吸附树脂净化最佳工艺，即采用 AB-8 大孔吸附树脂净化，用 70%乙醇洗脱，洗脱物浓缩，分别用氯仿、正丁醇萃取，减压蒸去溶剂得三个萃取部位（氯仿层、正丁醇层及水层），备用。

(二)动物分组

将体重为(200±20)g 的雄性 Wistar 大鼠 64 只饲养 1 周后，随机分为 8 组，每组 8 只，分别为正常组、造模组、氯仿层、正丁醇层及水层给药低剂量组、高剂量组。

(三)模型复制和给药

正常组动物摄食基础饲料，其他各组均摄食下述配方组成的高脂饲料：基础饲料加 2%胆固醇、0.2%丙硫氧嘧啶的猪油，给药组灌胃后其他操作同"模型复制和给药"操作，15 天后处死。

(四)观察指标

(1) 生理情况：观察项目同"观察指标"生理情况项下。
(2) 血液生化检查：大鼠于末次给药后禁食 12h，自眼眶静脉丛取血，分离血清，测定 TC 及 TG。
(3) 器官重量：取血后断颈处死动物并解剖，取肝称重。
(4) 标本制作：给药后第 15 天处死动物，取新鲜肝脏，称重，然后取肝左叶组织，切成约 2mm 小块后，用 4%中性甲醛固定，经过乙醇脱水、二甲苯透明、浸蜡、石蜡包埋、切片、苏木精-伊红(HE)染色封片后，在光镜下观察组织结构。

(五)实验结果

1. 肉眼观察 正常组肝脏无异常变化；模型组肝脏体积增大，重量增加，包膜紧张，边缘圆钝，切面油腻，呈奶黄色，属典型肝细胞脂肪变性。山里红叶各给药剂量组肝重与给药组前后体重实验结果见表 2-10。

表 2-10 体重、肝重、肝-体比结果(均值±SD，$n=8$)

组别	给药前体重/g	给药后体重/g	肝湿重/g	肝-体比
对照组	182.4±6.1	258±11.4	7.53±0.48	0.0292±0.0014
模型组	201.1±18.4	209±12.8	9.66±0.42	0.0461±0.0021
氯仿层低剂量组	199.8±16.8	228.5±19.1	8.81±0.65	0.0386±0.0018
氯仿层高剂量组	218.5±10.1	239.1±12.3	9.58±0.37	0.0401±0.0091
正丁醇低剂量组	218.9±13.5	243.2±10	7.63±0.73	0.0314±0.0027[**]

续表

组别	给药前体重/g	给药后体重/g	肝湿重/g	肝-体比
正丁醇高剂量组	203.6±14.1	258.6±17.9	7.86±0.46	0.0304±0.0051**
水层低剂量组	209.8±15.9	229.3±18.6	9.4±1.4	0.041±0.0047
水层高剂量组	195.2±15.1	238.4±12.3	8.87±0.49	0.0372±0.0046*

模型组肝指数与正常组肝指数，经 one-way ANOVA 统计有显著性差异（$P<0.05$），且与水层高剂量组及正丁醇低剂量组、高剂量组有显著性差异（$P<0.05$），说明正丁醇低剂量给药组及高剂量给药组有显著预防脂肪肝作用。统计结果见图 2-7。

2. 血液生化检测 各血液生化检测结果见表 2-11、表 2-12。

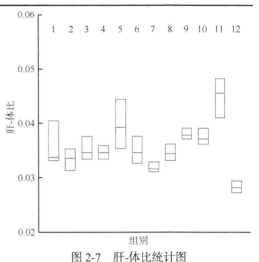

图 2-7 肝-体比统计图

表 2-11 山里红叶不同提取物对大鼠 TC 的影响 （单位：μmol/L）

组别	序号								均值±SD
	1	2	3	4	5	6	7	8	
1	5.88	5.28	3.53	4.12	4.17	4.49	3.91	5.12	4.43±0.52
2	4.14	4.74	3.99	5.28	3.51	3.95	3.36	4.54	3.84±0.53
3	3.29	3.58	3.75	3.50	3.32	3.68	4.21	3.58	3.70±0.38*
4	2.72	2.34	2.29	3.41	2.29	2.88	2.25	2.03	2.36±0.36*
5	4.24	4.55	4.62	4.16	3.96	3.32	4.13	3.82	3.81±0.35
6	4.83	4.10	5.77	4.51	3.98	4.82	5.02	3.94	4.44±0.56
7（模型组）	7.76	5.10	6.97	5.87	6.09	6.32	6.12	6.49	6.26±0.19
8（对照组）	1.63	2.37	1.86	1.98	2.13	2.06	2.11	2.01	2.08±0.05*

表 2-12 山里红叶不同提取物对大鼠 TG 的影响 （单位：μmol/L）

组别	序号								均值±SD
	1	2	3	4	5	6	7	8	
1	0.64	0.58	0.35	0.44	0.41	0.38	0.57	0.60	0.496±0.11
2	0.36	0.45	0.42	0.55	0.52	0.58	0.57	0.50	0.494±0.08
3	0.31	0.22	0.30	0.38	0.36	0.38	0.32	0.33	0.325±0.05

续表

组别	序号								均值±SD
	1	2	3	4	5	6	7	8	
4	0.25	0.20	0.29	0.23	0.23	0.26	0.23	0.25	0.243±0.03
5	0.32	0.36	0.40	0.34	0.89	0.45	0.36	0.32	0.430±0.19
6	0.55	0.28	0.57	0.28	0.33	0.35	0.49	0.56	0.426±0.13
7(模型组)	0.93	0.87	0.67	0.54	0.76	0.85	0.76	0.67	0.756±0.13
8(对照组)	0.20	0.58	0.65	0.31	0.53	0.59	0.53	0.44	0.479±0.15

one-way ANOVA 统计结果表明,正常组与模型组比较 TC 有显著性差异($P<0.05$),与正丁醇层提取物低剂量组、高剂量组有显著性差异($P<0.05$)。其他组与模型组比较差异不显著。统计结果见图 2-8。

one-way ANOVA 统计结果表明,正常组与模型组 TG 比较有显著性差异($P<0.05$),与其他各组 TG 比较均有显著性差异($P<0.05$),统计结果见图 2-9。

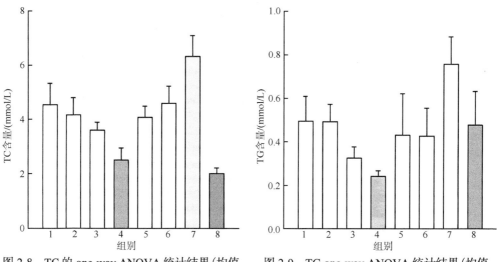

图 2-8　TC 的 one-way ANOVA 统计结果(均值±SD)　　图 2-9　TG one-way ANOVA 统计结果(均值±SD)

3. 病理学光镜检查结果　正常组大鼠肝脏无异常病变、模型组大鼠肝脏均出现程度不同的弥漫性肝脂变结果。正常组(图 2-10)大鼠肝小叶分界清楚,肝小叶中央为中央静脉;肝细胞呈多边形,互相连接形成单层肝板向周围呈放射状排列;细胞核呈圆形或卵圆形,单核,核仁 1 个或 2 个,细胞质丰富多呈嗜酸性,细胞质中偶有数个脂滴,圆形或椭圆形。

模型组(图 2-11)大鼠可见肝细胞内脂肪空泡大小不等位于细胞质内,以小叶周边区较严重,中心区较轻,严重时融合为一个大空泡将细胞核挤向细胞膜下。偶见正常肝小叶结构消失出现假小叶呈肝硬化改变,可见肝细胞坏死及再生。

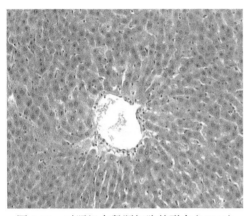
图 2-10　对照组大鼠肝细胞的形态（100×）

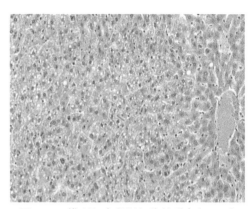
图 2-11　模型组大鼠肝细胞的形态（100×）

山里红叶正丁醇、氯仿及水提取部位高剂量组肝脏病理切片显微镜检结果见图 2-12～图 2-14。

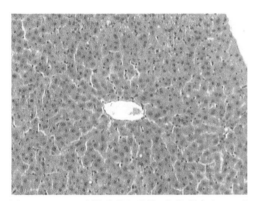
图 2-12　正丁醇提取物组肝细胞的形态（100×）

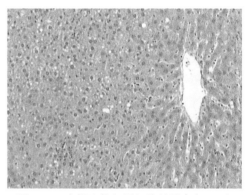
图 2-13　水提取物组肝细胞的形态（100×）

正丁醇层提取部位高剂量组显微结构均明显改善，其中以高剂量组改善效果最好，肝小叶结构清晰，肝细胞内脂肪空泡明显减少，周边区尤为明显，细胞核形状大多规则，染色质分布均匀。

4. 病理学统计分析　根据病变累积肝脏范围和程度，将肝脂变分成 5 个不同等级，计算各组大鼠发生肝脂变的动物数。结果表明，各实验组肝脂变程度与正常组相比均有显著性差异。肝组织的脂肪变性以空白模型组最为严重，肝脂变率达 100%，重度脂变率达 80%，正丁醇提取

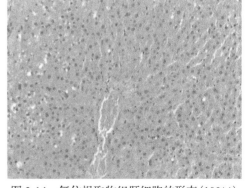
图 2-14　氯仿提取物组肝细胞的形态（100×）

物给药组肝脂变率均显著下降（$P<0.01$），氯仿及水层提取物给药组与模型组差别不大，提示山里红叶经二次活性部位筛选，得出山里红叶预防脂肪肝活性部位在70%乙醇提取液的正丁醇萃取层部分，结果见表2-13。

表2-13 提取物对肝脂的影响

组别	肝脂未变数	肝脂变（等级）				肝脂变数	肝脂变率%
		Ⅰ	Ⅱ	Ⅲ	Ⅳ		
对照组	9	1	0	0	0	1	11.1
模型组	0	1	1	4	4	10	100
LDC	6	1	1	0	2	4	66.7
HDC	7	1	1	1	1	3	42.9
LDNB	7	1	1	1	0	3	42.9
HDNB	8	1	1	0	0	2	25
LDW	5	1	2	1	1	5	50
HDW	6	1	1	1	1	4	66.7

注：LDC. 氯仿层低剂量；HDC. 氯仿层高剂量；LDNB. 正丁醇低剂量组；HDNB. 正丁醇高剂量组；LDW. 水层低剂量组；HDW. 水层高剂量组。

肝细胞脂肪变性程度判断标准：Ⅰ级. 脂肪变性在肝小叶内大多数肝细胞呈正常状态，只有中央静脉周围有少量（<1/4）脂肪病变；Ⅱ级. 肝小叶内肝细胞有1/2发生脂变性者；Ⅲ级. 肝小叶内肝细胞有3/4发生脂变性者；Ⅳ级. 仅肝小叶边缘有少量正常肝细胞，其他肝细胞均发生脂变性者。

（六）讨论

病理切片表明高血脂成功造成大鼠脂肪肝模型，以此为基础研究了山里红叶70%乙醇提取物三个部位萃取物预防脂肪肝的作用，结果造模组有肝脏坏死，近似肝癌变；正丁醇层病理检查肝脂肪病变比其他提取层均较轻；水层脂肪变性以小叶周边为主，周边重，中心轻，与氯仿层区别不大，以上各组与造模组比较均有不同程度好转现象。山里红叶70%乙醇提取物正丁醇萃取部位对脂变肝细胞的修复作用表明，该提取物对脂肪肝有显著的预防作用。血液生化及肝-体比研究结果证明大鼠高血脂形成后，对肝脏重量变化有影响，山里红叶提取物的正丁醇层萃取物能显著降低模型动物的肝-体比，也提示其有预防脂肪肝的作用。

三、山里红叶防治脂肪肝提取物最佳工艺研究

本课题组研究证明，山里红叶防治脂肪肝最佳的成分是以70%乙醇为溶剂的提取物，根据前文所述研究发现，我们选用正交表$L_9(3)^4$试验方法，以70%乙醇为溶剂，分别对用量、提取次数、提取时间进行优化，最终确定了山里红叶提取物的最佳提取工艺。

(一)70%乙醇最佳提取工艺筛选

1. 原料处理　选取干净山里红叶,晾干,粉碎,过2号筛,备用。

2. 提取条件　对溶剂用量、提取时间、提取次数进行考察。

3. 提取方法　准确称取25g山里红叶置于圆底烧瓶中,加入一定量的提取溶剂,在一定温度下回流提取。

4. 出膏量测定　将浸提液过滤,合并于恒重蒸发皿中,水浴蒸干,置减压干燥箱中干燥,至恒重,称重,减去蒸发皿重,即得。

5. 标准溶液的制备　精密称取经120℃干燥的芦丁对照品25mg,置50mL量瓶中,加甲醇适量,超声使溶解,放冷,用甲醇稀释至刻度,摇匀。精密吸取20mL,置50mL量瓶中,用水稀释至刻度,摇匀(1mL含无水芦丁0.20mg)。

6. 标准曲线的绘制　精密量取对照品0mL、1.0mL、2.0mL、3.0mL、4.0mL、5.0mL、6.0mL置25mL量瓶中,各加水至6mL,加50%亚硝酸钠1mL,混匀,放6min,加10%硝酸铝1mL,摇匀,放6min,加氢氧化钠试液(4.3g氢氧化钠加水溶解成100mL,即得)10mL,再加水至刻度摇匀,放置15min,以第一管为空白对照,500nm波长处测吸光度(Y),与芦丁含量(X)间的回归方程为$Y=0.011X-0.0015$,相关系数$r=0.9997$。

7. 总黄酮含量测定　精密称取0.5g山里红叶粉末,精密加入50%乙醇25mL,密塞,摇匀,超声5min,静置3h以上,滤过,精密量取续滤液4mL,置50mL量瓶中,用水稀释至刻度,摇匀,再精密量取6mL,置25mL量瓶中,按标准曲线的制备方法,自"加水至6mL"起,依法测定吸光度,并取同样量的供试品溶液加水至25mL作空白。根据标准曲线计算供试品溶液中的芦丁含量,再计算样品中总黄酮的含量。

8. 正交试验设计　选择溶剂量、提取时间、提取次数为三因素,以出膏量和总黄酮含量为指标,选用正交表$L_9(3)^4$进行正交试验考察,见表2-14~表2-17。

表2-14　因素及水平

水平	因素		
	A(溶剂量/倍数)	B(提取时间/h)	C(提取次数/次数)
1	16	4	1
2	20	5	2
3	24	6	3

表2-15　试验条件

溶剂量/倍数			
	16	10, 6	8, 4, 4
	20	12, 8	10, 6, 4
	24	14, 10	12, 8, 4

	提取时间/h		4	2, 2	2, 1, 1
			5	3, 2	2, 2, 1
			6	4, 2	3, 2, 1
	提取次数		1	2	3

表 2-16 正交试验结果

序号	A	B	C	D	提取物量/g	总黄酮含量/(mg/g)	综合评价
1	1	1	1	1	3.95	118.3	56.2
2	1	2	2	2	4.48	175.9	76.5
3	1	3	3	3	4.23	146.5	64.3
4	2	1	2	3	4.70	225.5	84.2
5	2	2	3	1	4.90	224.2	85.5
6	2	3	1	2	4.21	245.7	84.2
7	3	1	3	2	4.03	285.1	90.8
8	3	2	1	3	4.72	266.8	92.7
9	3	3	2	1	4.68	256.28	92.7
K_1	65.67	77.06	77.70	76.14			
K_2	84.65	84.91	82.47	83.86			
K_3	90.06	78.40	80.20	80.37			
R	24.38	7.856	4.767	7.717			

表 2-17 方差分析结果

方差来源	离差平方和	自由度	F	显著性
1	1112	2	22.50	*
2	92.72	2	1.876	—
3	70.24	2	1.421	—
4	49.42	2	1	—

注：$F_{0.05(2,2)}=19.00$

以上数据分析表明，70%乙醇最佳提取工艺为 $A_3B_2C_2$，即加溶剂 24 倍量，提取 5h，提取 2 次（第一次加溶剂 14 倍，提取 3h；第二次加溶剂 10 倍，提取 2h）。

(二) 验证试验

为验证最佳提取工艺，按最佳提取工艺条件试验 3 次，结果表明试验数据重复性好，工艺较为合理，结果见表 2-18。

表 2-18 70%乙醇提取工艺的验证

序号	提取物量/g	总黄酮量/(mg/g)
1	4.43	222.1
2	4.40	220.8
3	4.38	218.7

验证试验结果表明,按最佳工艺提取,工艺稳定,出膏量及总黄酮都符合要求。

四、山里红叶防治脂肪肝活性部位纯化工艺研究

大孔吸附树脂常用于中药、天然药物中活性成分的提取分离和纯化。为了制成疗效高、剂量小的中药制剂,提取时要尽可能将杂质除去。在前文所述研究中我们筛选了 70%乙醇提取部分为山里红叶活性部位,但由于提取物杂质多,不利于新药研究和开发,因此本实验采用大孔吸附树脂对活性部位进行纯化,对 AB-8、D-101、NKA-9 三种型号大孔吸附树脂进行了考察,以总黄酮为指标控制大孔吸附树脂纯化过程,仔细筛选了纯化条件。

(一)仪器、药品与试剂

1. 仪器 UV-4820 型紫外可见分光光度计(上海尤尼克公司);DHG-9070A 电热恒温鼓风干燥箱(上海精宏实验设备有限公司);RE-52 旋转蒸发仪(上海亚荣生化仪器厂)。

2. 药品与试剂 芦丁对照品(自制,经高效液相色谱归一化法测定,纯度为 99%);大孔吸附树脂 AB-8、D-101、NKA-9(天津南开化工厂);丁酮(天津市博迪化工有限公司)、甲醇(天津市百世化工有限公司)、无水乙醇(安徽特酒总厂出品)、甲酸(天津市化学试剂)、盐酸(北京化工厂)、乙酸(沈阳市诚晟试剂厂)、正丁醇(天津市天河化学试剂厂)、石油醚(天津市元立化学有限公司),均为分析纯。

(二)大孔吸附树脂的预处理

1. 树脂溶胀与装柱 为防止破碎及内部结构改变(如塌孔),市售的大孔吸附树脂,在出厂前一般用水润湿保护,其暴露在空气过久易成干态影响吸附性能,所以装柱前应将其放在烧杯中加入足量的去离子水,使其溶胀至体积不再增加为止,然后倒入内有少量水的柱内,柱的长度为 70~80cm 或以上,最短不能短于 60cm。水在交换柱内的高度应超过树脂 3cm,管内树脂量不要超过管长的一半。

2. 树脂反洗 反洗可除去吸附树脂内部的气体及黏着在树脂表面上的悬浮物,可冲去破碎及过小的树脂,可将树脂颗粒按大小依次沉降(颗粒大的在柱底,小的在柱上部)。反洗的具体操作程序:将柱下方出口用橡皮管与水源相连,打开水源,使水从柱的底部流入,增加流速,使树脂全部移动,直至树脂内的气

体全部赶出，同时使悬浮物、破碎物及小树脂颗粒从管顶溢出，然后停止水的流动，使树脂逐渐下沉，调节使树脂顶部约有 3cm 以上的水，使大孔树脂保持润湿状态。

3. 树脂冲洗 将反洗后的大孔吸附树脂用适量无水乙醇浸泡 24h，倾倒上层乙醇，湿法装柱，继续用无水乙醇以适当流速通过树脂柱，至流出液加水(1∶5)不呈浑浊，再用水以同样流速洗至无醇味。

4. 树脂再生 大孔吸附树脂使用以后在树脂表面或内部还残留着许多水溶性和脂溶性杂质。这些杂质必须在清洗过程中尽量洗除。非吸附性成分一般用水即可洗除，而吸附性杂质根据情况可以用一定浓度的酸液或碱液洗除，经清洗可以使许多杂质除去。一般情况下，洗至近无色即可。树脂清洗不净，将影响大孔吸附树脂的性能。

(三) 供试品溶液的制备

精密称取干燥的山里红叶 50g，按药效筛选工艺提取，即加 70%乙醇 24 倍量，提取 5h，提取 2 次，合并提取液，减压回收乙醇，备用。

(四) 大孔吸附树脂型号的选择

1. 静态吸附行为考察 取处理后的 AB-8 树脂 6mL 置 50mL 量筒中。精密加入等量的已知总黄酮含量的山里红叶 70%乙醇提取液(减压除去乙醇)(可得总黄酮的上样量)，加水定容，振摇，放置 24h，测定溶液中剩余总黄酮含量，二者之差即为树脂的吸附量。同法处理 D-101、NKA-9 树脂，测定结果见表 2-19。

表 2-19 总黄酮在大孔吸附树脂的吸附量

吸附树脂的类型	D-101	AB-8	NKA-9
总黄酮吸附量/mg	140	164	90.8

由此可见，AB-8 树脂对山里红叶总黄酮吸附较好。其静态吸附相当于每毫升树脂吸附 27.31mg 总黄酮，因此后续实验选用 AB-8 树脂净化。

2. 动态吸附行为考察 准确量取已知总黄酮含量的溶液。将其加入预处理好的 6mL AB-8 大孔吸附树脂柱，进行动态吸附，同"静态吸附行为考察"法测定动态吸附，结果每毫升树脂吸附山里红叶总黄酮 25.8mg。

3. 泄漏曲线的考察 按上述所确定的吸附条件，预处理好的 6mL AB-8 大孔吸附树脂柱，加约含总黄酮量 150mg 的样品，进行动态吸附，分段收集流出液，每 5mL 收集 1 份，共收集 21 份。结果见图 2-15。

由泄漏曲线可知，从 10 份起，总黄酮开始泄漏，故确定山里红叶 70%乙醇提取液上柱体积为 50mL(相当于树脂的 8 倍体积)。

4. 洗脱溶剂的确定 按上述所确定的吸附条件，用 4 根 AB-8 树脂柱吸附山里红叶提取物中总黄酮。先用纯净水洗脱，当洗脱液近无色时，选择 30%、50%、70%、90%乙醇，分别洗脱，定容，采用分光光度法测定吸收度。结果见图 2-16。

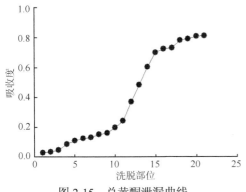

图 2-15 总黄酮泄漏曲线

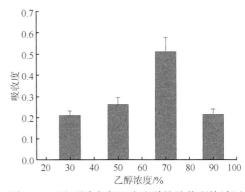

图 2-16 用不同浓度乙醇洗脱的总黄酮统计图

5. 洗脱曲线的考察 按上述所确定的山里红叶吸附和洗脱条件，取树脂6mL，将含总黄酮150mg的样品上柱，吸附，以70%乙醇洗脱，分段收集洗脱液，每毫升收集 1 份，共收集 20 份，测定吸收度，绘制洗脱曲线，结果见图 2-17。

结果表明，70%乙醇 17mL（3 倍树脂量）可将树脂中吸附的山里红叶总黄酮的90%以上洗脱下来。

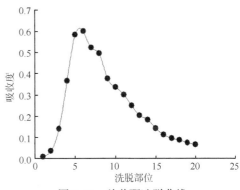

图 2-17 总黄酮洗脱曲线

（五）实验结果

本实验考察了大孔吸附树脂的吸附容量及吸附率，同时对 3 种大孔吸附树脂进行了全面的考察，最终确定以 AB-8 型大孔吸附树脂作为山里红叶中总黄酮的分离材料。对 AB-8 型大孔吸附树脂工艺参数进行了初步研究，结果表明，以每毫升树脂吸附相当于总黄酮 25.8mg 的山里红叶提取物为上样量，用 8 倍量于树脂床体积的水洗脱除杂，再用 70%乙醇洗脱，洗脱用量为树脂床 3 倍体积，此为 AB-8 型大孔吸附树脂最佳纯化工艺。

（六）讨论

实验发现 AB-8 型大孔吸附树脂不仅具有较大的吸附量和吸附率，而且有较快的吸附速率，对黄酮类成分有较强的吸附能力，每毫升树脂可吸附总黄酮 25.8mg，洗脱速率快，洗脱剂用量仅为树脂床 3 倍体积。山里红叶提取物经纯化后的最终出膏率为4.83%，总黄酮含量为 67.7%，在纯化过程中总黄酮的转移率为 84.5%，实验结果说明纯化工艺能除去大量杂质，总黄酮转移率高、损失少，有利于药物研制与开发。

第五节 山楂叶总黄酮对 NAFLD 大鼠疗效研究

NAFLD 是一种以肝细胞脂肪变性、损伤及炎症细胞浸润为病理特征但无过量饮酒史的综合征。其疾病随病程的进展表现不一，包括单纯性脂肪肝、脂肪性肝炎、脂肪性肝纤维化和脂肪性肝硬化 4 个病理过程。TFHL 被证明是目前最具抗氧化潜力的一类化合物。近年来，研究发现 TFHL 能减少 NAFLD 大鼠脂质过氧化反应[60]。另外，文献报道 TFHL 可缓解氧化应激从而抑制 NF-κB、IκB-mRNA 和蛋白质的表达，减少 NF-κB 的活化，从而有效防治 NAFLD[61]。本课题组通过研究 TFHL 对 NAFLD 的治疗作用，明确量-效关系，寻找 TFHL 对 NAFLD 可能的作用机制。

一、仪器、试药与动物

（一）仪器

同"NAFLD 与 AFLD 大鼠模型的复制及血脂等指标的比较研究"。

（二）主要药品与试剂

东宝肝泰片，国药准字 H22024764，通化东宝药业股份有限公司，批号 081203；FFA 测定试剂盒，南京建成生物工程研究所。其他药品与试剂同"NAFLD 与 AFLD 大鼠模型的复制及血脂等指标的比较研究"。

（三）动物

同"NAFLD 与 AFLD 大鼠模型的复制及血脂等指标的比较研究"。

二、方　　法

（一）TFHL 溶液的制备

称取山楂叶药材 2kg，加 70% 乙醇，提取 2 次。第 1 次加溶剂 14 倍，提取 3h；第 2 次加溶剂 10 倍，提取 2h，合并提取液，减压回收乙醇，采用 0.5% 的羧甲基纤维素钠配制成得含生药量 1g/mL 的混悬液，使用前 4℃冰箱内保存。

（二）东宝肝泰溶液的制备

东宝肝泰片，使用前用蒸馏水配成混悬液；灌胃时按照每天 325mg/kg 剂量操作，剂量按人鼠剂量换算，相当于临床成人千克体重用量的 6.3 倍。

(三) NAFLD 模型的建立

同"NAFLD 与 AFLD 大鼠模型的复制及血脂等指标的比较研究"。

(四) 成模后实验动物的分组及治疗

将所有造模组大鼠按完全随机原则,分为 TFHL 高剂量治疗组(简称为高剂量组)、TFHL 低剂量治疗组(简称为低剂量组)、东宝肝泰组(简称为阳性药组)、模型组(简称为模型组),加上正常组,共 5 组,每组 8 只动物。TFHL 配制成 1g/mL 的药液,参照《中华人民共和国药典》2010 年版对山楂叶服用剂量的规定,按体表面积比值折算,高、低剂量分别按 10.8mL/kg、2.7mL/kg 灌胃给药,相当于临床成人千克日服量的 25.2 倍和 6.3 倍。

东宝肝泰组配制成浓度为 65mg/mL 的药液,按 5mL/kg 灌胃给药(相当于临床成人千克体重用量的 6.3 倍);正常组、模型组大鼠按每天 5mL/kg 灌服生理盐水。

各给药组大鼠每天早上 9 点定时灌胃给药,各组大鼠自由饮水,共治疗 4 周。至实验结束死亡 6 只,将其余各组大鼠在末次给药后,于当晚称体重后禁食 12h,不禁水,次日上午眶静脉取血,放置,离心 10min(3000r/min);随即将所有大鼠处死,称取肝重,取部分肝右叶,以 10%甲醛固定后,制备切片。

三、检测项目与结果

(一) 大鼠一般情况

实验至第 12 周结束,正常组大鼠全部存活,其余各组共死亡 6 只,均为灌胃误呛入肺致死。正常组大鼠,皮毛顺滑、有光泽;模型组大鼠行动迟缓,喜卧,毛发发黄,油腻,迟缓懒动,且体重增长迅速。

(二) TFHL 对 NAFLD 大鼠肝重及肝指数的影响

取肝脏,0.9%的生理盐水冲洗表面血液,滤纸拭干,用电子天平精确称量肝重。肝指数(g/g%)=肝重(g)/大鼠体重(g)×100%,统计结果见表 2-20。

表 2-20　TFHL 对 NAFLD 大鼠肝重及肝指数的影响(均值±SD)　　(单位:g)

组别	体重	肝重	肝指数/%
正常组	354.65±11.748	7.97±0.87	2.25±0.18
模型组	288.88±14.852*	11.61±0.44**	4.19±0.18**
低剂量组	307.38±11.094*	10.53±0.70**	3.43±0.20**▲
高剂量组	292.50±6.681*	9.48±0.37*▲	3.23±0.08**▲▲
模型组	281.67±13.111*	9.28±0.58▲▲	3.29±0.11*▲▲

*$P<0.05$,**$P<0.01$,与正常组相比较;▲$P<0.05$,▲▲$P<0.01$,与模型组相比较

由表 2-20 可知,与正常组大鼠相比,模型组大鼠肝重、肝指数均有显著升高($P<0.01$)。连续给药 4 周后,TFHL 低剂量组、高剂量组、阳性药组能显著地降低 NAFLD 大鼠肝重和肝重系数。与模型组相比,上述各组肝重降低,肝-体比下降且有显著性差异($P<0.05$)。

(三)TFHL 对 NAFLD 大鼠血脂含量变化的影响

使用美国雅培 2000 型全自动生化分析仪,按试剂盒操作说明测定血清 TG、TC、FFA、HDL-C 和 LDL-C 含量,结果见表 2-21、表 2-22 和图 2-18。

表 2-21　TFHL 对 NAFLD 大鼠血脂含量的影响(均值±SD)　(单位:mmol/L)

组别	TG	TC	FFA
正常组	0.52±0.14	2.01±0.296	0.63±0.104
模型组	0.98±0.030**	3.91±0.340**	1.37±0.328**
低剂量组	0.69±0.37*▲	3.07±0.414**▲	0.98±0.056*
高剂量组	0.55±0.29▲▲★	2.34±0.248▲▲▲★	0.84±0.249▲▲
阳性药组	0.47±0.11▲▲	2.42±0.42▲▲	0.82±0.139▲

$*P<0.05$,$**P<0.01$,与正常组相比较;▲$P<0.05$,▲▲$P<0.01$,与模型组相比较;
★$P<0.05$,★★$P<0.01$,与低剂量组相比较;•$P<0.05$,••$P<0.01$,与阳性药组相比较

表 2-22　TFHL 对 NAFLD 大鼠血清载脂蛋白含量的影响(均值±SD)　(单位:mmol/L)

组别	LDL-C	HDL-C
正常组	0.34±0.046	0.93±0.070
模型组	0.69±0.074**	0.46±0.028**
低剂量组	0.54±0.080*	0.68±0.056**
高剂量组	0.38±0.053▲▲★	1.04±0.049▲▲••★
阳性药组	0.43±0.039▲▲	0.72±0.039*▲

$*P<0.05$,$**P<0.01$,与正常组相比较;
▲$P<0.05$,▲▲$P<0.01$,与模型组相比较;
★$P<0.05$,★★$P<0.01$,与低剂量组相比较;
•$P<0.05$,••$P<0.01$,与阳性药组相比较

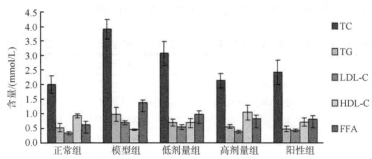

图 2-18　TFHL 对 NAFLD 大鼠血脂和载脂蛋白含量的影响(均值±SD)

与正常组相比,模型组大鼠血清 TC、TG、FFA 和 LDL-C 的含量明显升高,HDL-C 的含量显著降低($P<0.05$ 或 $P<0.01$)。与模型组相比,TFHL 各给药组能降低 NAFLD 大鼠血清 TC、TG、FFA 的含量水平($P<0.05$ 或 $P<0.01$),尤以高剂量组的作用更为明显($P<0.01$);高剂量组能显著降低大鼠肝组织 LDL-C 含量,升高 HDL-C 含量($P<0.01$)。TFHL 低剂量组在一定程度上能降低 LDL-C 的含量、提高 HDL-C 含量,但与模型组相比无显著性差异($P>0.05$);TFHL 高、低剂量组在改善大鼠血清脂质水平上有显著性差异($P<0.05$ 或 $P<0.01$),证明 TFHL 有明显的量-效关系;阳性药组也能明显降低 NAFLD 大鼠血清 TC、TG、FFA、LDL-C 的含量,提高 HDL-C 的含量($P<0.05$ 或 $P<0.01$),但 TFHL 高剂量组对提升 HDL-C 含量的疗效优于阳性药组($P<0.01$)。

(四)TFHL 对 NAFLD 大鼠肝功能的影响

使用美国雅培 2000 型全自动生化分析仪,按试剂盒操作说明测定血清 ALT、AST、GGT 的含量,结果见表 2-23。

表 2-23　TFHL 对 NAFLD 大鼠血清中 ALT、AST 和 GGT 含量的影响(均值±SD)(单位:U/L)

组别	AST	ALT	GGT
正常组	177.38±8.611	48.13±3.409	11.73±1.581
模型组	244.00±9.020**	93.13±5.792**	16.63±3.498**
低剂量组	216.88±5.125**▲	70.25±6.562**▲•	14.75±1.031*▲▲
高剂量组	191.38±5.441▲▲•★	52.25±4.659▲▲•★★	12.25±1.590▲▲•★
阳性药组	211.88±8.085**▲	64.38±5.682*▲	13.95±2.366▲

*$P<0.05$,**$P<0.01$,与正常组相比较;
▲$P<0.05$,▲▲$P<0.01$,与模型组相比较;
★$P<0.05$,★★$P<0.01$,与低剂量组相比较;
•$P<0.05$,••$P<0.01$,与阳性药组相比较

由表 2-23 可知,与正常组比较,模型组大鼠血清 ALT、AST、GGT 含量明显升高,差异显著($P<0.01$),说明模型组出现肝脏酶学的改变,即肝细胞有变性或坏死发生。各组给予相应治疗药物后,与模型组相比,肝功能指标(AST、ALT、GGT)降低,肝功能改善明显($P<0.05$ 或 $P<0.01$);高剂量组疗效显著,与阳性药组、低剂量组相比,均有显著性差异($P<0.05$ 或 $P<0.01$)。

(五)TFHL 对肝组织形态学改变的影响

肉眼观察,模型组大鼠肝脏体积呈均匀性增大,包膜紧张,边缘钝而厚,表面粗糙,表面及切面呈灰黄色,油腻感。各给药组大鼠之间肉眼观察差别不明显,色泽较暗,质地、弹性均介于模型组大鼠与正常组大鼠之间。

光镜下观察大鼠，正常组：肝脏组织结构完整，肝细胞以小叶中央静脉为中心呈放射状排列，肝小叶轮廓清晰，肝窦正常，肝细胞呈多边形，细胞分界清，核圆而清晰，位于细胞中央，细胞质丰富（图2-19A）；模型组：肝小叶界限不清，肝窦扩张，肝索紊乱，大量肝细胞肿胀，肝细胞肿胀呈气球样变，细胞质内可见大小不等、数量不一的圆形脂肪空泡，小叶内和汇管区混合性炎细胞浸润，部分出现点、灶状坏死，但未见纤维化（图2-19B）；低剂量组：肝细胞内偶见中等大小脂滴和散在的小脂滴，炎性细胞浸润明显减轻（图2-19C）。高剂量组：肝细胞内有极细小脂滴散在分布，肝细胞结构几乎接近于正常组织，呈现多边形，细胞分界清，核圆而清晰，位于细胞中央（图2-19D）。阳性药物组：肝细胞内出现大小不等的脂滴，可见一些较大的脂滴散在分布，数量较少，较小的脂滴数量较多，肝脂肪变性程度与模型组相比虽有改善，但效果不如高剂量组（图2-19E）。说明 TFHL 对 NAFLD 有良好的治疗作用，并存在剂量依赖性。

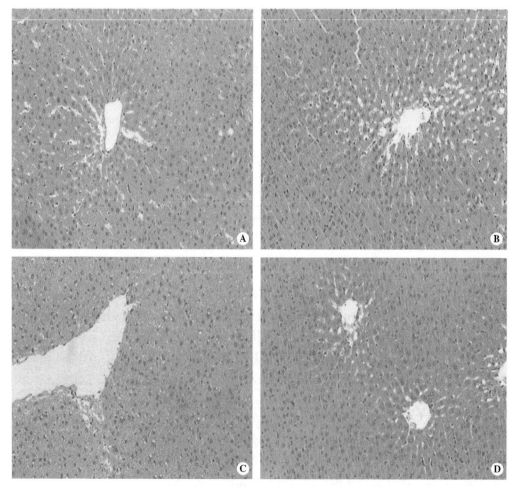

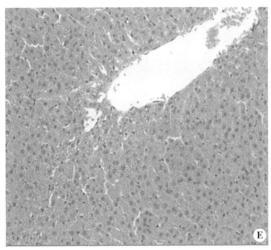

图 2-19 TFHL 对大鼠肝组织形态学的影响(100×)
A. 正常组；B. 模型组；C. 低剂量组；D. 高剂量组；E. 阳性药组

四、讨　论

在本实验条件下，模型组大鼠长期给予高脂饮食后肝脏系数明显增加，血清 TC、TG 及 LDL-C 水平升高显著或非常显著，肝脏病理切片光镜观察可见肝细胞脂肪变性。以上提示成功制备了 NAFLD 大鼠模型。

TFHL 治疗 NAFLD 大鼠 4 周后，肝指数，以及血清 TC、TG、LDL-C、FFA、ALT 和 AST 含量水平降低显著或非常显著，血清 HDL-C 含量增加显著或非常显著。光镜检查结果显示，大鼠肝细胞脂肪变性程度得到明显改善。

应该指出的是，TFHL 对 NAFLD 有较好的防治作用，同时呈现一定的量-效关系。本实验采用的剂量为 2.7～10.80g/kg，且高剂量有明显的调脂保肝作用。

我们推测 TFHL 对抗大鼠 NAFLD 的主要作用机制是 TFHL 能调节长期脂肪乳灌胃导致的脂质代谢紊乱，促进胆固醇的清除、脂质的转运和排泄。另外，还与 TFHL 抗脂质过氧化、调节血脂和增强机体清除氧自由基及减少脂质过氧化产物等有关。

第六节　山楂叶总黄酮对 AFLD 大鼠疗效的实验研究

AFLD 是由饮酒所致的肝内脂肪沉积而引起的。它是最早、最常见的慢性肝损害之一，因其可逐渐发展为肝纤维化、肝硬化而危害极大。目前 AFLD 已成为危害人类健康的重要隐患之一，逐渐成为各国学者的研究热点。因其发病机制未完全阐明，目前缺乏有效的治疗药物。

近年来随着山楂叶预防 AFLD 研究的深入，发现 TFHL 能抑制肝细胞色素 P450

2E1(cytochrome P450-2E1，CYP2E1)活性[59,62]，同时能够抑制肝组织脂质过氧化反应，提高肝细胞的抗氧化能力，从而预防 AFLD 的发生与发展。本研究通过灌胃给予白酒诱导建立大鼠 AFLD 模型，在此基础上进一步研究了 TFHL 对 AFLD 的治疗作用及作用机制。

一、仪器、试药与动物

同"山楂叶总黄酮对 NAFLD 大鼠疗效研究"。

二、方 法

(一) TFHL 溶液的制备

同"山楂叶总黄酮对 NAFLD 大鼠疗效研究"。

(二) 联苯双酯溶液的制备

联苯双酯滴丸，使用时用蒸馏水配成混悬液；灌胃时按照每天 321mg/kg 剂量操作，剂量按人鼠剂量换算，相当于临床成人千克体重用量的 6.3 倍。

(三) AFLD 模型的建立

同"山楂叶总黄酮对 NAFLD 大鼠疗效研究"。

(四) AFLD 大鼠成模后的分组及治疗

将所有造模组大鼠按完全随机原则，分为 TFHL 高剂量治疗组(简称为高剂量组)、TFHL 低剂量治疗组(简称为低剂量组)、联苯双酯组(简称为阳性药组)、模型组(简称为模型组)，加上正常组共 5 组，每组 8 只动物。TFHL 配制成 1g/mL 的药液，参照《中华人民共和国药典》2010 年版对山楂叶服用剂量的规定，按体表面积比值折算，高、低剂量分别按 10.8mL/kg、2.7mL/kg 灌胃给药，相当于临床成人千克体重日服量的 25.2 倍和 6.3 倍。联苯双酯组配制成浓度为 64.2mg/mL 的药液，按 5mL/kg 灌胃给药，相当于临床成人千克体重用量的 6.3 倍；正常组、模型组按每天 5mL/kg 灌服生理盐水。

三、检测项目与结果

(一) 大鼠一般情况

造模期间酒精灌胃组大鼠出现毛发光泽度差、体态呆板、行动迟缓、精神萎靡、食欲减退等现象。因此在实验刚开始的 2～3 周大鼠体重增长缓慢，甚至呈负增长。此后，大鼠的精神、食欲有所恢复，体重逐渐恢复正常增长。给药期间，正常组大鼠精神充沛，灵活好动，饮食正常，皮毛整洁，体重持续增加。其余各组给药后精神、活动、饮食、皮毛、体重等情况均优于模型组。

(二) TFHL 对 AFLD 大鼠肝重及肝指数的影响

取肝脏，0.9%的生理盐水冲洗表面血液，滤纸拭干。

用电子天平精确称量肝重，肝指数(%)=肝重(g)/大鼠体重(g)×100%，统计结果见表 2-24。

表 2-24　TFHL 对 AFLD 大鼠肝重及肝指数的影响(均值±SD)

组别	体重/g	肝重/g	肝指数/%
正常组	344.65±9.308	7.77±0.665	2.54±0.129
模型组	249.69±9.022*	9.92±1.637**	4.31±0.635**
低剂量组	259.75±9.422*	8.70±1.097*▲▲	3.35±0.419*▲▲
高剂量组	270.81±7.685*	7.33±0.638▲▲	2.71±0.166▲▲
阳性药组	262.92±8.542*	8.32±0.533*▲▲	3.15±0.209*▲▲

*$P<0.05$，**$P<0.01$，与正常组相比较；
▲$P<0.05$，▲▲$P<0.01$，与模型组相比较

由表 2-24 可知，与正常组大鼠相比，模型组大鼠肝重、肝指数均有显著升高($P<0.01$)。连续给药 4 周后，山楂叶高剂量组、阳性药组能显著降低 NAFLD 大鼠的肝重和肝重系数，与模型组相比，肝重降低、肝-体比下降($P<0.05$ 或 $P<0.01$)；但各给药组降低肝重、肝-体比的效果与正常组相比有统计学差异($P<0.05$ 或 $P<0.01$)，故经干预后各治疗组大鼠均未能完全恢复正常水平。

(三) TFHL 对 AFLD 大鼠血脂含量的影响

使用美国雅培 2000 型全自动生化分析仪，按试剂盒操作说明测定血清 TG、TC、FFA、HDL-C 和 LDL-C 的含量，统计结果见表 2-25、表 2-26、图 2-20。

表 2-25　TFHL 对 AFLD 大鼠血脂含量的影响(均值±SD)　　(单位：mmol/L)

组别	TG	TC	FFA
正常组	0.64±0.14	1.97±0.15	0.72±0.34
模型组	1.98±0.23**	2.67±0.30**	2.07±0.48**
低剂量组	1.52±0.11*▲	2.06±0.11▲▲	1.18±0.26▲
高剂量组	0.72±0.09▲▲★	1.78±0.08▲▲	0.94±0.27▲▲

续表

组别	TG	TC	FFA
阳性药组	0.84±0.06▲▲	1.81±0.09▲▲	1.02±0.14▲

*$P<0.05$,**$P<0.01$,与正常组相比较;
▲$P<0.05$,▲▲$P<0.01$,与模型组相比较;
★$P<0.05$,★★$P<0.01$,与低剂量组相比较;
•$P<0.05$,••$P<0.01$,与阳性药组相比较

表 2-26　TFHL 对 AFLD 大鼠血清载脂蛋白含量的影响(均值±SD)　(单位：mmol/L)

组别	LDL-C	HDL-C
正常组	0.37±0.03	1.10±0.09
模型组	0.57±0.16**	0.62±0.24**
低剂量组	0.46±0.14▲	0.79±0.15**▲
高剂量组	0.39±0.09▲▲★	0.95±0.15*▲▲★
阳性药组	0.40±0.07▲▲	0.83±0.24**▲

*$P<0.05$,**$P<0.01$,与正常组相比较;
▲$P<0.05$,▲▲$P<0.01$,与模型组相比较;
★$P<0.05$,★★$P<0.01$,与低剂量组相比较;
•$P<0.05$,••$P<0.01$,与阳性药组相比较

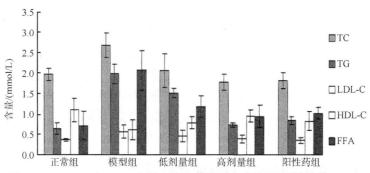

图 2-20　TFHL 对 AFLD 大鼠血脂和载脂蛋白含量的影响(均值±SD)

从表 2-25、表 2-26 可见，与正常组大鼠比较，AFLD 大鼠肝细胞内 TC、TG 和 LDL-C 的含量明显升高，HDL-C 的含量显著降低，有显著性差异($P<0.01$)；TFHL 高剂量组、低剂量组及阳性药组均能显著降低大鼠肝细胞内 TC、TG、FFA 和 LDL-C 的水平，提高 HDL-C($P<0.05$ 或 $P<0.01$)，高剂量组各测试指标接近正常水平。另外，高剂量组对改善 TC、TG、HDL-C 的作用优于低剂量组($P<0.05$)。

(四)TFHL 对 AFLD 大鼠肝功能的影响

使用美国雅培 2000 型全自动生化分析仪，按试剂盒操作说明测定血清 ALT、AST、GGT 含量，统计结果见表 2-27。

表 2-27　TFHL 对 AFLD 大鼠血清中 ALT、AST 和 GGT 含量的影响(均值±SD)(单位：U/L)

组别	AST	ALT	GGT
正常组	175.68±8.63	36.13±3.66	12.61±0.51
模型组	272.13±14.90**	78.50±5.13**	15.88±1.85**
低剂量组	209.25±9.53*▲▲	65.13±4.66**	14.50±1.54*
高剂量组	189.25±9.63▲▲★	44.00±7.04▲▲★★	13.08±1.57★★
阳性药组	183.24±10.91▲▲	43.38±4.43▲▲	13.88±0.69▲

*$P<0.05$，**$P<0.01$，与正常组相比较；
▲$P<0.05$，▲▲$P<0.01$，与模型组相比较；
★$P<0.05$，★★$P<0.01$，与低剂量组相比较；
•$P<0.05$，••$P<0.01$，与阳性药组相比较

与正常组大鼠相比，模型组大鼠血清中 ALT、AST、GGT 的含量明显升高($P<0.01$)。给药各组高剂量组、阳性药组能显著地降低 AFLD 大鼠血清中 ALT、AST、GGT 的含量，尤以高剂量组的作用更为明显($P<0.01$)；低剂量组对改善肝功能有一定程度的帮助，但与正常组比较，有显著差异($P<0.05$)，提示 TFHL 对改善 ALT、AST、GGT 等指标有良好的量-效关系。

(五)TFHL 对肝组织形态学改变的影响

肉眼观察，模型组大鼠肝脏体积呈均匀性增大，包膜紧张，边缘钝而厚，表面粗糙，表面及切面呈灰黄色，油腻感。各给药组大鼠之间肉眼观察差别不明显，色泽较暗，质地，弹性均介于模型组大鼠与正常组大鼠之间。

大鼠病理形态学比较 HE 染色结果显示(图 2-21)。正常组：肝小叶内无脂肪变性、炎症和坏死(图 2-21A)；模型组：肝小叶内出现大量脂肪变性，汇管区域伴有炎细胞浸润及部分点状肝细胞坏死(图 2-21B)；各用药组能够明显减轻肝脏脂肪变性和炎症(图 2-21C～E)。

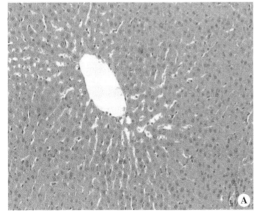
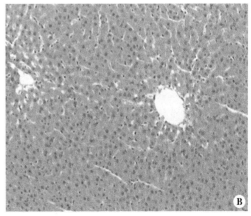

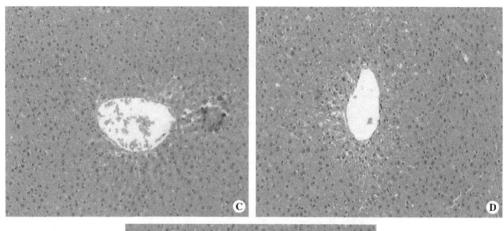
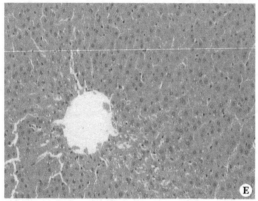

图 2-21　TFHL 对大鼠肝组织形态学影响(HE×100)
A. 正常组；B. 模型组；C. 低剂量组；D. 高剂量组；E. 阳性药组

四、讨　论

　　本实验采用灌胃给予大鼠 56%的白酒成功复制 AFLD 模型。造模动物 LDL-C，以及血清 TG、TC、ALT 含量显著升高，病理也显示肝脏脂质沉积过多，并有大泡性脂肪变性及不同程度炎症，比较符合人类 AFLD 的特点。

　　TFHL 治疗 AFLD 大鼠 4 周后 TC、TG、LDL-C、FFA 含量均有明显下降，HDL-C 含量有所提高($P<0.05$ 或 $P<0.01$)；同时，各给药组大鼠肝湿重、肝-体比、AST 含量、ALT 含量降低($P<0.05$ 或 $P<0.01$)；光镜下观察各给药组大鼠肝细胞脂肪变性、坏死和炎症都明显减轻，高剂量组效果明显。以上结果表明，TFHL 对 AFLD 具有明显的治疗作用。

　　临床研究显示，NAFLD、AFLD 与血脂关系密切，以血脂 TG 升高为突出表现[63]。同时，FFA 被认为是 NAFLD、AFLD 的重要起始因子，是脂肪肝发生的重要因素。当脂肪转出 TG 的功能达到饱和时，过量的 FFA 刺激肝脏 KAFFER 细胞生成 TNF-α，使脂肪酸氧化的关键部位受到损害，促使脂肪肝的形成；同时，FFA 可通过诱导

CYP2E1 的表达增加肝组织的氧耗,加重过氧化反应[64]。本实验结果提示,TFHL 治疗 AFLD 的作用机制可能与其调节机体脂质代谢作用、减少脂肪沉积、加速血脂代谢和改善全身脂类代谢的紊乱状态有关。

参 考 文 献

[1] 范建高. 2002. 代谢综合征与脂肪肝. 临床肝胆病杂志, 2002, 22(5): 273.
[2] 刘瑞杰. 高脂血症和相关疾病. 北京: 科学技术文献出版社, 1999, 74-134.
[3] Denboer M, Voshol P J, KuiPers F, Havekes L M, Romijn J A. Hepatic steatosis: a mediator of the metabolic syndrome. Lessons from animal models. Arterioscl Throm Vas, 2004, 24(4): 644-649.
[4] Shekhawat P, Bennett M J, Sadovsky Y, Nelson D M, Rakheja D, Strauss A W. Human placenta metabolizes fatty acids: implications for fetal fatty acidoxidation disorders and maternal liver diseases. Am J Physiol-Endoc M, 2003, 284(6): 1098-1105.
[5] Sehonfeld G, Patterson B W, Yablonskiy D A, Tanoli T S, Averna M, Elias N, Yue P, Ackerman J. Blonskiv Fatty liver in family hypo-betalipoproteinemia: triglyeeride assembly into VLDL particles is affeeted by the extent o fhepatic steatosis. J Lipid Res, 2003, 44(3): 470-478.
[6] Tuma D J, Casey C A. Dangerous byproducts of alcohol breakdown focus on adducts. Alcohol Res Health, 2003, 27(4): 285-290.
[7] Purohit V, Russo D, Coates P M. Coates role of fatty liver dietary fatty acid supplements and obesity in the progression of aleoholic liver disease introduetion and summary of the symposium. Alcohol, 2004, 34(1): 3-8.
[8] 庞卫君,李影,卢荣华,白亮,吴江维,杨公社. 脂肪细胞分化过程中的分子事件. 细胞生物学杂志, 2005, 27: 497-500.
[9] Hammarstedt A, Andersson C X, Rotter S. The Effect of PPAR gamma ligands on the adipose tissue in insuliresistance. Prostag Leukotr Ess, 2005, 73(1): 65-75.
[10] Lapsys N M, Kriketos A D, Fraser M L, Poynten A M, Lowy A, Furler S M, Chisholm D J, Cooney G J. Expression of genes involved in lipid metabolism correlate with peroxi-some proliferator-activated receptor expression in human skeletal muscle. J Clin Endocr Metab, 2000, 85(11): 4293-4297.
[11] 范建高,曾民德,王国良. 脂肪肝的发病机制. 世界华人消化杂志, 1999, 2(1): 75-76.
[12] Conde R L, Moshage H, Nieto N. HePatoeyte oxidant stress and alcoholic liver disease. Rev Esp Enferm Dig, 2008, 100(3): 156-163.
[13] Bai J, Cedethaurn A L. Over expression of CYPZEI in mitoehondria sensitizes HepG2 cells to the toxieity caused by depletion of glutathione. J Biol Chem, 2006, 281(8): 5128-5136.
[14] Mcclain C, Song Z, Barve S S, Hill D B, Deaciuc I. Recent advances in alcoholic liver disease IV dysregulated cytokinemetabolism in alcoholic liver disease. Am J Physiol-Gastr L, 2004, 287(3): 497-502.
[15] Zhou Z, Wang L, Song Z, Lmbert J C, Mcclain C J, Kang Y J. A critical involvement of oxidative stress in acute alcohol induced hepatic TNF-α roduction. Am J Pathol, 2003, 163(3): 1137-1146.
[16] Wheeler M D. Endotoxin and kupffer cell activation in alcoholic liver disease. Alcohol Res Health, 2003, 27(4): 300-306.
[17] Neuman M G. Cytokines central factors in alcoholic liver disease. Alcohol Res Health, 2003, 27(4): 1307-1316.
[18] Day C P, James O F W. Steatohepatitis, a tale of two hits. Gastroenterology, 1998, 144: 842-845.
[19] 范小芬,邓银泉. NAFLD 患者的胰岛素抵抗. 浙江医学, 2002, 24(5): 268-269.
[20] 张西金. 2003. NAFLD 研究进展. 临床肝胆病杂志, 19(4): 198-199.
[21] 赵景涛. 21 世纪医师丛书消化内科分册. 北京: 中国协和医科大学出版社, 2000, 270-273.
[22] 王志平,杨栓平,顾国妹,等. 大鼠高脂饮食性脂肪肝模型血浆和肝脏脂质含量变化. 山西医科大学学报, 2001, 32(2): 131-132.
[23] 刘亚军. Ⅱ型糖尿病和葡萄糖耐量异常患者游离脂肪酸升高及其意义. 医师进修杂志, 2004, 27(8): 16-18.
[24] Frayn K N. Insulin resistance and lipid metabolism. Curr Opin Lipidol, 1993, (4): 197-204.
[25] 曹文富,邓华聪. 脂毒性与胰岛素抵抗的关系及治疗策略. 中国临床医学刊, 2003, 2(2): 152-154.
[26] Montague C T. Depot and sex specific differences in human leptin mRNA expression. Impications of the control of regional fat distribution. Diabetes, 1997, 46: 342.
[27] Van Harmelen V, Reynisdottir S, Eriksson P, Thörne A, Hoffstedt J, Lönnqvist F, Arner P. Leptin secretion from subcutaneous and visceral adipose tissue in women. Diabetes, 1998, 47: 913-917.
[28] Bjorntorp P. Metabolic implications of body fat distribution. Diabetes Care, 1991, 14(12): 1132-1143.
[29] Yang S, Zhu H, Li Y, Lin H, Gabrielson K, Trush M A, Diehl A M. Mitochondrial adaptions to obesity-related oxidant

stress. Arch Biochem Biophys, 2000, 378(5): 259-268.
- [30] 丁效蕙, 赵景民, 孙艳玲, 等. 非酒精性脂肪性肝炎肝组织 TNF-α、TGF-β1 和 Leptin 的表达及意义. 解放军医学杂志, 2006, 31(8): 750-753.
- [31] 黄健, 李瑜元. NAFLD 患者肿瘤坏死因子-α 基因多态性研究. 广州医学院学报, 2004, 32(4): 24-26.
- [32] Koteish A, MaeDiehl A. Animal models of steatohepatitis. Best Praet Res Cl Ga, 2002, 16(2): 679-690.
- [33] Teoh N, Leclercq I, Pena A D, Farrell G. Low-dose TNF-alpha protects against hepatic ischemia-reperfusion injury in mice, implications for preconditioning. Hepatology, 2003, 37(1): 118-128.
- [34] 杨力强, 易自刚. 中医药治疗脂肪肝概况. 湖南中医杂志, 2004, 20(6): 20.
- [35] 王德山, 肖玉芳, 许正杰. 枸杞抗实验性高脂血症、肝脂量效关系及毒性研究. 辽宁中医杂志, 1997, 24(2): 567.
- [36] 梅全喜, 毕焕新. 现代中药药理手册. 北京: 中国中医药出版社, 1998: 53.
- [37] 汪敏. 胶股蓝对实验性家兔高脂血症的作用观察. 贵州医药, 1994, 18(3): 129.
- [38] 佟如新, 代旭. 抗脂肪肝中药研究进展. 中医文献杂志, 1999, 23(1): 41.
- [39] 徐荣花, 艾中华, 陈丽娟. 舒肝活血软坚散结汤治疗脂肪肝. 新中医, 2001, 33(2): 58.
- [40] 胡同杰, 蔡东联, 王建军. 绿茶预防大鼠脂肪肝的效果. 第二军医大学学报, 1995, 16(3): 261.
- [41] 钟杰, 吴万垠. 肝胆宁抗乙硫氨酸致小鼠脂肪肝的实验研究. 新消化病学杂志, 1995, 3(3): 134.
- [42] 潘智敏, 李玉花, 黄琦. 调脂积冲剂治疗脂肪肝小鼠的实验研究. 浙江中医学院学报, 2003, 27(6): 49.
- [43] 赵文霞, 段荣章, 苗明三. 脂肝乐胶囊治疗痰湿瘀阻型脂肪肝的临床与实验研究. 中国中西医结合杂志, 1997, 17(8): 456.
- [44] 黄兆胜, 王宗伟, 黄炎真. 虎金丸抗大鼠脂肪肝病理学和超微结构观察. 中西结合肝病杂志, 1998, 8(3): 150.
- [45] 王建明. 小柴胡汤对酒精性脂肪肝的防治作用. 国外学·中医中药分册, 1998, (15): 54.
- [46] 河福金, 贠长恩, 王德福. 小柴胡汤对大鼠酒精性肝损伤的防护作用. 中西医结合肝病杂志, 1994, 4(3): 19.
- [47] 河福金, 贠长恩, 王德福. 小柴胡汤对大鼠酒精性肝损伤防护作用的组化和系列化研究. 北京中医药大学学报, 1997, 20(1): 45-47.
- [48] 戴宁, 曾民得, 李继强. 复方中药抑制非酒精性脂肪肝细胞色素 P450ⅡEl 表达的实验研究. 中国中西医结合杂志, 2000, 10(2): 27.
- [49] 汪晓军, 张晓刚, 张学文. 清肝活血饮抗大鼠脂肪肝的实验研究. 中国中西医结合消化杂志, 2003, 11(2): 70.
- [50] 唐瑛, 唐忠志, 杨李. 消脂饮治疗高脂血症性脂肪肝实验研究. 解放军药学学报, 2003, 19(6): 429.
- [51] Li T P, Zhu R G, Dong Y P, Liu Y H, Li S H, Chen G. Effects of pectin pentaoligosaccharide from hawthorn (*Crataegus pinnatifida* Bge. var. *major*) on the activity and mRNA levels of enzymes involved in fatty acid oxidation in the liver of mice fed a high-fat diet. J Agr Food Chem, 2013, 61(8): 7599-7605.
- [52] 李中平, 宋海坡, 沈红艺, 王璐, 杜沛. 山楂叶提取物对非酒精性脂肪性肝病大鼠糖脂代谢作用的研究. 中西医结合肝病杂志, 2013, 23(5): 286-293.
- [53] 魏秀芳, 梁钰华, 李远瑾, 林丽微, 廖华卫, 崔升淼. 山楂叶总黄酮自乳化颗粒对大鼠非酒精性脂肪肝的防治作用. 中国实验方剂学杂志, 2013, 19(14): 219-221.
- [54] Luo Y C, Chen G, Li B, Ji B P, Guo Y, Tian F. Evaluation of antioxidative and hypolipidemic properties of a novel functional diet formulation of *Auricularia auricula* and *Hawthorn*. Innov. Food Sci Emerg, 2009, 10(2): 215-221.
- [55] 刘荣华, 余伯阳, 邱声祥, 白桂昌. 山楂叶中多元酚类成分抗超氧阴离子活性. 研究及构效关系分析. 中国中药杂志, 2007, 40(14): 1066-1069.
- [56] 张文洁, 杨英, 张辉. 山楂叶提取物对高血脂大鼠影响. 辽宁中医杂志, 2008, 35(2): 307-308.
- [57] 倪鸿昌, 李俊, 金涌, 臧红梅, 张珺艳, 黄艳. 大鼠实验性非酒精性脂肪性肝炎模型的研究. 安徽医科大学学报, 2005, 40(3): 281-284.
- [58] 古赛, 蒋小黎, 何琳, 王不龙. 重庆医科大学学报, 2006, 31(1): 81-84.
- [59] 徐叔云. 甲状腺药物与抗甲状腺药物. 北京: 人民卫生出版社, 2003, 1229-1239.
- [60] 倪鸿昌, 李俊, 金泳, 臧红梅, 张骏艳, 黄艳. 大鼠实验性非酒精性脂肪性肝炎模型的研究. 安徽医科大学学报, 2008, 40(3): 281-284.
- [61] 古赛, 蒋小黎, 何琳, 王不龙. 大鼠慢性酒精性脂肪肝模型的建立. 重庆医科大学学报, 2006, 31(31): 81-84.
- [62] 陈芝芸, 严茂祥, 何蓓晖. 大鼠非酒精性脂肪性肝炎形成中氧化应激水平的变化及山楂叶总黄酮对其的影响. 医学研究杂志, 2007, 36(12): 33-36.
- [63] 严茂祥, 陈芝芸, 何蓓晖. 山楂叶总黄酮对非酒精性脂肪性肝炎大鼠肝组织 NF-κB 及其抑制物表达的影响. 中华中医药杂志, 2009, 24(2): 139-143.
- [64] 陈芝芸, 刘红, 严茂祥等. 山楂叶总黄酮对非酒精性脂肪性肝炎大鼠肝组织 CYP2E1 表达的影响. 中华中医药杂志, 2010, 25(1): 141-144.

第三章 山楂叶的化学成分及质量研究

第一节 山楂叶的化学成分与鉴定

中医药是我国的国粹之一,为人类的繁衍发展作出了巨大贡献。中医药历史悠久,并具有独特的理论体系,然而中药的本质和机制等相关内容却落后于现代医药科学的发展,严重阻碍了中药的科学化和现代化进程。因此,探索单味药、复方药药效物质基础越来越引起中医药界科研工作者的关注。由于中药组成复杂、化学成分多样,加之研究方法相对滞后,导致中药的药效物质基础等方面研究不够深入。中药的药效物质研究是中药现代化的关键和核心,揭示其中有效的化学组分迫在眉睫。本书第二章的研究结果表明,山楂叶提取物具有显著的防治脂肪肝作用,为了明确山里红叶提取物预防脂肪肝有效成分,从药效物质基础研究角度出发,我们对山里红叶70%乙醇提取物进行大孔吸附树脂处理后,萃取成氯仿、正丁醇及水层部分,正丁醇层采用硅胶柱色谱、聚酰胺柱色谱、薄层色谱等技术进行分离纯化,根据液相色谱、液质联用和核磁共振进行结构鉴定,阐明了山楂叶防治脂肪肝的药效物质。

一、仪器、药品与试剂

(一)仪器

LC-10AVP 高效液相色谱仪(日本岛津公司);N2000 色谱工作站(中国浙江大学);UV-4820 型紫外可见分光光度计(中国上海尤尼克公司);AR2140 电子天平(中国上海奥豪斯公司);AS3120 超声清洗器(Autoscience 公司);DW-2 型恒温调热器(中国江苏南通县教学仪器二厂);RE-52 旋转蒸发仪(中国上海亚荣生化仪器厂);ZDHW 调温电热套(中国北京中兴伟业仪器有限公司)。

(二)药品与试剂

AB-8 大孔吸附树脂(天津南开大学化工厂),聚酰胺(100 目)(浙江路桥四甲化工厂),柱色谱硅胶(200~300 目)及薄层色谱用硅胶 G、GF_{254}(山东青岛海洋化工厂生产);乙醇(沈阳市金驰集团),盐酸(沈阳化学试剂一厂),乙酸乙酯(天津天河化学试剂一厂),乙醚和正丁醇(天津天河化学试剂一厂),氯仿(北京化学工厂),甲醇(山东禹五实业总公司化工厂),甲酸(天津化学试剂厂),乙酸(沈阳市诚试剂厂),以上试剂均为分析纯。乙腈、甲醇(色谱纯)(中国医药集团上海化学试剂公司)。

(三)药材

本实验所用药材为山里红叶,采于辽宁省沈阳市辽中县,由辽宁中医药大学植物教研室王冰教授鉴定。

二、山里红叶提取物化学成分提取与分离

将山里红叶 3kg,粉碎,装入提取容器中,70%乙醇热提取三次,第一次 2h,第二、三次各 1h,减压回收乙醇得浸膏 1000mL,上 AB-8 型大孔树脂柱,以 8 倍柱体积水洗脱除杂质,再以 3 倍 70%乙醇梯度洗脱,洗脱液经减压回收乙醇,水层用氯仿萃取,倾出氯仿层,下层用正丁醇萃取,剩余为水层。正丁醇层减压蒸干得 200g 浸膏,以 200~300 目硅胶柱分离。用氯仿和甲醇的混合液梯度洗脱,洗脱液浓缩为 5 份,各部分干法装于硅胶柱。用不同展开剂洗脱,放置,重结晶,得到晶体。从中分离得到 9 个化合物,经 ^{1}H-NMR、^{13}C-NMR 及 ESI-MS 分析鉴定,分别为槲皮素(1)、异槲皮苷(2)、金丝桃苷(3)、芦丁(4)、牡荆素(5)、牡荆素-2″-O-鼠李糖苷(6)、牡荆素-4″-O-葡萄糖苷(7)、绿原酸(8)、维生素 B_2(9)。其中维生素 B_2 为该植物中首次分得。化合物结构见表 3-1。

表 3-1 山里红叶中 9 种单体成分化学结构

序号	名称	结构	鉴别方法
1	槲皮素		^{1}H-NMR ^{13}C-NMR
2	异槲皮苷		^{1}H-NMR ^{13}C-NMR ESI-MS
3	金丝桃苷		^{1}H-NMR ESI-MS

续表

序号	名称	结构	鉴别方法
4	芦丁		^{1}H-NMR ^{13}C-NMR ESI-MS
5	牡荆素		^{1}H-NMR ^{13}C-NMR ESI-MS
6	牡荆素-2″-O-鼠李糖苷		^{1}H-NMR ESI-MS
7	牡荆素-4″-O-葡萄糖苷		^{1}H-NMR ^{13}C-NMR HSQC HMBC ESI-MS
8	绿原酸		^{1}H-NMR ^{13}C-NMR ESI-MS
9	维生素 B_2		^{1}H-NMR ^{13}C-NMR

三、化合物结构鉴定

化合物 1：槲皮素，黄色粉末。^{1}H-NMR（MeOD，300MHz），δ：6.89（1H，d，J=8.5Hz，5′-H），7.64（1H，d，J=8.5Hz，6′-H），7.74（1H，d，J=1.9Hz，2′-H），6.19（1H，d，J=1.9Hz，6-H），6.41（1H，d，J=1.9Hz，8-H）。^{13}C-NMR：(DMSO-d_6) δppm：148.7（C-2），137.2（C-3），177.3（C-4），162.5（C-5），99.2（C-6），165.6（C-7），94.4（C-8），158.2（C-9），104.5（C-10），124.2（C-1′），116.0（C-2′），146.2（C-3′），148.0（C-4′），116.2（C-5′），121.7（C-6′）（图3-1、图3-2）。以上 ^{1}H-NMR、^{13}C-NMR 数据与文献报道的槲皮素[1-3]一致，故化合物 1 确定为槲皮素。其结构见表3-1。

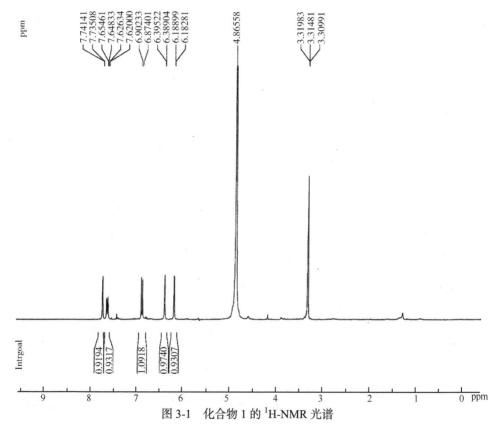

图3-1　化合物1的 ^{1}H-NMR 光谱

化合物2：异槲皮苷，黄绿色粉末。ESI-MS（M-H）：463m/z。^{1}H-NMR（DMSO-d_6，300MHz），δ：6.21（1H，s，H-6），6.41（1H，d，J=1.2Hz，H-8），6.84（1H，d，J=9.0Hz，H-5′），7.58（1H，d，J=5.7Hz，H-2′），7.67（1H，s，H-6′），10.9（1H，s，OH），12.6（1H，d，J=5.7Hz，OH），9.73（1H，s，OH），9.23（1H，s，OH），5.47（1H，d，J=6.6Hz，H-1″），3.39～3.61（多重峰）。^{13}C-NMR：(DMSO-d_6) δppm：61.1（C-6″），70.0（C-4″），74.2（C-2″），76.6（C-3″），77.7（C-5″），93.6（C-8），98.7（C-6），100.9（C-1″），104.1（C-10），

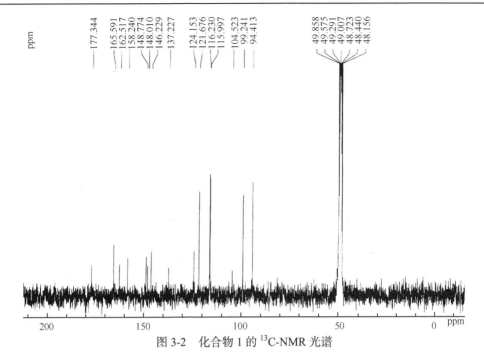

图 3-2 化合物 1 的 ^{13}C-NMR 光谱

115.3(C-2′), 116.3(C-5′), 121.3(C-6′), 121.7(C-1′), 133.4(C-3), 144.9(C-3′), 148.6(C-4′), 156.3(C-2), 156.4(C-9), 161.3(C-5), 164.2(C-7), 177.5(C-4)(图 3-3～图 3-5)。与文献[4-6]报道的异槲皮苷一致,故化合物 2 确定为异槲皮苷。其结构见表 3-1。

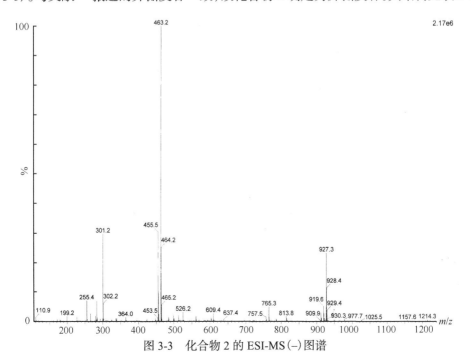

图 3-3 化合物 2 的 ESI-MS(−)图谱

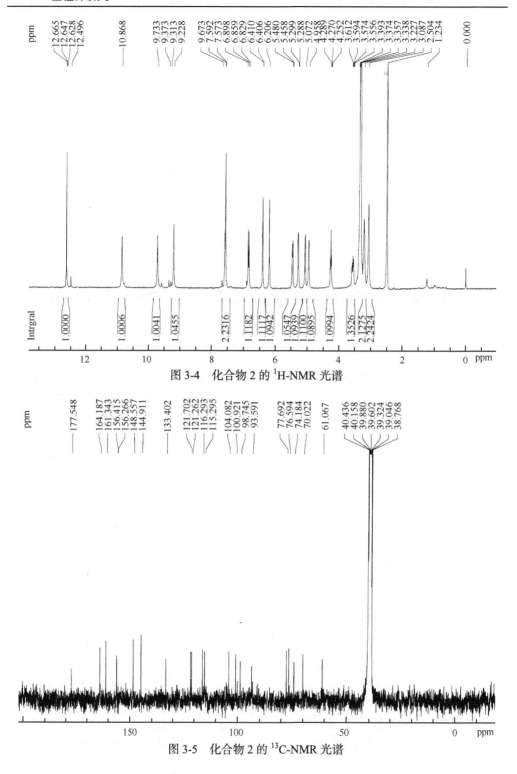

图 3-4　化合物 2 的 ^{1}H-NMR 光谱

图 3-5　化合物 2 的 ^{13}C-NMR 光谱

化合物 3：金丝桃苷，黄色粉末。ESI-MS（M-H）：463m/z。^{1}H-NMR（DMSO-d$_6$，

300MHz),δ：6.81(1H,d,J=8.4Hz,5'-H)7.68(1H,d,J=8.4Hz,6'-H),7.53(1H,s,2'-H),6.20(1H,d,J=2.1Hz,6-H),6.41(1H,d,J=2.1Hz,8-H),12.64(1H,s,5-OH),10.93(1H,s,7-OH),9.77(1H,s,4'-OH),9.19(1H,s,3-OH),5.39(1H,d,J=7.5Hz,gal-1'-H)。^{13}C-NMR：(DMSO-d$_6$)δppm：156.3(C-2),133.5(C-3),177.5(C-4),161.2(C-5),97.9(C-6),164.1(C-7),93.5(C-8),156.3(C-9),103.9(C-10),122.0(C-1'),115.2(C-2'),144.9(C-3'),148.3(C-4'),115.9(C-5'),121.1(C-6'),101.8(C-1''),71.2(C-2''),73.2(C-3''),67.9(C-4''),75.9(C-5''),60.2(C-6'')(图3-6、图3-7)。以上 ^{1}H-NMR、^{13}C-NMR 光谱数据与文献报道[1-3]的金丝桃苷一致,故化合物3确定为金丝桃苷。其结构见表3-1。

化合物4：芦丁,黄色粉末。ESI-MS(M-H)：609m/z。^{1}H-NMR(DMSO-d$_6$,300MHz),δ：6.2(1H,d,J=2Hz,H-6),6.4(1H,d,J=1.8Hz,H-8),6.8(1H,d,

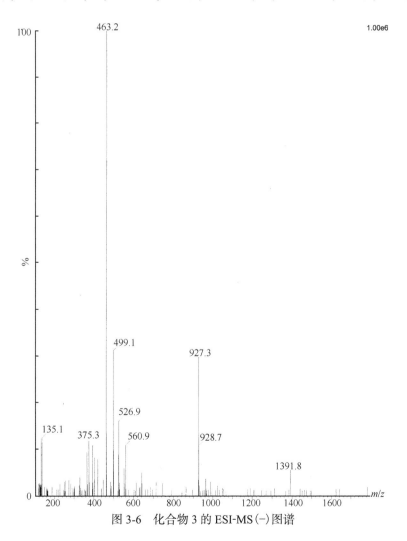

图3-6 化合物3的ESI-MS(-)图谱

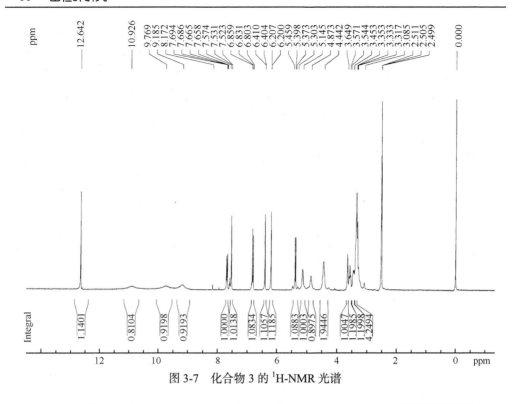

图 3-7 化合物 3 的 ^{1}H-NMR 光谱

J=8.7Hz,H-5′),7.5(2H,d,H-3′,H-6′),5.3(1H,d,J = 6.9Hz,葡萄糖的端基氢),4.4(1H,鼠李糖的端基氢),1.0(3H,鼠李糖的甲基氢)。^{13}C-NMR:(DMSO-d$_6$)δppm:156.5(C-2),133.4(C-3),177.4(C-4),161.3(C-5),98.7(C-6),164.1(C-7),93.6(C-8),156.5(C-9),104.0(C-10),121.6(C-1′),115.3(C-2′),144.8(C-3′),148.4(C-4′),115.3(C-5′),121.2(C-6′),101.2(C-1″),70.6(C-2″),76.0(C-3″),68.3(C-4″),74.1(C-5″),67.0(C-6″)。100.8(C-1‴),70.4(C-2‴),70.2(C-3‴),71.9(C-4‴),70.1(C-5‴),17.7(C-6‴)(图 3-8~图 3-10)。以上 ^{1}H-NMR、^{13}C-NMR 光谱数据与文献报道[2]的芦丁一致,故化合物 4 确定为芦丁。其结构见表 3-1。

化合物 5:牡荆素,黄绿色针晶。ESI-MS(M-H):431m/z。^{1}H-NMR(DMSO-d$_6$,300MHz),δ:4.69(1H,d,1″-H),6.27(1H,s,6-H),6.77(1H,s,3-H),6.89(2H,d,J=8.4Hz,3′-H,5′-H),8.02(2H,d,J=8.4Hz,2′-H,6′-H),10.30(1H,s,4′-OH),10.79(1H,s,7-OH),13.16(1H,s,5-OH)。^{13}C-NMR:(DMSO-d$_6$)δppm:164(C-2),102.5(C-3),182.1(C-4),161.2(C-5),98.2(C-6),163(C-7),105(C-8),156(C-9),104(C-10),122(C-1′),129(C-2′),116(C-3′),160(C-4′),116(C-5′),129(C-6′),73(C-1″),70.9(C-2″),79(C-3″),70.6(C-4″),82(C-5″),61(C-6″)(图 3-11~图 3-13)。以上 ^{1}H-NMR、^{13}C-NMR 光谱数据与文献报道[1-3]的牡荆素一致,故化合物 5 确定为牡荆素。其结构见表 3-1。

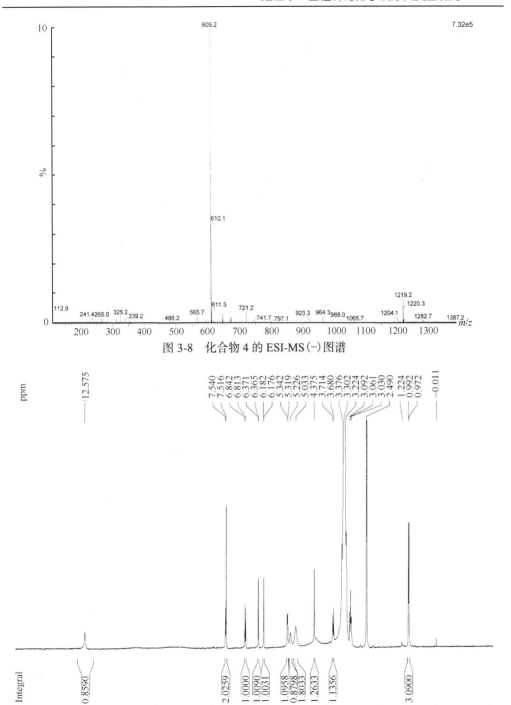

图 3-8　化合物 4 的 ESI-MS(-)图谱

图 3-9　化合物 4 的 ^{1}H-NMR 光谱

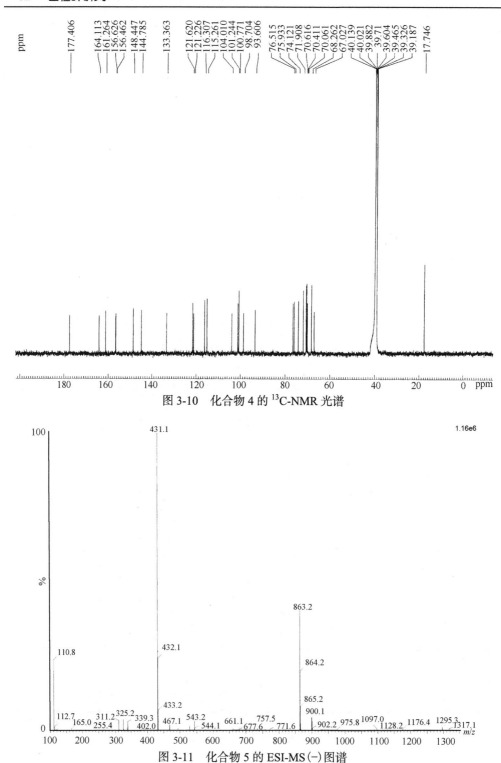

图 3-10　化合物 4 的 ^{13}C-NMR 光谱

图 3-11　化合物 5 的 ESI-MS(−)图谱

第三章 山楂叶的化学成分及质量研究

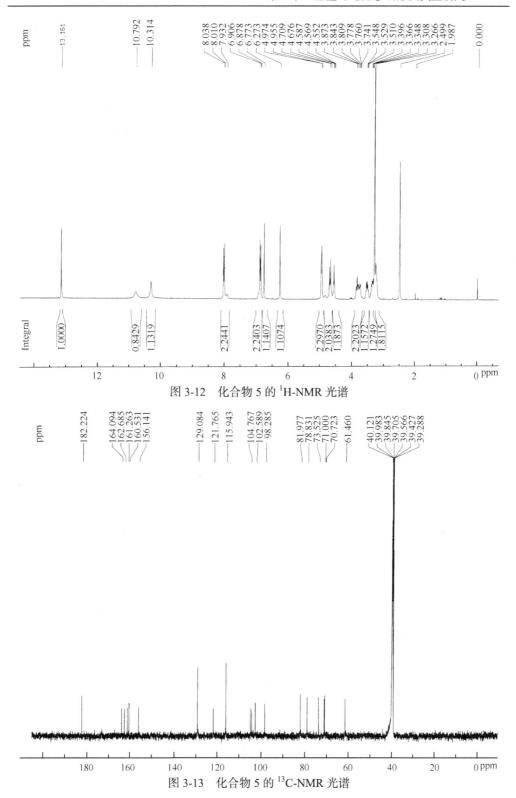

图 3-12 化合物 5 的 ^{1}H-NMR 光谱

图 3-13 化合物 5 的 ^{13}C-NMR 光谱

化合物 6：牡荆素-2″-O-鼠李糖苷，黄绿色针晶。ESI-MS(M-H)：577m/z。^{1}H-NMR(DMSO-d_6, 300MHz)，δ：6.26(1H, s, 6-H)，6.80(1H, s, 3-H)，6.91(2H, d, J=8.7Hz, 3′-H, 5′-H)，8.06(2H, d, J=8.7Hz, 2′-H, 6′-H)，10.38(1H, s, 4′-OH)，10.89(1H, s, 7-OH)，13.14(1H, s, 5-OH)，4.77(1H, d, J=9.9Hz, 1″-H)，4.99(1H, s, 1‴-H)，0.47(3H, d, J=6.0Hz, rha-CH$_3$)(图 3-14、图 3-15)。以上 ^{1}H-NMR 数据与文献报道[3]牡荆素-2″-O-鼠李糖苷一致，故化合物 6 确定为牡荆素-2″-O-鼠李糖苷。其结构见表 3-1。

化合物 7：牡荆素-4″-O-葡萄糖苷，淡黄色针晶。ESI-MS(M-H)：593m/z。^{1}H-NMR(DMSO-d_6, 300MHz)，δ：6.21(1H, s, 6-H)，6.70(1H, s, 3-H)，6.89(2H, d, J=8.7Hz, 3′-H, 5′-H)，7.99(2H, d, J=8.7Hz, 2′-H, 6′-H)，8.41(1H, s, 7-OH)，13.12(1H, s, 5-OH)，4.82(1H, d, J=9.96Hz, 1″-H)，3.93(1H, d, J=7.68Hz, 1‴-H)。

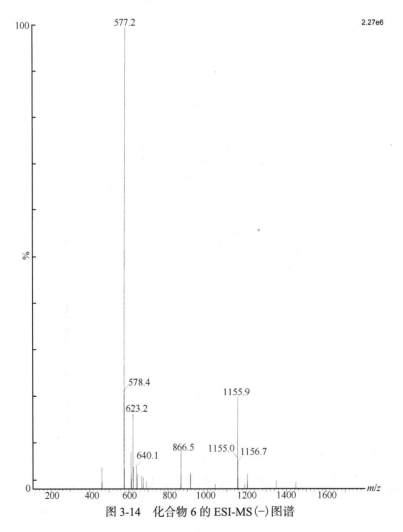

图 3-14　化合物 6 的 ESI-MS(-)图谱

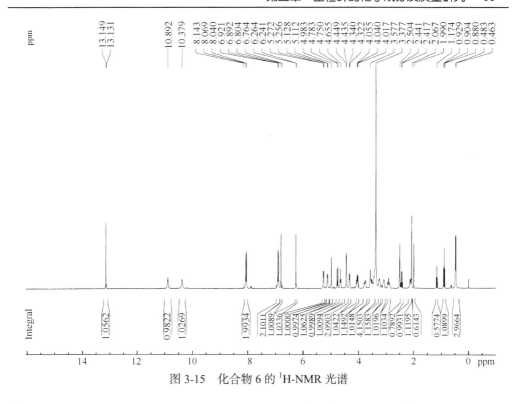

图 3-15 化合物 6 的 ^{1}H-NMR 光谱

^{13}C-NMR：(DMSO-d_6) δppm：163.6(C-2)，103.4(C-3)，181.9(C-4)，160.6(C-5)，98.5(C-6)，165.5(C-7)，102.6(C-8)，156.3(C-9)，103.8(C-10)，121.7(C-1')，128.9(C-2')，116.0(C-3')，161.3(C-4')，116.0(C-5')，128.9(C-6')，76.3(C-1")，78.4(C-2")，81.4(C-3")，76.1(C-4")，70.2(C-5")，60.4(C-6")。105.2(C-1''')，81.8(C-2''')，71.5(C-3''')，71.6(C-4''')，69.5(C-5''')，61.1.7(C-6''')（图 3-16～图 3-18）。以上 ^{1}H-NMR、^{13}C-NMR 光谱数据与文献报道[8]的牡荆素-4''-O-葡萄糖苷一致，故化合物 7 确定为牡荆素-4''-O-葡萄糖苷。其结构见表 3-1。

化合物 8：绿原酸，白色针晶。ESI-MS(M-H)：353m/z。^{1}H-NMR(DMSO-d_6，300MHz)，δ：6.15(1H，d，J=15.9Hz，α-H)，7.42(1H，d，J=15.9Hz，β-H)，6.77(2H，d，J=8.1Hz，5-H)，7.04(1H，d，J=1.8Hz，2-H)及 6.98(2H，d，J=8.1Hz，J=1.8Hz，6-H)，9.5(1H，s，4-OH)，9.1(1H，s，3-OH)，以上氢谱信号与咖啡酰基一致。4.74-5.11(3H，三个醇羟基信号)，3.93、3.57、1.22(3H，三个次甲基信号)，2.04-1.92(2H，二个亚甲基信号)，以上氢谱信号与奎宁酸氢信号相符。^{13}C-NMR：(DMSO-d_6) δppm：114.4(C-α)，148.4(C-β)，114.8(C-2)，115.6(C-5)，121.4(C-6)，125.7(C-1)，145.0(C-4)，145.6(C-3)，165.8(酯羰基)，以上光谱数据与咖啡酰基基本一致。174.9，73.6，70.9，70.5，68.2，37.3，36.4 光谱数据与报道的奎宁酸相符（图 3-19～图 3-21），故化合物 8 确定为绿原酸[9, 10]。其结构见表 3-1。

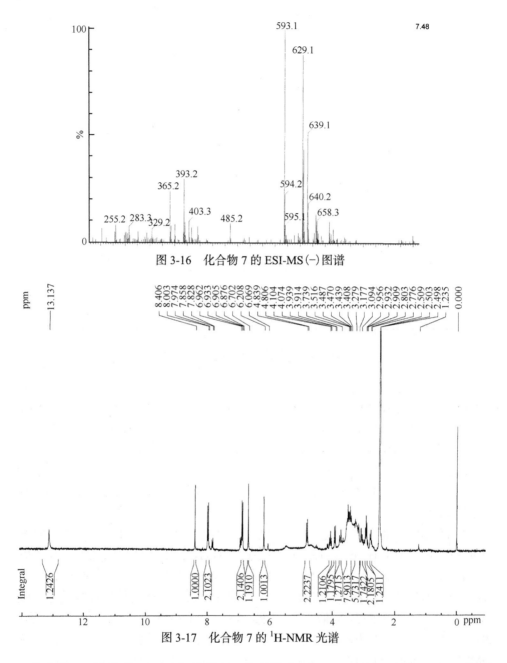

图 3-16 化合物 7 的 ESI-MS(-)图谱

图 3-17 化合物 7 的 ^{1}H-NMR 光谱

化合物 9：维生素 B_2，又名核黄素，黄色粉末。^{1}H-NMR(DMSO, 300MHz)，δ：7.9(1H, s, H-6)，7.9(1H, s, H-9)，11.3(1H, s, H-3)，2.5(3H, d, H-3′, H-6′)，5.3(1H, d, J=6.9Hz)，4.4(1H)，1.0(3H)。^{13}C-NMR：(DMSO)δppm：160.0(C-2)，155.6(C-4)，130.7(C-6)，117.5(C-7)，117.5(C-8)，132.16(C-9)，150.9(C-11)，146.12(C-12)，136.8(C-13)，134.1(C-14)，20.80(C-15)，18.79(C-16)，73.1(C-1′)，

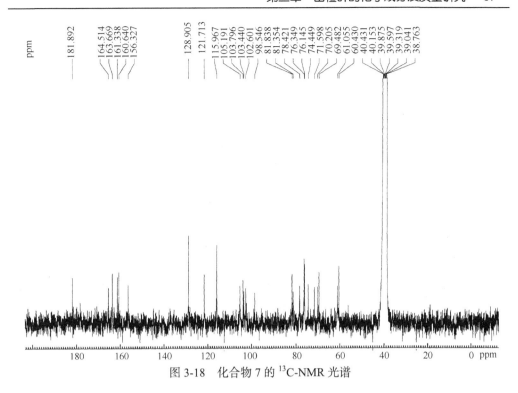

图 3-18　化合物 7 的 ^{13}C-NMR 光谱

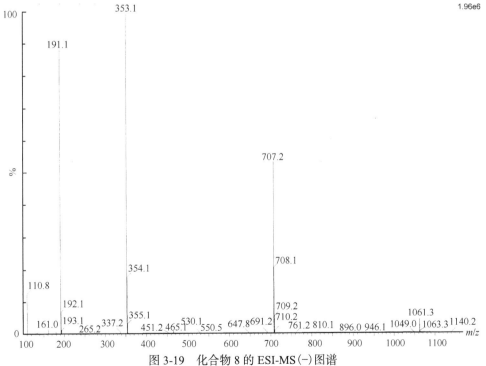

图 3-19　化合物 8 的 ESI-MS(−) 图谱

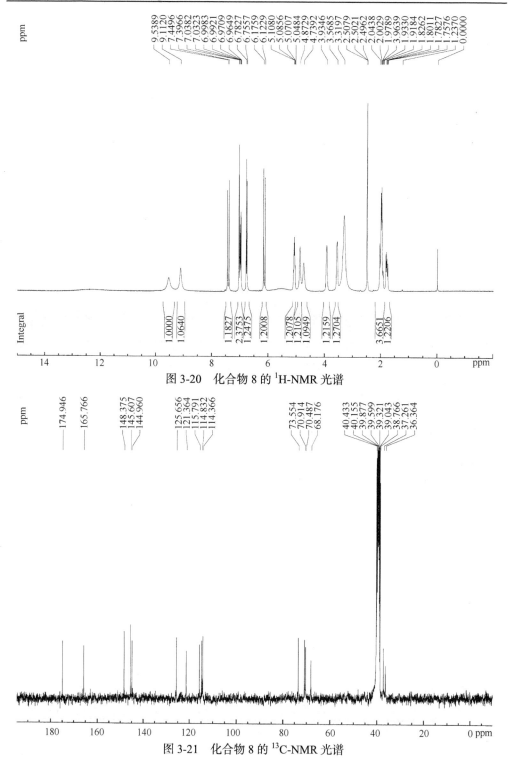

图 3-20 化合物 8 的 ^{1}H-NMR 光谱

图 3-21 化合物 8 的 ^{13}C-NMR 光谱

47.38(C-2′),40.0(C-3′),39.3(C-4′),39.0(C-5′)(图 3-22、图 3-23)。以上 ^{1}H-NMR、

^{13}C-NMR 光谱数据与文献[11]报道的维生素 B_2 一致，故化合物 9 确定为维生素 B_2。其结构见表 3-1。

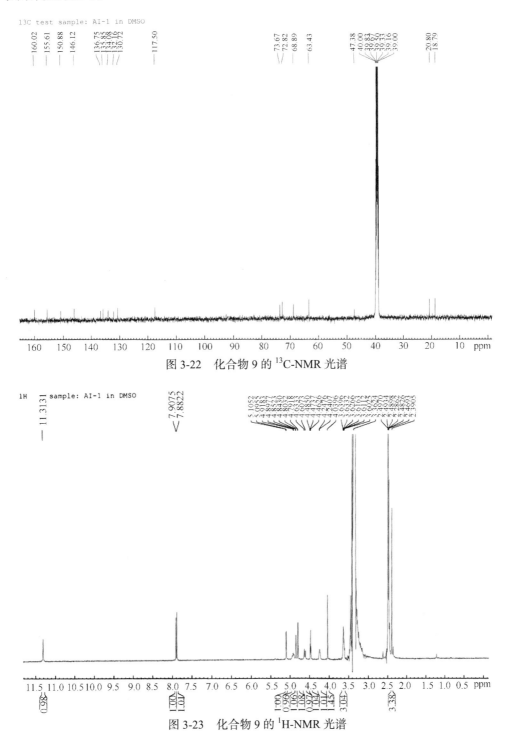

图 3-22　化合物 9 的 ^{13}C-NMR 光谱

图 3-23　化合物 9 的 ^{1}H-NMR 光谱

第二节　HPLC法同时测定山楂叶中8种活性成分

为了控制山里红叶提取物质量，本实验首次建立了同时测定山里红叶提取物中绿原酸、牡荆素-4″-O-葡萄糖苷、牡荆素-2″-O-鼠李糖苷、牡荆素、芦丁、金丝桃苷、异槲皮苷、槲皮素8种活性成分的HPLC-UV法，并对不同采收期、不同地区山里红叶活性成分进行研究，同时对一个产地山楂叶不同采收期8种活性成分进行了详细研究，以区别山里红叶和山楂叶种间差异，为山里红叶提取物药材来源和质量标准制定提供前提保证。

一、仪器、药品与试剂

(一) 仪器

Agilent 1100高效液相色谱仪四元泵及可变波长紫外检测器(美国安捷伦公司)；3010紫外分光光度计(日本日立公司)；AGBP210S电子天平(德国Satorius公司)；RE-52A旋转蒸发仪(中国上海亚荣生化仪器厂)。

(二) 药品与试剂

对照品绿原酸、牡荆素-4″-O-葡萄糖苷、牡荆素-2″-O-鼠李糖苷、牡荆素、芦丁、金丝桃苷、异槲皮苷、槲皮素(自制，采用高效液相色谱峰面积归一化法，纯度>98%)；色谱纯乙腈、四氢呋喃(天津市科密欧化学试剂有限公司)，其他试剂均为分析纯。

(三) 药材

山楂叶(leaves of *C. pinnatifida* Bge.)(沈阳)及山里红叶(leaves of *C. pinnatifida* Bge. var. *major*)(辽中、辽阳)，经辽宁中医药大学植物教研室王冰教授鉴定。

二、色谱条件

色谱柱：(Diamonsil ODS C_{18}，150mm×4.6mm，5μm)(迪马公司，中国北京)；流动相：采用二元梯度系统；溶剂A：乙腈-四氢呋喃(95:5)；溶剂B：1%磷酸溶液。梯度洗脱程序为 13%～18%(A)0～11min，18%～19%(A)11～25min，19%～20%(A)25～30min，20%～22%(A)30～35min，22%～25%(A)35～40min，25%～28%(A)40～45min，28%～30%(A)45～50min，30%～32%(A)50～55min，100%(A)55～65min;初始流动相平衡5次，总运行时间为70min；检测波长：280nm；流速：1.0mL/min；内标物(internal standard, IS)：黄芩苷(中国药品生物制品检定所)；柱温：25℃；进样量：20μL。

三、系统适用性试验

理论塔板数按绿原酸计算不低于 6000、牡荆素-4″-O-葡萄糖苷不低于 4400、牡荆素-2″-O-鼠李糖苷不低于 3600、牡荆素不低于 6500、芦丁不低于 3800、金丝桃苷不低于 5300、异槲皮苷不低于 6800、槲皮素不低于 4600,各峰与其相邻色谱峰的分离度大于 1.5,拖尾因子均为 0.95~1.05。精密吸取同一份含有绿原酸、牡荆素-4″-O-葡萄糖苷、牡荆素-2″-O-鼠李糖苷、牡荆素、芦丁、金丝桃苷、异槲皮苷和槲皮素的混合对照品溶液,重复进样 5 次,每次 20μL,记录色谱峰面积与内标物黄芩苷峰面积的比值,表明系统重复性良好,结果见表 3-2。

表 3-2　HPLC 系统重复性

序号	CHA/IS	VG/IS	VR/IS	VIT/IS	RUT/IS	HP/IS	Iqtrin/IS	Qtin/IS
1	0.296	1.15	4.39	0.596	1.02	1.56	0.590	0.253
2	0.288	1.17	4.27	0.590	1.01	1.53	0.594	0.257
3	0.298	1.14	4.19	0.568	1.04	1.57	0.583	0.256
4	0.289	1.20	4.28	0.587	1.01	1.55	0.596	0.261
5	0.291	1.12	4.26	0.579	1.03	1.58	0.593	0.254
$\bar{x}$	0.294	1.14	4.28	0.584	1.02	1.56	0.591	0.256
SD	0.0041	0.021	0.065	0.011	0.012	0.019	0.0051	0.0031
RSD/%	1.4	1.8	1.5	1.9	1.1	1.2	0.86	1.2

注:CHA. 绿原酸;VG. 牡荆素-4″-O-葡萄糖苷;VR. 牡荆素-2″-O-鼠李糖苷;VIT. 牡荆素;RUT. 芦丁;HP. 金丝桃苷;Iqtrin. 异槲皮苷;Qtin. 槲皮素;RSD. 相对标准偏差;IS. 内标物。后表同

四、供试品溶液的制备

取山里红叶提取物 0.1g,精密称定,置具塞锥形瓶中,精密加入 0.3mL 黄芩苷(0.24mg/mL)内标溶液,加入 50%甲醇 10mL 超声 30min,静置,用 0.45μm 微孔滤膜过滤,取续滤液,备用。

五、标准曲线的绘制

(一)对照品溶液的制备

分别取绿原酸、牡荆素-4″-O-葡萄糖苷、牡荆素-2″-O-鼠李糖苷、牡荆素、芦丁、金丝桃苷、异槲皮苷、槲皮素对照品适量,精密称定,分别置于 5mL 量瓶中,加甲醇溶解并稀释到刻度,摇匀,浓度分别为 0.0772mg/mL、2.00mg/mL、1.856mg/mL、

0.332mg/mL、0.388mg/mL、0.342mg/mL、0.398mg/mL 和 0.894mg/mL，备用。

(二) 内标溶液的制备

称取黄芩苷约 12mg，精密称定，置于 50mL 量瓶中，加甲醇溶解并稀释到刻度，摇匀，制成浓度为 0.24mg/mL 的内标溶液，备用。

(三) 标准曲线的绘制

精密量取各对照品溶液适量，置 5mL 量瓶中，精密加入内标溶液 0.15mL，然后用甲醇稀释至刻度，摇匀，作为混合对照品溶液，备用。精密吸取混合对照品溶液 20μL，注入高效液相色谱仪，记录色谱图。以对照品峰面积与内标物峰面积比值为纵坐标(Y)，以对照品溶液的浓度（μg/mL）为横坐标(X)，绘制标准工作曲线，详细结果见表 3-3。

表 3-3　8 种化合物的标准曲线

化合物名称	回归方程	相关系数(r)	线性范围
CHA	$Y=0.0728X+0.0081$	0.9993	0.0965～19.3
VG	$Y=0.02X+0.0222$	0.9997	1.2～120.0
VR	$Y=0.0543X+0.0727$	0.9995	3.712～371.2
VIT	$Y=0.0622X-0.0004$	0.9992	0.1992～19.92
RUT	$Y=0.0304X+0.0123$	0.9996	0.97～97.00
HP	$Y=0.0574X+0.0145$	0.9993	0.3078～30.78
Iqtrin	$Y=0.0484X+0.0147$	0.9997	0.597～59.70
Qtin	$Y=0.0484X+0.0147$	0.9997	1.7877～89.38

六、重复性试验

取同一份提取物，精密称定，按"供试液的制备"项下方法平行制备 5 份，进样分析，记录色谱峰面积与内标峰面积的比值，内标法计算百分含量、平均值及 RSD，结果表明，供试品测试结果有良好的重复性，结果见表 3-4。

表 3-4　HPLC 方法的重复性　　　　　　　　（单位：%）

序号	CHA	VG	VR	VIT	RUT	HP	Iqtrin	Qtin
1	0.034 5	4.95	5.98	0.098 8	0.338	0.348	0.194	0.006 71
2	0.035 0	5.01	5.94	0.099 1	0.341	0.351	0.200	0.006 54
3	0.034 8	5.05	6.02	0.103	0.349	0.346	0.201	0.006 39
4	0.034 9	4.96	5.92	0.098 9	0.341	0.344	0.196	0.006 50
5	0.035 1	5.05	6.01	0.100	0.342	0.352	0.195	0.006 47
$\bar{x}$	0.034 9	5.00	5.97	0.100	0.342	0.345	0.197	0.006 52
SD	0.000 43	0.048	0.043	0.001 8	0.004 1	0.004 7	0.003 1	0.000 12
RSD/%	0.7	0.95	0.73	1.8	1.2	1.4	1.6	1.8

七、回收率试验

称取已知含量的山里红叶提取物约 50mg，共 6 份，精密称定。分别加入等量对照品溶液，按"供试液的制备"项下方法操作，计算平均回收率，结果见表 3-5。

表 3-5　山里红叶提取物中 8 种化合物的回收率 ($n=6$)　　（单位：%）

序号	CHA	VG	VR	VIT	RUT	HP	Iqtrin	Qtin
1	97.8	95.3	98.1	98.1	96.3	98.5	95.1	95.0
2	98.2	97.8	97.6	97.9	96.5	98.1	95.3	95.1
3	98.1	98.0	97.6	97.3	95.7	97.4	95.4	95.1
4	98.1	99.0	97.3	97.1	96.1	97.3	95.4	95.8
5	97.5	95.3	98.0	98.0	95.9	97.9	95.1	95.1
6	98.8	98.8	99.6	99.9	98.5	99.1	97.3	96.1
$\bar{x}$	98.1	97.4	98.0	98.1	96.5	98.1	95.6	95.4
SD	0.436	1.67	0.821	0.991	1.02	0.680	0.844	0.463
RSD/%	0.44	1.7	0.84	1.0	1.1	0.69	0.88	0.49

八、稳定性试验

取样品溶液一份，在 0h、12h、24h 进样，每次 20μL，测定供试品中绿原酸、牡荆素-4″-O-葡萄糖苷、牡荆素-2″-O-鼠李糖苷、牡荆素、芦丁、金丝桃苷、异槲皮苷、槲皮素，计算各色谱峰面积与内标物黄芩苷峰面积之比，统计结果表明供试品在 24h 内保持稳定，符合测试要求，结果见表 3-6。

表 3-6　山里红叶提取物中 8 种化合物的稳定性 ($n=6$)

时间/h	CHA/IS	VG/IS	VR/IS	VIT/IS	RUT/IS	HP/IS	Iqtrin/IS	Qtin/IS
0	0.078 3	2.81	9.39	0.166	0.297	0.571	0.280	0.037 8
12	0.080 7	2.83	9.43	0.169	0.297	0.562	0.277	0.039 0
24	0.081 2	2.83	9.44	0.168	0.291	0.568	0.272	0.039 1
$\bar{x}$	0.080 1	2.82	9.42	0.168	0.295	0.567	0.276	0.038 6
SD	0.001 6	0.012	0.026	0.001 5	0.003 5	0.004 6	0.004 0	0.000 72
RSD%	1.9	0.41	0.28	0.91	1.2	0.81	1.5	1.9

九、山里红叶提取物中 8 种活性成分同时测定

取山里红叶药材(辽中)粉末，按"供试液的制备"项下操作，在上述条件下进样分析，内标法计算含量。结果表明，3 批山里红叶提取物经含量测定，各成分之间无显著差异，实验结果见表 3-7。山里红叶 3 批提取物、提取物(含内标物，辽中)与药材(辽中)之间比较色谱图见图 3-24、图 3-25。

表 3-7　山里红叶中 8 种化合物的含量　　　　　（单位：%）

化合物名称	含量			$\bar{x}$
	1	2	3	
CHA	0.032	0.035	0.031	0.032 7
VG	4.30	5.01	5.25	4.85
VR	5.91	6.18	6.43	6.17
VIT	0.087	0.099	0.102	0.096 0
RUT	0.316	0.340	0.367	0.341
HP	0.334	0.348	0.365	0.349
Iqtrin	0.182	0.204	0.207	0.198
Qtin	0.008 5	0.005 5	0.004 2	0.006 10

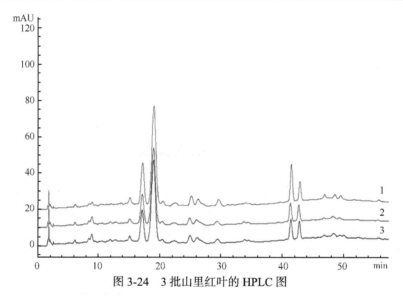

图 3-24　3 批山里红叶的 HPLC 图

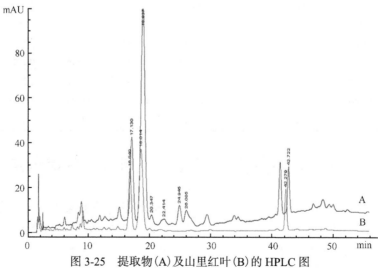

图 3-25　提取物(A)及山里红叶(B)的 HPLC 图

第三节 不同产地、不同采收期山楂叶 8 种活性成分变化研究

为了确定最佳植物采收期，本实验收集了两个产地的山里红叶及一个产地的山楂叶，并从开花前期，即 5 月 20 日（第一周）起，至 10 月 22（第 22 周），每周进行一次样品采收，测定所有样品中 8 个成分的含量，以确定最佳植物采收期。

一、供试品制备

取山里红叶及山楂叶 0.2g，精密称定，置具塞锥形瓶中，精密加入 0.3mL 内标溶液，加 50% 甲醇 10mL，超声提取 30min，静置，用 0.45μm 微孔滤膜滤过，取续滤液备用。

二、山里红叶及山楂叶 8 种化学成分含量测定

取山里红叶药材粉末，按"供试液的制备"项下操作，在上述条件下进样分析，用内标法计算含量，不同采收期山里红叶的 8 种成分含量结果见图 3-26。两个不同产地山里红叶（辽中县、辽阳市）及山楂叶（沈阳市）药材的比较图见图 3-27，山里红叶（辽中县、辽阳市）及山楂叶（沈阳市）不同采收期色谱图见图 3-28～图 3-30。

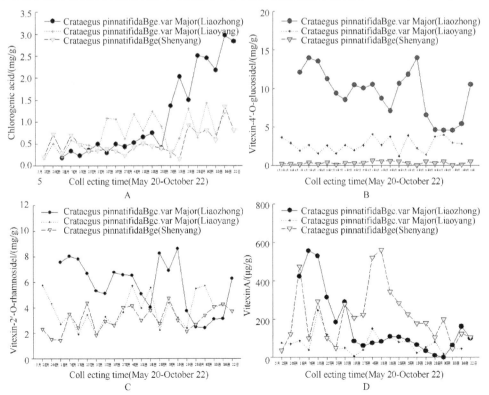

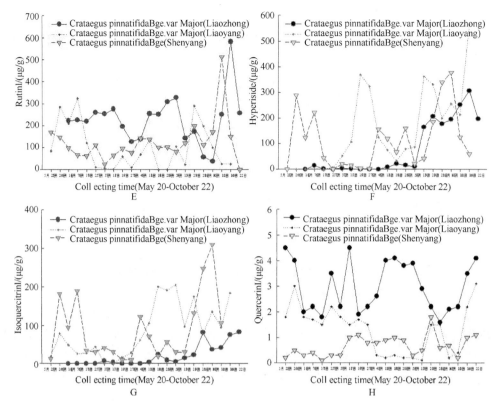

图 3-26 不同采收期(5 月 20、26 日,6 月 1、7、17、25 日,7 月 3、11、19、27 日,8 月 4、11、19、28 日,10 月 4、11、16、22 日)、不同来源山楂叶中 8 种成分绿原酸(A)、牡荆素-4″-O-葡萄糖苷、(B)牡荆素-2″-O-鼠李糖苷(C)、牡荆素(D)、芦丁(E)、金丝桃苷(F)、异槲皮苷(G)、槲皮素(H)的含量

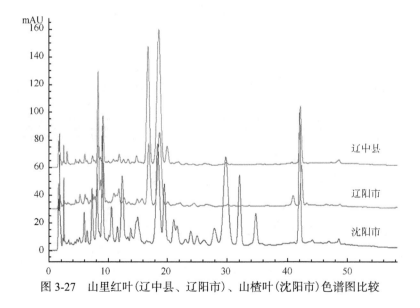

图 3-27 山里红叶(辽中县、辽阳市)、山楂叶(沈阳市)色谱图比较

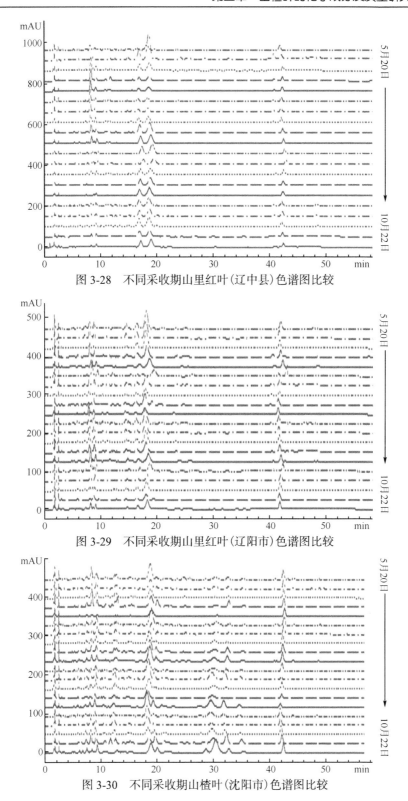

图 3-28 不同采收期山里红叶(辽中县)色谱图比较

图 3-29 不同采收期山里红叶(辽阳市)色谱图比较

图 3-30 不同采收期山楂叶(沈阳市)色谱图比较

从图 3-26～图 3-30 可以看出,不同产地山里红叶及山楂叶中 8 种成分含量随着产地的不同活性成分含量变化具有差异。

对不同采收期、相同产地山里红叶分析研究结果提示,5 种成分(包括绿原酸、牡荆素-2″-O-鼠李糖苷、牡荆素、金丝桃苷)及异槲皮苷的含量变化基本相同,而其他 3 种成分(包括牡荆素-4″-O-葡萄糖苷、芦丁及槲皮素)的含量变化略有差异。

山里红叶与山楂叶的牡荆素-4″-O-葡萄糖苷含量变化趋势及含量有显著差异,牡荆素-2″-O-鼠李糖苷含量有差异但变化趋势基本相同。其他成分种间差异不显著且含量变化趋势基本相同。

牡荆素-4″-O-葡萄糖苷、牡荆素-2″-O-鼠李糖苷在第 16 周(9 月 13 日)的含量最高,绿原酸、芦丁及槲皮素以第 21 周及第 22 周(10 月 16～22 日)含量最高。综合考虑牡荆素以第 12 周、第 13 周(8 月 11～19 日)含量最高,金丝桃苷及异槲皮苷以第 19 周(10 月 4 日)含量最高。山里红叶提取物的主要活性成分为牡荆素-4″-O-葡萄糖苷及牡荆素-2″-O-鼠李糖苷,结合山里红叶产率及山里红果实成熟情况,并考虑对其他成分影响,最终确定第 16～19 周(9 月 13 日至 10 月 4 日)为最佳采收期。

实验发现,不同产地、不同采收期的山里红叶中牡荆素-4″-O-葡萄糖苷含量变化较大,其他成分含量差异较小,在大部分生长期成分含量有相同变化趋势,如控制好采收期,可互相代用。山里红叶提取物中主要含牡荆素-4″-O-葡萄糖苷及牡荆素-2″-O-鼠李糖苷,且为活性成分。同种山里红叶中的牡荆素-4″-O-葡萄糖苷含量存在差异,因此临床用药应该对同种山里红叶进行筛选。

测定的 8 种成分中的大部分化学成分含量在不同种之间有相同变化趋势,但含量差异较大。另外,HPLC 图显示的保留时间在 26～40min 未测定的成分中,山楂叶与山里红叶有显著差异,加之已测定的成分牡荆素-4″-O-葡萄糖苷的含量不同种之间有明显差异,所以临床用药种间不可互相替代,而许多文献报道未将两个品种进行区分入药是不合理的。

第四节 不同采收期山里红叶总黄酮及牡荆素-2″-O-鼠李糖苷含量研究

本研究以山里红叶总黄酮及主成分牡荆素-2″-O-鼠李糖苷[12]为考察指标,采用紫外分光光度法与高效液相色谱法对其含量进行测定,最终通过研究结果分析,确定山里红叶最佳采收期,科学合理的采收山楂叶。

一、总黄酮含量测定

(一)仪器与试药

3010 紫外分光光度计(日本日立公司);AGBP210S 电子天平(德国 Satorius 公

司）；AS3120A 超声提取器。

(二)试药与药品

芦丁对照品(中国药品生物制品鉴定所，批号 080-9002)、乙醇、硝酸铝、亚硝酸钠、氢氧化钠，以上试剂为分析试剂，不同采收期于辽阳采收山里红叶(5~10月，每周一次，共 23 次)。

二、方法与结果

(一)溶液的制备

1. 对照品溶液的制备 精密称取芦丁对照品10mg，置50mL量瓶中，加乙醇适量，超声处理使之溶解，冷却，加乙醇至刻度，摇匀，即得(每毫升中含无水芦丁0.2mg)。

2. 标准曲线的制备 精密称取对照品溶液 1mL、1.5mL、2mL、2.5mL、3mL，分别置 10mL 量瓶中，加 5%亚硝酸钠溶液 0.3mL，放置 6min，加 10%硝酸铝溶液 0.3mL，摇匀，放置 6min，加 1mol/L 氢氧化钠试液 4mL，再加水至刻度，摇匀，放置 15min，以相应试剂为空白，立即用紫外分光光度法在 509nm 波长处测吸光度。以吸光度为纵坐标，浓度为横坐标，绘制标准曲线。

3. 供试品溶液的制备[13] 精密称取山里红叶 0.1g 置于具塞锥形瓶中，加不同浓度乙醇适量，超声，过滤，精密吸取 1mL 置于 10mL 量瓶中，加 5%亚硝酸钠溶液 0.3mL，放置 6min，加 10%硝酸铝溶液 0.3mL，摇匀，放置 6min，加 1mol/L 氢氧化钠试液 4mL，再加水至刻度，摇匀，放置 15min，即得。

(二)超声提取条件

正交法确定超声提取工艺条件。采用超声波提取主要是利用超声波破碎作用(空化作用)和强化传质作用(机械作用)，由于影响超声波提取的因素很多，如溶剂的浓度、提取时间、溶剂量等，为了更好地比较各因素对山里红叶提取的影响，根据参考文献，选取了浓度、时间、溶剂量这 3 个因素(表 3-8)，运用正交法确定超声提取山里红叶的优化条件。

表 3-8 超声提取正交试验因素及水平设计

	A(浓度/%)	B(时间/min)	C(溶剂量/mL)
1	30	15	10
2	50	30	20
3	70	45	30

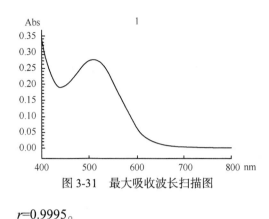

图 3-31 最大吸收波长扫描图

(三) 最大吸收波长

以芦丁对照品溶液在紫外范围内扫描吸收波长,测得最大吸收波长为 509nm,见图 3-31。

(四) 标准曲线[14]

在最大吸收波长下绘制吸收度与山里红叶提取物浓度的标准曲线,计算得回归方程 $Y=11.406X+0.0148$;相关系数 $r=0.9995$。

(五) 超声提取工艺考察

超声提取按表 3-8 选择的研究因素及其水平进行实验,实验结果及数据处理见表 3-9、表 3-10。由极差分析可知,各因素对提取率影响的大小排序为 C(溶剂量) > A(浓度) > B(时间),优化条件最佳组合为 $A_2B_3C_1$,即 50%乙醇 10mL,超声 45min。

表 3-9 正交试验结果

编号	A(浓度/%)	B(时间/min)	C(溶剂量/mL)	含量/%
1	30	15	10	9.02
2	30	30	20	5.01
3	30	45	30	3.93
4	50	15	30	5.67
5	50	30	10	4.02
6	50	45	20	10.80
7	70	15	20	3.08
8	70	30	30	8.48
9	70	45	10	5.57
$\overline{K}_1$	5.987	5.923	9.433	
$\overline{K}_2$	6.830	5.837	5.417	
$\overline{K}_3$	5.710	6.767	3.617	
R	1.12	0.93	5.816	

表 3-10 方差分析表

因素	偏差平方和	自由度	F 值	显著性
A(浓度/%)	2.042	2	18.071	有影响
B(时间/min)	1.584	2	14.018	有影响

因素	偏差平方和	自由度	F 值	显著性
C(溶剂量/mL)	52.300	2	462.832	高度显著
误差	0.11	2		

(六)含量测定结果

在超声萃取的优化实验条件下,分别提取了多个不同采收期山里红叶样品,在最大吸收波长509nm处测定吸收值,分别计算山里红叶中总黄酮含量。以含量(%)为纵坐标,以采收期(以周记)为横坐标作图,见图3-32。

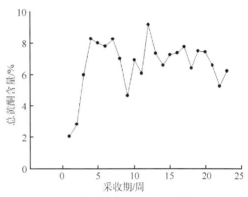

图3-32 不同采收期山里红叶总黄酮含量

三、单体有效成分含量的研究

(一)仪器与试药

1. 仪器 Agilent 1100 高效液相色谱仪四元泵(美国安捷伦公司);AGBP210S 电子天平(德国 Satorius 公司);AS3120A 超声提取器。

2. 试药与药品 色谱纯乙腈、四氢呋喃、甲醇(天津市科密欧化学试剂有限公司),其他试剂均为分析纯;对照品牡荆素-2″-O-鼠李糖苷[15](自制,采用高效液相峰面积归一化法,纯度>98%)。不同采收期山里红叶(5~10月,每周一次,共23次)。

(二)方法与结果

1. 色谱条件 色谱柱:(Diamonsil ODS C_{18},150mm×4.6mm,5μm)(迪马公司,中国北京)。流动相:采用二元梯度系统;溶剂 A:乙腈-四氢呋喃(97∶3);溶剂 B:1%磷酸溶液。梯度洗脱,洗脱程序见表3-11;检测波长:280nm;流速:1.0mL/min;柱温:室温;进样量:5μL。

表3-11 梯度洗脱程序

时间/min	A/%[乙腈-四氢呋喃(97∶3)]	B/%(1%磷酸溶液)
0~11	13	87
11~16	18	82
16~18	0	0
18~20	13	87

2. 对照品溶液的制备 取牡荆素-2″-O-鼠李糖苷对照品适量，精密称定，置于 10mL 量瓶中，用甲醇溶解并稀释至刻度，摇匀。最后配制的对照品浓度为 1.33mg/mL，备用。

3. 超声提取条件 参考相关文献，实验的影响因素选取了时间、溶剂，确定超声提取山里红叶的优化条件。具体实验条件见表 3-12、表 3-13。

表 3-12 超声时间考察

时间/min	15	30	45	60
峰面积	95.7	103.7	148.5	84.1

表 3-13 溶剂考察

溶剂	水	30%甲醇	50%甲醇	70%甲醇
峰面积	201.3	137.6	275.8	136.3

4. 标准曲线 精密量取对照品溶液适量，分别置于 6 个 10mL 量瓶中，其浓度分别为 4mL、10mL、25mL、50mL、100mL、400μg/mL，绘制牡荆素-2″-O-鼠李糖苷浓度（X）与峰面积（Y）的标准曲线，计算回归方程为 $Y=5.8904X-1.8735$，相关系数 $r=0.9995$。

5. 供试品溶液的制备

精密称取不同采收期山里红叶 0.1g 置于具塞锥形瓶中，加 50%甲醇 25mL，超声 45min，过滤，用 0.45μm 微孔滤膜过滤，取续滤液，备用。

6. 不同采收期山里红叶单体有效成分——牡荆素-2″-O-鼠李糖苷含量的测定[14]

将制备完成的 23 份供试品溶液分别进样，进样量为 5μL，记录峰面积，计算牡荆素-2″-O-鼠李糖苷含量，以含量(%)为纵坐标，以采收期(以周记)为横坐标作图，见图 3-33。

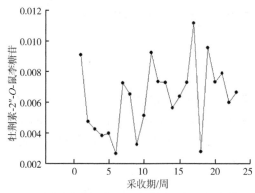

图 3-33 不同采收期山里红叶牡荆素-2″-O-鼠李糖苷含量

7. 结果 通过对 5~10 月 23 周山里红叶的考察研究，我们确定了紫外分光光度法测定山里红叶中总黄酮含量的最佳工艺：50%乙醇 10mL，超声 45min；高效液相色谱法测定单体有效成分——牡荆素-2″-O-鼠李糖苷含量的最佳工艺：50%甲醇 25mL，超声 45min。

综合考虑实验结果及采收量等因素，可以看出 7~9 月采收的山里红叶总黄酮含量及牡荆素-2″-O-鼠李糖苷含量较高，由此推断 7~9 月为山里红叶的最佳采收期。

8. 结论 由于山里红叶有着资源丰富、价格低廉、药理作用显著等优点，具有广阔的发展前景。但是，不同采收期的山里红叶化学成分含量相差较大。本章以总黄酮及单体有效成分牡荆素-2″-O-鼠李糖苷为考察指标，分别运用紫外分光光度法与高效液相色谱法，确定 7~9 月为山里红叶最佳采收期，为科学合理的采收山里红叶提供了科学依据。

第五节　ICP-MS 法测定山楂叶中的微量元素

微量元素是植物的基本组成部分，因此有必要建立一种测定山楂叶中微量元素分布的方法，全面研究药材质量。目前，微量元素的分析方法有很多种，如原子吸收光谱法(atomic absorption spectroscopy，AAS)和电感耦合等离子体原子发射光谱法(inductively coupled plasma-atomic emission spectroscopy，ICP-AES)等被广泛应用。但是，AAS 线性范围窄，每次扫描只能测定一种元素，而 ICP-AES 不能消除光谱干扰。我们经文献检索，没有发现有采用电感耦合等离子体质谱法(inductively coupled plasma-mass spectrometry，ICP-MS)对不同生长时期山楂叶中微量元素检测的报道。与传统的无机分析技术相比，ICP-MS 技术具有很多的优点，如线性范围宽、干扰少[16]，非常适合基本元素及众多有毒金属分析[17]。由于 ICP-MS 技术半定量分析已被证明是快速测定未知样品的强有力的工具[18]，其分析测定的结果等同甚至优于定量分析的结果[19]。因此本研究建立 ICP-MS 半定量分析模式，测定山楂叶中微量元素，全面控制山楂叶质量，并根据微量元素的分布，合理地开发和利用山楂叶。

一、仪器及工作条件

安捷伦 7500a ICP-MS（美国安捷伦科技有限公司）；MDS-6 微波系统的消解仪（中国上海信义微波化学科技有限公司）。每日用含 10^{-12}g/L Li、Y、Tl、Ce 和 Co 的 2% 硝酸的调节液对仪器灵敏度（Li、Y 和 Tl）、氧化物水平（CeO/Ce）和双电荷（Ce^{2+}/Ce）进行优化，以满足对微量元素测定的要求。ICP-MS 的工作参数见表 3-14。

表 3-14　ICP-MS 工作参数

项目	参数	项目	参数
RF 功率	1300W	重复次数	1
气化室温度	2℃	真空度	5×10^{-7}Mba
载气流速	1.14L/min	质量范围	2~260amu
样品提取速率	0.1r/s	样品锥和截取锥	Nickel，-96.2V，-22V
采样深度	8.2mm	总分析时间	181s

二、试　　剂

MS 的调节液、外标物：10^{-12}g/L Li、Y、Ce、Tl 和 Co（2%硝酸）；内标物：10^{-9}g/L 的 Sc、Ge、In 和 Bi（5%硝酸），用于降低基体效应和补偿仪器漂移，实验之前用 5% 硝酸稀释到约 8ng/g。以上试剂均购买于美国安捷伦公司。超纯水由 Milli-Q（美国 Millipore 公司）制备。优级纯硝酸（中国天津科密欧化学试剂有限公司）。

三、样品采集

山楂叶药材为山里红（*Crataegus pinnatifida* Bge. var. *major*）的叶（采于辽阳市，2005 年 5 月 20 日至 10 月 22 日，每周采集一次），干燥，备用。

四、微波消解

精密称量 0.35g 干燥的山楂叶粉末，置 50mL PTFE 容器中，加入 5mL 硝酸，然后用微波消解系统进行消化。本研究过程中，当微波功率为 600W 时，考察微波压力和时间。优化的消化条件为第一步到第三步（压力分别为 0.3MPa、0.6MPa 和 1.0MPa，分别消化 4min）和第四步（压力最大值设为 1.5MPa，消化 10min）。当压力达到预设最大值时，微波控制器将自动关闭电源。消化的溶液在 4℃冰箱中保存，稀释后 48h 内进行分析。

五、空白测定

为了评价超纯水和硝酸空白的影响，在对山楂叶中微量元素测定每一步骤进行分析前都要测定空白溶液。空白溶液和样品用相同的超纯水和硝酸稀释。由于空白溶液会引起的测定误差，所以样品测定时要减去空白溶液的影响。

六、样品稳定性

山楂叶消解溶液分别保存在 4℃冰箱中 0h、6h、12h、18h、24h 和 48h。然后，用 ICP-MS 分析 Pt、U、Zr、V、Cu、Al、Si 和 Mg 8 种元素，测定样品的稳定性。

七、数据分析

数据由 Microsoft Office Excel 2003 和 SigmaPlot10.0 软件进行分析。

八、结果和讨论

(一)样品的制备

精密称取山楂叶干燥粉末 0.35g(±0.1mg),加 5mL 硝酸。样品在优化的消解条件下消化 22min。然后将样品转移至 PET 管中并用超纯水稀释到 10mL,称重。再量取 2.5mL 转移至已加入 22.5mL 超纯水的 50mL 量瓶中,称重。整个过程中,样品用超纯水稀释了 100 倍,同时基体效应由于稀释也能得到缓解。在 ICP-MS 测定过程中,用硝酸作空白溶剂和冲洗液,因为其在实际中的氧化能力强,显示的背景低,接近于纯水,与氢氟酸、高氯酸和硫酸相比,光谱最简单[20]。

(二)样品稳定性

样品稳定性的研究包括对 Pt、U、Zr、V、Cu、Al、Si 和 Mg 8 种元素的浓度由低到高进行测定,结果见表 3-15。相对标准偏差低于 18%,结果表明,采用半定量模式分析稀释后的消化样品 48h 内各元素稳定。

表 3-15 消解样品稳定性

时间/h	Mg/(ng/g)	Si/(ng/g)	Al/(ng/g)	Cu/(ng/g)	V/(pg/g)	Zr/(pg/g)	U/(pg/g)	Pt/(pg/g)
0	8919.88	1665.04	624.392	4.0290	821.72	157.58	19.173	3.8652
6	8942.67	2011.47	571.655	4.5583	682.19	128.46	14.272	3.7008
12	10471.1	1940.78	389.171	5.2355	655.93	168.57	18.261	3.9113
18	9427.69	1818.34	496.306	4.5710	516.17	131.91	15.771	3.7280
24	6488.62	1890.88	468.262	5.4886	643.86	193.15	17.262	3.8046
48	7581.18	1856.05	498.405	6.3681	654.15	193.13	21.497	4.0495
$\bar{x}\pm SD$	8638.5±1406	1863.6±118.4	508.03±81.88	5.0417±0.834	662.34±95.58	162.13±28.40	17.706±2.551	3.8432±0.128
RSD/%	16	6.4	16	16	15	18	14	3.3

(三)样品分析

样品分析之前,分别用硝酸和水空白溶液冲洗系统和流路。然后采用 10^{-12}g/L 的 Li、Y、Ce、Tl 和 Co 的调节液调节系统条件。在微量元素测定之前,消解溶液的预浓缩应提前完成,我们采用蒸发或溶剂萃取等方法,由于在实验环境中此法很容易造成被测样品污染。因此,样品直接使用蠕动泵以 0.3mL/min 的流速引入,并用 5%硝酸稀释。在每次单个样品 ICP-MS 测定中,在线加入浓度约 8ng/g 的 Sc、Ge、In 和 Bi 内标参考溶液,用以减轻基体效应并补偿信号漂移。浓度低于百万分之一水平的微量元素、氧化物干扰(Ti、Ni、Se、Eu 和 Lu)、氩化物离子干扰(Cr、Hf、Mo、Br 和 Lu)、氢化物(La)和二聚体(Yb),统计时不包括在内。最终分析了 50 种元素,总分析时间 181s。图 3-34 显示不同生长时期的山楂叶中微量元素浓度的差异。

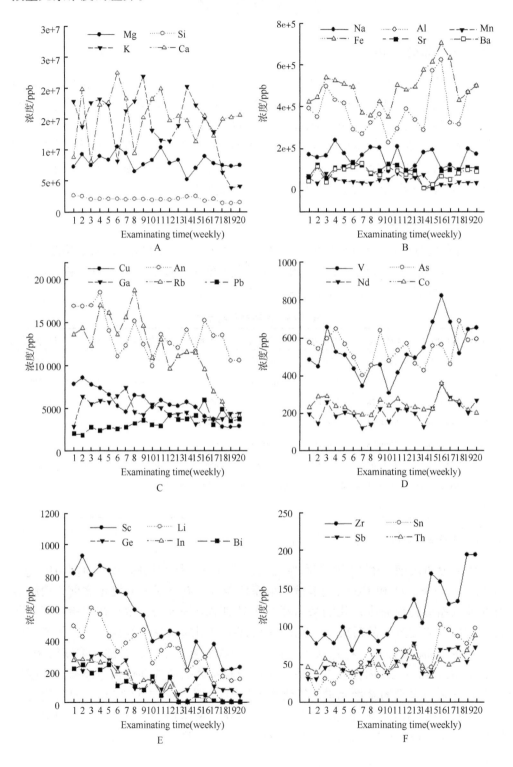

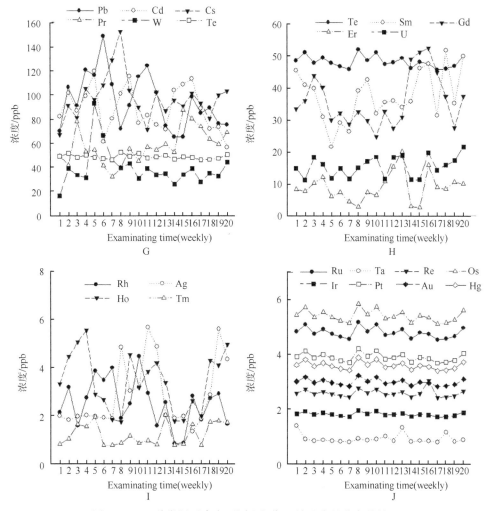

图 3-34 50 种微量元素在不同生长期山楂叶中的分布趋势图

九、结　　论

半定量分析模式 ICP-MS 方法测定不同生长期山楂叶中 50 种微量元素，结果表明，Mg、Si、K、Ca、Na、Al、Mn、Fe、Sr 和 Ba 的浓度在图 3-34A～B 所示中较高，为山楂叶中的主要微量元素。在图 3-34A～D、G～F 所示中，除了图 3-20C 所示中 Zn 和 Rb 浓度逐渐下降外，其他微量元素的浓度均无明显的差异。图 3-34F 所示的数据分析显示，几乎所有的微量元素的浓度都随着植物的生长而逐渐增加，而图 3-34E 所示 Sc、Li、Ge、In 和 Bi 的浓度逐渐下降，可以作为跟踪山楂叶的生长指标。图 3-34J 显示 Ru、Ta、Re、Os、Ir、Pt、Au 和 Hg 浓度很低，并且在整个植物生长时期浓度相对稳定。上述实验结果可为山楂叶质量研究打下坚实基础，也为将来对其利用和研发提供依据和参考。

参 考 文 献

[1] 丁杏苞，姜碉青，佐春旭，仲英. 山楂叶化学成分的研究. 中国中药杂志，1990，15(5)：39-41.
[2] 斯建勇，陈迪华. 云南山楂叶化学成分的研究. 中国中药杂志，1998，23(7)：422-423.
[3] 孙敬勇，杨书斌，谢鸿霞，李贵海，邱海霞. 山楂化学成分研究. 中草药，2002，33(6)：483-486.
[4] 刘荣华，余伯阳. 山里红叶化学成分研究. 中药材，2006，29(11)：1169-1173.
[5] 王先荣，周正华，杜安全等. 黄蜀葵花黄酮成分的研究.中国天然药物，2004，2(2)：91-93.
[6] 张培成，徐绥绪. 山楂叶化学成分研究. 药学学报，2001，36(10)：754-757.
[7] Geissman T, Kranen-Fiedler U. Vitexin-4"-rhamnoside from *Crataegus oxyacantha*. Naturwissenschaften, 1956, 43(10): 226-227.
[8] 董英杰，戴宝合. 大果山楂叶黄酮成分研究. 沈阳药科大学学报，1996，13(1)：31-33.
[9] Barbara M, Scholz B, Ludger E. New stereoisomers of quinic acid and their lactones. Liebigs Annalen Der Chemie, 1991, (10): 1029-1036.
[10] 杨燕军，林洁红. 陆英化学成分的研究. 中药材，2004，27(7)：491-492.
[11] Scola-Nagelschneider G, Hemmerich P. Synthesis, seperation, identification and interconversion of riboflavin phosphates and their acetyl derivatives: A Reinvestigation. Eur J Biochem, 1976,66(3): 567-577.
[12] Ying X X, Lu X, Sun X, Li X, Li F. Determination of vitexin-2"-O-rhamnoside in rat plasma by ultra-performance liquid chromatography electrospray ionization tandem mass spectrometry and its application to pharmacokinetic study. Talanta, 2007, 72(4): 1500-1506.
[13] 中华人民共和国药典委员会. 中华人民共和国药典. 2015年版一部. 北京：中国医药科技出版社，2015：32.
[14] 徐礼燊，沙世炎. 中草药有效成分分析法. 下册. 北京：人民卫生出版杜.1984：135.
[15] 崔延萍，崔树玉. 山楂叶中牡荆素鼠李糖苷含量测定. 中草药，2000，31(12)：906-907.
[16] Huang J, Hu X, Zhang J, Li K, Yan Y, Xu X. The application of inductively coupled plasma mass spectrometry in pharmaceutical and biomedical analysis. J Pharmaceut Biomed, 2006, 40(2): 227-234.
[17] Pappas R S, Polzin G M, Zhang L, Watson C H, Paschal D C, Ashley D L. Cadmium, lead, and thallium in mainstream tobacco smoke particulate. Food Chem Toxicol, 2006, 44(5): 714-723.
[18] Chen H, Dabek-Zlotorzynska E, Rasmussen P E, Hassan N, Lannuette M. Evaluation of semiquantitative analysis mode in ICP-MS. Talanta, 2008, 74(5): 1547-1555.
[19] Laborda F, Medrano J, Castillo J R. Quality of quantitative and semiquantitative results in inductively coupled plasma mass spectrometry. J Anal Atom Spectrom, 2001, 16(7): 732-738.
[20] Lee K H, Oshita K, Sabarudin A, Oshima M, Motomizu M. Estimation of metal impurities in high-purity nitric acids used for metal analysis by inductively coupled plasma-mass spectrometry. Anal Sci, 2003, 19(11): 1561-1563.

第四章 山楂叶提取物及单体成分药动学研究

第一节 中药药动学研究概况

一、中药药动学概念

中药药代动力学(pharmacokinetics of traditional Chinese medicines)简称为中药药动学,是指在中医药理论指导下,利用药动学的原理与数学处理方法,定量地研究中药有效成分、有效部位,以及单味中药和中药复方通过各种给药途径进入机体后的吸收、分布、代谢和排泄等过程的动态变化规律,即研究给药后体内中药的位置、数量、疗效与时间之间的关系,并提出解释这些关系所需要的数学关系式,是数学与中药药理学结合的一门边缘学科[1]。它对中药新药研究开发、临床合理用药和中药质量控制具有重要的理论和应用价值。药动学包括药物在体内的吸收、分布、代谢和排泄。药动学是近20年迅速发展起来的一门新兴的介于药学与数学之间的边缘学科,是中药药理学与药动学相互结合渗透形成的,它借助于药动学的基本理论和方法研究中药,已成为生物药剂学、临床药剂学、药理学、临床药理学、分子药理学、生物化学、药剂学、毒理学等学科的基础,并推动着这些学科的蓬勃发展。同时药动学还与基础学科,如数学、化学动力学、分析化学有着密切的联系。中药药动学的研究也为药动学提出了新的课题。药动学的研究成果对指导新药研究、制订临床最佳给药方案、评价制剂质量、改进药物剂型等方面发挥了重要作用。世界卫生组织曾强调指出:"对评价药物疗效与毒性来说,药动学的研究,不仅在临床前药理研究阶段,而且在新药的所有阶段都很重要。"因此,中药药动学对中药现代化和中药走向世界具有非常重要的意义。

二、中药药动学的国内外研究

我国中药药动学的研究始于1963年陈琼华教授对大黄的研究[2],但直到20世纪80年代以后才快速发展。在80年代,我国药理工作者对中药有效成分和单味中药进行了大量的药动学研究,如赫梅生、李耐三、李成韶等提出毒理效应法与药理效应法研究中药药动学,并测定了33种单味中药和10余种中成药的药动学参数[3-5]。90年代,中药药动学的研究重点转向中药复方,对一大批中药复方及中成药进行药学研究,并提出不少新理论、新方法。例如,中国中医科学院富杭育[6]对麻黄汤解表名方进行了药动学研究;1991年黄熙提出"证治药动学"理论,表明完全能进行中药复方在体内化学成分的定性、定量和药动学分析；1996年薛燕提出中药复方散弹理论，强调进行多种有效成分是中药复方现代研究的基本出发点；等等。

国外对天然药物药动学的研究可追溯到1919年，Pardee等以出现轻度毒性症状为指标研究了洋地黄酊剂在患者体内的消除速率，发现不同患者消除速率相差很大；后来Gold以减慢心房纤颤患者心室率为指标，研究并绘制了洋地黄的消除曲线，发现洋地黄在患者体内按恒比消除。Shannon发现奎宁的抗疟强度与血浆药物浓度关系密切，比用药剂量更具相关性。20世纪60年代，Brodie在生物碱等天然药物活性成分的药动学方面进行了卓有成就的研究。70年代，著名药动学家Gibaldi及Van Rossum分别出版了他们的著作 *Pharmacokinetics* 及 *Kinetics of Drug Action* 后，使药动学有了更为迅速的发展[7, 8]。从70年代开始，日本许多学者对多种中药和中药复方的有效成分，如甘草甜素、人参皂苷、芍药苷、甘草次酸、大黄素、黄芩素等进行了药动学研究，并对其血药浓度测定方法进行了深入探索，建立了人参皂苷、芍药苷及其主要活性代谢物、甘草甜素、甘草次酸等成分的放免测定及酶免疫测定等微量测定方法，促进了中药临床药动学的发展[9]。田中茂等分别用色谱、气-质联用和液-质联用定性、定量了甘草芍药汤、小柴胡汤、三黄汤等口服后体内成分的变化等，从机体如何作用于药物的角度研究中医的"证"[10]。80年代田代真一等就肠道菌群对中药苷类成分的代谢作用进行了开拓性的研究，提出的血清药理学新概念[11]，已被中药学者广泛接受和应用，大大促进了中药药动学的发展。

三、中药药动学研究的现状

中药组成复杂，有效成分繁多，中药药动学的研究与西药,药动学的研究相比有很大差异，因此研究方法也存在较大的差异。中药药动学研究有以下两种情况：有效成分明确的中药和有效成分不明确的中药及各自制剂药动学研究。

（一）有效成分明确的中药及其制剂的药动学

有效成分明确的中药及其制剂的药动学研究方法与西药类似。随着对中药中有效成分的研究方法和检测技术的改进及完善，目前许多中药，特别是单味中草药的有效成分已相当明确，据统计[12]，新中国成立以来进行过药动学研究的中草药有效成分约有200种，其化学结构分类包括萜类、醌类、生物碱类、苷类、酚酸类等，几乎覆盖了各类常见的中草药成分。已对相当一部分中草药进行了体内外代谢研究，且得到了明确的代谢产物，并对其体外药动学参数进行了研究。例如，毕惠嫦等[13]研究了丹参酮Ⅱ-A在大鼠肝微粒体酶中的代谢动力学，指出了参与丹参酮Ⅱ-A体内代谢的肝微粒体酶。艾路等[14]对复方中药中的乌头生物碱在人体内的代谢产物进行了研究，采用液相色谱-喷雾离子阱多级质谱(LC-ESI-MSn)法检测出5种乌头生物碱代谢产物。陈勇等[15]对葫芦巴碱在大鼠体内的代谢产物进行了推测，从大鼠尿中检测出原药及其三种代谢产物。

血药浓度法是以一种或几种药理作用明确、结构已知的有效成分为指标，通过动态定时测定该成分在血液或其他生物组织中的浓度随时间的变化，使用药动学软件进行数据处理，计算出各种药动学参数，以其为代表研究中药药动学。常采用分光光度法、原子吸收光谱法、薄层层析法、薄层扫描法、高效液相色谱法、气相色谱法、放射性同位素法和放射性免疫法等方法进行测定。

目前，有很多具有一定药理作用的中药单体化合物已经开发为产品供临床应用，且疗效较好，如天麻素、苦参碱、川芎嗪等。其中 80%以上是以中药有效成分为指标进行药动学研究的[16]。例如，顾宜等[17]利用高效液相色谱法研究中药五灵胶囊五味子乙素在家兔体内的浓度，并观察其经时变化过程。

近年来将药物浓度法用于复方中药药动学的研究十分活跃。有研究探讨了中药配伍对方剂药动学的影响和中药药动学与"证候"的关系，并有学者提出了"复方效应成分动力学"的假说和"中药胃肠药动学"的概念[18]，许多中药复方制剂也可通过此方法计算相应的药动学参数。例如，艾路等[14]对复方中药中乌头生物碱在人体内的代谢产物进行了研究，采用 LC-ESI-MSn 法检测出 5 种乌头生物碱代谢产物。徐凯建等[19]用紫外分光光度法，以黄芩苷和绿原酸为指标，对双黄连注射液与气雾剂的人体生物利用度进行了研究，结果表明气雾剂的绝对生物利用度为 89%，是一种有效的治疗药物剂型。邹节明等[20]用放射性同位素法，观察复方中有效成分淫羊藿苷在小鼠体内的处置过程。结果表明，淫羊藿苷以复方状态经灌胃给药后，符合开放性二室模型，并发现复方中的其他成分有促进其吸收和促进其与靶器官结合的作用。

血药浓度法对有效成分明确的中药及中药复方能得出较准确的参数，对临床用药起到一定的指导作用，而灵敏度较高的气-质联用、液-质联用、放射性同位素分析技术也得到了广泛的应用。另外，能测定的药物成分多种多样，对生物碱类、黄酮类、蒽醌类成分都可以进行检测。但血药浓度法也有一些缺点，如单味中药成分相当复杂，更何况中药多以复方入药，采用其中的一个或几个化学参数或化学成分代表整个药物药动学结果可能有一定的偏差。该法用于中药药动学研究的关键在于：一是检测指标成分或代表成分的药动学参数能否表征整个复方的药动学特征，通过比较单体成分和单体成分在单味药和复方中药动学行为的异同，阐述导致药动学行为的原因，间接提示整个复方的药动学规律；二是如何从复杂的生物样品中定性、定量检测微量指标成分(包括代谢产物)，这涉及采用先进的分析检测技术和生物样品的预处理方法。相信随着新技术和新方法的不断发展和完善，其在体内药物分析中的应用前景会更加广阔，这对推动中药药动学的发展有很重要的意义。

(二)有效成分不明确的中药及其制剂的药动学研究

目前为止还有许多中药及其复方制剂或因化学结构不明，或因是混合物而非单体，无法用化学分析方法测定有效成分含量，给其药动学研究带来困难。大部分人用复方或其制剂中的某一单体来代替整方的药物代谢过程，但此法只能说明此单体在体内的过程而不能说明全部成分的代谢过程。例如，李再新等[21]将补阳还五汤水提醇沉液给予家兔静脉注射后，以川芎嗪为指标来测定其在体内的代谢过程。中药制剂的化学成分十分复杂，相当于一个天然的化学成分组合库，用其中的一个或数个化学成分作为检测指标，得出的药动学参数与药的实际药动学参数相比可能有一定的偏差。也有人采用生物效应法进行药动学的研究，但此法不够精确，只能粗略看出体内药物浓度的变化过程。生物效应法认为，在一定条件下，体内药量与药效有一定对应关系，从药效的变化可以推知不同时间内体内药量的变化。20世纪80年代产生了以药效和毒理为指标进行药动学研究的理论和方法，常用的生物效应法有以下几类。

1. 药理效应法

（1）Smolen法：20世纪70年代，Smolen等经过系统研究提出了以药理效应指标测定药动学参数和生物利用度的方法。该法是以药物的效应强度（包括量效关系、时效关系）为基础来研究中药及其复方，特别是研究有效成分不明的中药及其复方的药动学。其要义是将量效关系曲线作为用药后各时间作用强度与药物浓度的换算曲线，从而推算出药动学参数。卢贺起等[22]以血小板聚集抑制率为药理效应指标，对家兔进行了四物汤的药动学研究。结果表明，四物汤属静脉外给药一级动力学消除，开放的一室模型，并计算出药动学参数。

（2）效量半衰期法[23]：是指根据药物剂量与药效强度的函数关系计算体内有效剂量半衰期，测定药动学参数和生物利用度的一种方法，其中有效剂量包括原形药物及其他具相同药理效应的成分的总量。原文鹏等[24]研究了尿频康（由沙苑子、桑螵蛸、山药等组成）的药动学，结果表明其在大鼠、小鼠体内过程呈二室模型，效量半衰期（$t_{1/2}$ ED）：α相为0.737h、β相为5.428h；表观半衰期：α相为0.827h、β相为5.847h；口服0.5h起效，1h达高峰，持续时间为7h。

（3）药效作用期法[25]：是指以药效作用期为药理效应强度指标，测定药动学参数和生物利用度的方法，因不用建立量效曲线和时效曲线而比效量半衰期法方便。宋洪涛等[26]以大鼠心肌营养性血流量为效应指标，研究了麝香保心pH依赖型梯度释药微丸（麝香保心微丸）和麝香保心丸的药效动力学参数，结果表明，麝香保心丸在大鼠体内呈一室模型特征，最低起效剂量为0.54mg/kg，效应呈现半衰期为0.53h，消除半衰期为1.21h，药效作用期为3.48h，效应达峰时间为1.13h；效量吸收半衰期为0.23h，消除半衰期为1.47h，达峰时间为0.88h。麝香保心微丸和麝香保心丸的平均效应维持时间分别为5.05h和2.33h，效量平均滞留时间分别为7.70h和3.21h，麝香保心微丸的效量相对生物利用度为104.03%。

（4）药理效应法[25]：是指以给药后药效强度的变化为依据，通过适当剂量的时间-效应曲线，计算药效动力学参数的研究方法，其消除半衰期称为药效半衰期或药效清除半衰期。该法先选择适当的药理效应作为观测指标，得出剂量-效应曲线、时间-效应曲线和时间-体存药量曲线，并据此得出药代参数。近年来报道的研究都是应用效应的对数对时间作图的方法。卢贺起等[22]研究了四物汤的药动学参数，结果家兔口服四物汤后符合一房室模型,药效吸收、消除半衰期分别为 0.37h 和 0.40h, t_p=0.56h。富杭育等[27]按足趾汗腺分泌的观察方法,应用该法观测大鼠麻黄汤的药动学。通过量效、时效和曲线的转换,得体存量-时间曲线,从曲线分析属二室模型。另外,赵智强等[28]也报道了天麻钩藤饮用此法所得药动学参数。此法要求复方及其制剂药效强且可逆重现、反应灵敏、可定量检测,因而限制了其应用。

2. 毒理效应法

(1)药物累计法:其的基本的原理是将药动学中血药浓度多点动态测定原理与用动物急性死亡率测定蓄积性的方法相结合,以估测药动学参数。该法系在用药后不同间隔时间对多组动物重复用药,求出不同时间体内药物存留百分率的动态变化,据此计算药物的表观半衰期和药动学参数。此法于 1985 年由我国学者赫梅生等[29]提出,也称为动物急性死亡率法、毒代动力学或毒效药动学(toxicokinetiy)。黄衍民等[30]对乌头注射液对小鼠的毒效动力学进行了研究,得出药物的消除级动力学过程,其符合一室模型,表观半衰期为 59.23min。从而指出目前临床一日 2 次给药间隔时间太长,如果每 8h 给药 1 次且首次倍量,可能会进一步提高疗效、降低毒副作用。王娟等[31]测定了丹参注射液的体内经时过程,并进行房室模型拟合及计算药动学参数,结果表明丹参注射液在小鼠体内呈一级动力学消除的二室模型。

(2)LD_{50} 补量法:其于 20 世纪 90 年代在急性累计死亡率法基础上发展形成。改进之处是,将第 2 次腹腔注射同量药物改为求测降低了的 $LD_{50}(t)$,间隔时间越短,$LD_{50}(t)$ 降低量越大。与急性累计死亡率法比较,该法的优点是结果更精确、误差小、死亡指标在曲线中段;缺点是所需要的动物数成倍增加,而且分组、给药及时间把握上更加复杂。李佩芬等[32]用小鼠 LD_{50} 补量法测定雷公藤多苷的药动学参数,结果该药在小鼠体内的动态变化符合一级动力学,呈二室开放模型。陈长勋等[33]应用 LD_{50} 补量法测定小鼠的附子表观参数,结果认为符合二室开放模型并得出了主要的药动学参数。利用此种方法进行药动学研究的中药还有陆英煎剂[34]、小活络丸[35]、九分散[36]、桑菊饮[37]等。但此法实际上反映的是药物的毒性效应动力学过程,当毒性成分与药效成分不同时,所得动力学参数将难以用作临床用药指导,在致死剂量作用下,机体已受到损害,可能对药物在体内的动力学过程产生较大影响,而使所得结果不能表征生理药动学过程。

3. 微生物法 微生物法已广泛用于抗菌药物的效价测定,原理主要是:含有试验菌株的琼脂平板中抗菌药物的抑菌圈直径大小与药物浓度的对数呈线性关系。此法仅适用于具抗病原微生物作用的复方,通常用琼脂扩散法测得相关药动学参数。可选择适宜的敏感菌株测定体液中抗菌中药的浓度,然后按照药动学原理确定房室模型,并计算其药动学参数。它具有方法简便、操作容易、样品用量少等优点,但机体内外抗菌效应作用机制的差异、细菌选择的得当与否,可在一定程度上影响药代参数的准确性。王西发等[38]用此法测定了鹿蹄草素在兔体内的药动学参数,其选用的是金黄色葡萄球菌为实验菌株,研究表明鹿蹄草素属于二室分布模型。

四、中药药动学研究难点及突破

中药的复杂性、生物体本身存在的差异及研究方法的局限性,是目前中药药动学研究面临的主要困境。中药组成复杂,其中大多数有效成分的含量较低,口服后经胃、肠及肝首过效应的损失,尤其经过处理后的生物样品,其有效成分都有显著的降低,因此很多现代的分析手段都无法对中药的有效成分进行检测。中药多为复方制剂,配伍后的物质基础不明确,而且其化学成分会发生生物转化及代谢。此外,不同产地来源、不同季节采收、不同方式加工等特点,使中药质量难以标准化、有效成分含量难以保证一致性,也使实验结果不易重复,从而给中药药动学研究带来了许多困难。经过多年的发展,中药药动学在研究思路和方法学上提出了一些新的研究方法和理论,如复方效应成分动力学、血清药理学、证治药动学、中药胃肠药动学、群体药动学及微透析在体取样技术等。

1. 复方效应成分动力学 20 世纪 90 年代,针对当时学术界认为中药方剂的有效成分不明确,单一成分不能代表全方的效应,因而中药方剂体内成分的定量研究没有必要也难以进行的观点,黄熙等在总结国内外多年来复方成分研究成果的基础上,提出了"复方药动学"假说,后修正为"复方效应成分动力学"。该假说认为,复方中的君臣佐使(药物合用)可明显影响彼此在体内(血清)化学成分的药动学参数,并与疗效和毒副作用紧密相关。同时认为,中药复方进入人体内的化学成分数目有限并能定性、定量;吸收代谢过程中可能产生新的活性物质,其与组分间存在药动学-药效学(pharmacokinetics-pharmacodynamics,PK-PD)的相互作用,化学成分的生理活性与母方效应相关[39]。

2. 血清药理学 血清药理学是 20 世纪 80 年代末日本学者田代真一等在汉方药研究体系探讨过程中提出的。中药血清药理学是指动物经口给药后,一定时间采血,分离血清,用含药血清测定生物学活性。这是一种用含药血清代替中药及中药复方粗提物进行药理研究的体外实验方法。能客观、真实的阐述中药复方的药效及作用机制,通过有效成分与药效的相互关系,更好地反映中药复方的配伍原则和药物的量效关系,并能在一定程度上揭示中药复方在胃肠内处置过程中活性成分的转化和改变。该学说为中药复方药动学研究开辟了一条新思路,它的提出与应用为 PK-PD 研究提供了可靠的基础[40]。

3. 证治药动学 证治药动学新假说包括辩证药动学和复方效应药动学。辩证论治是中医理论的精髓,辩证药动学探索了"证"与药动学的关系、变化规律等,极具中医特色,是目前药动学研究中比较活跃的一个领域。复方效应药动学主要是指分析方剂的药动学,复方中的君臣佐使和剂量加减将严重影响其药动学参数,可以证明中药七情理论的正确与否[41]。任平等[42]初步探讨了脾虚血淤大鼠肠道菌群和川芎嗪的药动学特征,结果发现,脾虚血淤大鼠磷酸川芎嗪的药动学特征为吸收快、生物利用度强、分布减少和房室模型为单室模型,血淤及肠道菌群失调可能是其机制之一。

4. 中药胃肠药动学 中药胃肠药动学是指胃肠道环境诸多因素对中药复方制剂有效成分溶出和吸收的影响，揭示其各有效成分之间协同或拮抗的规律，阐明其有效成分在胃肠内的药动学的变化。中药胃肠药动学是涉及药物、机体和两者之间相互作用规律的研究，是将中药药理学、中药化学和中药制剂学有机连接起来的桥梁，并借助这些学科的现代化科学技术和手段，去探索中药学和方剂学的理论和经验，探索中医药防病治病机制。任平等初步探讨了脾虚血淤大鼠肠道菌群和川芎嗪的药动学特征，结果发现脾虚血淤大鼠磷酸川芎嗪的药动学特征为吸收快，生物利用度强，分布减少和房室模型为单室模型，血淤及肠道菌群失调可能是其机制之一[43]。

5. 群体药动学 群体药动学是指将药动学模型与群体的统计模型结合起来，从宏观角度以统计学的方法，将某些患者看成是特殊群体，总结由个体构成的群体的药动学，并且建立患者的个体特征和群体药动学之间相互关系的一门学科。用临床零散的数据即能精确、快速、简便地求算药动学参数，用以指导临床用药及新药研究等。群体药动学方法可以用于分析中药复方组方变化对方药中指标成分的体内吸收和分布产生的影响，因此群体药动学较以往的方法有一定的优越性[44]。

6. 微透析在体取样技术 微透析在体取样技术是在动物组织内植入微透析探针，类似"人工毛细血管"，然后用生理溶液（灌注液）对其进行灌注，组织细胞间液中的分子则可以通过管壁进入渗析液，然后通过对渗析液中的物质进行分析反映组织液中的物质组成。这项技术在20世纪80年代初逐步发展成熟，首先应用于神经生理学等领域。进入90年代后期，微透析技术才应用于药动学、药物代谢研究，目前已引起人们广泛关注。微透析可以应用于皮肤、血液、脑等组织，可以实现在体监测不同组织和血液药物浓度，从而使生物样品的药动学在线测定成为可能。微透析技术作为一种最有发展前景的在体取样技术，在药动学、药物代谢研究中具有广阔的应用前景，而且取样连续、不间断，渗析液可以直接用高效液相色谱法或与质谱等多种技术联用进行分析测定[45]。

五、中药药动学研究展望

近年来，国内外学者在中药药动学研究方面进行了大量的实践，内容涉及中药生物利用度[46]、中药毒代动力学[47]、中药透皮吸收药动学[48]、中药时辰药动学[49]、中药证治药动学[41]、中药活性成分在肠道的代谢处置[50]、中药活性成分的体液浓度测定等。但因为中药成分的复杂性、有效成分的不确定性、类似物的多样性，导致实验结果不易重复。加之中药配伍与中西药结合后药物的互相影响等使中药药动学发展较为困难。今后尚需加强以下几个方面：建立中药指纹图谱库，深入研究中药入血后相应指纹图谱峰的变化；采用证治药动学的方法，即在中医理论指导下研究中药，研究在不同证候情况下的药动学特征，以及研究中药配伍后的药动学变化；开展复方中药代谢研究，阐明方剂药效与代谢产物的动力学相关性；应用液质联用技术以液固微萃取及微透析等技术，开展细胞培养研究体外吸收模型等，为中药药动学的研究提供新的技术平台。

总之，中药药动学研究近年来得到了迅速发展，由于中药成分复杂，甚至药效成分也很不明确，且中药药动学过程是药味中多种化学成分相互作用（化学成分相互协同或相互拮抗）所产生的综合效果，并不等同于单体成分简单的加合。因而，以整体观思想建立中药多组分、多靶点的药动学血药浓度研究体系，对于认识中医药的物质基础、中药新药的开发及临床用药具有实际指导意义。

第二节　山楂叶提取物在正常及NAFLD大鼠体内的药动学研究

山楂叶提取物及其制剂益心酮片在国内是常用的中药材及制剂。山楂叶中的主要活性成分，如牡荆素-4″-O-葡萄糖苷、牡荆素-2″-O-鼠李糖苷、牡荆素、芦丁、金丝桃苷、槲皮素等，具有广泛的药理活性。近年来，以 HPLC[51, 52]、UPLC-ESI-MS/MS[53]、LC/MS/MS[54]等方法测定山楂叶的中单体成分牡荆素-4″-O-葡萄糖苷、牡荆素-2″-O-鼠李糖苷、金丝桃苷有所报道，然而这些研究主要集中在单体成分上，由于文献报道 TFHL 药理作用是多种化学成分综合作用的结果[55]，因此研究其多种成分入血情况对评价药物代谢机制，解释其作用机制有着重要意义。本研究首次采用内标法，建立 TFHL 中多成分药动学研究，为新药临床前研究提供数据支撑。

一、仪器、试药与动物

（一）仪器

Agilent 1100 高效液相色谱仪（美国安捷伦公司）；HH-S 水浴锅（中国上海永光明仪器设备厂）；XYJ80-2 型离心机（中国金坛市金南仪器厂）；TGL-16C 高速台式离心机（中国江西医疗器械厂）；XW-80A 微型旋涡混合器（中国上海沪西分析仪器厂有限公司）；ZDHW 电子调温电热套（中国北京中兴伟业仪器有限公司）；微量取样器（中国上海荣泰生化工程有限公司）。

（二）试药

山楂叶采于山东省莱州市，经辽宁中医药大学植物教研室王冰教授鉴定为山里红叶；牡荆素-4″-O-葡萄糖苷、牡荆素-2″-O-鼠李糖苷、金丝桃苷（实验室自制，纯度≥99.0%）；牡荆素、芦丁、绿原酸（中国药品生物制品检定所提供，批号分别为 079-2122、080-9002、715-9003）；甲醇（色谱纯，天津市大茂化学试剂厂）；乙腈（色谱纯，天津市大茂化学试剂厂）；四氢呋喃（色谱纯，天津市大茂化学试剂厂）；甲酸（分析纯，天津市大茂化学试剂厂）；乙酸（分析纯，沈阳市试剂三厂）；纯化水（娃哈哈有限公司）。

(三)动物

健康雌性 Wistar 大鼠，60只，体重(200±20)g，大连医科大学实验动物中心提供，试验动物生产许可证号：SCXK(辽)2003—008；实验动物研究严格按照实验室动物保护指导原则进行，大鼠给药试验前禁食12h，自由饮水。

二、方法与结果

(一)大鼠生物样品中山楂叶化学成分分析方法的建立

1. 色谱条件 色谱柱：Diamonsil C_{18}(5μm，150mm×4.6mm，迪马公司，北京)；预柱：KR C_{18}(35mm×8.0mm，5μm)(大连科技发展公司)；流动相：乙腈-四氢呋喃(95：5，V/V)和(B)0.1%甲酸溶液(V/V)作为流动相，以梯度洗脱 12%~17%(A)0~10min，17%~20%(A)10~20min，20%~23%(A)20~30min，23%~27%(A)30~40min，27%~34%(A)40~45min；流速为1mL/min，检测波长为270nm。柱温：30℃；进样量：20μL。

2. 系列标准溶液的制备 分别取牡荆素-4″-O-葡萄糖苷、牡荆素-2″-O-鼠李糖苷、金丝桃苷、牡荆素、芦丁、绿原酸对照品适量，精密称定，分别置25mL量瓶中，甲醇溶解并定容至刻度，摇匀，即得浓度为 176μg/mL、220μg/mL、242μg/mL、237μg/mL、258μg/mL、170μg/mL 的对照品储备液，于4℃冰箱保存。储备液采用倍数稀释法分别配制成6个浓度的系列对照品溶液，即绿原酸(0.25μg/mL、0.5μg/mL、1μg/mL、2μg/mL、5μg/mL、12.5μg/mL)、牡荆素-4″-O-葡萄糖苷(0.5μg/mL、1μg/mL、2μg/mL、5μg/mL、12.5μg/mL、50μg/mL)、牡荆素-2″-O-鼠李糖苷(0.1μg/mL、0.2μg/mL、0.5μg/mL、2μg/mL、5μg/mL、12.5μg/mL)、牡荆素(0.25μg/mL、0.5μg/mL、1μg/mL、2μg/mL、5μg/mL、12.5μg/mL)、芦丁(0.5μg/mL、1μg/mL、2μg/mL、5μg/mL、12.5μg/mL、25μg/mL)和金丝桃苷(0.1μg/mL、0.2μg/mL、0.4μg/mL、0.8μg/mL、2μg/mL、5μg/mL)的标准系列溶液，于4℃冰箱保存，备用。

3. 空白生物样品的制备

1)血浆样品

取10只空白大鼠，体重(200±20)g，禁食12h，给予自由饮水。12h后眶静脉采血，取血浆，混合，于-20℃冰箱保存，备用。

2)组织样品

取10只空白大鼠，体重(200±20)g，禁食12h，给予自由饮水。12h后取脏器(心脏、肝脏、脾脏、肾、胃、肠)，取出后用生理盐水洗净除去内容物，用滤纸吸干表面水分，称取一定重量,并加入生理盐水1∶5(m/V)，匀浆，作为空白组织样品于-20℃冰箱保存，备用。

3)尿液样品

取10只空白大鼠(大鼠于取样前一晚禁食，自由饮水)放置代谢笼，体重

(200±20)g，收集其尿液，混合，作为空白尿液样品于-20℃冰箱保存，备用。

4) 粪便样品

取 10 只空白大鼠(大鼠于取样前一晚禁食，自由饮水)放置代谢笼，体重(200±20)g，收集其粪便，混合，用研钵捣碎，混合均匀后，取约 0.5g，并加入生理盐水 1：4(m/V)，匀浆，吸取上清液，作为空白粪便样品于-20℃冰箱保存，备用。

4. 质控样品的制备

1) 血浆样品

精密吸取 200μL 空白血浆，各加入 50μL 工作溶液，按照"生物样品处理方法"制备成低、中、高三种浓度的质控(quality control，QC)样品。绿原酸血浆浓度分别为 0.75μg/mL、2μg/mL、10μg/mL，牡荆素-4″-O-葡萄糖苷血浆浓度分别为 1.5μg/mL、5μg/mL、40μg/mL，牡荆素-2″-O-鼠李糖苷血浆浓度为 0.3μg/mL、2.5μg/mL、40μg/mL，牡荆素血浆浓度为 0.75μg/mL、2μg/mL、10μg/mL，芦丁血浆浓度为 1.5μg/mL、4μg/mL、20μg/mL，金丝桃苷血浆浓度为 0.3μg/mL、1μg/mL、4μg/mL。将质控样品于 4℃冰箱保存，备用。

2) 组织样品

精密吸取 200μL 空白组织匀浆液，分别加入 50μL 工作溶液，按照"生物样品的处理"项下方法处理，制备成低、中、高三种浓度的质控样品。绿原酸组织匀浆液浓度分别为 0.15μg/mL、2.5μg/mL、80μg/mL，牡荆素-4″-O-葡萄糖苷组织匀浆液浓度分别为 0.06μg/mL、4μg/mL、400μg/mL，牡荆素-2″-O-鼠李糖苷组织匀浆液浓度分别为 0.03μg/mL、2μg/mL、200μg/mL，牡荆素组织匀浆液浓度分别为 0.15μg/mL、1.5μg/mL、64μg/mL，芦丁组织匀浆液浓度分别为 0.3μg/mL、2.5μg/mL、40μg/mL，金丝桃苷组织匀浆液浓度分别为 0.15μg/mL、1.5μg/mL、32μg/mL。将质控样品于 4℃冰箱保存，备用。

3) 粪便/尿液样品

精密吸取 200μL 空白粪便匀浆液/尿液，分别加入 50μL 工作溶液，按照"生物样品的处理"项下方法处理，制备成低、中、高三种浓度的质控样品。绿原酸粪便匀浆液/尿液浓度分别为 15μg/mL、50μg/mL 和 160μg/mL，牡荆素-4″-O-葡萄糖苷粪便匀浆液/尿液浓度分别为 15μg/mL、80μg/mL 和 400μg/mL，牡荆素-2″-O-鼠李糖苷粪便匀浆液/尿液浓度分别为 15μg/mL、70μg/mL 和 320μg/mL，牡荆素粪便匀浆液/尿液浓度分别为 3μg/mL、15μg/mL 和 64μg/mL，芦丁粪便匀浆液/尿液浓度分别为 15μg/mL、50μg/mL 和 160μg/mL 金丝桃苷粪便匀浆液/尿液浓度分别为 6μg/mL、20μg/mL 和 80μg/mL，将质控样品于 4℃冰箱保存，备用。

5. 血浆样品预处理条件的优化

1) 提取溶剂的选择(以血浆、肝、肠、粪便为代表进行筛选)

取三份大鼠空白血浆样品各 200μL，置 5mL 离心管中，分别加入冰乙酸 20μL，各待测组分中浓度质控样品 50μL。分别加乙腈、甲醇、乙酸乙酯、甲醇-乙酸乙酯(1：1)各 1.0mL，涡旋 1min，离心 15min(3500r/min)，取上清液，50℃氮气流下吹干，100μL 50%甲醇溶解，涡旋 1min，离心 5min(15 000r/min)，取 20μL 进样。结果见表 4-1~表 4-4。综合考虑各待测组分回收率，选择甲醇为提取溶剂。

表 4-1　不同溶剂对大鼠血浆中 6 种化合物提取回收率的影响($n=3$)　　（单位：%）

化合物	乙腈		甲醇		乙酸乙酯		甲醇-乙酸乙酯	
	R	RSD	R	RSD	R	RSD	R	RSD
CHA	88.47	2.1	90.32	3.3	67.34	4.2	75.98	2.8
VG	90.12	2.0	91.33	1.7	64.79	3.9	81.34	4.6
VR	83.98	3.6	85.13	4.2	54.03	7.5	72.04	5.3
VIT	85.21	4.4	86.99	2.5	69.34	3.9	75.88	4.9
RUT	87.47	4.0	87.98	1.3	72.23	2.6	81.94	2.0
HP	84.75	1.1	90.99	2.0	82.56	2.8	83.32	1.4

表 4-2　不同溶剂对大鼠肝组织中 6 种化合物提取回收率的影响($n=3$)　　（单位：%）

化合物	乙腈		甲醇		乙酸乙酯		甲醇-乙酸乙酯	
	R	RSD	R	RSD	R	RSD	R	RSD
CHA	82.54	4.6	86.13	4.2	62.79	5.7	80.59	4.8
VG	83.75	2.2	85.99	2.8	77.56	3.1	83.32	3.2
VR	87.76	4.6	89.57	3.4	78.62	5.4	85.81	4.2
VIT	85.91	4.4	86.89	2.4	69.74	3.8	75.68	4.8
RUT	87.67	3.7	87.68	1.3	72.53	2.7	81.84	2.1
HP	84.75	1.1	90.99	2.2	82.56	2.9	83.22	1.3

表 4-3　不同溶剂对大鼠肠组织中 6 种化合物提取回收率的影响($n=3$)　　（单位：%）

化合物	乙腈		甲醇		乙酸乙酯		甲醇-乙酸乙酯	
	R	RSD	R	RSD	R	RSD	R	RSD
CHA	88.57	2.0	90.42	3.4	67.44	4.3	75.88	2.9
VG	90.22	1.9	91.43	1.7	64.69	3.9	81.24	4.6
VR	83.78	3.5	85.23	4.2	54.13	7.5	72.14	5.3
VIT	85.91	4.4	86.89	2.5	69.44	3.9	75.78	4.7
RUT	87.67	3.8	87.99	1.3	72.33	2.8	81.84	2.0
HP	84.55	1.1	90.89	2.2	82.46	2.9	83.22	1.5

表 4-4　不同沉淀剂对大鼠粪便中 6 种化合物提取回收率的影响($n=3$)　　（单位：%）

化合物	乙腈		甲醇		乙酸乙酯		甲醇-乙酸乙酯	
	R	RSD	R	RSD	R	RSD	R	RSD
CHA	86.47	2.1	91.32	3.3	66.34	4.2	72.98	2.7
VG	90.02	1.8	90.33	1.6	62.79	3.8	80.34	4.7
VR	82.98	3.6	86.13	4.1	53.03	7.6	70.04	5.5
VIT	84.21	4.5	85.99	2.4	67.34	3.5	73.88	4.8
RUT	86.47	3.9	86.98	1.4	71.23	2.7	80.94	2.2
HP	85.75	1.2	91.99	2.1	81.56	2.7	81.32	1.6

2）复溶溶剂选择（以血浆为代表进行选择）

取空白血浆样品 4 份，分别置 5mL 离心管中，分别加入各待测组分中浓度质控样品 50μL，加入冰乙酸 20μL、甲醇 1.0mL，涡旋 1min，离心 15min（3500r/min），取上清液，50℃氮气流下吹干，分别加入初始流动相(A)乙腈-四氢呋喃(95∶5, V/V)

和(B)0.1%甲酸溶液(V/V=12∶88)，甲醇、50%甲醇各100μL，溶解，涡旋1min，离心5min(15 000r/min)，取20μL进样。综合考虑各待测组分回收率，选择50%甲醇为复溶溶剂。结果见表4-5。

表4-5 不同复溶溶剂对6种化合物提取回收率的影响(n=3)

化合物	流动相(A_{ana})	甲醇(A_{ana})	50%甲醇(A_{ana})
CHA	66.5	70.2	72.3
VG	130.8	146.6	153.8
VR	168.5	173.7	180.6
VIT	70.71	76.69	79.06
RUT	69.54	65.99	63.34
HP	88.99	87.98	90.23

6. 生物样品的处理

1) 血浆/尿液

取肝素抗凝血浆150μL，置2mL具塞离心试管中，依次加入20μL乙酸、30μL内标溶液、1mL甲醇，涡旋混合1min，离心15min(3500r/min)，分取上清液，置于50℃氮气流下吹干；残渣加入流动相100μL，涡旋溶解1min，离心5min(15 000r/min)，取上清液20μL，注入HPLC仪，记录色谱图。

2) 组织匀浆

精密称量组织样品，加入1∶4(m/V)生理盐水，匀浆处理。取200μL组织匀浆液，加50μL内标溶液、20μL乙酸、1mL甲醇，涡旋混合1min，离心15min(3500r/min)，分取上清液，置于50℃氮气流下吹干；残渣加入流动相100μL复溶，涡旋1min，离心5min(15 000r/min)，取上清液20μL，注入HPLC仪，记录色谱图。

3) 粪便匀浆

收集粪便后，用研钵捣碎，混合均匀后，称取0.5g，并加入生理盐水1∶4(m/V)，匀浆，吸取匀浆液200μL，加入20μL乙酸、50μL内标溶液、1mL甲醇，涡旋混合1min，离心15min(3500r/min)，分取上清液，置于50℃氮气流下吹干；残渣加入流动相100μL，涡旋溶解1min，离心5min(15 000r/min)，取上清液20μL，注入HPLC仪，记录色谱图。

7. 分析方法的确证

1) 方法的专属性

血浆样品：上述色谱条件下，将大鼠的空白血浆样品色谱图(图4-1A)、空白血浆样品中加对照品色谱图(图4-1B)、山楂叶提取物灌胃给药30min后血浆样品色谱图(图4-1C)进行比较。

(1) 组织样品：以胃为例，将大鼠的空白胃匀浆液样品色谱图(图4-2A)、空白胃匀浆液样品中加对照品色谱图(图4-2B)、山楂叶提取物灌胃给药30min后加内标胃样品色谱图(图4-2C)进行比较。

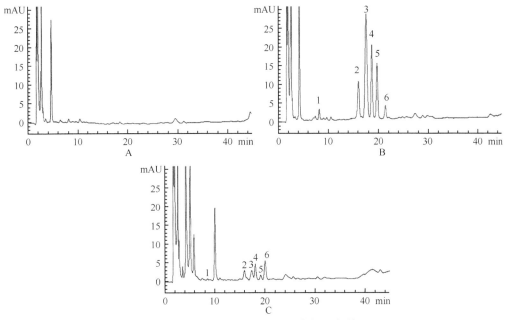

图 4-1　大鼠血浆样品中 6 种化合物的色谱图

A. 空白血浆；B. 空白血浆中加入对照品；C. 10mL/kg TFHL 口服给药 0.5h 后大鼠血浆样品。色谱峰 1. 绿原酸；色谱峰 2. 牡荆素-4″-O-葡萄糖苷；色谱峰 3. 牡荆素-2″-O-鼠李糖苷；色谱峰 4. 牡荆素；色谱峰 5. 芦丁；色谱峰 6. 金丝桃苷

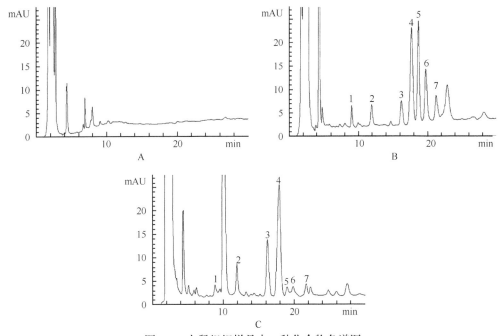

图 4-2　大鼠组织样品中 6 种化合物色谱图

A. 胃组织空白样品；B. 胃组织空白样品加入对照品；C. 10mL/kg TFHL 口服给药 0.5h 后大鼠胃组织样品。色谱峰 1. 绿原酸；色谱峰 2. 咖啡酸 3. 牡荆素-4″-O-葡萄糖苷；色谱峰 4. 牡荆素-2″-O-鼠李糖苷；色谱峰 5. 牡荆素；色谱峰 6. 芦丁；色谱峰 7. 金丝桃苷

(2)粪便样品：将大鼠的空白粪便匀浆液样品色谱图(图 4-3A)、空白粪便匀浆液样品中加对照品色谱图(图 4-3B)、山楂叶提取物灌胃给药 6～8h 后粪便样品色谱图(图 4-3C、D)进行比较。

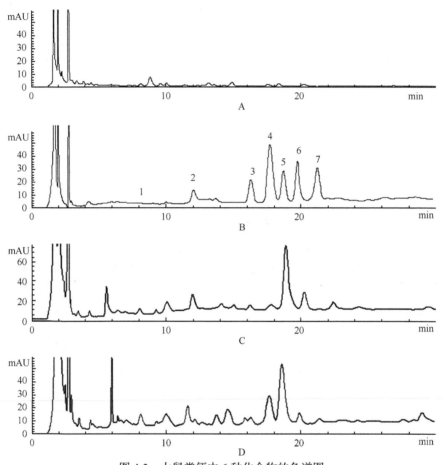

图 4-3 大鼠粪便中 6 种化合物的色谱图

A. 空白粪便；B. 空白粪便加入对照品及内标物；C、D. 健康大鼠和脂肪肝大鼠口服给药 10mL/kg TFHL 6～8h 后的粪便样品。色谱峰 1. 绿原酸；色谱峰 2. 内标物；色谱峰 3. 牡荆素-4″-O-葡萄糖苷；色谱峰 4. 牡荆素-2″-O-鼠李糖苷；色谱峰 5. 牡荆素；色谱峰 6. 芦丁；色谱峰 7. 金丝桃苷

(3)尿液样品：将大鼠的空白尿液样品色谱图(图 4-4A)、空白尿液样品中加对照品色谱图(图 4-3B)、山楂叶提取物灌胃给药 4～6h 后尿液样品色谱图(图 4-4C、D)进行比较。

以上血浆、组织、粪便及尿液样品实验结果提示，各生物样品无内源性物质干扰。各被测组分色谱峰之间分离度良好。

2) 检测限和最低定量限测定

将已知浓度的标准溶液无限稀释，精密吸取 50μL，至 200μL 的空白血浆中，按"血浆样品预处理"项下方法操作，配制样品溶液，进行测定，保证信噪(signal noise,

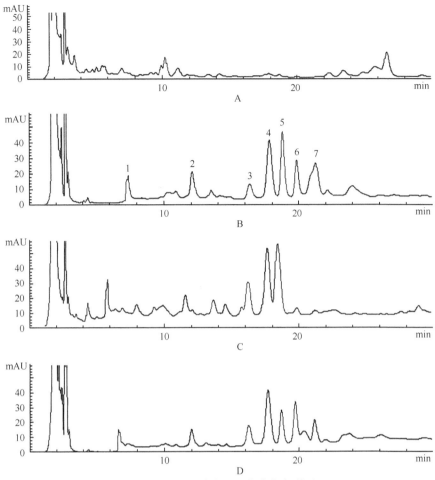

图 4-4 大鼠尿液中 6 种化合物色谱图

A. 空白尿液；B. 空白尿液加入对照品和内标物；C、D. 健康大鼠和脂肪肝大鼠口服给药 10mL/kg TFHL 后 4～6h 尿液样品。色谱峰 1. 绿原酸；色谱峰 2. 内标物色谱峰 3. 牡荆素-4″-O-葡萄糖苷；色谱峰 4. 牡荆素-2″-O-鼠李糖苷；色谱峰 5. 牡荆素；色谱峰 6. 芦丁；色谱峰 7. 金丝桃苷

S/N) 比均为 10，重复分析 5 次，获得该浓度的日内精密度 RSD 低于 9.3%，准确度 (relative error，RE) 为 5.5%。该结果表明 HPLC 法测定绿原酸、牡荆素-4″-O-葡萄糖苷、牡荆素-2″-O-鼠李糖苷、牡荆素、芦丁、金丝桃苷的最低检测限 (limit of detection, LOD) (S/N=3) 分别为 0.05μg/mL、0.112μg/mL、0.013μg/mL、0.055μg/mL、0.08μg/mL、0.016μg/mL。同法测定组织样品、粪便及尿液，各指标成分的最低检测限 (LOD, S/N=3) 和最低定量限 (lower limit of quantification, LLOQ) (LOQ, S/N=10) 分别为绿原酸 0.0053μg/mL 和 0.016μg/mL、牡荆素-4″-O-葡萄糖苷 0.0023μg/mL 和 0.007μg/mL，牡荆素-2″-O-鼠李糖苷 0.0013μg/mL 和 0.004μg/mL，牡荆素 0.0044μg/mL 和 0.013μg/mL，芦丁 0.001μg/mL 和 0.003μg/mL、金丝桃苷 0.0053μg/mL 和 0.0016μg/mL。

3）标准曲线的绘制

取大鼠空白血浆 200μL，分别加绿原酸、牡荆素-4″-O-葡萄糖苷、牡荆素-2″-O-

鼠李糖苷、牡荆素、芦丁和金丝桃苷系列标准溶液各 50μL，配制成相当于绿原酸血浆浓度为 0.25μg/mL、0.5μg/mL、1μg/mL、2μg/mL、5μg/mL、12.5μg/mL，牡荆素-4″-O-葡萄糖苷血浆浓度为 0.5μg/mL、1μg/mL、2μg/mL、5μg/mL、12.5μg/mL、50μg/mL，牡荆素-2″-O-鼠李糖苷血浆浓度为 0.1μg/mL、0.2μg/mL、0.5μg/mL、2μg/mL、5μg/mL、12.5μg/mL，牡荆素血浆浓度为 0.25μg/mL、0.5μg/mL、1μg/mL、2μg/mL、5μg/mL、12.5μg/mL，芦丁血浆浓度为 0.5μg/mL、1μg/mL、2μg/mL、5μg/mL、12.5μg/mL、25μg/mL，金丝桃苷血浆浓度为 0.1μg/mL、0.2μg/mL、0.4μg/mL、0.8μg/mL、2μg/mL、5μg/mL 的血浆样品。按"血浆样品处理"项下的操作方法处理样品，然后 HPLC 仪分别进样 20μL，记录色谱图数据，建立标准曲线。以血浆中待测物的浓度(μg/mL)为横坐标(X)，待测物与内标物色谱峰面积比为纵坐标(Y)，采用加权最小二乘法[56]进行回归运算，权重系数为 $1/c^2$，求得直线的回归方程。结果详细见表 4-6。

表 4-6　6 种化合物在大鼠血浆中标准曲线的回归方程

化合物	回归方程	相关系数(r)	线性范围/(μg/mL)
CHA	$Y=4.9868X+2.6885$	0.9998	0.25～12.5
VG	$Y=4.6524X+13.414$	0.9990	0.5～50
VR	$Y=18.232X+18.056$	0.9996	0.1～12.5
VIT	$Y=34.582X+10.423$	0.9995	0.25～12.5
RUT	$Y=11.039X+6.484$	0.9987	0.5～25
HP	$Y=13.651X+7.5276$	0.9993	0.1～5

各个组织、粪便及尿液标准曲线建立过程同血浆，典型的回归方程见表 4-7、表 4-8。

表 4-7　6 种化合物在大鼠组织样品中的回归方程、相关系数及线性范围

化合物名称	生物样品	回归方程	相关系数(r)	线性范围/(μg/mL)
CHA	心脏	$Y=4.6525X+1.6507$	0.9995	0.05～100
	肝脏	$Y=3.5665X+0.0018$	0.999	
	脾脏	$Y=9.0248X+7.4411$	0.999	
	肾脏	$Y=12.445X+11.884$	0.9992	
	胃	$Y=7.5952X+8.2196$	0.9998	
	肠	$Y=7.4491X+4.2321$	0.9996	
VG	心脏	$Y=3.9334X+11.93$	0.9997	0.02～500
	肝脏	$Y=3.129X+12.015$	0.9995	
	脾脏	$Y=3.5815X+12.798$	0.999	
	肾脏	$Y=3.573X+12.363$	0.9993	
	胃	$Y=4.3102X+12.806$	0.999	
	肠	$Y=4.5143X+15.472$	0.999	
VR	心脏	$Y=17.902X+65.773$	0.9991	0.01～250
	肝脏	$Y=14.276X+24.589$	0.999	

续表

化合物名称	生物样品	回归方程	相关系数(r)	线性范围/($\mu g/mL$)
VR	脾脏	$Y=16.442X+51.787$	0.9995	0.01~250
	肾脏	$Y=16.455X+55.301$	0.9996	
	胃	$Y=18.282X+47.053$	0.9991	
	肠	$Y=18.021X+43.171$	0.9997	
VIT	心脏	$Y=33.818X+12.106$	0.9992	0.05~40
	肝脏	$Y=28.958X+3.2693$	0.9991	
	脾脏	$Y=28.874X+13.559$	0.9991	
	肾脏	$Y=32.727X+0.4828$	0.9999	
	胃	$Y=38.231X+3.124$	0.9997	
	肠	$Y=39.512X+2.5646$	0.9996	
RUT	心脏	$Y=12.967X+2.5287$	0.9992	0.1~50
	肝脏	$Y=8.3702X+9.4432$	0.9992	
	脾脏	$Y=15.935X+2.5806$	0.9991	
	肾脏	$Y=9.9723X+13.002$	0.9998	
	胃	$Y=14.359X+16.177$	0.9995	
	肠	$Y=17.173X+3.9388$	0.9992	
HP	心脏	$Y=12.244X+2.5179$	0.9997	0.05~40
	肝脏	$Y=12.435X+1.4328$	0.9995	
	脾脏	$Y=15.462X+7.4863$	0.9995	
	肾脏	$Y=10.517X+6.0407$	0.9992	
	胃	$Y=15.009X+2.3312$	0.9986	
	肠	$Y=16.347X+5.5326$	0.9993	

表4-8 6种化合物在大鼠粪便及尿液中的标准曲线、相关系数及线性范围

化合物名称	生物样品	回归方程	相关系数(r)	线性范围/($\mu g/mL$)
CHA	尿液	$Y=15.816X+344.15$	0.9991	5~200
	粪便	$Y=19.823X+47.46$	0.9993	
VG	尿液	$Y=7.3884X+793.08$	0.9997	5~500
	粪便	$Y=6.1163X+289.38$	0.9993	
VR	尿液	$Y=25.973X+264.84$	0.9994	5~400
	粪便	$Y=23.164X+152.67$	0.9994	
VIT	尿液	$Y=49.338X+280.55$	0.9996	1~80
	粪便	$Y=47.254X+141.4$	0.9992	
RUT	尿液	$Y=30.444X+10.917$	0.9991	5~200
	粪便	$Y=27.754X+39.597$	0.999	
HP	尿液	$Y=38.544X+325.2$	0.9991	2~100
	粪便	$Y=35.442X+0.0843$	0.999	

4) 精密度和准确度

取大鼠空白血浆 200μL，按上述"血浆样品预处理"项下方法操作，分别制备低、中、高三种浓度绿原酸、牡荆素-4″-O-葡萄糖苷、牡荆素-2″-O-鼠李糖苷、牡荆素、芦丁和金丝桃苷的质控血浆样品。其中绿原酸血浆浓度分别为 0.75μg/mL、2μg/mL、10μg/mL，牡荆素-4″-O-葡萄糖苷血浆浓度分别为 1.5μg/mL、5μg/mL、40μg/mL，牡荆素-2″-O-鼠李糖苷血浆浓度分别为 0.3μg/mL、2.5μg/mL、40μg/mL，牡荆素血浆浓度分别为 0.75μg/mL、2μg/mL、10μg/mL，芦丁血浆浓度分别为 1.5μg/mL、4μg/mL、20μg/mL，金丝桃苷血浆浓度分别为 0.3μg/mL、1μg/mL、4μg/mL。日内精密度的测定是指在同一天对三浓度的质控样品进行 6 样本分析。日间精密度是对每个浓度的样品进行 6 样本分析，连续测定 3 天，并与标准曲线同时进行，以当日的标准曲线计算质控样品的浓度，求得该方法的精密度 RSD（质控样品测得值的相对标准偏差）和准确度 RE（质控样品测量均值对真实值的相对误差），结果见表 4-9。

表 4-9　6 种化合物在大鼠血浆中精密度、准确度、稳定性及提取回收率的测定结果

化合物名称	加样浓度/(μg/mL)	日间精密度			日内精密度		
		测定浓度/(μg/mL)	RSD/%	RE/%	测定浓度/(μg/mL)	RSD/%	RE/%
CHA	0.75	0.81±0.02	1.62	8.0	0.72±0.05	4.9	4.0
	2	1.83±0.09	5.1	8.5	1.89±0.12	6.28	5.5
	10	10.7±1.1	8.42	6.5	10.2±1.1	9.25	1.7
VG	1.5	1.42±0.10	8.78	5.3	1.55±0.05	4.52	3.3
	5	4.75±0.50	11.8	5	4.83±0.38	8.57	3.4
	40	40.1±2.7	6.62	0.32	43.4±3.2	7.44	8.5
VR	0.3	0.31±0.02	3.62	3.3	0.275±0.01	1.16	8.3
	2.5	2.43±0.01	0.68	2.8	2.60±0.01	0.27	4.0
	40	38.5±4.5	13.2	3.9	39.2±1.8	5.06	2.0
VIT	0.75	0.73±0.10	9.28	2.7	0.72±0.05	5.09	4
	2	2.04±0.23	9.7	2.0	2.05±0.19	7.33	2.5
	10.0	10.3±0.59	5.75	2.6	10.3±0.50	4.87	3.2
RUT	1.5	1.52±0.08	3.47	1.3	1.48±0.15	6.69	1.3
	4	4.14±0.06	1.16	3.5	3.98±0.14	2.7	0.5
	20	21.3±2.2	7.68	6.5	20.1±1.6	5.69	0.4
HP	0.3	0.31±0.01	2.37	3.3	0.32±0.02	3.88	6.7
	1	1.08±0.10	9.57	8.0	1.09±0.03	2.43	9
	4	4.17±0.36	7.48	4.2	4.02±0.52	10.3	0.5

注：日内精密度：$n=5$；日间精密度：$n=3$ 天；每天重复 5 次

5) 样品提取回收率

取大鼠空白血浆 200μL，按上述"血浆样品预处理"项下方法操作，分别制备低、中、高 3 种浓度绿原酸、牡荆素-4″-O-葡萄糖苷、牡荆素-2″-O-鼠李糖苷、牡荆素、

芦丁和金丝桃苷的质控血浆样品,考察样品和内标物的提取回收率。每一浓度进行6样本分析,结果见表4-9。待测组分和内标的提取回收率均不低于(82.67±4.74)%,符合目前生物样品分析方法指导原则的有关规定。

组织、粪便及尿液方法同血浆,在组织、粪便及尿液中,本方法的回收率均为85.76%~92.35%,均符合目前生物样品分析方法指导原则的有关规定。

6) 样品稳定性考察

取大鼠空白血浆200μL,按照上述"血浆样品预处理"项下方法操作,分别制备低、中、高三种浓度绿原酸、牡荆素-4″-O-葡萄糖苷、牡荆素-2″-O-鼠李糖苷、牡荆素、芦丁和金丝桃苷的质控血浆样品。将各个浓度质控样品分别置室温、-20℃冰箱保存及连续冻融3次(冻:-20℃/24h;融:室温,2~3h)循环处理后,带入标准曲线中测定5种待测组分质控样品的浓度,计算RE。结果见表4-8。

组织、粪便及尿液处理方法同血浆,在组织、粪便及尿液中,该方法的日内精密度RSD≤10.5%,日间精密度RSD≤8.7%,RE为-5.9%~6.3%。结果表明,该法重复性、准确性良好,生物样品室温、-20℃放置1个月及连续冻融3次都能保持稳定。结果见表4-9、表4-10。

(二) TFHL在脂肪肝大鼠和健康大鼠体内药动学比较研究

1. TFHL供试液的制备　称取干燥的山楂叶粉末2.5kg,加入70%乙醇加热回流提取两次(第一次加溶剂14倍,提取3h;第二次加溶剂10倍,提取2h。减压回收乙醇至无醇味,所得溶液用水稀释,AB-8型大孔树脂吸附,以8倍柱体积水冲洗树脂柱除杂质,3.5倍70%乙醇洗脱,洗脱液在40℃下经减压回收乙醇至浸膏。使用前4℃冰箱内保存,给药前以0.5%CMC溶液配制成含生药量1g/mL的药液供大鼠给药。采用上述相同的色谱条件,外标法测定提取物溶液中绿原酸、牡荆素-4″-O-葡萄糖苷、牡荆素-2″-O-鼠李糖苷、牡荆素、芦丁和金丝桃苷的浓度分别为12.3mg/kg、126.3mg/kg、53.7mg/kg、1.2mg/kg、1.3mg/kg和4.7mg/kg。

2. NAFLD大鼠模型的复制　造模方法同本书"第三章"。

3. 生物样品的采集与预处理

1) 血浆样品的采集

取NAFLD大鼠和健康大鼠各30只,各自随机分成3组,每组10只。实验前所有大鼠禁食一夜,可自由饮水。TFHL的灌胃给药剂量为10mL/kg体重,灌胃给药后,于0.083h、0.167h、0.5h、0.75h、1h、1.5h、2h、3h、4.5h、6.5h、9h各采血0.5mL,置于预先肝素化的EP(eppendorf)管中,离心15min(3500r/min),取出上层血浆,将所得血浆样品置-20℃冰箱中保存。

取各采血时间点血浆样品,按照"生物样品的处理"项下方法操作,进样分析。

2) 组织样品

对于组织分布研究,NAFLD大鼠和健康大鼠各30只,各自随机分成3组,实验前禁食12h,自由饮水。经口服灌胃给予TFHL溶液(10mL/kg)。于给药后0.5h、

表 4-10 6 种化合物在大鼠组织中精密度、准确度、稳定性及提取回收率的测定结果 ($n=6$)

化合物名称	加样浓度/(μg/mL)	提取回收率 ($n=5$)	日间精密度			日内精密度			准确度 (%, 均值±SD)		
			测定浓度/(μg/mL)	RSD/%	RE/%	测定浓度/(μg/mL)	RSD/%	RE/%	短期稳定性	长期稳定性	冻融稳定性
CHA	0.15	88.23±0.08	0.148±0.02	7.02	6.7	0.153±0.05	4.9	2.6	96.17±2.32	88.21±1.65	90.7±1.57
	2.5	90.56±2.75	2.56±0.09	4.05	2.0	2.58±0.12	3.28	0.5	101.4±1.69	93.24±1.46	92.58±1.27
	80	94.43±3.55	79.8±1.1	2.42	1.3	80.2±1.1	2.25	1.8	96.26±1.20	92.01±1.07	90.32±3.78
VG	0.06	86.34±1.11	0.06±0.01	4.78	3.3	0.06±0.05	2.52	1.3	93.58±2.42	91.65±5.84	90.29±3.80
	4	87.35±0.8	3.95±0.50	5.25	5.0	4.03±0.38	4.57	2.4	98.38±1.26	91.24±2.25	91.49±1.38
	400	90.17±2.7	403±2.7	1.62	0.50	404±3.2	1.44	1.0	100.2±2.03	93.22±3.16	93.71±2.28
VR	0.03	88.68±0.26	0.03±0.01	13.6	3.3	0.29±0.01	10.6	5.3	94.14±2.65	93.86±3.18	95.55±3.08
	2	86.52±2.8	1.96±0.1	10.6	5.0	2.09±0.12	10.2	5.5	93.28±2.42	93.80±5.42	83.88±1.12
	200	91.41±0.6	201±4.5	6.2	2.0	202±1.8	2.36	0.5	86.88±1.05	94.72±0.947	91.11±0.96
VIT	0.15	95.18±0.7	0.15±0.10	7.28	6.7	0.152±0.05	5.09	3.3	89.59±4.72	88.46±4.23	93.17±4.88
	1.5	87.39±0.8	1.5±0.23	5.3	3.6	1.58±0.19	1.33	3.3	93.38±2.42	93.88±2.42	92.88±2.42
	64	89.63±0.8	64.1±0.59	4.15	3.1	63.3±0.50	2.87	1.2	96.11±1.20	92.07±1.07	91.32±3.78
RUT	0.3	91.21±3.7	0.29±0.08	3.45	3.3	0.28±0.15	2.09	3.3	93.80±2.42	91.62±5.84	84.29±3.80
	2.5	94.20±2.7	2.6±0.06	3.16	3.9	2.58±0.14	8.2	4.0	91.28±1.42	93.88±2.42	90.88±2.42
	40	93.35±3.55	42±2.2	2.4	5.0	41.1±1.6	5.09	5.0	88.48±1.26	91.28±2.25	92.49±1.38
HP	0.15	87.04±5.11	0.15±0.01	2.51	3.3	0.15±0.02	2.12	3.3	100.2±2.03	93.20±3.16	85.71±2.28
	1.5	94.33±3.55	1.50±0.10	6.57	6.7	1.53±0.03	3.43	6.7	93.88±2.42	83.88±0.49	95.88±2.02
	32	84.33±1.55	32.67±2.36	4.68	3.2	32±0.52	3.3	3.3	84.04±2.65	93.07±3.18	86.05±3.08

表 4-11 6种化合物在大鼠尿液中精密度、准确度、稳定性及提取回收率的测定结果 ($n=6$)

化合物名称	加样浓度/(μg/mL)	提取回收率($n=5$)	日内精密度 测定浓度/(μg/mL)	RSD/%	RE/%	日间精密度 测定浓度/(μg/mL)	RSD/%	RE/%	准确度(%,均值±SD) 短期稳定性	长期稳定性	冻融稳定性
CHA	15	87.23±0.08	14.8±2.2	7.02	6.7	15.3±0.5	4.9	2.6	95.17±2.32	88.21±1.65	90.75±1.57
	50	91.56±2.75	51.6±5.9	4.05	2.0	50.8±5.12	3.28	0.5	102.4±1.69	93.84±1.46	92.54±1.27
	160	93.43±3.52	159.8±11	2.42	1.3	160.2±11	2.25	1.8	95.26±1.20	92.81±1.07	90.33±3.78
VG	15	85.34±1.15	16±5.01	4.78	3.3	15.6±3.5	2.52	1.3	92.58±2.42	91.85±5.84	90.26±3.80
	80	88.35±0.85	79.5±5	5.25	5.0	80.3±18	4.57	2.4	97.38±1.26	91.24±2.25	91.47±1.38
	400	91.17±2.75	403±27	1.62	0.50	404±32	1.44	1.0	101.2±2.03	93.52±3.16	93.72±2.28
VR	15	86.68±0.25	13±1	13.6	3.3	14±1	10.6	5.3	95.14±2.65	93.56±3.18	95.54±3.08
	70	87.52±2.85	68±0.1	10.6	5.0	70.9±12	10.2	5.5	94.28±2.42	93.50±5.42	83.85±1.12
	320	90.41±0.65	321±4.5	6.2	2.0	322±18	2.36	0.5	87.88±1.05	94.52±0.947	91.15±0.96
VIT	3	93.18±0.75	3.15±0.10	7.28	6.7	2.8±0.5	5.09	3.3	88.59±4.72	88.46±4.23	93.15±4.88
	15	87.39±0.85	14±0.23	5.3	3.6	15.8±1.9	1.33	3.3	92.38±2.42	93.68±2.42	92.84±2.42
	64	88.63±0.85	64.1±5.9	4.15	3.1	63.3±5	2.87	1.2	95.11±1.20	92.67±1.07	91.34±3.78
RUT	15	93.21±3.72	14.9±0.8	3.45	3.3	13.8±1.5	2.09	3.3	94.80±2.42	91.62±5.84	84.25±3.80
	50	92.20±2.71	48±6.5	3.16	3.9	51±14	8.2	4.0	92.28±1.42	93.68±2.42	90.85±2.42
	160	93.35±3.54	155±22	2.4	5.0	161±1.6	5.09	5.0	89.48±1.26	91.68±2.25	92.49±1.38
HP	6	85.04±5.10	5±1.01	2.51	3.3	6.15±0.2	2.12	3.3	102.2±2.03	93.50±3.16	85.73±2.28
	20	95.33±3.54	18±3.1	6.57	6.7	19.3±3	3.43	6.7	91.88±2.42	83.58±0.49	95.83±2.02
	80	83.33±1.56	76±2.36	4.68	3.2	82±5.2	3.3	3.3	86.04±2.65	93.57±3.18	86.05±3.08

1h、1.5h 将大鼠断颈处死,剖取肝脏、心脏、脾脏、肾脏、胃、小肠。取出的组织用生理盐水冲洗去掉表面血渍,用滤纸吸走水分,然后称重。另外,在处理过程中,胃和肠中的内容物应清理干净。所有样品于-20℃低温保存备用。

取各采样时间点组织,按照"生物样品的预处理"项下方法操作,处理样品后,进样分析。

3) 尿液及粪便样品

对于排泄实验,NAFLD 大鼠和脂肪肝大鼠各 10 只,实验前禁食 12h,自由饮水。经口服灌胃给予 TFHL 溶液(10mL/kg)。给药后大鼠置于代谢笼中以在不同时间收集尿液及粪便。给药 2h 后,可自由饮食。分别收集给药后 0~2h、2~4h、4~6h、6~8h、8~12h 及 12~24h 的尿液与粪便。尿液测量体积,粪便称重并记录。所有样品于-20℃低温保存备用。

将所得粪便/尿液样品,按照"生物样品的处理"项下方法处理,样品经过处理后,进入 HPLC 分析。

4. 血浆药动学结果 将给药后各时间点取血测得的血药浓度和时间数据用 3p97 药动学软件拟合,通过进行一房室、二房室、三房室对各权重为 1、$1/c$、$1/c^2$ 的情况进行拟合,比较药时曲线拟合图及参数。认为以二房室,权重为 $1/c^2$ 拟合最好。各成分的药时曲线下面积($AUC_{0 \to t}$)、半衰期($t_{1/2}$)、清除率(CL)、分布容积(V_c)与给药剂量的相关性分析见图 4-5A~J、表 4-11~表 4-16。

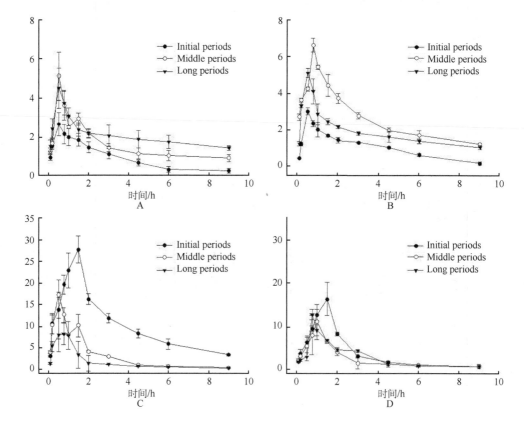

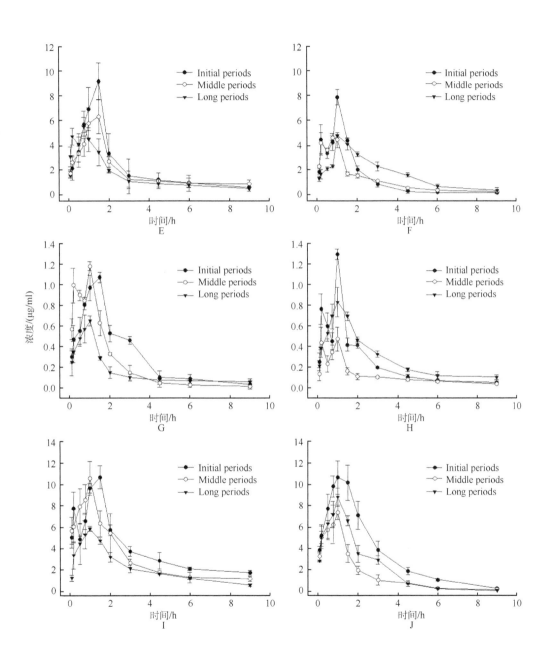

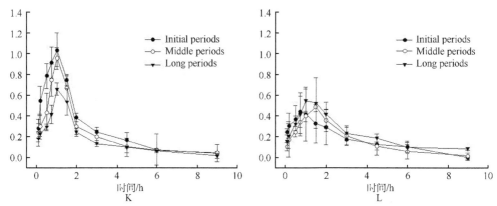

图 4-5 大鼠口服 TFHL(10mL/kg)后, 绿原酸(A、B)、牡荆素-4″-O-葡萄糖苷(C、D), 牡荆素-2″-O-鼠李糖苷(E、F)、牡荆素(G、H)、芦丁(I、J)、金丝桃苷(K、L)血浆药时曲线

均值±SD, $n=5$。1. 脂肪肝组; 2. 正常组

表 4-12　大鼠口服 TFHL(10mL/kg)第一天、半个月、一个月绿原酸的药动参数

给药时间	组别	剂量/(mL/kg)	T_{max}/h	C_{max}/(μg/mL)	$t_{1/2}$/h	CL/[L/(h·kg)]	$AUC_{0 \to t}$/[mg/(L·h)]
第一天	脂肪肝组	13.5	0.50±0.05	2.38±0.26	2.06±0.12	0.61±0.01	8.28±0.76
	健康组	13.5	0.57±0.08	2.34±0.28	2.53±0.18	1.38±0.16	9.81±0.98
半个月	脂肪肝组	13.5	0.61±0.12	3.64±0.39	2.05±0.35	0.61±0.02	13.25±1.01
	健康组	13.5	0.60±0.08	2.48±0.08	2.78±0.13	0.45±0.06	30.04±2.48
一个月	脂肪肝组	13.5	0.64±0.08	3.48±0.38	4.41±0.30	0.57±0.03	23.64±2.90
	健康组	13.5	0.54±0.10	5.16±0.11	3.25±0.19	0.50±0.06	19.37±2.55

表 4-13　大鼠口服 TFHL(10mL/kg)第一天、半个月、一个月牡荆素-4″-O-葡萄糖苷的药动参数

给药时间	组别	剂量/(mL/kg)	T_{max}/h	C_{max}/(μg/mL)	$t_{1/2}$/h	CL/[L/(h·kg)]	$AUC_{0 \to t}$/[mg/(L·h)]
第一天	脂肪肝组	124.4	1.19±0.22	22.24±3.46	1.83±0.42	1.35±0.18	92.31±7.76
	健康组	124.4	1.04±0.18	10.23±0.98	1.02±0.18	4.14±0.16	30.10±3.98
半个月	脂肪肝组	124.4	0.38±0.05	14.62±1.39	1.05±0.25	4.54±0.21	27.40±3.01
	健康组	124.4	1.14±0.18	8.07±1.05	0.86±0.15	6.29±0.86	19.77±2.48
一个月	脂肪肝组	124.4	0.73±0.05	8.80±1.08	0.66±0.13	9.72±1.03	12.80±1.90
	健康组	124.4	1.00±0.04	8.00±1.58	1.10±0.12	5.19±1.66	23.96±2.55

表 4-14　大鼠口服 TFHL(10mL/kg)第一天、半个月、一个月牡荆素-2″-O-鼠李糖苷的药动参数

给药时间	组别	剂量/(mg/kg)	T_{max}/h	C_{max}/(μg/mL)	$t_{1/2}$/h	CL/[L/(h·kg)]	$AUC_{0 \to t}$/[mg/(L·h)]
第一天	脂肪肝组	49.2	1.25±0.15	6.71±1.46	1.24±0.22	2.03±0.41	24.14±2.76
	健康组	49.2	0.72±0.18	7.48±0.98	0.78±0.18	4.21±0.86	11.68±1.98
半个月	脂肪肝组	49.2	1.72±0.12	4.44±0.69	1.79±0.39	3.24±0.81	15.19±3.01
	健康组	49.2	0.75±0.18	4.21±0.08	1.23±0.13	5.39±0.66	9.60±1.48
一个月	脂肪肝组	49.2	0.36±0.07	5.27±1.08	1.43±0.20	3.80±0.03	13.00±2.90
	健康组	49.2	1.31±0.05	4.52±0.86	1.71±0.19	3.33±0.66	14.76±1.55

表4-15 大鼠口服TFHL(10mL/kg)第一天、半个月、一个月牡荆素的药动参数

给药时间	组别	剂量/(mg/kg)	T_{max}/h	C_{max}/(μg/mL)	$t_{1/2}$/h	CL/[L/(h·kg)]	AUC$_{0\to t}$/[mg/(L·h)]
第一天	脂肪肝组	6.64	1.03±0.21	0.87±0.16	1.14±0.09	2.47±0.81	2.69±0.76
	健康组	6.64	0.28±0.08	1.04±0.28	1.71±0.18	2.96±0.16	1.85±0.18
半个月	脂肪肝组	6.64	0.39±0.08	1.12±0.19	1.15±0.15	2.93±0.21	2.27±0.61
	健康组	6.64	0.35±0.07	0.37±0.08	1.44±0.15	7.23±1.66	0.92±0.18
一个月	脂肪肝组	6.64	1.59±0.12	0.64±0.08	0.62±0.11	6.98±0.93	0.95±0.09
	健康组	6.64	1.61±0.15	0.72±0.058	1.47±0.19	2.82±1.66	2.06±0.55

表4-16 大鼠口服TFHL(10mL/kg)第一天、半个月、一个月芦丁的药动参数

给药时间	组别	剂量/(mg/kg)	T_{max}/h	C_{max}/(μg/mL)	$t_{1/2}$/h	CL/[L/(h·kg)]	AUC$_{0\to t}$/[mg/(L·h)]
第一天	脂肪肝组	7.04	0.30±0.04	8.2±0.46	3.54±0.42	0.16±0.01	44.07±3.76
	健康组	7.04	0.74±0.38	8.08±0.98	1.46±0.18	0.23±2.16	30.10±3.98
半个月	脂肪肝组	7.04	0.45±0.58	10.98±0.39	1.80±0.35	0.25±1.21	27.70±3.01
	健康组	7.04	0.72±0.18	6.94±0.08	0.82±0.13	0.55±0.66	12.72±0.48
一个月	脂肪肝组	7.04	0.75±0.075	7.88±1.08	1.84±0.30	0.38±0.03	18.67±2.90
	健康组	7.04	0.72±0.048	8.51±0.058	1.07±0.19	0.34±1.66	19.45±0.55

表4-17 大鼠口服TFHL(10mL/kg)第一天、半个月、一个月金丝桃苷的药动参数

给药时间	组别	剂量/(mg/kg)	T_{max}/h	C_{max}/(μg/mL)	$t_{1/2}$/h	CL/[L/(h·kg)]	AUC$_{0\to t}$/[mg/(L·h)]
第一天	脂肪肝组	26.8	0.72±0.05	0.94±0.04	0.95±0.12	12.15±1.81	2.21±0.55
	健康组	26.8	0.59±0.12	0.53±0.08	2.46±0.28	15.28±2.16	1.15±0.08
半个月	脂肪肝组	26.8	1.57±0.38	0.91±0.09	0.86±0.05	15.18±1.21	1.77±0.31
	健康组	26.8	1.53±0.18	0.49±0.08	1.40±0.23	18.48±2.66	1.05±0.18
一个月	脂肪肝组	26.8	0.95±0.07	0.65±0.08	1.03±0.13	20.00±2.03	1.34±0.21
	健康组	26.8	1.51±0.14	0.56±0.05	2.07±0.19	13.00±1.66	1.21±0.25

实验表明，大鼠灌胃给药TFHL 10mL/kg后，绿原酸吸收迅速而且在0.5h CL达到最高峰，将初次给药和给药一个月后的正常组与模型组对比，药动参数没有显著差异，只是在给药半个月时稍有差异。

初次给药后，模型组牡荆素-4″-O-葡萄糖苷和牡荆素-2″-O-鼠李糖苷的AUC$_{0\to t}$达到最高，可达92.31和24.14，次之是给药半个月，再次是给药一个月后。正常组给药半个月和一个月后AUC$_{0\to t}$没什么太大变化，只是比初次给药后，牡荆素-4″-O-葡萄糖苷的AUC$_{0\to t}$略有增长。模型组在初次给药和给药半个月后的AUC$_{0\to t}$比正常组高很多。同时，给药一个月后牡荆素-4″-O-葡萄糖苷和牡荆素-2″-O-鼠李糖苷的AUC$_{0\to t}$已经接近正常组。除此之外，模型组的牡荆素-4″-O-葡萄糖苷在给药半个月时及牡荆素-2″-O-鼠李糖苷在给药一个月时分别出现了双峰。牡荆素-4″-O-葡萄糖苷、牡荆素-2″-O-鼠李糖苷拥有相同的药动学特征，给药后1.81h、1.51h达到最大血药浓度，而且在血液中的消除速率慢，半衰期分别为(2.54±0.42)h和(2.94±0.31)h。

初次给药和给药半个月后牡荆素的 $AUC_{0\to t}$ 比较高，并且给药一个月后显著降低，但是健康大鼠在给药一个月时 $AUC_{0\to t}$ 达到最高。牡荆素在初次给药和给药半个月后正常组和模型组都存在二次吸收，给药一个月后未发现此现象。

初次给药和给药半个月后模型组芦丁的 $AUC_{0\to t}$ 比牡荆素-4″-O-葡萄糖苷、牡荆素-2″-O-鼠李糖苷、牡荆素都要高，但是给药一个月后显著减少。正常组给药一个月时 $AUC_{0\to t}$ 达到最低。模型组给药一个月时 $AUC_{0\to t}$ 几乎接近正常组。

模型组金丝桃苷的 $AUC_{0\to t}$ 在初次给药时达到最高，然后在治疗过程中逐渐降低。药时曲线显示金丝桃苷在 0.72h 达到最高血药浓度（C_{max}）并且 $t_{1/2\beta}$ 发生在 0.95h，金丝桃苷是 6 种化合物中消除最快的。

5. 组织分布结果 结果表明，各指标成分能快速及广泛的分布全身，灌胃给药后，比较 NAFLD 组大鼠和健康组大鼠组织脏器中绿原酸的分布浓度可知，脂肪肝组的组织中绿原酸的浓度显著高于健康对照组，特别是肝脏。TFHL 灌胃给药 0.5h 后，牡荆素-4″-O-葡萄糖苷的最高浓度出现在胃，其次是小肠和肝脏。初次给药和给药半个月后脂肪肝组的牡荆素-4″-O-葡萄糖苷水平显著高于健康组，给药一个月后两组几乎接近。但脂肪肝组三个治疗周期的牡荆素-4″-O-葡萄糖苷水平存在显着差异。牡荆素-2″-O-鼠李糖苷的最高浓度出现在胃和小肠，在其他组织中浓度非常低，而且脂肪肝组的牡荆素-2″-O-鼠李糖苷组织分布浓度远高于健康对照组。牡荆素是 6 个化合物中组织分布浓度最低的，健康对照组各组织的牡荆素分布浓度几乎相近，但是脂肪肝组各组织有显著差异。灌胃给药后，组织脏器中牡荆素分布浓度由高至低依次为肝脏、胃、肠、脾脏、肾脏及心脏。给药一个月后，脂肪肝组牡荆素的组织分布水平开始接近健康对照组。给药 0.5h，芦丁在胃中的分布浓度最高，然后逐渐下降，而其在肠的分布浓度增加。比较各组织的分布浓度可知，芦丁在脂肪肝组的吸收率明显高于健康组。给药后金丝桃苷的最高分布浓度出现在胃、肾脏，金丝桃苷在脂肪肝组的分布浓度明显高于在健康组的分布浓度，特别是肝脏。6 种成分在各组织中的具体分布浓度见表 4-17～表 4-22 和图 4-6。

6. 排泄研究结果 口服给药后，6 个化合物的累计排泄率见图 4-7。

脂肪肝组绿原酸累计排泄率为（6.34±1.19）%，其中（4.90±0.55）%从尿中排泄，（1.44±0.64）%通过粪便排泄。健康对照组绿原酸累计排泄率为（7.24±0.61）%，（5.05±0.10）%通过尿排泄，（2.19±0.51）%通过粪便排泄。

脂肪肝组牡荆素-4″-O-葡萄糖苷的累计排泄率为（11.27±0.83）%，其中（2.69±0.08）%通过尿排泄，（8.58±0.75）%通过粪便排泄。健康对照组牡荆素-4″-O-葡萄糖苷累计排泄率为（21.09±1.33）%，其中（3.13±0.30）%通过尿排泄，（17.96±1.03）%通过粪便排泄。

脂肪肝组牡荆素-2″-O-鼠李糖苷累计排泄率为（14.88±1.28）%，其中（3.64±0.23）%通过尿排泄，（11.24±1.05）%通过粪便排泄。健康对照组牡荆素-2″-O-鼠李糖苷累计排泄率为（28.97±2.46）%，尿中排泄（4.18±0.23）%，粪便排泄（24.79±2.23）%。

表 4-18 大鼠口服给药 TFHL(10mL/kg)后第一天、半个月、一个月时，不同时间点各组织中绿原酸的浓度

(单位：μg/g)

给药时间	组别	时间点/h	心脏	肝脏	脾脏	肾脏	胃	肠
第一天	脂肪肝组	0.50	22.75±1.68	122.40±10.4	9.65±0.94	9.04±0.93	35.84±5.57	6.87±1.03
		1.00	9.67±1.84	144.64±13	7.05±1.03	9.35±0.96	22.45±3.65	5.26±0.63
		1.50	15.20±1.34	100.64±9.51	16.86±0.91	7.29±0.91	4.04±2.74	6.31±1.06
	健康组	0.50	3.80±0.48	9.18±0.78	0.97±0.18	1.40±0.23	BL	0.92±0.3
		1.00	1.77±0.50	34.26±3.69	2.25±0.39	4.78±0.87	6.96±0.71	3.25±0.34
		1.50	1.42±0.47	18.00±1.76	1.13±0.26	2.01±0.15	6.03±0.75	2.10±0.28
半个月	脂肪肝组	0.50	26.01±1.16	24.8±0.30	9.38±0.90	8.35±0.84	7.94±0.75	9.20±1.28
		1.00	31.94±0.20	29.50±1.09	5.40±1.09	4.69±0.70	18.26±2.78	6.29±0.44
		1.50	7.60±1.16	6.80±0.30	4.47±0.30	8.10±0.84	9.97±0.69	8.27±1.33
	健康组	0.50	5.76±1.20	20.40±4.09	3.23±1.09	3.51±0.65	5.97±0.76	6.76±0.51
		1.00	1.97±0.46	7.21±1.30	3.21±0.30	3.49±0.24	2.89±0.30	1.64±0.28
		1.50	5.27±1.20	0.73±0.09	5.94±1.09	1.34±0.25	0.67±0.19	1.25±0.19
一个月	脂肪肝组	0.50	6.22±1.16	20.23±4.30	20.16±2.30	5.39±0.84	13.16±1.88	19.36±1.28
		1.00	6.77±1.20	27.70±3.09	6.24±1.09	2.29±0.25	3.64±0.49	13.44±2.44
		1.50	6.54±1.16	27.81±2.30	4.98±0.90	5.05±0.84	2.77±0.26	12.50±1.33
	健康组	0.50	9.68±1.20	33.69±4.09	6.46±1.09	BL	13.16±1.30	19.36±1.51
		1.00	22.46±3.16	9.18±0.30	5.23±0.30	0.48±0.14	3.67±0.39	13.44±0.78
		1.50	10.56±0.50	4.63±0.49	2.56±0.19	BL	11.89±1.78	1.92±0.69

注：均值±SD，$n=5$；BL，低于定量限。表 4-18~表 4-22 同

表 4-19 大鼠口服给药 TFHL (10mL/kg) 后第一天、半个月、一个月时,不同时间点各组织中牡荆素-4″-O-葡萄糖苷的浓度 (单位: μg/g)

给药时间	组别	时间点/h	心脏	肝脏	脾脏	肾脏	胃	肠
第一天	脂肪肝组	0.50	20.76±1.68	45.03±5.44	11.60±1.44	10.56±0.43	163.44±5.57	90.21±9.93
		1.00	28.10±1.84	51.87±2.33	8.68±1.33	12.66±0.56	103.5±18.65	44.28±1.23
		1.50	7.44±1.34	36.3±1.51	4.85±2.51	3.41±0.31	44.70±3.74	24.24±1.86
	健康组	0.50	2.58±0.48	1.50±0.18	0.67±0.18	8.72±1.63	43.00±5.73	42.13±5.89
		1.00	9.97±0.50	5.59±0.69	9.32±0.69	2.47±1.57	7.53±0.71	13.24±0.34
		1.50	3.30±0.47	6.29±1.76	2.62±0.26	2.88±0.25	6.64±1.03	18.73±2.68
半个月	脂肪肝组	0.50	20.98±1.16	63.58±5.30	7.33±0.30	4.60±0.84	47.19±1.23	26.65±5.28
		1.00	32.13±1.20	53.24±4.09	5.10±1.09	7.93±1.16	52.07±1.86	36.87±1.93
		1.50	18.15±1.16	24.61±4.30	6.02±0.30	3.37±0.84	64.0±1.09	29.05±1.23
	健康组	0.50	0.61±0.10	3.36±0.29	2.35±1.09	6.23±0.44	26.20±1.04	54.81±5.86
		1.00	2.23±0.16	9.05±2.30	0.84±0.10	1.44±0.33	15.74±0.68	8.26±0.59
		1.50	12.17±1.20	0.60±0.09	2.46±1.09	1.20±0.26	1.84±0.28	6.0±1.04
一个月	脂肪肝组	0.50	10.82±1.16	6.98±1.30	4.27±0.30	8.41±0.78	32.38±1.44	30.25±2.68
		1.00	11.17±0.20	6.91±1.09	6.19±1.09	4.01±0.69	36.0±1.33	65.76±0.28
		1.50	18.84±1.16	7.65±0.30	3.23±0.30	16.85±1.06	45.2±1.51	18.87±1.44
	健康组	0.50	2.33±0.20	1.63±0.29	1.21±1.09	7.85±0.30	45.04±2.78	17.12±0.33
		1.00	11.28±1.16	2.50±0.30	1.10±0.30	2.12±0.59	17.69±0.79	22.17±2.51
		1.50	3.47±0.20	BL	2.00±0.09	6.66±0.30	11.22±0.93	20.01±0.78

表 4-20　大鼠口服给药 TFHL（10mL/kg）后第一天、半个月、一个月时，不同时间点各组织中牡荆素-2″-O-鼠李糖苷的浓度　　（单位：μg/g）

给药时间	组别	时间点/h	心脏	肝脏	脾脏	肾脏	胃	肠
第一天	脂肪肝组	0.50	3.67±0.68	9.21±1.44	0.70±0.12	0.23±0.03	34.61±3.57	30.14±1.93
		1.00	6.64±1.14	6.28±1.33	0.90±0.09	0.25±0.06	28.81±3.65	16.29±0.23
		1.50	1.91±0.34	8.29±0.51	0.58±0.06	0.28±0.03	17.46±2.74	8.69±0.86
	健康组	0.50	2.32±0.48	2.84±0.78	BL	1.13±0.23	26.69±2.73	11.50±0.29
		1.00	2.43±0.10	2.72±0.69	6.78±1.09	4.19±0.57	41.50±1.71	23.59±0.34
		1.50	2.41±0.57	3.06±1.16	1.02±0.30	0.84±0.25	0.76±0.31	11.66±0.68
半个月	脂肪肝组	0.50	3.7±0.16	10.05±1.30	0.73±0.09	0.22±0.04	12.67±1.30	18.2±0.28
		1.00	4.2±0.20	8.43±1.09	0.46±0.06	0.48±0.05	6.56±0.79	31.19±1.09
		1.50	2.67±1.16	8.95±0.30	0.99±0.09	1.20±0.24	2.18±0.30	15.65±1.30
	健康组	0.50	2.93±0.20	7.56±1.09	BL	1.14±0.31	12.11±1.09	17.30±1.09
		1.00	3.83±1.16	2.25±0.30	0.92±0.18	0.53±0.14	2.41±0.15	24.97±0.28
		1.50	4.79±0.60	0.66±0.09	BL	BL	0.99±0.19	10.7±0.19
一个月	脂肪肝组	0.50	4.10±0.16	4.20±0.30	0.97±0.16	1.25±0.25	11.47±1.30	16.27±0.90
		1.00	3.56±0.20	4.19±1.09	1.21±0.30	0.43±0.04	2.52±0.39	35.62±5.09
		1.50	3.24±0.16	3.53±0.30	BL	0.42±0.31	1.81±0.30	16.0±1.09
	健康组	0.50	3.50±0.20	8.54±1.09	BL	1.72±0.04	21.15±1.09	8.72±1.09
		1.00	2.78±0.16	5.13±0.30	BL	BL	10.67±0.30	27.37±0.30
		1.50	2.52±0.20	3.83±1.09	BL	0.66±0.07	1.80±0.9	11.38±1.09

表 4-21 大鼠口服给药 TFHL（10mL/kg）后第一天、半个月、一个月时，不同时间点各组织中牡荆素的浓度 （单位：μg/g）

给药时间	组别	时间点/h	心脏	肝脏	脾脏	肾脏	胃	肠
第一天	脂肪肝组	0.50	0.85±0.08	0.98±0.14	0.45±0.16	0.52±0.03	1.94±0.17	0.21±0.03
		1.00	0.79±0.04	2.16±0.13	1.10±0.33	0.92±0.06	1.05±0.15	1.10±0.03
		1.50	0.86±0.04	1.60±0.51	0.63±0.11	0.87±0.01	1.09±0.14	0.65±0.06
	健康组	0.50	0.76±0.18	1.33±0.08	0.90±0.16	0.32±0.03	1.64±0.13	1.01±0.09
		1.00	1.43±0.10	0.76±0.09	2.20±0.33	0.24±0.07	1.47±0.11	0.33±0.04
		1.50	0.34±0.07	0.94±0.06	0.63±0.06	0.27±0.05	0.33±0.14	0.65±0.08
半个月	脂肪肝组	0.50	0.66±0.16	2.34±0.30	0.46±0.09	0.55±0.04	1.84±0.33	0.34±0.08
		1.00	0.76±0.20	1.63±0.09	0.37±0.06	0.70±0.51	0.68±0.51	0.91±0.03
		1.50	0.88±1.16	1.51±0.16	2.04±0.30	1.38±0.09	1.12±0.18	0.83±0.23
	健康组	0.50	0.60±0.20	0.78±0.09	0.21±0.05	0.68±0.06	0.65±0.19	0.49±0.06
		1.00	0.81±0.06	0.76±0.30	0.39±0.09	0.33±0.13	0.61±0.16	0.97±0.09
		1.50	0.35±0.20	1.28±0.09	1.20±0.06	0.34±0.09	1.20±0.30	0.75±0.04
一个月	脂肪肝组	0.50	0.53±0.16	0.60±0.30	0.54±0.19	0.69±0.14	1.36±0.09	0.50±0.18
		1.00	0.78±0.20	0.83±0.09	0.86±0.06	0.77±0.03	1.90±0.14	1.10±0.13
		1.50	0.52±0.16	0.56±0.10	0.38±0.03	0.28±0.09	1.86±0.33	0.61±0.10
	健康组	0.50	0.60±0.05	1.03±0.19	0.56±0.20	0.83±0.06	1.94±0.15	0.35±0.06
		1.00	0.41±0.06	1.48±0.30	0.65±0.10	0.36±0.02	0.85±0.18	1.05±0.09
		1.50	0.57±0.20	1.03±1.09	0.4±0.20	0.90±0.09	1.46±0.19	0.68±0.04

表 4-22 大鼠口服给药 TFHL（10mL/kg）后第一天、半个月、一个月时，不同时间点各组织中芦丁的浓度

（单位：μg/g）

给药时间	组别	时间点/h	心脏	肝脏	脾脏	肾脏	胃	肠
第一天	脂肪肝组	0.50	5.10±1.08	3.00±0.44	0.41±0.04	2.26±0.23	11.75±3.57	3.24±0.93
		1.00	4.04±1.04	2.11±0.33	BL	1.15±0.06	3.57±18.65	1.31±16.23
		1.50	0.81±0.09	1.54±0.11	0.48±0.05	1.32±0.31	0.74±0.34	3.48±0.86
	健康组	0.50	1.05±0.18	0.93±0.2	BL	3.81±0.30	4.05±0.73	2.11±0.30
		1.00	1.27±0.05	0.60±0.09	0.92±0.29	2.02±0.57	6.35±0.71	4.35±0.40
		1.50	0.47±0.07	0.46±0.06	BL	0.90±0.15	2.31±0.25	0.53±0.28
半个月	脂肪肝组	0.50	0.68±0.16	6.97±1.30	1.84±0.30	2.96±0.14	21.74±0.84	2.04±0.28
		1.00	1.88±0.20	5.27±1.09	BL	1.95±0.08	11.60±0.68	4.27±0.68
		1.50	4.66±1.16	1.55±0.13	2.91±0.90	2.43±1.10	4.31±0.35	1.92±0.05
	健康组	0.50	0.50±0.05	3.33±0.29	0.50±0.09	2.90±0.17	4.00±0.17	2.68±0.27
		1.00	0.88±0.16	1.62±0.30	BL	4.01±0.16	3.22±0.16	3.90±0.36
		1.50	1.78±0.50	0.71±0.09	0.68±0.29	0.51±0.20	1.32±0.20	1.20±0.16
一个月	脂肪肝组	0.50	0.63±0.16	2.72±0.30	2.36±0.30	4.96±1.16	4.80±0.36	2.33±0.30
		1.00	0.80±0.20	3.77±1.09	2.75±1.09	3.03±0.20	2.80±1.16	3.7±1.16
		1.50	2.43±1.16	1.78±0.30	0.73±0.30	4.17±1.16	1.50±0.26	1.74±0.16
	健康组	0.50	0.40±0.20	1.90±0.19	BL	3.40±0.20	4.92±0.68	1.84±0.28
		1.00	0.90±0.15	2.33±0.30	BL	0.68±0.10	2.95±0.10	4.01±0.30
		1.50	1.56±0.20	1.26±0.09	BL	3.33±0.97	0.73±0.27	0.73±0.17

表 4-23 大鼠口服给药 TFHL（10mL/kg）后第一天、半个月、一个月时，不同时间点各组织中金丝桃苷的浓度

（单位：μg/g）

给药时间	组别	时间点/h	心脏	肝脏	脾脏	肾脏	胃	肠
第一天	脂肪肝组	0.50	1.57±0.08	4.32±0.44	0.81±0.07	6.23±0.13	18.22±0.57	4.17±0.93
		1.00	3.60±0.84	4.95±1.33	0.94±0.08	4.12±0.06	9.59±3.65	1.61±0.23
		1.50	0.98±0.11	1.91±0.51	1.09±0.04	1.14±0.31	1.64±0.74	1.19±0.16
	健康组	0.50	1.87±0.68	1.98±0.78	BL	5.06±0.63	5.34±0.23	1.55±0.30
		1.00	0.89±0.10	2.79±0.69	1.23±0.68	4.85±1.57	3.85±0.71	5.76±0.34
		1.50	0.88±0.07	1.01±0.76	0.23±0.10	3.12±0.25	2.99±0.68	1.74±0.28
半个月	脂肪肝组	0.50	1.75±0.16	4.56±0.30	2.08±0.97	9.65±0.84	3.91±1.10	1.48±0.28
		1.00	3.44±0.20	3.63±1.09	1.48±0.16	6.46±1.16	3.62±0.97	2.03±0.10
		1.50	0.99±0.26	2.38±0.30	0.52±0.20	0.40±0.10	1.28±0.16	3.15±0.97
	健康组	0.50	1.41±0.20	1.85±0.09	0.43±0.16	3.20±1.16	2.90±0.20	3.03±1.16
		1.00	1.05±0.16	2.52±0.30	0.37±0.02	2.95±0.84	0.71±0.15	2.40±0.20
		1.50	1.81±0.20	1.46±0.09	0.44±0.16	2.11±0.18	0.40±0.08	0.42±0.10
一个月	脂肪肝组	0.50	1.69±0.36	3.53±0.30	0.63±0.12	7.44±1.16	3.14±1.10	1.71±0.07
		1.00	1.05±0.20	4.47±1.09	0.49±0.20	4.20±1.16	0.69±0.17	4.05±1.16
		1.50	1.83±1.16	4.05±0.30	0.67±0.17	2.16±0.84	2.26±0.16	2.17±0.20
	健康组	0.50	0.55±0.20	2.52±0.09	0.66±0.20	6.84±1.09	6.16±0.20	1.36±0.10
		1.00	1.65±0.16	2.18±0.30	0.23±0.16	4.33±0.30	1.00±0.16	0.45±0.07
		1.50	1.46±0.20	1.86±1.09	0.66±0.20	2.93±1.09	3.38±1.16	1.05±0.16

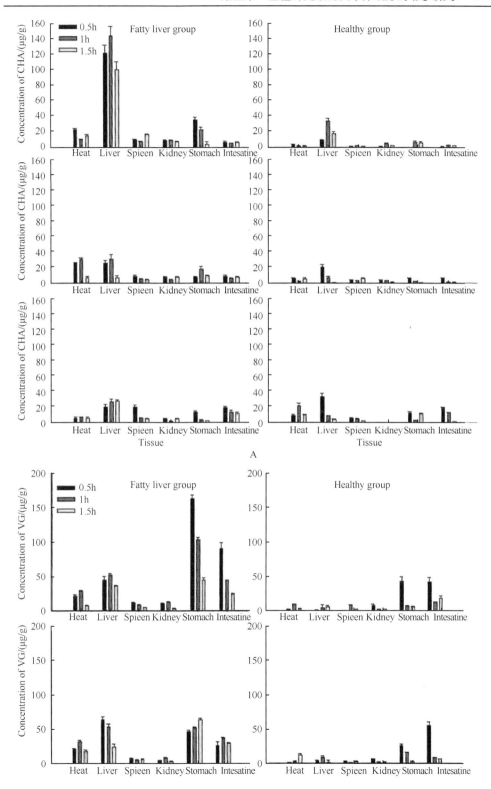

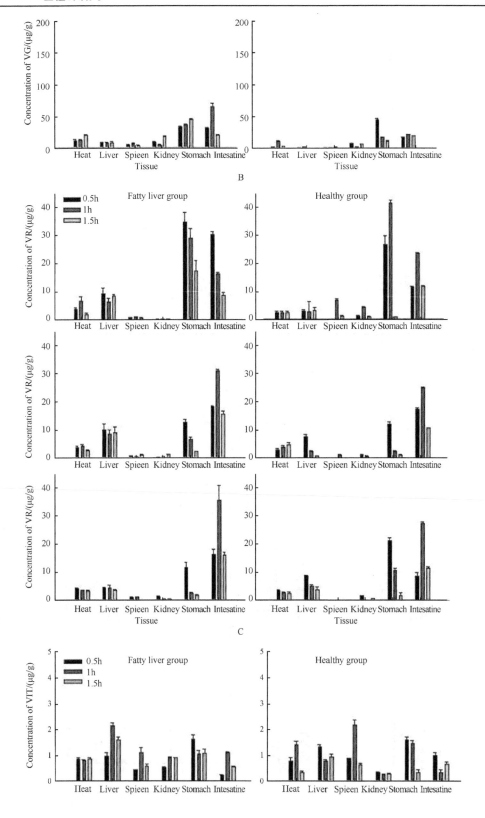

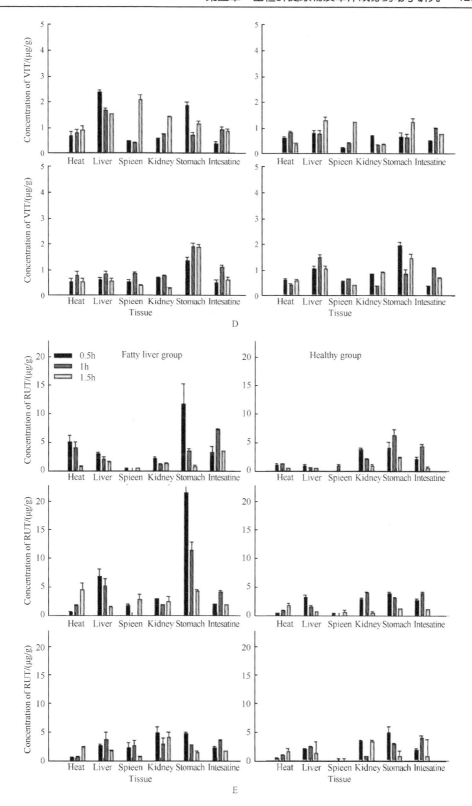

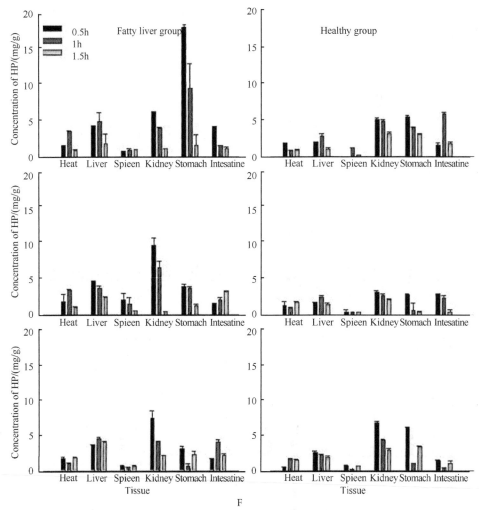

图 4-6 大鼠口服给药 TFHL 各组织中 6 种化合物分布浓度

A. 绿原酸；B. 牡荆素-4″-O-葡萄糖苷；C. 牡荆素-2″-O-鼠李糖苷；D. 牡荆素；E. 芦丁；F. 金丝桃苷。各小图由上至下分别为给药后第一天、半个月、一个月，均值±SD，$n=5$

脂肪肝组牡荆素累计排泄率为(52.08±3.14)%，其中(18.82±1.69)%通过尿排泄，(33.26±1.45)%通过粪便排泄。健康组牡荆素累计排泄率为(91.30±3.54)%，其中尿排泄(38.94±1.85)%；粪便排泄(52.36±1.69)%。

脂肪肝组芦丁的累计排泄率为(79.49±5.28)%，其中(50.68±4.23)%通过尿中排泄，(28.81±1.05)%通过粪便排泄。健康对照组芦丁累计排泄率为(83.38±4.36)%，通过尿排泄(51.62±2.23)%，通过粪便排泄(31.76±2.13)%。

脂肪肝组金丝桃苷累计排泄率为(6.75±2.70)%，其中(2.75±1.25)%在尿中排泄量,(4.00±1.45)%在粪便中排泄。健康对照组金丝桃苷累计排泄率为(11.47±2.69)%，其中在尿中排泄(5.08±1.09)%，在粪便中排泄(6.39±1.60)%。

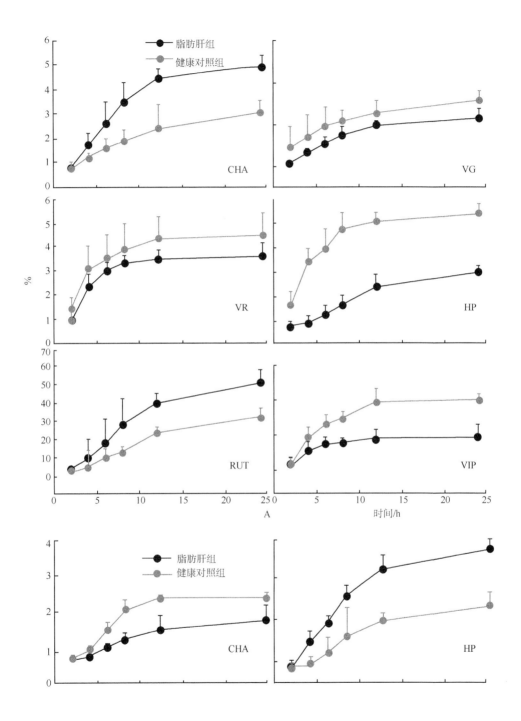

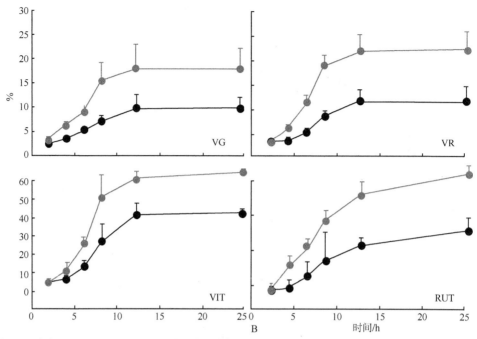

图 4-7 大鼠口服 TFHL(10mL/kg)后尿液及粪便中绿原酸(CHA)、牡荆素-4″-O-葡萄糖苷(VG)、牡荆素-2″-O-鼠李糖苷(VR)、牡荆素(VIT)、芦丁(RUT)、金丝桃苷(HP)的累计排泄率

均值±SD，n=5。A. 尿液；B. 粪便

三、讨论与小结

(一)色谱条件的选择

1. 检测波长　对各待测组分及内标物进行紫外波长下扫描，溶剂为色谱纯甲醇，扫描纸速为 40nm/cm，扫描区间为 400～200nm。结果表明，牡荆素-4″-O-葡萄糖苷、牡荆素-2″-O-鼠李糖苷的最大吸收波长分别为 270nm 和 332nm，牡荆素、芦丁和金丝桃苷的最大吸收波长分别为 269nm 和 331nm、257nm 和 358nm、256nm 和 359nm，绿原酸的最大吸收波长为 327nm。曾优先考虑内标物测定时的灵敏度，尝试选择 270nm、332nm 和 360nm 为检测波长。由于在 332nm[57]和 360nm[58]时内源物质、代谢产物干扰严重，不适合对待测组分的测定。为了保证各分析物获得较高的灵敏度，参照文献，我们选择 270nm 为检测波长。因为在此波长处 TFHL 主成分的保留时间没有内源性物质的吸收峰，且各待测组分响应值较高。

2. 流动相系统　为了获得合适的保留时间和良好的分离，防止内源物质带来的干扰，在尽可能短的时间内使物质色谱峰达到基线分离，我们选择了梯度洗脱来测定 6 种成分。此外，一些未知的化合物对待分析物也有干扰峰，因此我们试用了各种比例的溶剂系统作为流动相。参考相关文献[58]后尝试了乙腈、四氢呋喃和水以各种比例及不同 pH 下的分离效果。初步确定流动相系统为(A)乙腈-四氢呋喃(95：5, V/V) 和 (B) 0.1%甲酸溶液(V/V) 梯度洗脱：12%～17% 0～10min(A)，17%～20%(A)10～20min，20%～23%(A)20～30min。此法对待测组分、内标的分离完全，出峰时间适中，内源性物质无干扰。

3. 生物样品预处理方法 本实验考虑到降低实验成本和提高分析速率，对于生物样品的预处理，通过参考相关文献，采用简便快速的沉淀蛋白质法对血浆、组织、尿液、粪便等样品进行预处理。在分析方法建立阶段，曾采用乙酸乙酯-甲醇、乙酸乙酯、甲醇、乙腈等作为有机提取溶剂进行考察，通过对沉淀溶剂的筛选和优化，实验中发现甲醇对待测组分及内标物的回收率均优于其他沉淀剂，沉淀完全、提取率高，提纯后杂质少，最终选择甲醇直接沉淀蛋白质。

(二) TFHL 在 NAFLD 大鼠和健康大鼠体内药动学比较研究

1. 血浆药动学研究 本实验首次采用 HPLC 法对 TFHL 口服后脂肪肝大鼠和健康大鼠体内 6 种多酚类成分的药动学进行比较研究，确定了绿原酸、牡荆素-4″-O-葡萄糖苷、牡荆素-2″-O-鼠李糖苷、牡荆素、芦丁、金丝桃苷在血浆、组织、粪便和尿液样品中的含量的测定方法，并进行方法学考察。从方法学考察数据看，该法分离度较好，专属性强，其检测限、精密度、提取回收率、稳定性均符合生物样品分析要求，为山楂叶中多种成分的生物样品测定提供了检测手段。

实验表明，大鼠灌胃给药 TFHL 10mL/kg 后，绿原酸吸收迅速而且在 0.5h CL 达到最高峰，将初次给药和给药一个月后的正常组与模型组对比，药动参数没有显著差异，只是在给药半个月时稍有差异。

初次给药后，模型组的牡荆素-4″-O-葡萄糖苷和牡荆素-2″-O-鼠李糖苷的 $AUC_{0 \to t}$ 达到最高，可达 92.31 和 24.14，次之是给药半个月，再次是给药一个月后。正常组给药半个月和一个月后 $AUC_{0 \to t}$ 没太大变化，只是比初次给药后，牡荆素-4″-O-葡萄糖苷的 $AUC_{0 \to t}$ 略有增长。模型组在初次给药和给药半个月后的 $AUC_{0 \to t}$ 比正常组高很多。同时，给药一个月后牡荆素-4″-O-葡萄糖苷和牡荆素-2″-O-鼠李糖苷的 $AUC_{0 \to t}$ 已经接近正常组。除此之外，模型组的牡荆素-4″-O-葡萄糖苷在给药半个月时及牡荆素-2″-O-鼠李糖苷在给药一个月时分别出现了双峰。牡荆素-4″-O-葡萄糖苷、牡荆素-2″-O-鼠李糖苷拥有相同的药动学特征，给药后 1.81h、1.51h 达到最大血药浓度，而且在血液中的消除速率慢，半衰期分别为 (2.54 ± 0.42)h 和 (2.94 ± 0.31)h。TFHL 中牡荆素-4″-O-葡萄糖苷在大鼠体内的药动学参数与单体化合物有很大区别[53, 59]，TFHL 促进牡荆素-2″-O-鼠李糖苷的吸收并且影响其在大鼠体内的消除过程可能与 TFHL 中共存的基质、底物、CYP 诱导剂[60, 61]有关。

初次给药和给药半个月后牡荆素的 $AUC_{0 \to t}$ 比较高，给药一个月后显著降低，但是健康大鼠在给药一个月时 $AUC_{0 \to t}$ 达到最高。牡荆素在初次给药和给药半个月后正常组和模型组都存在二次吸收，给药一个月后未发现此现象。

初次给药和给药半个月后模型组芦丁的 $AUC_{0 \to t}$ 比牡荆素-4″-O-葡萄糖苷，牡荆素-2″-O-鼠李糖苷、牡荆素都要高,但是给药一个月后显著减少。正常组给药一个月时 $AUC_{0 \to t}$ 达到最低。模型组给药一个月时 $AUC_{0 \to t}$ 几乎接近正常组。

模型组金丝桃苷的 $AUC_{0 \to t}$ 在初次给药时达到最高,然后在治疗过程中逐渐降低。药时曲线显示金丝桃苷在 0.72h 达到 C_{max} 并且 $t_{1/2\beta}$ 发生在 0.95h。金丝桃苷是 6 种化合物中消除最快的,可见金丝桃苷吸收后从血液迅速转运至各组织器官,并且迅速消除[62],这种消除可能不依赖于化学降解而是由于肝脏、肾脏的代谢[63]。

2. 组织分布研究 灌胃给药后,对 NAFLD 组大鼠和健康组大鼠组织脏器中的绿原酸分布浓度进行比较可知,在脂肪肝组的组织中绿原酸的浓度显著高于健康对照组,特别是肝脏。根据文献[64]报道,绿原酸呈现出强烈的脂质过氧化和清除 DPPH 作用,表明绿原酸在脂肪肝的治疗过程中起着重要的作用。

TFHL 灌胃给药 0.5h 后,牡荆素-4″-O-葡萄糖苷的最高浓度出现在胃,其次是小肠和肝脏。表明牡荆素-4″-O-葡萄糖苷在胃中吸收,然后转移到其他组织[65],牡荆素-4″-O-葡萄糖苷在肠道内浓度较高的原因也可以归结于其从胃排空到小肠或肠肝循环[66]。同时,牡荆素-4″-O-葡萄糖苷在胃中的浓度明显低于在心脏、脾脏、肾脏中的浓度,提示牡荆素-4″-O-葡萄糖苷由于酶的作用也许通过一个快速的生物转化过程到肝脏[67]。初次给药和给药半个月后脂肪肝组的牡荆素-4″-O-葡萄糖苷水平显著高于健康组,给药一个月后两组几乎接近。脂肪肝组三个治疗周期的牡荆素-4″-O-葡萄糖苷水平存在显著差异。这意味着牡荆素-4″-O-葡萄糖苷可能是治疗脂肪肝的活性成分。牡荆素-2″-O-鼠李糖苷的最高浓度出现在胃和小肠,但在其他组织中其浓度非常低,原因不仅是由于首过效应,也可能是由于其较差的肠道吸收[59, 69]。脂肪肝组的牡荆素-2″-O-鼠李糖苷组织分布浓度远高于健康对照,表明牡荆素-2″-O-鼠李糖苷是参与治疗脂肪肝的活性成分。

牡荆素是 6 种化合物中组织分布浓度最低的,健康对照组各组织的牡荆素分布浓度几乎相近,但是脂肪肝组各组织有显著差异。给药一个月后,脂肪肝组牡荆素的组织分布水平开始接近健康对照组。牡荆素在大鼠体内的吸收和消除都是非常迅速的,在山楂叶提取物灌胃给药 30min 后,牡荆素在多数组织中已达到吸收的最大值,但给药 9h 后,其在各组织中的含量已经非常低,表明牡荆素在体内分布迅速而且在体内无蓄积现象。灌胃给药后,牡荆素在组织中的最大吸收值,在血浆中达峰之后,表明牡荆素依靠的是血液的流动到达体内各个组织。王韵娇的组织分布实验[69]提示,胆汁排泄是牡荆素在体内的主要排泄方式之一。

给药 0.5h,芦丁在胃中的分布浓度最高,然后逐渐下降,但其在肠中的分布浓度增加。比较各组织的分布浓度可知,芦丁在脂肪肝组的吸收率明显高于健康组。

给药后金丝桃苷的最高分布浓度出现在胃、肾脏,金丝桃苷在脂肪肝组的分布浓度明显高于在健康组的分布浓度,特别是肝脏中的。这表明金丝桃苷应该在脂肪肝的治疗过程中发挥了重要作用。

3. 排泄研究 绿原酸和金丝桃苷的累计排泄率都很低,这表示可能发生了通过其他途径的广泛代谢或排泄,而且这一结果与组织分布研究的结果一致:绿原酸和金丝桃苷的浓度在大多数组织器官中非常高[70],这意味着绿原酸和金丝桃苷的吸收都很好，主要通过肝脏代谢，只有一个很小部分原型药物通过肾脏和肠道排泄。由于绿原酸和金丝桃苷在健康组的排泄率明显高于脂肪肝组，表明脂肪肝组的绿原酸和金丝桃苷有更好的吸收。

将排泄结果与组织分布结果相结合分析可见，牡荆素-4″-O-葡萄糖苷和牡荆素-2″-O-鼠李糖苷口服后遭遇了广泛的首过效应导致吸收较差，大部分原型药物通过粪便排泄，虽然有文献指出肾脏排泄也是其主要排泄途径[71]，但是提取物中牡荆素-2″-O-鼠李糖苷和牡荆素-4″-O-葡萄糖苷的排泄结果与单体化合物不同，口服给药后，TFHL 中多组分协同作用影响了牡荆素-2″-O-鼠李糖苷和牡荆素-4″-O-葡萄糖苷的吸收、分布、代谢及排泄。显然，健康组的排泄率明显高于脂肪肝组，这意味着脂肪肝组的牡荆素-2″-O-鼠李糖苷和牡荆素-4″-O-葡萄糖苷被更好吸收。

牡荆素在大鼠体内的消除是很迅速的，给药后 24h，在排泄物中已经检测不到牡荆素原型药物。与空白粪便及尿液样品对比发现，牡荆素在排泄物中主要以原型出现，表明肾脏排泄和肠道排泄是消除牡荆素的两种主要方式。脂肪肝组的牡荆素排泄率明显高于健康对照组，这表明脂肪肝组改善了牡荆素的利用效率。结合王韵娇等组织分布实验[69]中牡荆素在胆囊中均呈现相当高的含量结果，证明胆汁排泄为牡荆素排泄的主要形式。由于肾排泄也是牡荆素重要的排泄方式之一，口服给药后，不被吸收的部分多以原型经粪便排出体外。然后高剂量的牡荆素灌胃进入体内后，经胆汁排泄的量要大于经粪便和尿液排泄的量，推测牡荆素在体内存在重吸收过程，可能存在肝肠循环现象[72-74]。

芦丁的原型药物排泄率高达 79.49%和 83.38%，这可能由于芦丁的水/脂质溶解度差，导致口服后生物利用度低。此外，芦丁可以部分被提取并代谢成槲皮素，一种天然抗氧化剂[75]。这证明了芦丁也是 TFHL 中治疗脂肪肝的活性成分。

第三节　山楂叶提取物药动学研究

一、仪器、试药与动物

(一)仪器

Agilent 1100 高效液相色谱仪(美国安捷伦公司)；HH-S 水浴锅(中国上海永光明仪器设备厂)；XYJ80-2 型离心机(中国金坛市金南仪器厂)；TGL-16C 高速台式离心机(中国江西医疗器械厂)；XW-80A 微型旋涡混合器(中国上海沪西分析仪器厂有限公司)；ZDHW 电子调温电热套(中国北京中兴伟业仪器有限公司)；微量取样器(中国上海荣泰生化工程有限公司)。

(二)试药

山楂叶采于山东省莱州市，经辽宁中医药大学植物教研室王冰教授鉴定为山里红叶；牡荆素-4″-O-葡萄糖苷、牡荆素-2″-O-鼠李糖苷、金丝桃苷(实验室自制，纯度≥98.0%)；牡荆素、芦丁、黄芩苷(中国药品生物制品检定所提供，批号分别为079-2122、080-9002、715-9003)；甲醇(色谱纯，天津市科密欧化学试剂有限公司)；乙腈(色谱纯，山东禹王实业有限公司)；四氢呋喃(色谱纯，天津市大茂化学试剂厂)；乙酸(分析纯，沈阳市试剂三厂)；纯化水(娃哈哈有限公司)。

(三) 动物

健康 Wistar 大鼠，30 只，雄性，体重 250～300g，辽宁中医药大学实验动物中心提供，试验动物生产许可证号 SCXK(辽)2003-008；实验动物研究严格按照实验室动物保护指导原则进行，实验期间自由饮水，大鼠给药试验前禁食 12h。

二、方法与结果

(一) 大鼠血浆样品中山楂叶指标性成分分析方法的建立

1. 色谱条件 色谱柱：Phenomsil C_{18}(5μm，250mm×4.6mm，斐纳米技术公司，北京)；流动相：甲醇-乙腈-四氢呋喃-0.4%乙酸溶液(6∶1.5∶18.5∶74)；检测波长：332nm；流速：1mL/min；内标物：黄芩苷；柱温：室温；进样量：20μL。

2. 溶液的制备

1) 系列标准溶液的制备

分别取牡荆素-4″-O-葡萄糖苷、牡荆素-2″-O-鼠李糖苷、牡荆素、芦丁、金丝桃苷对照品适量，精密称定，分别置 25mL 量瓶中，甲醇溶解并定容至刻度，摇匀，即得浓度为 3691μg/mL、601.5μg/mL、194.4μg/mL、223.6μg/mL、224.2μg/mL 的对照品储备液，于 4℃冰箱保存。储备液采用倍数稀释法分别配制成 6 个浓度的系列对照品溶液，即牡荆素-4″-O-葡萄糖苷(8μg/mL、16μg/mL、40μg/mL、100μg/mL、400μg/mL、2000μg/mL)、牡荆素-2″-O-鼠李糖苷(0.6μg/mL、1.2μg/mL、3μg/mL、12μg/mL、60μg/mL、300μg/mL)、牡荆素(1μg/mL、2μg/mL、4μg/mL、8μg/mL、20μg/mL、50μg/mL)、芦丁(2μg/mL、4μg/mL、8μg/mL、16μg/mL、40μg/mL、100μg/mL)和金丝桃苷(1.6μg/mL、3.2μg/mL、6.4μg/mL、12.8μg/mL、32μg/mL、80μg/mL)的标准系列溶液，于 4℃冰箱保存，备用。

2) 内标溶液的制备

称取黄芩苷对照品约 9.50mg，精密称定，置 25mL 量瓶中，用甲醇溶解并稀释至刻度，摇匀，即得浓度为 380μg/mL 的内标储备液。精密量取储备液适量，用甲醇稀释制成 2.32μg/mL 的内标溶液，于 4℃冰箱保存，备用。

3) 质控样品的制备

精密吸取 200μL 空白血浆，分别各加入 50μL 工作溶液和 10μL 内标溶液，依照生物样品处理方法处理制备成低、中、高三种浓度的质控样品。牡荆素-4″-O-葡萄糖苷血浆浓度分别为 6.0μg/mL、250.0μg/mL、400.0μg/mL，牡荆素-2″-O-鼠李糖苷血浆浓度分别为 0.45μg/mL、37.5μg/mL、60.0μg/mL，牡荆素血浆浓度分别为 0.75μg/mL、6.25μg/mL、10.0μg/mL，芦丁血浆浓度分别为 1.5μg/mL、12.5μg/mL、20μg/mL，金丝桃苷血浆浓度分别为 1μg/mL、10μg/mL、16μg/mL，于 4℃冰箱保存，备用。

3. 血浆样品预处理乙酸用量考察 取空白血浆样品，分别考察乙酸用量分别为 0μL、10μL、20μL、30μL、40μL 对血浆中各待测组分含量测定的影响情况，计算各待测组分的提取回收率，结果见表 4-24。结果显示，乙酸为 20μL 时对大鼠的血浆样品中各待测组分水解较好，故选择乙酸用量为 20μL。

表 4-24 不同乙酸用量对大鼠血浆中牡荆素-4″-O-葡萄糖苷、牡荆素-2″-O-鼠李糖苷、牡荆素、芦丁、金丝桃苷提取回收率的影响($n=3$)

化合物	0μL		10μL		20μL	
	A	A/A_{IS}	A	A/A_{IS}	A	A/A_{IS}
VG	130.8	0.6619	146.6	0.8241	153.8	1.0353
VR	168.5	0.8527	173.7	0.9764	180.6	1.2157
VIT	70.71	0.3578	76.69	0.4311	79.06	0.5322
RUT	69.54	0.3519	65.99	0.3709	63.34	0.4264
HP	88.99	0.4504	87.98	0.4945	90.23	0.6074
IS	197.6	—	177.9	—	148.56	—

注：A. 对照品峰面积；A/A_{IS}. 对照品与内标物峰面积比

4. 血浆样品的处理 取肝素抗凝血浆 200μL 至 2mL 离心管中，依次加入乙酸 20μL、内标 10μL、甲醇 1mL，涡旋涡旋 1min，离心 10min(3000r/min)，取上清液，40℃空气流下吹干，用 100μL 流动相溶解，涡旋 1min，离心 10min(15 000r/min)，取 20μL 进样。分别记录峰面积，记录色谱图。

5. 分析方法的确证

1) 方法的专属性

在上述色谱条件下，通过将大鼠空白血浆样品色谱图(图 4-8A、图 4-9A)、空白血浆样品中加对照品和内标物色谱图(图 4-8B、图 4-9B)、TFHL 静脉给药后加内标血浆样品色谱图(图 4-8C)、TFHL 灌胃给药后加内标血浆样品色谱图(图 4-9C)进行比较，结果表明，牡荆素-4″-O-葡萄糖苷、牡荆素-2″-O-鼠李糖苷、牡荆素、芦丁、金丝桃苷与内标色谱峰分离良好，不受内源性物质的干扰。

2) 检测限(LOD)和最低定量限(LLOQ)测定

将已知浓度的标准溶液无限稀释，精密吸取 50μL，至 200μL 的空白血浆中，按"血浆样品预处理"项下方法操作，配制样品溶液，进行测定，保证 S/N 均为 10，重复分析 5 次，获得该浓度的日内精密度(RSD)低于 8.2%，准确度(RE)为 4.2%。该结果表明，HPLC 法测定牡荆素-4″-O-葡萄糖苷、牡荆素-2″-O-鼠李糖苷、牡荆素、芦丁、金丝桃苷的 LLOQ 分别为 2.030μg/mL、0.1513μg/mL、0.2507μg/mL、0.5128μg/mL 和 0.4032μg/mL。测定 5 种主要成分的最低检测限(LOD，$S/N=3$)分

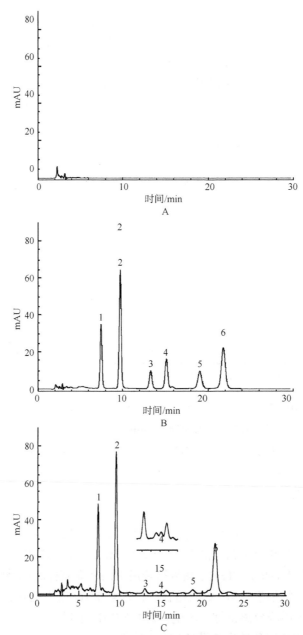

图 4-8 大鼠血浆样品色中牡荆素-4″-O-葡萄糖苷、牡荆素-2″-O-鼠李糖苷、牡荆素、芦丁、金丝桃苷和内标物的色谱图

A. 空白血浆；B. 空白血浆中加入对照品和内标；C. 2.5mL/kg TFHL 静脉给药 0.5h 后大鼠血浆样品图。色谱峰 1. 牡荆素-4″-O-葡萄糖苷；色谱峰 2. 牡荆素-2″-O-鼠李糖苷；色谱峰 3. 牡荆素；色谱峰 4. 芦丁；色谱峰 5. 金丝桃苷；色谱峰 6. 黄芩苷 (IS)

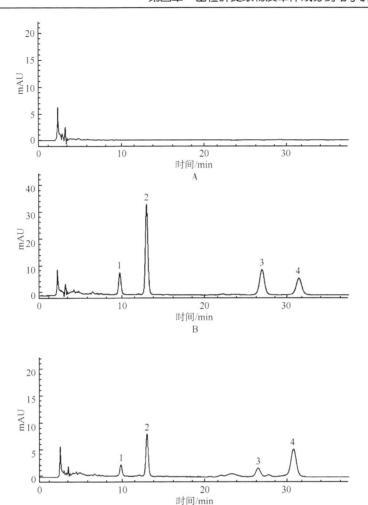

图4-9 大鼠血浆样品中牡荆素-4″-O-葡萄糖苷、牡荆素-2″-O-鼠李糖苷、金丝桃苷和标物的色谱图
A. 空白血浆；B. 空白血浆加入对照品和内标物；C. 5mL/kg TFHL口服给药1h后大鼠血浆样品。色谱峰1. 牡荆素-4″-O-葡萄糖苷；色谱峰2. 牡荆素-2″-O-鼠李糖苷；色谱峰3. 金丝桃苷；色谱峰4. 黄芩苷(IS)

别为0.4024μg/mL、0.0335μg/mL、0.0871μg/mL、0.1293μg/mL和0.0663μg/mL。

3）标准曲线的绘制

取大鼠空白血浆200μL，分别加牡荆素-4″-O-葡萄糖苷、牡荆素-2″-O-鼠李糖苷、牡荆素、芦丁和金丝桃苷系列标准溶液各50μL，加入IS 10μL，配制成相当于牡荆素-4″-O-葡萄糖苷血浆浓度为2μg/mL、4μg/mL、10μg/mL、25μg/mL、100μg/mL、500μg/mL，牡荆素-2″-O-鼠李糖苷血浆浓度为0.12μg/mL、0.3μg/mL、0.75μg/mL、3μg/mL、15μg/mL、75μg/mL，牡荆素血浆浓度为0.25μg/mL、0.5μg/mL、1μg/mL、2μg/mL、5μg/mL、12.5μg/mL，芦丁血浆浓度为0.5μg/mL、1μg/mL、2μg/mL、4μg/mL、10μg/mL、25μg/mL，以及金丝桃苷血浆浓度为0.4μg/mL、0.8μg/mL、1.6μg/mL、3.2μg/mL、8μg/mL、20μg/mL的血浆样品。按"血浆样品处理"项下依法操作，进

样 20μL, 记录色谱图,建立标准曲线。以待测物与内标物色谱峰面积比为纵坐标(Y)、血浆中待测物的浓度(μg/mL)为横坐标(X),用加权最小二乘法[76]进行回归运算,权重系数为 $1/c^2$,求得直线的回归方程。结果见表 4-25。

表 4-25 牡荆素-4″-O-葡萄糖苷、牡荆素-2″-O-鼠李糖苷、牡荆素、芦丁、金丝桃苷的标准曲线、相关系数及线性范围

化合物	回归方程	相关系数(r)	线性范围/(μg/mL)
VG	$Y=0.006X+0.0075$	0.9972	2~500
VR	$Y=0.0564X+0.0344$	0.9946	0.15~75
VIT	$Y=0.0641X+0.0012$	0.9928	0.25~12.5
RUT	$Y=0.0304X-0.0056$	0.9917	0.5~25
HP	$Y=0.0457X-0.0105$	0.9955	0.4~20

4) 精密度和准确度

取大鼠空白血浆 200μL,按上述"血浆样品预处理"项下方法分别制备低、中、高三种浓度牡荆素-4″-O-葡萄糖苷、牡荆素-2″-O-鼠李糖苷、牡荆素、芦丁和金丝桃苷的质控血浆样品,其中牡荆素-4″-O-葡萄糖苷血浆浓度分别为 6.0μg/mL、250μg/mL、400μg/mL,牡荆素-2″-O-鼠李糖苷血浆浓度分别为 0.45μg/mL、37.5μg/mL、60μg/mL,牡荆素血浆浓度分别为 0.75μg/mL、6.25μg/mL、10μg/mL,芦丁血浆浓度分别为 1.5μg/mL、12.5μg/mL、20μg/mL,金丝桃苷血浆浓度分别为 1μg/mL、10μg/mL、16μg/mL。日内精密度测定应在同一天对每个浓度的质控样品进行 6 样本分析;日间精密度的计算,同样是对每个浓度的样品进行 6 样本分析,连续测定 3 天,并与标准曲线同时进行,以当日的标准曲线计算质控样品的浓度,求得该方法的精密度 RSD(质控样品测得值的相对标准偏差)和准确度 RE(质控样品测量均值对真值的相对误差),结果见表 4-26。

表 4-26 牡荆素-4″-O-葡萄糖苷、牡荆素-2″-O-鼠李糖苷、牡荆素、芦丁、金丝桃苷在大鼠血浆中精密度、准确度的测定结果

化合物	加样浓度/(μg/mL)	日内精密度			日间精密度		
		测定浓度/(μg/mL)	RSD/%	RE/%	测定浓度/(μg/mL)	RSD/%	RE/%
VG	6	6.213±0.230	3.2	3.4	6.232±0.213	2.1	3.9
	250	252.4±2.11	1.0	1.0	252.7±2.95	1.3	1.1
	400	406.4±4.68	1.1	1.6	406.4±4.88	1.6	1.6
VR	0.45	0.4614±0.134	4.9	0.9	0.4639±0.114	4.9	1.8
	37.6	38.03±0.490	1.7	1.4	37.79±0.660	1.7	0.8
	60	61.38±1.98	2.0	2.3	61.86±1.28	2.0	1.2
VIT	0.75	0.7814±0.0209	3.3	2.9	0.7651±0.0173	1.4	3.0
	6.25	6.671±0.252	2.5	0.9	6.634±0.161	2.2	2.1
	10.0	10.82±1.18	7.7	4.2	10.81±0.831	4.3	6.1

续表

化合物	加样浓度/(μg/mL)	日内精密度			日间精密度		
		测定浓度/(μg/mL)	RSD/%	RE/%	测定浓度/(μg/mL)	RSD/%	RE/%
RUT	1.5	1.69±0.133	2.8	1.3	1.63±0.0433	1.8	0.8
	12.5	12.82±0.374	2.8	1.4	12.79±0.371	2.1	1.1
	20.0	21.12±0.602	3.5	2.6	20.92±0.780	3.9	4.5
HP	1.0	1.282±0.133	8.9	8.2	1.180±0.102	7.3	4.7
	10	10.96±0.640	5.8	3.6	10.49±0.584	2.7	4.9
	16	16.44±0.623	3.7	2.5	16.51±0.680	1.0	2.9

注：日内精密度：$n=5$；日间精密度：$n=3$ 天，每天重复测定 5 次

5) 样品提取回收率

取大鼠空白血浆 200μL，按上述"血浆样品预处理"项下方法分别制备低、中、高三种浓度牡荆素-4″-O-葡萄糖苷、牡荆素-2″-O-鼠李糖苷、牡荆素、芦丁和金丝桃苷的质控血浆样品，以提取后样品的色谱峰面积与未经提取直接进样获得的色谱峰面积之比，考察样品和内标物的提取回收率。每一浓度进行 6 样本分析，5 种待测组分和内标的提取回收率均不低于(82.67±4.74)%，结果见表 4-27。

表 4-27　牡荆素-4″-O-葡萄糖苷、牡荆素-2″-O-鼠李糖苷、牡荆素、芦丁、金丝桃苷在大鼠血浆中提取回收率测定结果($n=6$)

化合物	加样浓度/(μg/mL)	回收率/%	RSD/%
VG	6	84.94±3.75	6.3
	250	91.07±3.28	3.2
	400	93.21±0.78	2.8
VR	0.45	86.69±2.09	10.6
	37.6	90.64±1.14	4.7
	60	96.36±3.72	2.3
VIT	0.75	86.23±1.35	3.9
	6.25	87.29±2.35	6.7
	10.0	85.99±4.59	3.9
RUT	1.5	82.67±4.74	5.7
	12.5	89.77±2.42	2.6
	20.0	88.37±1.33	3.4
HP	1.0	85.59±2.07	8.5
	10	94.01±1.04	4.9
	16	91.47±4.93	3.6

6) 样品稳定性考察

按取大鼠空白血浆 200μL，按上述"血浆样品预处理"项下方法分别制备低、中、高三种浓度牡荆素-4″-O-葡萄糖苷、牡荆素-2″-O-鼠李糖苷、牡荆素、芦丁和金丝桃苷的质控血浆样品。考察各个浓度质控样品分别经置室温、-20℃冰箱保存及连续冻融 3 次(冻：-20℃/24h；融：室温，2～3h)循环处理后，带入标准曲线中测定 5 种待

测组分质控样品的浓度，计算 RE。结果见表 4-28。

表 4-28　牡荆素-4″-O-葡萄糖苷、牡荆素-2″-O-鼠李糖苷、牡荆素、芦丁、金丝桃苷在大鼠血浆中稳定性测定结果($n=6$)

化合物	加样浓度/(μg/mL)	准确度(%)，(均值±SD)		
		短期稳定性	长期稳定性	冻融稳定性
VG	6	98.13±2.03	99.68±3.47	101.6±1.92
	250	101.1±3.78	104.8±4.36	102.5±3.25
	400	99.76±2.51	97.63±3.42	100.8±2.14
VR	0.45	101.4±3.69	102.8±1.66	100.4±4.21
	37.6	97.65±3.11	99.86±2.94	101.6±4.74
	60	99.86±4.68	96.32±2.98	103.9±2.98
VIT	0.75	100.6±2.11	104.0±2.45	98.36±4.12
	6.25	102.4±5.01	98.66±3.25	103.8±5.07
	10.0	98.68±2.01	102.4±5.33	101.9±3.53
RUT	1.5	99.55±4.02	95.11±6.01	101.3±2.46
	12.5	102.0±2.06	105.8±4.23	98.65±6.32
	20.0	101.4±2.03	105.8±5.44	102.0±1.97
金丝桃苷	1.0	100.7±5.98	96.38±4.11	103.0±2.33
	10	107.3±4.36	103.8±2.01	102.4±3.96
	16	98.63±2.45	102.0±4.21	100.3±3.28

结果表明，生物样品室温、−20℃放置 1 个月及连续冻融 3 次都能保持稳定。

(二) TFHL 大鼠体内药动学研究

1. TFHL 供试液的制备　称取已干燥并粉碎成细粉的山楂叶粉末 500g，加入 70%乙醇加热回流提取两次(第一次加溶剂 14 倍，提取 3h；第二次加溶剂 10 倍，提取 2h。减压回收乙醇，上 AB-8 型大孔树脂柱，以 10 倍柱体积水洗脱除杂质，再以 3.5 倍 70%乙醇洗脱，洗脱液在 40℃下经减压回收乙醇至浸膏，出膏率为 10%。取一具塞三角瓶，加入定量的 TFHL 并加入 50%甲醇水(50∶50，V/V)超声提取 30min，滤过，挥去甲醇，残渣加定量生理盐水溶解至 1g/mL 的供试液，0.45μm 微孔滤膜滤过，使用前 4℃冰箱内保存，供大鼠给药。采用上述相同的色谱条件，外标法测定提取物溶液中牡荆素-4″-O-葡萄糖苷、牡荆素-2″-O-鼠李糖苷、牡荆素、芦丁和金丝桃苷的浓度分别为 12.4mg/mL、4.96mg/mL、0.665mg/mL、0.703mg/mL 和 2.68mg/mL。

2. 血浆样品的采集与预处理

1) 静脉给药

取 Wistar 大鼠 15 只，随机分成 3 组，每组 5 只。实验前禁食 12h，自由饮水。按 1.25mL/kg、2.5mL/kg 和 5mL/kg(相当于 15.5mg/kg、31.0mg/kg、62.0mg/kg 的牡荆素-4″-O-葡萄糖苷，6.20mg/kg、12.4mg/kg、24.8mg/kg 的牡荆素-2″-O-鼠李糖苷，0.831mg/kg、1.66mg/kg、3.33mg/kg 的牡荆素，0.879mg/kg、1.76mg/kg、3.52mg/kg 的芦丁，以及 3.35mg/kg、6.70mg/kg、13.4mg/kg 的金丝桃苷)静脉给予 TFHL 生理盐

水溶液,于 0.05h、0.083h、0.167h、0.5h、0.83h、1.33h、2.0h、3.0h、4.5h、6.5h、9h 采血 0.4mL,置于预先肝素化的试管中,离心 10min(3000r/min),得血浆样品置 −20℃冰箱中保存,待测。

2)灌胃给药

取 Wistar 大鼠 15 只,随机分成 3 组,每组 5 只。实验前禁食 12h,自由饮水。以 2.5mL/kg、5mL/kg 和 10mL/kg(相当于 31.0mg/kg、62.0mg/kg、124.0mg/kg 的牡荆素-4″-O-葡萄糖苷,12.4mg/kg、24.8mg/kg、49.6mg/kg 的牡荆素-2″-O-鼠李糖苷,以及 6.70mg/kg、13.4mg/kg、26.8mg/kg 的金丝桃苷),灌胃给予大鼠后,于 0.083h、0.167h、0.5h、0.75h、1h、1.5h、2h、3h、4.5h、6.5h、9h 采血 0.4mL,置于预先肝素化的试管中,离心 10min(3000r/min),得血浆样品置−20℃冰箱中保存,待测。

取各采血时间点血浆 200μL,按照"血浆样品的预处理"项下方法操作,进样分析。

3. 药动学数据结果

1)静脉注射给药结果

将给药后不同时间取血测得的血药浓度和时间数据用 3p97 药动学软件拟合,通过进行一房室、二房室、三房室对各权重为 1、$1/c$、$1/c^2$ 的情况进行拟合,比较药时曲线拟合图及参数。发现选择权重系数 $1/c^2$,药动学行为符合开放性三室模型一级动力学过程。大鼠静注 TFHL 后的 $AUC_{0 \to t}$、$t_{1/2}$、CL、V_c 与给药剂量的相关性分析见图 4-10 和表 4-29。

表 4-29 大鼠静脉注射 TFHL 溶液(1.25mL/kg、2.5mL/kg、5mL/kg)药动参数

化合物	剂量/(mg/kg)	参数				
		$t_{1/2\alpha}$/h	$t_{1/2\beta}$/h	V_c/(L/kg)	CL/[L/(h·kg)]	$AUC_{0 \to t}$/[mg/(L·h)]
VG	15.5	0.62±0.031	5.13±0.062	0.105±0.008	0.071±0.001	148.1±4.73
	31.0	0.72±0.071	5.40±0.074	0.103±0.0011	0.0778±0.011	399.8±5.65
	62.0	0.68±0.011	5.55±0.059	0.119±0.010	0.0793±0.006	1048±11.8
VR	6.20	0.25±0.004	0.86±0.075	0.114±0.0041	0.349±0.023	17.76±2.26
	12.4	0.47±0.004	2.69±0.312	0.215±0.005	0.191±0.004	64.99±3.00
	24.8	1.17±0.022	6.09±1.34	0.256±0.007	0.142±0.030	176.2±5.90
VIT	0.831	0.029±0.007	0.35±0.029	0.193±0.010	0.930±0.052	0.8934±0.0403
	1.66	0.052±0.009	0.33±0.083	0.206±0.011	0.902±0.005	2.150±0.185
	3.33	0.42±0.008	2.28±0.623	0.190±0.003	0.371±0.014	8.970±1.16
RUT	0.879	nd	nd	nd	nd	nd
	1.76	0.024±0.001	0.94±0.022	0.0814±0.025	0.370±0.075	1.623±0.424
	3.52	0.065±0.075	1.07±0.393	0.123±0.031	0.323±0.013	3.484±0.400
HP	3.35	0.025±0.007	1.05±0.13	0.05±0.043	0.252±0.092	1.987±0.022
	6.70	0.298±0.003	2.22±0.020	0.209±0.006	0.170±0.033	5.877±1.04
	13.4	0.455±0.020	4.12±1.0	0.122±0.052	0.067±0.031	29.70±1.00

注:nd. 未检测到;均值±SD,$n=5$

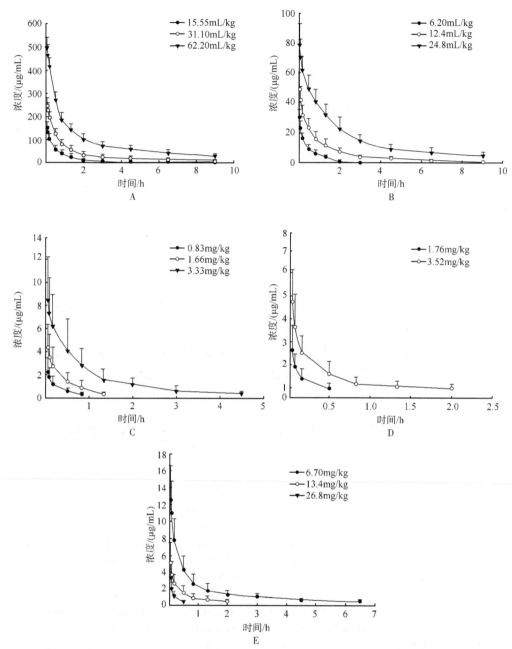

图 4-10 大鼠静脉注射 TFHL 溶液(1.25mL/kg、2.5mL/kg、5mL/kg)血药浓度-时间曲线
A. 牡荆素-4″-O-葡萄糖苷；B. 牡荆素-2″-O-鼠李糖苷；C. 牡荆素；D. 芦丁；E. 金丝桃苷。均值±SD，$n=5$

实验表明，大鼠静脉注射 TFHL 1.25～5mL/kg 后，牡荆素-4″-O-葡萄糖苷药动参数 $AUC_{0 \to t}$ 与剂量的增长成正比，消除半衰期 $t_{1/2\beta}$ 与给药剂量无相关性，提示牡荆素-4″-O-葡萄糖苷在大鼠血浆中为线性药动学行为。然而，牡荆素-2″-O-鼠李糖苷、牡荆素、芦丁、金丝桃苷在大鼠血浆中的 $AUC_{0 \to t}$ 与给药剂量不成正比，有饱和吸收

现象。另外，$t_{1/2\beta}$ 随着剂量的增大而增大，意味着牡荆素-2″-O-鼠李糖苷、牡荆素、芦丁、金丝桃苷在大鼠血浆中遵循非线性药动学行为。

2) TFHL 口服给药药动学研究结果

口服给药 TFHL 后药动学参数用 Microsoft Office Excel 2003 和 3p97 计算软件处理，将给药后不同时间取血测得的血药浓度和时间数据用 3p97 药动学软件拟合，通过对一房室、二房室、三房室，以及各权重为 1、$1/c$、$1/c^2$ 的情况进行拟合，比较药时曲线拟合图及参数，认为以二房室，权重为 $1/c^2$ 拟合最好，药动学参数与各组分血药浓度时间曲线浓度见图 4-11 和表 4-30。

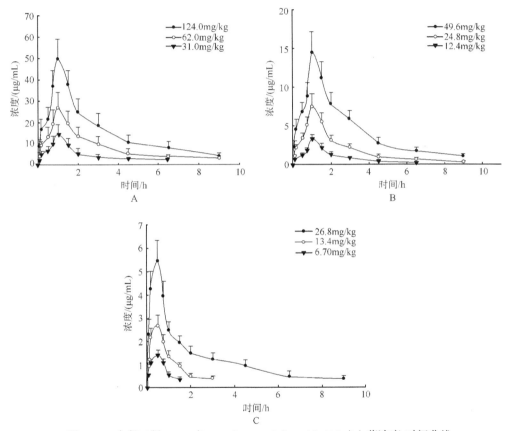

图 4-11 大鼠口服 TFHL(2.5mL/kg、5mL/kg、10mL/kg)血药浓度-时间曲线
A. 牡荆素-4″-O-葡萄糖苷；B. 牡荆素-2″-O-鼠李糖苷；C. 金丝桃苷。均值±SD, n=5

表 4-30 大鼠口服 TFHL(2.5mL/kg、5mL/kg、10mL/kg)牡荆素-4″-O-葡萄糖苷、牡荆素-2″-O-鼠李糖苷、金丝桃苷的药动参数

化合物	剂量/(mg/kg)	参数				
		T_{max}/h	C_{max}/(μg/mL)	$t_{1/2}$/h	CL/[L/(h·kg)]	$AUC_{0 \to t}$ /[mg/(L·h)]
VG	31.0	1.24±0.51	7.75±0.96	2.54±0.42	0.224±0.012	46.46±4.76
	62.0	1.81±0.31	14.4±1.23	2.38±0.42	0.247±0.051	83.83±6.22

续表

化合物	剂量/(mg/kg)	参数				
		T_{max}/h	C_{max}/(μg/mL)	$t_{1/2}$/h	CL/[L/(h·kg)]	AUC$_{0\to t}$/[mg/(L·h)]
VG	124.0	1.65±0.32	29.4±1.92	2.44±0.33	0.248±0.014	165.1±12.7
VR	12.4	1.64±0.38	0.83±0.08	2.89±0.39	2.43±0.66	4.128±3.98
	24.8	1.37±0.42	2.06±0.31	2.94±0.31	2.12±0.47	9.434±3.05
	49.6	1.65±0.33	4.46±0.51	2.84±0.34	1.82±0.38	22.01±5.90
HP	6.70	0.56±0.08	0.61±0.12	1.11±0.78	4.32±0.52	2.593±0.416
	13.4	0.51±0.09	1.16±0.23	1.72±1.01	3.46±0.51	5.786±0.753
	26.8	0.53±0.12	2.29±0.36	1.32±0.85	3.81±0.33	10.27±1.22

注：均值±SD，$n=5$

大鼠灌胃 TFHL(2.5～10mL/kg)后，血药浓度-时间随剂量的增加而增加，半衰期与给药剂量没有相关性，提示牡荆素-4″-O-葡萄糖苷、牡荆素-2″-O-鼠李糖苷、金丝桃苷呈线性动力学特征。表 4-29 为牡荆素-4″-O-葡萄糖苷、牡荆素-2″-O-鼠李糖苷、金丝桃苷三个剂量不同时间的血药浓度表。由表 4-29 可见，金丝桃苷吸收较快，灌胃后 0.56h 后迅速达到最大血药浓度，同时迅速消除，半衰期为 1.72h。牡荆素-4″-O-葡萄糖苷、牡荆素-2″-O-鼠李糖苷拥有相同的药动学特征，给药后 1.81h、1.51h 达到最大血药浓度，而且在血液中消除速率慢，半衰期分别为 (2.54±0.42)h 和 (2.94±0.31)h。由图 4-11 可见，大鼠灌胃给药服药后 1.81h、1.51h 牡荆素-4″-O-葡萄糖苷、牡荆素-2″-O-鼠李糖苷达到峰值。

三、讨论与小结

(一)色谱条件的选择

1. 检测波长 对各待测组分及内标物进行紫外波长下扫描，溶剂为色谱纯甲醇，扫描纸速为 40nm/cm，扫描区间为 200～400nm。结果表明，牡荆素-4″-O-葡萄糖苷、牡荆素-2″-O-鼠李糖苷、牡荆素、芦丁和金丝桃苷的最大吸收波长分别为 270nm 和 330nm、270nm 和 332nm、269nm 和 331nm、257nm 和 358nm、256nm 和 359nm，黄芩苷的最大吸收波长为 277nm 和 314nm。曾优先考虑内标物测定时的灵敏度，尝试选择 255～277nm，但内源物质、代谢产物干扰严重，几乎无法检测。为了保证各分析物获得较高的灵敏度，同时参照文献，我们选择 332nm[51]和 360nm[52]为检测波长。当选择检测波长为 360nm 时，内标物的吸收较弱，不适合待测组分的测定；当选择检测波长为 332nm 时，在 TFHL 主成分的保留时间没有内源性物质的吸收峰，且各待测组分响应值较高，故选择 332nm 为检测波长。

2. 流动相系统 在色谱分析分离过程中，不仅要考虑待测组分的分离，而且要考虑防止内源性物质带来的干扰。由于本实验中提取物生物样品中成分复杂、存在结构和极性相似的物质使得各成分之间达到完全分离很不容易。为了在尽可能短的时间内使物质色谱峰达到基线分离，我们曾试用了各种比例的溶剂系统作为流动相，即甲醇(乙腈)-水、甲醇(乙腈)-(乙酸/磷酸-水)，均达不到理想的分离条件。主要问题是待测组分中峰形不佳与杂质的分离度小于1.5，因此本研究的流动相不采用两相系统。参考相关文献[52]，初步确定流动相系统为甲醇-乙腈-四氢呋喃-水(1.5～6：1.5：18.5：78.5～74，$V/V/V/V$)。另外，为了改善峰形，尝试加入0.2%～0.6%乙酸和0.2%～0.6%磷酸。经反复摸索，甲醇-乙腈-四氢呋喃-0.4%乙酸溶液(6：1.5：18.5：74%)等度洗脱对待测组分、内标物的分离完全，出峰时间适中，血浆中内源性物质无干扰。

3. 内标物的选择　用色谱法对血浆样品进行定量分析时，由于样品需要经过纯化、浓缩、复溶等多个步骤，各步操作难以做到完全平行一致，进而会影响到测定方法的准确度和精密度，采用内标法可提高方法的精密度。为满足测试需求，理想的内标物在色谱行为、保留时间上应与待测物较为接近。为了寻找合适的内标物，我们考察了黄芩苷、橙皮苷、槲皮素等结构相似的化合物。尝试了橙皮苷、槲皮素等内标物，发现含药血浆中代谢产物严重干扰色谱的分离；而黄芩苷与各主要成分、血浆内源性物质之间无干扰可以达到基线分离，因此选择黄芩苷作为内标物。

(二)血浆样品预处理方法

生物样品预处理常用的方法有液-液萃取、固相萃取和沉淀蛋白质法。由于黄酮苷中多羟基的存在，其极性较强，在甲醇、乙腈等极性较强的有机溶剂中易溶，而在常用有机提取溶剂(乙醚、乙酸乙酯、氯仿等)中几乎不溶，故难以采用液-液萃取方式将其从生物基质中提取出来；自动化的固相萃取仪适用于大量样品分析，但分析成本高，而采用非自动化固相萃取柱，需要活化、上样、洗涤、洗脱等步骤，操作烦琐。

本实验考虑到实验成本和分析速率，对生物样品的预处理参考文献报道，采用简便快速的沉淀蛋白质法对血浆样品进行预处理。在分析方法建立的阶段，曾采用乙酸乙酯、乙酸乙酯-甲醇、乙腈、甲醇等作为有机提取溶剂进行考察，通过对沉淀溶剂的筛选和优化，实验中发现甲醇1mL对待测组分及内标物的回收率均优于其他蛋白质沉淀剂，其沉淀完全、提取率高，提纯后杂质少，最终选择甲醇直接沉淀蛋白质。

(三)TFHL大鼠体内药动学研究

静脉给药后，牡荆素-4″-O-葡萄糖苷、金丝桃苷的药动学行为与文献报道一致[58, 59]，而牡荆素-2″-O-鼠李糖苷、牡荆素、芦丁呈非线性动力学特征，原因可能由于牡荆素-2″-O-鼠李糖苷给药剂量过大导致药物代谢酶或药物透膜转运酶过饱和，致使药物在大鼠体内消除滞后[78]，牡荆素的作用机制与其类似。对于芦丁来说，推断其可能与组织蛋白结合移位有关[81]。

口服给药后，牡荆素-4″-O-葡萄糖苷、牡荆素-2″-O-鼠李糖苷和金丝桃苷均符合线性动力学特征。牡荆素-4″-O-葡萄糖苷和牡荆素-2″-O-鼠李糖苷的药动学特征类似；金丝桃苷吸收较快，灌胃后0.56h迅速达到最大血药浓度，同时迅速消除，半衰期为1.72h，说明TFHL中金丝桃苷容易进入细胞内，容易从血液分布入组织。

本实验首次采用HPLC法对TFHL中多酚类成分的药动学进行研究，确定了牡荆素-4″-O-葡萄糖苷、牡荆素-2″-O-鼠李糖苷、牡荆素、芦丁、金丝桃苷在血浆样品中含量的测定方法，并进行方法学考察。从方法学考察数据看，该法专属性强，分离度较好，其检测限、提取回收率、精密度、稳定性均符合生物样品分析要求，为山楂叶中多种成分的生物样品测定提供了检测手段。

第四节　金丝桃苷药动学研究

一、仪器、试药与动物

(一)仪器

岛津高效液相色谱仪，LC-10AT泵，SPD-10A VP检测器（日本岛津）；Chromato-Solution Light workstation色谱工作站（日本岛津）；RE-52A旋转蒸发仪（中国上海亚荣生化仪器厂）；HH2-数显恒温水浴锅（中国国华电器有限公司）；AGBP210S电子天平（德国Satorius公司）；TDL-40B型离心机（中国上海安亭科学仪器厂）；微型漩涡混合仪（中国上海沪西分析仪器厂有限公司）；100~1000μL微量取样器（中国上海求精生化试剂仪器厂）。

(二)试药

金丝桃苷（自制，纯度99%）；黄芩苷（购自中国药品生物制品检定所）；色谱纯乙腈、甲醇及分析纯甲醇（中国上海医药集团）。

(三)动物

健康Wistar大鼠，30只，雄性，体重250~300g，辽宁中医药大学实验动物中心提供，试验动物生产许可证号SCXK(辽)2003-008；实验动物研究严格按照实验室动物保护指导原则进行，实验期间自由饮水，大鼠给药实验前禁食12h。

二、方法与结果

(一)大鼠血浆样品中山楂叶指标性成分分析方法的建立

1. 色谱条件　色谱柱：Diamonsil C_{18}(150mm×4.6mm，5μm)（迪马公司，中国北京）；流动相：甲醇-0.6%磷酸溶液(45:55)；流速：1mL/min；内标物：黄芩苷；

柱温：室温；进样量：20μL。检测波长：340nm。

2. 溶液的制备

1) 标准储备溶液的制备

取金丝桃苷对照品约 3.16mg，精密称定，置 10mL 量瓶中，用甲醇溶解并定容至刻度，摇匀，即得浓度为 316.0μg/mL 的对照品储备液，于 4℃冰箱保存，备用。

2) 内标溶液的制备

取黄芩苷对照品约 4.07mg，置 100mL 量瓶中，用甲醇溶解并稀释至刻度，摇匀，即得浓度为 407.0μg/mL 的内标储备液。精密量取储备液适量，用甲醇稀释制成 40.7μg/mL 的内标溶液，于 4℃冰箱保存，备用。

3) 静脉样品的制备

称取金丝桃苷对照品适量，加适量乙醇超声溶解，加水稀释制成 8.27mg/mL 的药液，于 4℃冰箱保存，备用。

4) 舌下样品的制备

称取金丝桃苷对照品适量，加适量乙醇超声溶解，加水稀释制成 15.2mg/mL 的药液，于 4℃冰箱保存，备用。

5) 血浆样品的处理

取肝素抗凝血浆 200μL，置 10mL 具塞离心试管中，依次加入 20μL 乙酸、20μL 内标溶液（黄芩苷甲醇溶液，40.7μg/mL）、1mL 甲醇，涡旋混合 1min，离心 10min(3500r/min)，分取上清液，于 50℃氮气流下吹干，残渣加入流动相 200μL，涡旋溶解 1min，离心 10min(15 000r/min)，取上清液 20μL，注入高效液相色谱仪，记录色谱图。

3. 分析方法的确证

1) 方法的专属性

取大鼠空白血浆 6 份，除内标溶液用 20μL 甲醇代替外，其余按"血浆样品的处理"项下方法操作，获得空白血浆样品的色谱图(图 4-12A)；将一定浓度的金丝桃苷

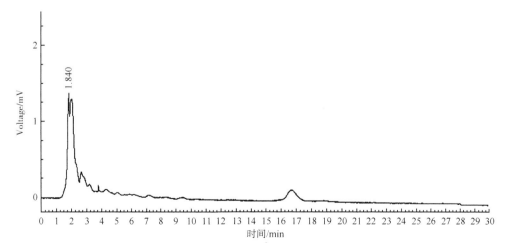

A

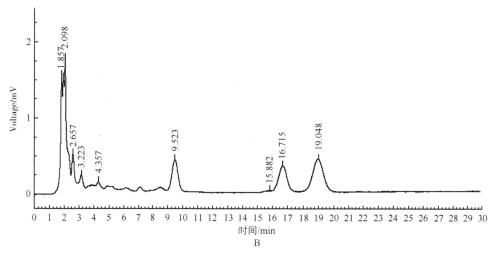

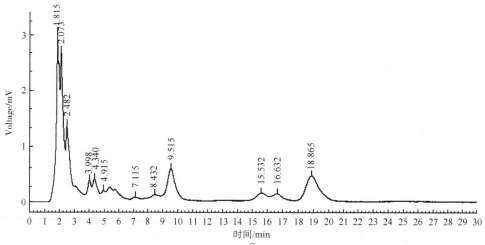

图 4-12 大鼠血浆样品中金丝桃苷和内标物黄芩苷的色谱图
A. 空白血浆；B. 空白血浆加入对照品和内标物；C. 10mg/kg 金丝桃苷静脉给药 30min 后大鼠血浆样品

和内标黄芩苷（40.7μg/mL）加入大鼠空白血浆中，依同法操作，获得相应的色谱图（图 4-12B）；大鼠给药后血浆样品色谱图，见图 4-12C。其中金丝桃苷和内标黄芩苷的保留时间分别 9.5min 和 19.3min。实验结果提示，金丝桃苷与大鼠血浆内源性物质及内标物色谱峰之间均达到基线分离。

2）标准曲线的绘制

取空白血浆 250μL 6 份，加入内标溶液 20μL，加入系列标准溶液（2.0μg/mL、4.0μg/mL、10.0μg/mL、25.0μg/mL、50.0μg/mL、200.0μg/mL）各 50μL，使金丝桃苷血浆浓度为 0.4μg/mL、0.8μg/mL、2.0μg/mL、5.0μg/mL、10.0μg/mL、40.0μg/mL，按"血浆样品的预处理"项下方法操作，进样 20μL，记录色谱图。以金丝桃苷与内标物的峰面积比值为纵坐标（Y），金丝桃苷浓度为横坐标（X），用加权最小二乘法进行回归运算,权重系数为 $1/c^2$,典型的回归方程为 $Y=1.4824X+0.1776$,相关系数 $r=0.9994$。本方法金丝桃苷为 $0.8921\sim59.7125\mu g/mL$ 时线性良好。

3) 定量下限和检测限

最低定量限(LLOQ)按标准曲线上最低浓度 $0.8921\mu g/mL$,取空白血浆 $250\mu L$,各加入金丝桃苷标准溶液 $50\mu L$,配制成相当于金丝桃苷血浆浓度为 $0.8921\mu g/mL$ 的样品,重复分析 5 次,连续测定 3 天,并根据当日标准曲线计算,求每一样本浓度。获得该浓度的日内精密度(RSD)为 10.2%,日间精密度(RSD)为 9.1%,准确度(RE)分别为 4.2%和 6.4%。该结果表明 HPLC 法测定血浆中金丝桃苷的定量下限为 $0.8921\mu g/mL$,其日内精密度及日间精密度的 RSD%<20%,以及 RE 在±20%内符合规定。测定金丝桃苷的检测限(LOD)为 $0.2766\mu g/mL$。

4) 精密度和准确度

取空白血浆 $250\mu L$,按上述"血浆样品的制备"项下方法分别制备低、中、高三个浓度($1\mu g/mL$、$20\mu g/mL$、$35\mu g/mL$)的质控样品,每一浓度进行 5 样本分析,连续测定 3 天,并与标准曲线同时进行,以当日的标准曲线计算质控样品的浓度,求得方法的精密度 RSD(质控样品测得值的相对标准偏差)和准确度 RE(质控样品测量均值对真值的相对误差),结果见表4-31。本方法的日内精密度 RSD≤2.5%,日间精密度 RSD≤7.8%,RE 为 1.6%~2.4%,均符合目前生物样品分析方法指导原则的有关规定[80-82],该法可用于准确测定大鼠血浆中金丝桃苷浓度。

表 4-31 金丝桃苷精密度、准确度的测定结果

加样浓度 /($\mu g/mL$)	日内精密度			日间精密度		
	测定浓度/($\mu g/mL$)	RSD/%	RE/%	测定浓度/($\mu g/mL$)	RSD/%	RE/%
1	1.024±0.0980	7.8	2.4	1.024±0.134	2.5	2.4
20	20.47±0.782	3.4	2.4	20.38±0.936	2.0	1.9
35	35.68±1.04	1.8	2.0	35.57±1.08	2.1	1.6

注:日内精密度:$n=5$;日间精密度:$n=3$ 天,每天重复测定 5 次

5) 提取回收率

取空白血浆 $250\mu L$,按上述"血浆样品的处理"项下方法分别制备低、中、高三个浓度($1\mu g/mL$、$20\mu g/mL$、$35\mu g/mL$)的样品各 6 样本,同时另取空白血浆 $250\mu L$,除不加标准系列溶液和内标物外,按"血浆样品的预处理"项下操作,向获得的上清液中加入相应浓度的标准溶液 $50\mu L$ 和内标 $20\mu L$,涡旋混合,50℃氮气流下吹干。残留物以流动相溶解,进样分析,获得相应色谱峰面积。以每一浓度两种处理方法的峰面积比值计算提取回收率,金丝桃苷在低、中和高三个浓度的提取回收率及 RSD 见表4-31。

6) 样品稳定性

取空白血浆 $250\mu L$,按上述"血浆样品的预处理"项下方法分别制备不同浓度($1\mu g/mL$、$20\mu g/mL$、$35\mu g/mL$)的样品,置冰箱中进行短期(室温,4h)、长期(-20℃,一个月)和冻(-20℃,24h)融(室温,$2\sim3h$)三次后重新测定,计算相对误差 RSD 及

RE，结果见表4-32、表4-33。

表4-32 金丝桃苷在大鼠血浆中提取回收率测定结果（$n=6$）

加样浓度/(μg/mL)	回收率/%	RSD/%
1	99.50±2.16	1.2
20	100.1±3.56	2.1
35	98.40±2.32	2.0

表4-33 大鼠质控样品稳定性结果（$n=5$）

稳定性	测定浓度（均值±SD）		
	1μg/mL	20μg/mL	35μg/mL
短期稳定性	0.9700±0.067	19.78±0.350	34.54±0.980
长期稳定性	1.053±0.032	21.61±0.280	36.96±1.33
冻融稳定性	1.040±0.057	21.49±0.410	37.28±0.820

实验结果表明，在各个条件下保存的血浆样品稳定。

4. 药动学研究结果

1）金丝桃苷静脉给药药动学研究结果

大鼠静脉给药金丝桃苷后，血浆中金丝桃苷吸收快，2h内消除。药动学参数用3p97计算软件处理，金丝桃苷在大鼠体内是三室模型，平均药时曲线见图4-13，其主要药物动力学参数见表4-34，符合非线性动力学过程行为。实验结果提示，三个剂量静脉给药后，金丝桃苷在大鼠体内消除均较快，3min即可在血浆中测到原型药物。

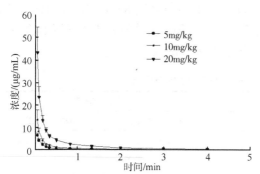

图4-13 大鼠静脉注射金丝桃苷后血药浓度-时间曲线
均值±SD，$n=5$

表4-34 大鼠静脉注射金丝桃苷后药动参数

参数	5mg/kg	10mg/kg	20mg/kg
$t_{1/2}$/h	0.2081±0.126	0.4958±0.0614	1.154±0.0688
V_c/(L/kg)	0.2479±0.150	0.07679±0.00970	0.06874±0.00480
CL/[L/(h·kg)]	0.7683±0.0778	0.5309±0.0170	0.5207±0.00554
$AUC_{0\to t}$[mg/(h·L)]	6.560±0.628	9.429±0.363	9.603±0.102

注：均值±SD，$n=5$

2）金丝桃苷舌下给药药动学研究结果

使用HPLC法对大鼠血浆中金丝桃苷浓度进行测定，结果发现血浆中金丝桃苷含量极低，达不到检测限，只有几个时间点可检到微小色谱峰。分析原因，可能是舌下给药金丝桃苷以后，被口腔内的酶分解，或是被胃肠道内肠道菌所产生的酶作用发生结构转化，具体原因有待深入研究。因此用普通方法，如 HPLC 法很难检测到此成分，以后可以尝试采用高灵敏度的方法，如 UPLC-MS/MS 进行检测。

三、讨论与小结

（一）最佳色谱条件的选择

在流动相的选择上，曾采用乙腈-磷酸溶液系统，此系统分离度较好，但待测物出峰时间太快，容易与杂质峰一起出来，干扰待测物的测定，尤其对低浓度点样品的影响更大，使标准曲线的线性关系不好，尝试了其他比例，虽然对照品出峰时间被调，但是内标物出峰时间太长，效果不佳。后尝试甲醇-磷酸溶液系统，色谱分离及色谱峰形得到改善，出峰时间也比较适中。对甲醇与水比例（44∶56～53∶47）和加入的磷酸比例（0.1%～0.7%）进行了考察，最后确定最佳比例为甲醇-0.6%磷酸溶液（45∶55），峰形最好，且出峰时间较理想，分离度也较佳。磷酸能够明显地改善峰形，0.6%为最佳比例。

实验中曾尝试采用 Diamonsil C_{18} 柱（200mm×4.6mm，5μm，迪马公司，中国）作为色谱柱，但保留时间过长，不适合血浆样品分析，因此在本实验中采用 150mm 短柱，节约溶剂，减少污染，且获得较短的分析时间。

（二）血浆样品预处理方法

蛋白质沉淀法简单易行，并且由于色谱条件中所用流动相洗脱能力较强，样品中的其他内源性物质会被迅速地从色谱柱中洗脱出来并弃去，从而大大减轻了通常蛋白质沉淀样品对仪器的污染。甲醇与乙腈是反相液相色谱法中常用的蛋白质沉淀剂，因为它们与流动相的组成相同。甲醇沉淀蛋白质的优点是上清液清澈，沉淀为絮状易于分离；乙腈与之相反，产生细的蛋白质沉淀，但沉淀效率较甲醇高。因此本实验流动相选择甲醇且取上清液，故选用甲醇沉淀蛋白质。

（三）内标物的选择

为满足测试需求，理想的内标物在色谱行为、保留时间上应与待测物较为接近。本研究对多种化合物进行了筛选，尝试了异槲皮素、橙皮苷等内标物，但均与待测物的分离度不好，保留时间都太长，影响了试验效率，而黄芩苷保留时间适宜，其与待测物质、血浆内源物质之间无干扰，因此选择黄芩苷为本试验的内标物。

（四）分析方法的选择

金丝桃苷属黄酮类化合物，有强烈紫外吸收，本试验用 HPLC 法，以检测波长为 340nm，测定的血浆中金丝桃苷的含量高，杂质干扰少。尽管金丝桃苷吸收及消除快，但低浓度的金丝桃苷用此法仍然能够在2h内检测到。

(五)药动学研究

药动学研究结果表明，大鼠静脉给药三个剂量金丝桃苷后，金丝桃苷在大鼠体内呈三室模型，吸收、消除过程均较快。本书建立了一种测定大鼠血浆中金丝桃苷的方法，从方法学考察数据看，该法专属性强，不受生物样本中其他杂质影响，分离度较好；准确，灵敏度高，重现性好，符合生物样品分析要求。

第五节 牡荆素-4″-O-葡萄糖苷药动学研究

牡荆素-4″-O-葡萄糖苷作为山楂叶里独有的黄酮类成分，体外实验说明其具有显著的抗氧化作用[83-85]。作为山楂叶中主要的黄酮类成分之一，经分析山楂叶提取物总黄酮体内外实验结果，初步确定牡荆素-4″-O-葡萄糖苷在TFHL提取物治疗高血脂症、脂肪肝，以及保护心脏功能等方面发挥了一定作用。故本研究首先通过口服和静脉两种给药途径进行牡荆素-4″-O-葡萄糖苷血浆药动学研究，对牡荆素-4″-O-葡萄糖苷单体在小鼠体内的吸收、分布、排泄做进一步研究，为其在动物体内全面的药动学探索增加科学依据。

一、牡荆素-4″-O-葡萄糖苷在大鼠体内的血浆药动学研究

(一)仪器、试药与动物

1. 仪器 岛津高效液相色谱仪，LC-10AT泵，SPD-10A VP检测器(日本岛津)；Chromato-Solution Light workstation 色谱工作站(日本岛津)；RE-52A旋转蒸发仪(中国上海亚荣生化仪器厂)；HH2-数显恒温水浴锅(中国国华电器有限公司)；AGBP210S电子天平(德国Satorius公司)；TDL-40B型离心机(中国上海安亭科学仪器厂)；微型漩涡混合仪(中国上海沪西分析仪器厂有限公司)；100～1000μL微量取样器(中国上海求精生化试剂仪器厂)。

2. 试药 牡荆素-4″-O-葡萄糖苷(自制，纯度99%)；橙皮苷(购自中国药品生物制品检定所)；色谱纯乙腈、甲醇，分析纯甲醇(中国上海医药集团)。

3. 动物 雄性Wistar大鼠，体重250～300g，辽宁中医药大学实验动物中心提供。实验中所使用动物研究严格按照实验室动物保护指导原则进行，所使用动物征得辽宁中医药大学动物实验伦理委员会同意。

(二)方法与结果

1. 大鼠血浆样品中牡荆素-4″-O-葡萄糖苷分析方法的建立
1)色谱条件
色谱柱：Diamonsil C_{18}(150mm×4.6mm，5μm)(迪马公司，中国北京)；流动相：

甲醇-0.5%乙酸溶液(45∶55);流速:1mL/min;内标物:橙皮苷;柱温:室温;进样量:20μL。检测波长:330nm。

2)溶液的制备

(1)标准储备溶液的制备:取牡荆素-4″-O-葡萄糖苷(图4-14A)对照品约4.68mg,精密称定,置100mL量瓶中,用甲醇溶解并定容至刻度,摇匀,即得浓度为46.8μg/mL的对照品储备液,于4℃冰箱保存,备用。

图4-14 牡荆素-4″-O-葡萄糖苷(A)和橙皮苷(B)的化学结构

(2)内标溶液的制备:取橙皮苷对照品(图4-14B)约3.82mg,置10mL量瓶中,用甲醇溶解并稀释至刻度,摇匀,即得浓度为382μg/mL的内标储备液。精密量取储备液适量,用甲醇稀释制成3.28μg/mL的内标溶液,于4℃冰箱保存,备用。

3)分析方法的确证

(1)方法专属性:取大鼠空白血浆6份,除内标溶液用10μL甲醇代替外,其余按"血浆样品的预处理"项下方法操作,获得空白血浆样品的色谱图(图4-15A);将一定浓度的牡荆素-4″-O-葡萄糖苷和内标橙皮苷(38.2μg/mL)加入大鼠空白血浆中,依同法操作,获得相应的色谱图(图4-15B);大鼠静脉、口服给药后血浆样品色谱图见(图4-15C),其中牡荆素-4″-O-葡萄糖苷和内标橙皮苷的保留时间分别6.8min和9.5min。结果表明,血浆样品内源性物质不干扰牡荆素-4″-O-葡萄糖苷及内标橙皮苷的测定。

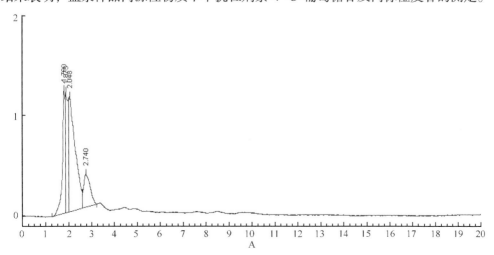

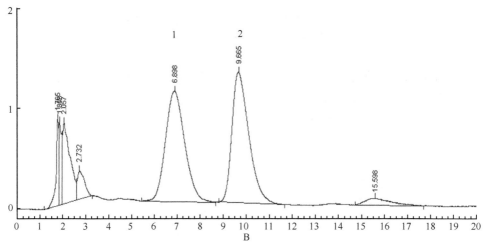

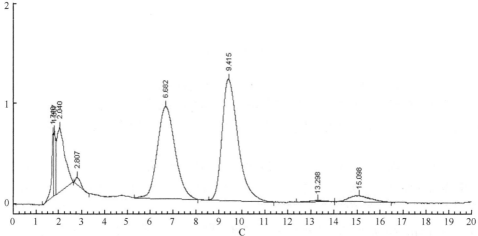

图 4-15 大鼠血浆中样品牡荆素-4″-O-葡萄糖苷和内标物橙皮苷的色谱图

A. 空白血浆；B. 空白血浆中加入内标物橙皮苷；C. 静脉及口服给药大鼠血浆样品。色谱峰 1. 牡荆素-4″-O-葡萄糖苷；色谱峰 2. 橙皮苷

(2) 标准工作曲线：取空白血浆 250μL 6 份，加入内标溶液 10μL，加入系列标准溶液(20μg/mL、40μg/mL、100μg/mL、200μg/mL、500μg/mL、2000μg/mL)各 50μL，使牡荆素-4″-O-葡萄糖苷血浆浓度为 5μg/mL、10μg/mL、25μg/mL、50μg/mL、125μg/mL、500μg/mL，按"血浆样品的预处理"项下方法操作，进样 20μL，记录色谱图。以牡荆素-4″-O-葡萄糖苷与内标物的峰面积比值为纵坐标(Y)，牡荆素-4″-O-葡萄糖苷浓度为横坐标(X)，用加权最小二乘法进行回归运算，权重系数为 $1/c^2$，典型的回归方程为 $Y=0.0098X+0.0314$，相关系数 $r=0.9991$。本方法牡荆素-4″-O-葡萄糖苷为 5～500μg/mL 时线性良好。

(3) 定量下限和检测限：最低定量限(LLOQ)按标准曲线上最低浓度 5μg/mL，取空白血浆 250μL，各加入牡荆素-4″-O-葡萄糖苷标准溶液 50μL，配制成相当于牡荆素-4″-O-葡萄糖苷血浆浓度为 5μg/mL 的样品，重复分析 5 次，连续测定 3 天，并根据当日标准曲线计算,求每一样本测得浓度。获得该浓度的日内精密度(RSD)为8.4%,日间精密度(RSD)为14.1%,准确度(RE)分别为9.2%和16.8%。该结果表明,HPLC法测定血浆中牡荆素-4″-O-葡萄糖苷的定量下限为5μg/mL,其日内精密度及日间精密度的RSD<20%及RE在±20%之内符合规定。测定荆素-4″-O-葡萄糖苷的检测限(LOD)为1.385μg/mL。

(4)精密度和准确度:取空白血浆250μL,按上述血浆样品的制备项下方法分别制备低、中、高三个浓度(12.5μg/mL、250μg/mL、400μg/mL)的质控样品,每一浓度进行5样本分析,连续测定3天,并与标准曲线同时进行,以当日的标准曲线计算质控样品的浓度,求得方法的精密度RSD(质控样品测得值的相对标准偏差)和准确度RE(质控样品测量均值对真值的相对误差),结果见表4-35。本方法的日内精密度RSD≤4.1%,日间精密度RSD≤2.0%,RE为-0.2%~2.1%,均符合目前生物样品分析方法指导原则的有关规定[76,86,87],该法可用于准确测定大鼠血浆中牡荆素-4″-O-葡萄糖苷浓度。

表4-35 大鼠质控样品中牡荆素-4″-O-葡萄糖苷测定法精密度、准确度

加样浓度 /(μg/mL)	日内精密度			日间精密度		
	测定浓度/(μg/mL)	RSD/%	RE/%	测定浓度/(μg/mL)	RSD/%	RE/%
12.5	12.54±0.160	1.4	0.35	12.48±0.364	1.3	-0.2
250	252.90±4.51	4.1	1.2	252.69±4.97	1.3	1.1
400	401.01±4.91	0.9	0.25	404.51±8.02	2.0	1.1

注:日内精密度:n=5;日间精密度:n=3天,每天重复测定5次;均值±SD

(5)提取回收率:取空白血浆250μL,按上述"血浆样品的预处理"项下方法分别制备低、中、高三个浓度(12.5μg/mL、250μg/mL、400μg/mL)的样品各6样本,同时另取空白血浆250μL,除不加标准系列溶液和内标外,其他步骤按"血浆样品的预处理"项下操作,向获得的上清液中加入相应浓度的标准溶液50μL和内标10μL,涡旋混合,50℃空气流下吹干。残留物以流动相溶解,进样分析,获得相应色谱峰面积。以每一浓度两种处理方法的峰面积比值计算提取回收率,牡荆素-4″-O-葡萄糖苷在低、中和高三个浓度的提取回收率及RSD见表4-36。

表4-36 大鼠血浆中牡荆素-4″-O-葡萄糖苷提取回收率测定结果

加样浓度/(μg/mL)	回收率/%	RSD/%
12.5	99.91±5.33	1.45
250	98.70±2.62	2.18
400	98.58±2.96	2.14

注:均值±SD;n=6

(6)样品稳定性:取空白血浆250μL,按上述"血浆样品的预处理"项下方法分别制备低、中、高三个浓度(12.5μg/mL、250μg/mL、400μg/mL)的样品,置冰箱中进

行短期(室温，4h)、长期(-20℃，一个月)和冻(-20℃，24h)融(室温，2~3h)三次后重新测定，计算相对误差 RSD 及 RE，结果见表 4-37。

表 4-37　牡荆素-4″-O-葡萄糖苷在大鼠血浆中稳定性测定结果

稳定性	浓度		
	12.5μg/mL	250μg/mL	400μg/mL
短期稳定性	12.47±0.364	254.22±4.63	404.28±3.80
长期稳定性	12.57±0.111	254.36±4.10	405.11±6.98
冻融稳定性	12.41±0.168	251.52±4.55	407.40±6.28

注：均值±SD，$n=5$

实验结果表明，各个条件下保存的血浆样品性质稳定。

2. 牡荆素-4″-O-葡萄糖苷药动学研究

1)对照品溶液的制备

称取对照品适量，加适量乙醇超声溶解，加水稀释制成 18mg/mL 的药液，于 4℃冰箱保存，备用。

2)静脉给药动物及血浆样品的采集

取 Wistar 大鼠 15 只，随机分成 3 组，每组 5 只。实验前禁食 12h，自由饮水。按 10mg/kg、20mg/kg、40mg/kg 体重静脉给予牡荆素-4″-O-葡萄糖苷溶液后，于 3min、6min、10min、15min、20min、30min、50min、80min、120min、240min、330min 采血，置于预先肝素化的试管中，离心 10min(3000r/min)，得血浆样品置-20℃冰箱中保存，待测。

3)口服给药动物及血浆样品的采集

取 Wistar 大鼠 15 只，随机分成 3 组，每组 5 只。实验前禁食 12h，自由饮水。按 15mg/kg、30mg/kg、60mg/kg 体重静脉给予牡荆素-4″-O-葡萄糖苷溶液后，于 3min、5min、10min、15min、20min、30min、50min、80min、120min、180min、240min、360min 采血，置于预先肝素化的试管中，离心 10min(3000r/min)，得血浆样品置-20℃冰箱中保存，待测。

4)血浆样品的处理

取肝素抗凝血浆 250μL，置 5mL 具塞离心试管中，依次加入 10μL 乙酸、10μL 内标溶液(橙皮苷甲醇溶液，38.2μg/mL)、1mL 甲醇，涡旋混合 1min，离心 15min(3000r/min)，分取上清液，于 50℃氮气流下吹干，残渣加入流动相 100μL，涡旋溶解 1min，离心 10min(15 000r/min)，取上清液 20μL，注入高效液相色谱仪，记录色谱图。

3. 药动学研究结果

1)静脉给药药动学研究结果

大鼠静脉给药牡荆素-4″-O-葡萄糖苷后，血浆中牡荆素-4″-O-葡萄糖苷吸收快，2h 内消除。药动学参数用 3p97 药动学软件处理，结果提示，静脉给药三种剂量后，牡荆素-4″-O-葡萄糖苷在大鼠体内吸收及消除过程均较快,符合非线性动力学过程行为。血药浓度-时间曲线见图4-16。药动学参数见表4-38。

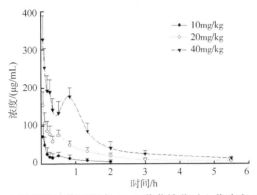

图 4-16　大鼠静脉给药牡荆素-4″-O-葡萄糖苷后血药浓度-时间曲线
均值±SD,n=5

表 4-38　大鼠静脉给药牡荆素-4″-O-葡萄糖苷后血浆的药动学参数

参数	10mg/kg	20mg/kg	40mg/kg
$t_{1/2}$/h	0.788±0.149	0.815±0.167	0.840±0.153
V_c/(L/kg)	0.211±0.185	0.165±0.0602	0.148±0.0415
CL/[L/(h·kg)]	0.300±0.111	0.135±0.00762	0.0998±0.0172
$AUC_{0 \to t}$[mg/(h·L)]	38.33±11.30	155.67±33.33	419.98±80.03

注:均值±SD,n=5

2)口服给药药动学研究结果

大鼠口服给药牡荆素-4″-O-葡萄糖苷后,血浆中牡荆素-4″-O-葡萄糖苷吸收快,4h内消除。药动学参数用3p97药动学软件处理,结果提示,口服给药三种剂量后,牡荆素-4″-O-葡萄糖苷在大鼠体内吸收及消除符合非线性动力学过程行为。平均血药浓度-时间曲线见图4-17,其主要药动学参数见表4-39。

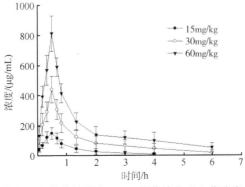

图 4-17　大鼠口服给药牡荆素-4″-O-葡萄糖苷后血药浓度-时间曲线
均值±SD,n=5

表 4-39　大鼠口服给药牡荆素-4″-O-葡萄糖苷后血浆药动学参数

参数	15mg/kg	30mg/kg	60mg/kg
K_a/h^{-1}	5.12±2.0	6.13±2.6	4.90±1.7
$t_{1/2}/h$	1.29±0.25	1.36±0.11	2.31±0.78
T_{max}/h	0.40±0.031	0.38±0.018	0.44±0.0024
$C_{max}/(\mu g/mL)$	52.03±9.8	134.02±26.9	306.82±42.1
$V_c/(L/kg)$	0.081±0.025	0.071±0.024	0.093±0.038
CL/[L/(h·kg)]	0.070±0.0013	0.052±0.00022	0.055±0.0044
$AUC_{0 \to t}$[mg/(h·L)]	86.15±3.9	230.09±6.4	396.17±22.2

注：均值±SD，$n=5$

(三)讨论与小结

1. 最佳色谱条件的选择　在流动相的选择上，曾采用乙腈-乙酸溶液系统，发现内源性物质的色谱分离不好，干扰待测物的测定，尤其对低浓度点样品的影响更大，使标准曲线的线性关系不好。尝试了其他比例，仍不能很好的改善内源性物质的干扰。后尝试用甲醇-乙酸溶液系统，色谱分离及色谱峰形得到改善，出峰时间也比较适中。本实验在流动相中加少量乙酸在一定程度上改善了色谱峰形。对甲醇与水的比例(44∶56～46∶54)和加入的乙酸的比例(0.4%～0.6%)进行了考察，最后确定最佳比例为甲醇∶0.5%乙酸溶液为 45∶55，峰形最好，且出峰时间较理想，分离度较佳。磷酸能够明显改善峰形，0.5%为最佳比例。

2. 内标物的选择　为满足测试需求，理想的内标物在色谱行为上，保留时间应与待测物较为接近。本研究对多种化合物进行了筛选，尝试了牡荆素-2″-O-鼠李糖苷、异槲皮素、黄芩苷等内标物，发现内源性物质的色谱分离不好，内标物与待测物的分离度也不理想，干扰待测物的测定，且保留时间不佳。而橙皮苷保留时间适宜，与牡荆素-4″-O-葡萄糖苷结构类似，受内源性物质干扰、仪器波动等因素的影响也与牡荆素-4″-O-葡萄糖苷相近，且与待测物质、血浆内源物质之间无干扰，因此选择其为本实验的内标物。

3. 分析方法的选择　牡荆素-4″-O-葡萄糖苷属黄酮类化合物，有强烈紫外吸收，本实验用 HPLC 法，以检测波长为 330nm，测定的血浆中牡荆素-4″-O-葡萄糖苷的含量高，杂质干扰少。尽管牡荆素-4″-O-葡萄糖苷吸收及消除快，但低浓度的牡荆素-4″-O-葡萄糖苷用此法仍然能够在 2h 内检测到。

4. 药动学结果讨论　研究结果表明，大鼠静注牡荆素-4″-O-葡萄糖苷后，牡荆素-4″-O-葡萄糖苷在大鼠体内呈三室模型，平均药时曲线出现双峰现象，分析原因可能是肝肠-肝肠循环，即牡荆素-4″-O-葡萄糖苷在大鼠体内药物被肝摄取后，可能以代谢物或以原型泌入胆汁，而后经胆总管进入肠道，经肠遭细菌水解，其中一部分被肠重吸收，另一部分则被消除。而重吸收的药物借门静脉血流再次入肝。大鼠口服牡荆素-4″-O-葡萄糖苷后，牡荆素-4″-O-葡萄糖苷在大鼠体内呈二室模型，符合非线性动力学特征。本书采用甲醇沉淀蛋白质的方法，建立了一种 HPLC 法测定不同剂量静脉及口服给药大鼠血浆中牡荆素-4″-O-葡萄糖苷浓度的分析方法,从方法学考察数据看,该法专属性强,不受生物样本中其他杂质影响,分离度较好,准确,灵敏度高,重现性好,符合生物样品分析要求。

二、牡荆素-4″-O-葡萄糖苷在小鼠体内药动学研究

(一)仪器、试药与动物

1. 仪器 手术器械;动物代谢笼;分析天平;TGL-16C 高速台式离心机(中国江西医疗器械厂);微量取样器(中国上海荣泰生化工程有限公司);XW-80A 微型旋涡混合器(中国上海沪西分析仪器厂有限公司);HH-S 水浴锅(中国上海永光明仪器设备厂);氮吹泵;脱气泵;进样针;恒温箱;预柱;色谱柱;Agilentl 100 高效液相色谱仪(美国安捷伦公司)。

2. 试药 牡荆素-4″-O-葡萄糖苷(实验室自制,纯度>98%);橙皮苷对照品(购自中国药品生物制品检定所,批号 110753-200413);甲醇(色谱纯,天津市大茂化学试剂厂);乙腈(色谱纯,天津市大茂化学试剂厂);冰乙酸(分析纯,沈阳市试剂三厂);四氢呋喃;生理盐水;纯化水(娃哈哈有限公司)。

3. 动物 清洁级健康昆明小鼠,雄性(20±2)g,辽宁中医药大学实验动物中心提供。实验中所使用动物严格按照实验室动物保护指导原则进行,所使用动物征得辽宁中医药大学动物实验伦理委员会同意。

(二)方法与结果

1. 小鼠生物样品中牡荆素-4″-O-葡萄糖苷分析方法的建立

1)色谱条件

(1)血浆和组织样品:色谱柱:Kromasil C_{18}(150mm×4.6mm,5μm)(大连三杰科技发展有限公司,中国大连);预柱:KR C_{18}(35mm×8.0mm,5μm)(大连科技发展公司);流动相:甲醇-0.5%甲酸溶液(40:60,V/V);检测波长:330nm,流速:1mL/min;内标物:橙皮苷;柱温:室温;进样量:20μL。

(2)尿液和粪便样品:色谱柱:Diamonsil C_{18}(150mm×4.6mm,5μm)(美国迪马公司);预柱:KR C_{18}(35mm×8.0mm,5μm)(大连科技发展公司);流动相:甲醇-乙腈-四氢呋喃-0.1%冰乙酸(6:2:18:74,$V/V/V/V$);检测波长:330nm;流速:1mL/min;内标物:橙皮苷;柱温:室温;进样量:20μL。

2)溶液制备

(1)标准储备溶液的制备:取牡荆素-4″-O-葡萄糖苷对照品 20mg,精密称定,置 10mL 量瓶中,用 5mL 甲醇超声溶解并定容至刻度,摇匀,即得浓度为 2000μg/mL 的对照品储备液,于 4℃冰箱保存,备用。

(2)内标溶液的制备:取精密称定的橙皮苷 3.41mg,置 10mL 量瓶中,用 5mL

甲醇超声溶解并稀释至刻度，摇匀，即得浓度为341μg/mL的内标储备液，于4℃冰箱保存，备用。

3）质控样品的制备

（1）血浆样品：精密吸取200μL空白血浆，分别依次加入50μL一定浓度的工作溶液和30μL内标溶液，依照"生物样品的处理"项下方法处理，制备成低、中、高三种浓度的质控样品，分别为1μg/mL、10μg/mL、80μg/mL，于4℃冰箱保存，备用。

（2）组织样品：精密吸取500μL空白组织匀浆液（心脏和脾脏取300μL），分别依次加入50μL某一浓度的工作溶液和30μL内标溶液，依照"生物样品的处理"项下方法处理，制备成低、中、高三种浓度的质控样品。肝脏、肠、胃、胆囊组织匀浆液中牡荆素-4″-O-葡萄糖苷质控浓度分别为1μg/mL、10μg/mL、80μg/mL；心脏、脾脏、肺脏、肾脏分别为1μg/mL、4μg/mL、16μg/mL，将质控样品于4℃冰箱保存，备用。

（3）尿液和粪便样品：分别精密吸取200μL空白尿液和粪便生物样品，以此各加入50μL工作溶液和30μL内标溶液，依照"生物样品的处理"项下方法处理，制备成低、中、高三种浓度的质控样品，分别为1μg/mL、10μg/mL、80μg/mL，置于4℃冰箱保存，备用。

4）空白生物样品的制备

（1）血浆样品：正常健康昆明系雄性小鼠(20±2)g，于实验室饲养一周后随机挑取6只，禁食不禁水12h，通过眼球后静脉丛采血，离心取上清血浆，混合血浆，于-20℃冰箱保存，备用。

（2）组织样品：正常健康昆明系雄性小鼠(20±2)g，于实验室饲养一周后随机挑取6只，禁食不禁水12h，将小鼠断颈后立即剖腹，摘取其脏器，包括心脏、肝脏、脾脏、肺脏、肾脏、小肠、胃、胆囊，取出后用生理盐水洗净除去内容物，用滤纸吸干其水分。将不同小鼠的同一组织混合在一起称重，然后加入一定比例的生理盐水，匀浆，作为空白组织样品，于-20℃冰箱保存，备用。其中，心脏和脾脏加入的生理盐水量为$m/V=1:3$，其他脏器加入的生理盐水量为$m/V=1:5$。

（3）尿液和粪便样品：正常健康昆明系雄性小鼠(20±2)g，于实验室饲养一周后随机挑取6只，禁食不禁水12h，将小鼠放入代谢笼中，即一只鼠一个代谢笼，分别收集其尿液和粪便。将其尿液混合，并加入生理盐水($1:3,V/V$)，涡旋均匀，于-20℃冰箱保存，备用。其粪便在自然条件下干燥，混合后，研钵捣碎，加入生理盐水($1:8,m/V$)，匀浆，作为空白粪便样品，于-20℃冰箱保存，备用。在收集尿液和粪便的过程中，饲料和水正常提供，保持小鼠的正常生理代谢。

5）生物样品的处理

（1）血浆：取血浆200μL，置2mL具塞离心试管中，依次加入30μL内标溶液、10μL冰乙酸、1mL甲醇，涡旋混合1min，离心15min(3500r/min)，分取上清液，于50℃氮气流下吹干。残渣加入流动相200μL进行复溶，涡旋溶解1min，离心10min(10 000r/min)，取上清液20μL，注入高效液相色谱仪，记录色谱图。

（2）组织匀浆：精密称量组织样品，肝脏、肺脏、肾脏、肠、胃、胆囊分别加入

1:5(m/V)生理盐水,脾脏和心脏加入生理盐水的量为1:3(m/V),然后匀浆处理。取200μL组织匀浆液,依次加入30μL内标溶液、10μL冰乙酸、1mL甲醇,涡旋混合1min,离心15min(3500r/min),分取上清液,于50℃氮气流下吹干。残渣加入流动相200μL,涡旋溶解1min,离心10min(10 000r/min),取上清液20μL,注入高效液相色谱仪,记录色谱图。

(3)粪便匀浆:收集粪便后,在自然条件下干燥,用研钵捣碎,混合均匀后,称取0.1g,加入生理盐水1:8(m/V),匀浆,吸取匀浆液200μL,依次加入30μL内标溶液、10μL冰乙酸、1mL甲醇-乙腈(3:7,V/V)溶剂,涡旋混合1min,离心15min(3500r/min),分取上清液,于50℃氮气流下吹干。残渣加入流动相200μL复溶,涡旋溶解1min,离心1min(10 000r/min),取上清液20μL,注入高效液相色谱仪,记录色谱图。

(4)尿液:收集尿液后,测量其体积,加入生理盐水(1:3,V/V),涡旋均匀,吸取匀浆液200μL,依次加入30μL内标溶液、10μL冰乙酸、1mL甲醇-乙腈(3:7,V/V)溶剂,涡旋混合1min,离心15min(3500r/min),分取上清液,于50℃氮气流下吹干。残渣加入流动相200μL复溶,涡旋溶解1min,离心10min(10 000r/min),取上清液20μL,注入高效液相色谱仪,记录色谱图。

6)分析方法的确证

A. 方法的专属性

(1)血浆样品:将小鼠的空白血浆样品色谱图(图 4-18A)、空白血浆样品中加对照品和内标物色谱图(图 4-18B)、口服灌胃牡荆素-4″-O-葡萄糖苷 30mg/kg 后加内标

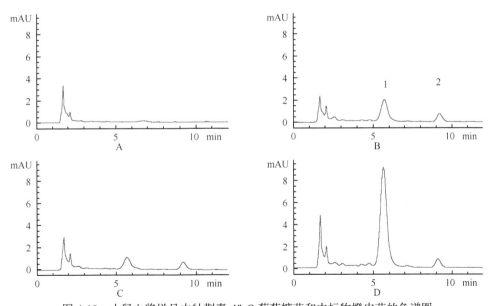

图 4-18 小鼠血浆样品中牡荆素-4″-O-葡萄糖苷和内标物橙皮苷的色谱图

A. 空白血浆;B. 空白血浆加入对照品和内标物橙皮苷;C、D. 30mg/kg 牡荆素-4″-O-葡萄糖苷口服给药和静脉给药血浆样品。色谱峰 1. 牡荆素-4″-O-葡萄糖苷;色谱峰 2. 橙皮苷

物的血浆样品色谱图(图4-18C)、尾静脉注射牡荆素-4″-O-葡萄糖苷30mg/kg后加内标物的血浆样品色谱图(图 4-18D)进行比较。结果表明，上述色谱条件下，牡荆素-4″-O-葡萄糖苷与内标色谱峰分离良好，不受内源性物质的干扰。

(2)组织样品：以小鼠心脏为例，将小鼠的空白心脏组织匀浆液样品色谱图(图4-19A)、空白心脏组织匀浆液样品中加对照品和内标物色谱图(图4-19B)、口服灌胃牡荆素-4″-O-葡萄糖苷30mg/kg后加内标物的心脏组织样品色谱图(图4-19C)、胃静脉注射牡荆素-4″-O-葡萄糖苷30mg/kg后加内标物的心脏组织样品色谱图(图4-19D)进行比较。结果表明，牡荆素-4″-O-葡萄糖苷与内标物色谱峰分离良好，不受内源性物质的干扰。

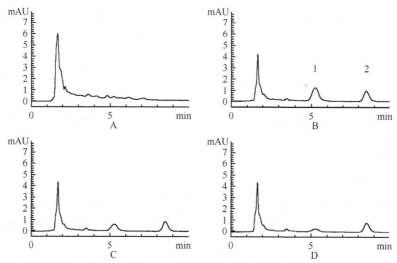

图4-19　小鼠组织样品中牡荆素-4″-O-葡萄糖苷和内标物橙皮苷的色谱图
A. 空白心脏组织样品；B. 空白心脏组织加入对照品和内标物橙皮苷；C、D. 30mg/kg 牡荆素-4″-O-葡萄糖苷口服给药和静脉给药后心脏组织样品

(3)尿液样品：将小鼠的空白尿液样品色谱图(图 4-20A)、空白尿液样品中加对照品和内标物色谱图(图4-20B)、口服灌胃牡荆素-4″-O-葡萄糖苷30mg/kg后加内标物的尿液样品色谱图(图 4-20C)、尾静脉注射牡荆素-4″-O-葡萄糖苷30mg/kg后加内标物的尿液样品色谱图(图 4-20D)进行比较。结果表明，牡荆素-4″-O-葡萄糖苷与内标色谱峰分离良好，不受内源性物质的干扰。

(4)粪便样品：将小鼠的空白粪便匀浆样品色谱图(图 4-21A)、空白粪便匀浆样品中加对照品和内标物色谱图(图 4-21B)、口服灌胃牡荆素-4″-O-葡萄糖苷 30mg/kg 后加内标物的粪便匀浆样品色谱图(图 4-21C)、尾静脉注射牡荆素-4″-O-葡萄糖苷 30mg/kg 后加内标物的粪便匀浆样品色谱图(图 4-21D)进行比较。结果表明，牡荆素-4″-O-葡萄糖苷与内标色谱峰分离良好，不受内源性物质的干扰。

以上实验结果证明，本实验方法中的液相色谱条件对牡荆素-4″-O-葡萄糖苷在小鼠生物样品(血浆、心脏、肝脏、脾脏、肺脏、肾脏、胃、小肠、胆囊、尿液、粪便)中的测定具有很好的专属性。

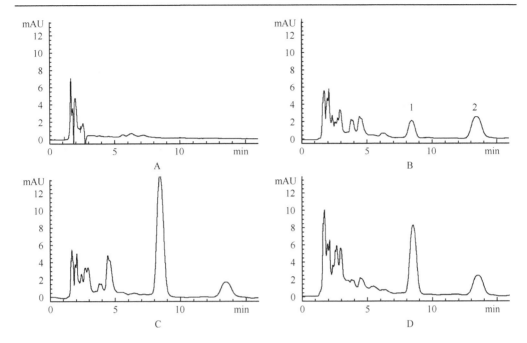

图 4-20　小鼠尿液样品中牡荆素-4″-O-葡萄糖苷和内标物橙皮苷的色谱图

A. 空白尿液；B. 空白尿液加入对照品和内标物橙皮苷；C、D. 30mg/kg 牡荆素-4″-O-葡萄糖苷口服给药和静脉给药后 4～6h 尿液样品

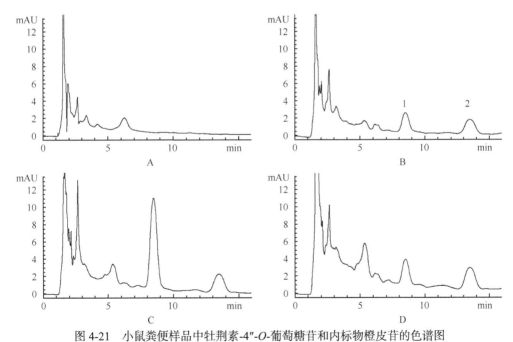

图 4-21　小鼠粪便样品中牡荆素-4″-O-葡萄糖苷和内标物橙皮苷的色谱图

A. 空白粪便；B. 空白粪便加入对照品和内标物橙皮苷；C、D. 30mg/kg 牡荆素-4″-O-葡萄糖苷口服给药和静脉给药后 6～8h 小鼠粪便样品

B. 检测限(LOD)和最低定量限(LLOQ)测定

将已知浓度的标准溶液无限稀释,精密吸取 50μL,置 200μL 的空白血浆中,按"生物样品的处理"项下方法操作,配制样品溶液,进行测定,得到 LLOQ 为 0.5μg/mL(S/N=10),LOD 为 0.1μg/mL(S/N=3)。两种浓度分别重复分析 5 次,获得该浓度的日内精密度 RSD<13.2%,准确度 RE 为 14.3%,均符合 USFDA 的规定。同法测定各组织样品、尿液和粪便样品的 LOD 和 LOQ。

C. 标准工作曲线

取空白血浆 200μL8 份,分别依次加入牡荆素-4″-O-葡萄糖苷系列标准溶液 50μL,内标溶液 30μL,配制成相当于血浆浓度为 0.5μg/mL、1μg/mL、2μg/mL、5μg/mL、10μg/mL、20μg/mL、50μg/mL、100μg/mL 的生物样品,按"生物样品的处理"项下方法操作,进样 20μL,记录色谱图。以牡荆素-4″-O-葡萄糖苷与内标物的峰面积比值为纵坐标(Y)、牡荆素-4″-O-葡萄糖苷浓度为横坐标(X),用加权最小二乘法进行回归运算,权重系数为 $1/c^2$,得到回归方程。各个组织、尿液和粪便的标准曲线建立过程同血浆。结果见表 4-40。

表 4-40 牡荆素-4″-O-葡萄糖苷在小鼠血浆、组织、粪便及尿液中的标准曲线、相关系数及线性范围

生物样品	回归方程	相关系数(r)	线性范围/(μg/mL)
血浆	$Y=0.3534X-0.0563$	0.9987	0.5~100
心脏	$Y=0.4017X-0.1263$	0.9952	0.5~20
肝脏	$Y=0.2721X+0.1221$	0.9977	0.5~100
脾脏	$Y=0.4477X-0.4998$	0.9874	0.5~20
肺脏	$Y=0.4365X-0.4308$	0.9939	0.5~20
肾脏	$Y=0.4190X-0.4915$	0.9973	0.5~20
小肠	$Y=0.3598X-0.0123$	0.9944	0.5~100
胃	$Y=0.3229X+0.2104$	0.9998	0.5~100
胆囊	$Y=0.3387X-0.0791$	0.9976	0.5~100
尿液	$Y=0.3929X-0.9793$	0.9921	0.5~100
粪便	$Y=0.3172X-0.1570$	0.9946	0.5~100

D. 提取回收率

血浆和组织样品:以血浆样品为例,取 18 份空白血浆各 200μL,先略过加入标准系列溶液和内标液的过程,按"生物样品的处理"项下操作,随后在得到的上清液中加入相应的标准系列溶液 50μL 和内标液 30μL,涡旋混合,配制成低、中、高三个浓度的血浆样本,50℃氮气流下吹干。残留物以 200μL 流动相溶解,离心 5min(10 000r/min),取上清液 20μL 进样分析,获得相应色谱峰面积。此种处理方法得到的数据被认为其提取率为 100%。另取质控低、中、高三个浓度的血浆样本各 6 份,在同样的色谱条件下进行测定。以每一浓度两种处理方法的峰面积比值计算提取回收率。结果表明,该方法对牡荆素-4″-O-葡萄糖苷的提取回收率值为(96.23±2.31)%,对内标物的提取回收率为(99.01±1.62)%,符合目前生物样品分

析方法指导原则。

尿液和粪便样品：两种样品的处理方法同上，最终得到牡荆素-4″-O-葡萄糖苷在尿液中的提取回收率为88.96%～103.9%，在粪便中的提取回收率为89.45%～96.7%。均符合生物样品分析方法指导原则。

E. 精密度和准确度

血浆：取质控低、中、高三个浓度血浆样品，各6份，同一浓度的每一份样品每天测定一次，连续测定3天，以当日的标准曲线计算质控样品的浓度，求得方法的精密度RSD（质控样品测得值的相对标准偏差）和准确度RE（质控样品测量均值对真值的相对误差），本方法的日内精密度RSD为3.49%～7.90%，准确度为-5.9%～14.7%；日间精密度RSD为1.09%～9.17%，RE为-5.19%～9.0%，均符合目前生物样品分析方法指导原则的有关规定，该法可用于准确测定小鼠血浆中的牡荆素-4″-O-葡萄糖苷。

组织、尿液和粪便的测定方法同血浆，而且实验数据均符合目前生物样品分析方法指导原则的有关规定，该法可用于准确测定小鼠血浆中牡荆素-4″-O-葡萄糖苷。结果见表4-41。

表4-41 牡荆素-4″-O-葡萄糖苷的精密度、准确度及提取回收率的测定结果

样品	加样浓度/(μg/mL)	日内精密度			日间精密度			回收率/%	RSD/%
		浓度/(μg/mL)	RSD/%	RE/%	浓度/(μg/mL)	RSD/%	RE/%		
血浆	1	1.07±0.070	6.54	7.0	1.09±0.10	9.17	9.0	98.57±1.03	1.04
	10	11.47±0.40	3.49	14.7	12.16±0.23	1.90	1.89	98.02±1.42	1.45
	80	75.31±5.95	7.90	5.9	75.85±0.83	1.09	-5.19	96.80±1.77	1.83
尿液	1	1.02±0.04	3.92	2.0	1.08±0.10	9.26	9.0	88.96±4.82	5.42
	10	10.83±0.61	5.63	8.3	9.05±0.39	4.31	9.5	103.91±5.74	5.52
	80	78.93±2.82	3.57	1.3	76.99±1.08	1.40	3.8	97.82±1.37	1.40
粪便	1	1.13±0.06	5.31	13.0	1.08±0.08	7.41	8.0	92.64±3.9	4.21
	10	9.94±0.28	2.82	0.6	10.22±1.18	11.55	2.2	96.7±5.07	5.24
	80	81.63±3.67	4.50	2.0	78.64±6.34	8.06	1.7	89.45±2.33	2.60

注：均值±SD

2. 牡荆素-4″-O-葡萄糖苷在小鼠体内药动学研究

1）生物样品的采集

（1）血浆样品的采集：取昆明系雄性小鼠45只，随机分成5组，每组9只，全部用于小鼠口服灌胃牡荆素-4″-O-葡萄糖苷后其血浆药动学的研究。实验前禁食12h，自由饮水。按照30mg/kg的剂量对其进行口服灌胃给药后，分别于1.5min、3min、6min、10min、20min、40min、60min、90min和150min对小鼠进行眼球后静脉采血。另取昆明系雄性小鼠40只，随机分成5组，每组8只，全部用于小鼠尾静脉注射牡荆素-4″-O-葡萄糖苷后其血浆药动学的研究。按照30mg/kg的剂量对其进行尾静脉注射后，分别于3min、6min、10min、20min、40min、60min、90min和150min对小鼠

进行眼球后静脉采血。两组实验采集到的血液，分别置于预先肝素化的试管中，离心 15min（3500r/min），得血浆样品置–20℃冰箱中保存，待测。

(2) 组织样品的采集：取昆明系雄性小鼠 50 只，随机分成 10 组，每组 5 只。其中 5 组用于口服灌胃给药，另 5 组用于尾静脉注射给药，给药剂量均为 30mg/kg。实验前禁食 12h，自由饮水。两种方式给药后，分别在 6min、20min、60min、90min 和 150min 收集小鼠的内脏组织，包括心脏、肝脏、脾脏、肺脏、肾脏、胃、小肠及胆囊。组织经生理盐水冲洗后，用滤纸吸干水分，称重。注意，在取小鼠胆囊的时候不能让胆囊破损，否则将会降低检测的准确性。另外，在处理过程中，胃和肠中的内容物应清理干净。所有样品于–20℃低温保存备用。

(3) 尿液和粪便样品的采集：取正常健康昆明系雄性小鼠 10 只，随机分成两组，每组 5 只。其中一组口服灌胃给药，另一组采用尾静脉注射给药。实验前禁食不禁水 12h，给药后将每只小鼠独自放置代谢笼中，开始收集其不同时间段内的尿液和粪便，0～2h、2～4h、4～8h、8～12h 和 12～24h，共 5 个时间段。在此期间，动物可以自由进食和进水，以确保动物的正常生理代谢。尿液直接测量体积，粪便在自然环境中干燥后称重并记录。所有样品于–20℃低温保存备用。取各时间段的生物样品，按照"生物样品的处理"项下方法操作，处理样品后，进样分析。

2）药动学研究结果

（1）血浆药动学：采用 3p97 药动学软件处理由液相色谱得到的数据。其平均药时浓度曲线图见图 4-22，主要药动学参数见表 4-42。结果表明，尾静脉注射给药后牡荆素-4″-O-葡萄糖苷在小鼠体内的血浆药动学行为符合二室开放模型，口服灌胃给药后牡荆素-4″-O-葡萄糖苷在小鼠体内的血浆药动学行为符合一室开放模型。

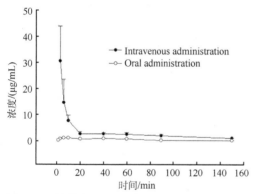

图 4-22　牡荆素-4″-O-葡萄糖苷口服、静脉给药（30mg/kg）后血浆药时曲线

均值±SD，n=5

表 4-42　牡荆素-4″-O-葡萄糖苷口服、静脉给药后药动参数

参数	给药途径	
	口服（30mg/kg）	静脉（30mg/kg）
C_{max}/(μg/mL)	1.11±0.15	—
T_{max}/min	7.53±0.09	—
V/(L/kg)	25.13±3.31	0.45±0.04
$t_{1/2\alpha}$/min	—	2.48±0.77
$t_{1/2\beta}$/min	—	113.41±0.93
$t_{1/2}$(ka)/min	1.08±0.09	—

续表

参数	给药途径	
	口服(30mg/kg)	静脉(30mg/kg)
$t_{1/2}(ke)$/min	64.51±2.31	—
CL/[L/(kg·min)]	0.27±0.05	0.04±0.02
$AUC_{0\rightarrow\infty}^a$/[μg/(mL·min)]	111.10±6.61	775.421±16.35
$MRT_{0\rightarrow t}$/min	45.24±3.56	42.99±2.41
$MRT_{0\rightarrow\infty}$/min	81.69±2.92	96.00±6.59
$AUC_{0\rightarrow t}^b$/[μg/(mL·min)]	70.02±6.13	567.66±15.56
$AUC_{0\rightarrow\infty}^b$/[μg/(mL·min)]	87.31±2.41	729.48±18.32
F/%	11.97±0.66	—

注：均值±SD，$n=5$

(2)组织分布：表 4-43 和图 4-23A、B 显示口服灌胃和尾静脉注射给药后牡荆素-4″-O-葡萄糖苷在各组织中各个时间点的浓度。结果表明，在两种给药途径下，牡荆素-4″-O-葡萄糖苷均可以在小鼠体内迅速分布于各组织脏器，然而其浓度却因不同的组织而不同。口服灌胃给药后，牡荆素-4″-O-葡萄糖苷在胆囊中的浓度为最高，其次为胃和肠；尾静脉注射给药后，牡荆素-4″-O-葡萄糖苷在胆囊中的浓度为最高，其次为肝脏和肠。

表 4-43　小鼠口服、静脉给药后不同时间点各组织中牡荆素-4″-O-葡萄糖苷的浓度

时间/min	浓度/(μg/g)							
	心脏	肝脏	脾脏	肺脏	肾脏	胃	小肠	胆囊
口服给药								
6	2.91±1.54	4.60±1.43	5.10±0.34	3.45±0.86	1.16±0.03	42.47±20.03	14.93±1.52	22.65±13.08
20	2.89±1.43	6.42±5.61	3.16±0.73	3.81±0.94	1.29±0.20	14.48±6.40	8.36±2.97	39.72±20.97
60	1.77±0.90	3.54±1.00	4.97±2.08	4.65±0.71	1.36±0.11	10.33±4.40	6.25±2.41	40.22±9.00
90	2.59±0.87	3.11±1.46	4.58±0.16	4.54±0.69	1.08±0.36	6.54±3.86	3.92±0.89	67.15±3.80
150	1.84±0.61	2.37±0.27	4.39±0.45	5.41±0.33	1.39±0.30	4.72±1.09	3.37±0.86	28.18±11.07
静脉给药								
6	3.21±1.14	27.59±12.23	8.69±1.02	3.68±1.00	8.38±2.45	5.62±2.57	4.67±3.09	79.30±42.00
20	2.16±0.45	65.74±22.12	0.70±0.45	4.02±0.72	4.36±2.11	3.37±0.86	9.26±1.09	74.14±282.88

续表

时间 /min	浓度/(μg/g)							
	心脏	肝脏	脾脏	肺脏	肾脏	胃	小肠	胆囊
静脉给药								
60	1.88± 0.46	28.78± 16.30	4.06± 0.70	4.63± 0.38	2.56± 0.06	3.41± 1.02	7.71± 2.21	524.50± 98.67
90	1.72± 0.31	20.38± 13.75	1.97± 0.60	5.41± 0.95	4.44± 1.66	2.20± 0.47	12.09± 9.19	276.62± 153.96
150	1.76± 0.58	8.33± 3.55	3.73± 0.87	6.02± 0.44	2.28± 1.10	2.39± 0.20	5.06± 2.97	546.16± 75.24

注：均值±SD，n=5

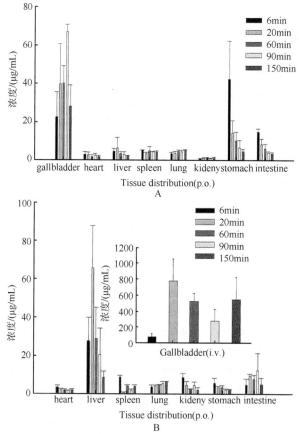

图4-23 小鼠口服(A)、静脉(B)给药(30mg/kg)后各组织中牡荆素-4″-O-葡萄糖苷的浓度
均值±SD，n=5

(3)排泄：口服灌胃、尾静脉注射后牡荆素-4″-O-葡萄糖苷在尿液中各个时间段的累计率分别为(17.97±5.59)%和(4.78±3.13)%；口服灌胃、尾静脉注射后牡荆素-4″-O-葡萄糖苷在粪便中各个时间段的累计率分别为(6.34±5.51)%和(0.88±0.81)%。见图4-24。

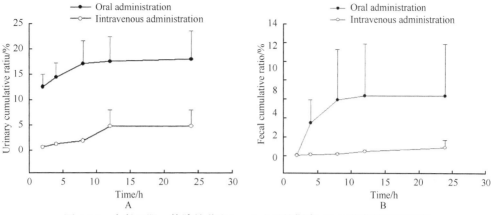

图 4-24 小鼠口服、静脉给药(30mg/kg)后牡荆素-4″-O-葡萄糖苷排泄率
A. 尿液；B. 粪便。均值±SD，n=5

(三) 讨论与小结

1. 生物样品预处理条件的优化

1) 提取蛋白质沉淀溶剂种类的选择

(1) 血浆样品：取小鼠空白血浆样品 200μL，18 份，分别置 5mL 离心管中，依次加合适浓度的工作溶液 50μL、内标溶液 30μL、冰乙酸 10μL，配制成低、中、高质控样品，每个浓度平行 6 份。将每个浓度的 6 份样品均分，分别加入甲醇或乙腈 1mL，涡旋 1min，离心 15min(3500r/min)，取上清液，50℃氮气流下吹干，以 200μL 流动相复溶，涡旋 1min，离心 5min(10 000r/min)，吸取上清液，取 20μL 进样。分别记录峰面积，计算提取回收率，以提取回收率为指标。分析数据，结果发现甲醇和乙腈的提取回收率之间没有差距，即两者对蛋白质的沉淀能力和对检测物的提取能力基本相同，考虑到甲醇的价格低廉、沸点比较低、易于吹干及步骤迅速完成等，故选择甲醇作为沉淀蛋白质和检测物提取的溶剂。

(2) 组织样品：选取肝脏和小肠作为组织样品的代表，分别取小鼠空白肝脏和小肠组织匀浆液 200μL，各 18 份，处理过程同上述。所得实验结果也同上，即选择甲醇作为沉淀蛋白质和检测物提取的溶剂。

(3) 尿液和粪便样品：分别采用甲醇和乙腈，通过与上述相同的步骤对尿液和粪便进行蛋白质沉淀，以及检测物的提取考察。结果显示，分别单独用甲醇和乙腈都不能完全沉淀蛋白质，还会对待测物的检测产生干扰。故采用联合使用方法，尝试以甲醇-乙腈不同比例对蛋白质进行沉淀，结果发现在甲醇-乙腈(3∶7，V/V)的条件下，提取率和蛋白质沉淀效果为最佳，在正式实验中被采用。

2) 色谱条件中流动相的选择

(1) 血浆和组织样品：在检测物、内标物和血浆内容物之间得到较满意的分离度，以确保实验数据的准确性。本实验尝试了三种流动相系统，分别是甲醇-水(38∶62～

45∶55)、乙腈-甲醇-水(25∶5∶70～15∶5∶80)和乙腈-水(20∶80)。相比与后两者，用甲醇-水做流动相时，内源性物质的干扰达到了最小，分离效果最令人满意。同时发现加入少量的甲酸，可以很好的改善峰形，故最终确定流动相为甲醇-0.5%甲酸溶液(40∶60，V/V)。

(2)尿液和粪便样品：本实验组曾将组织样品测定中的流动相分别用于对尿液和粪便样品中待测物的检测，结果却不尽如人意。由于尿液和粪便中存在大量的代谢物，在上述条件下，内源性物质对检测结果产生巨大的干扰。故我们尝试将甲醇-乙腈-四氢呋喃-0.1%冰乙酸(6∶2∶18∶74，$V/V/V/V$)作为流动相。其液相色谱图显示，在此条件下，分离度达到要求并且可以最大限度的减少内源性物质的干扰，确保检测的准确性。

2. 实验数据分析 血浆药动学的实验结果显示，小鼠口服牡荆素-4″-O-葡萄糖苷后的吸收过程迅速，能很快达到了最大吸收峰，这与组织分布的结果不谋而合，即口服给药后牡荆素-4″-O-葡萄糖苷在各组织中迅速分布。但是，与静脉给药组比较，口服组的药时曲线下面积很低，口服生物利用度只有 11.97%。结合排泄实验的数据进行分析，口服后的牡荆素-4″-O-葡萄糖苷以原型形式排出体外的累计量为 $(24.31±11.10)$%，而静脉给药组却只有 $(5.66±3.94)$%。影响生物利用度的因素很多，其中药物吸收和消化道的首过效应为两个主要的因素。如果是吸收因素，即牡荆素-4″-O-葡萄糖苷在胃肠道的环境下处于一个弱吸收，那么应该在排泄物中可以大量检测到原型药物，但是排泄实验结果显示原型药物的累计排泄率并不是很高，说明除了吸收不好的因素外，牡荆素-4″-O-葡萄糖苷在体内应该还经历了较大程度的首过效应，被代谢成其他化合物。但是由于实验条件限制，未能测出代谢产物。另外，药时曲线上不明显的双峰现象说明，牡荆素-4″-O-葡萄糖苷在小鼠体内存在肝肠循环。

本实验分别建立了两种测定小鼠生物样品中牡荆素-4″-O-葡萄糖苷的 HPLC 法，一种用于血浆和组织样品，另一种用于排泄物尿液和粪便。两种方法都具有高度的专属性和可重复性。得到的实验数据真实可靠，填补了山楂叶中牡荆素-4″-O-葡萄糖苷的临床前药动学研究的空缺。

第六节 牡荆素-2″-O-鼠李糖苷药动学研究

山楂叶是用于治疗心血管疾病的常见中药材，有文献报道其主要活性物质为多酚类化合物[88]。而牡荆素-2″-O-鼠李糖苷则作为山楂叶中主要的多酚类化合物之一[89]，近年来也受到研究者的关注。根据文献报道[52, 90, 91]，目前已有研究对牡荆素-2″-O-鼠李糖苷的大鼠血浆药动学进行初步探讨，但对牡荆素-2″-O-鼠李糖苷进行系统的药动学研究(牡荆素-2″-O-鼠李糖苷在动物体内的吸收、分布、代谢及排泄)还未见报道，因此本实验采用 HPLC 法，经口服及静脉两种给药途径来研究牡荆素-2″-O-鼠李糖苷在小鼠体内的吸收、分布、代谢、排泄，为牡荆素-2″-O-鼠李糖苷的研究开发、临床合理用药等提供指导意义。

一、牡荆素-2″-O-鼠李糖苷在小鼠体内药动学研究

(一)仪器、试药与动物

1. 仪器 Agilent 1100 高效液相色谱仪(美国安捷伦公司);HH-S 水浴锅(中国上海永光明仪器设备厂);XYJ80-2 型离心机(中国金坛市金南仪器厂);TGL-16C 高速台式离心机(中国江西医疗器械厂);XW-80A 微型旋涡混合器(中国上海沪西分析仪器厂有限公司);ZDHW 电子调温电热套(中国北京中兴伟业仪器有限公司);微量取样器(中国上海荣泰生化工程有限公司)。

2. 试药 牡荆素-2″-O-鼠李糖苷(实验室自制,纯度>99%);牡荆素-4″-O-葡萄糖苷(实验室自制,纯度>99%);甲醇(色谱纯,天津市大茂化学试剂厂);乙腈(色谱纯,天津市大茂化学试剂厂);四氢呋喃(色谱纯,天津市大茂化学试剂厂);乙酸(分析纯,沈阳市试剂三厂);纯化水(娃哈哈有限公司)。

3. 动物 健康昆明小鼠,雄性(20 ± 2)g,辽宁中医药大学实验动物中心提供。实验中所使用动物研究严格按照实验室动物保护指导原则进行,所使用动物征得辽宁中医药大学动物实验伦理委员会同意。

(二)方法与结果

1. 分析方法的建立

1)色谱条件

色谱柱:Diamonsil C_{18}(150mm×4.6mm,5μm)(迪马公司,中国北京);流动相:甲醇-乙腈-四氢呋喃–0.1%冰乙酸溶液(6:2:18:74,$V/V/V/V$);检测波长:332nm;流速:1mL/min;内标物:牡荆素-4″-O-葡萄糖苷;柱温:室温;进样量:20μL。

2)溶液的制备

(1)标准储备溶液的制备:取牡荆素-2″-O-鼠李糖苷(图 4-25A)对照品约 40mg,精密称定,置 10mL 量瓶中,用甲醇溶解并定容至刻度,摇匀,即得浓度为 4000μg/mL 的对照品储备液,于 4℃冰箱保存,备用。

(2)内标溶液的制备:取精密称定的牡荆素-4″-O-葡萄糖苷对照品(图 4-25B)2.76mg,置 10mL 量瓶中,用甲醇溶解并稀释至刻度,摇匀,即得浓度为 276μg/mL 的内标储备液,于 4℃冰箱保存,备用。

3)生物样品的处理

(1)血浆/尿液:取肝素抗凝血浆 200μL,置 2mL 具塞离心试管中,依次加入 20μL 乙酸、40μL 内标溶液(牡荆素-2″-O-鼠李糖苷甲醇溶液,276μg/mL)、1mL 甲醇,涡旋混合 1min,离心 15min(3000r/min),分取上清液,于 50℃氮气流下吹干,残渣加入流动相 200μL,涡旋溶解 1min,离心 10min(15 000r/min),取上清液 20μL,注入高效液相色谱仪,记录色谱图。

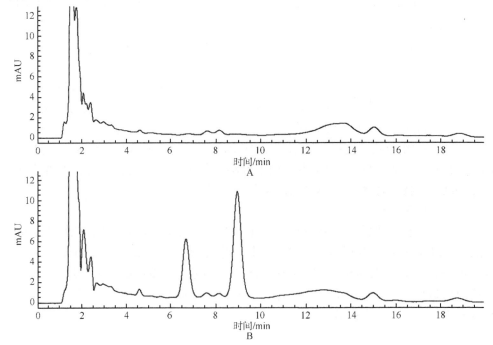

图 4-25　牡荆素-2″-O-鼠李糖苷(A)和内标物牡荆素-4″-O-葡萄糖苷(B)的化学结构

(2)组织匀浆/粪便：取组织/粪便 0.2g，加入 0.5mL 生理盐水，匀浆处理。其余步骤同血浆样品处理过程。

4)分析方法的确证

(1)方法的专属性：取小鼠空白血浆 6 份，除内标溶液用 20μL 甲醇代替外，其余按"血浆样品的预处理"项下方法操作，获得空白血浆样品的色谱图(图 4-26A)；将一定浓度的牡荆素-2″-O-鼠李糖苷和内标牡荆素-4″-O-葡萄糖苷(276μg/mL)加入小鼠空白血浆中，依同法操作，获得相应的色谱图(图 4-27B)；小鼠口服及静脉给药后 0.25h 血浆样品色谱图见图 4-27C、D，其中牡荆素-2″-O-鼠李糖苷和内标牡荆素-4″-O-葡萄糖苷的保留时间分别为 8.5min 和 6.4min。结果表明，血浆样品内源性物质不干扰牡荆素-2″-O-鼠李糖苷和内标牡荆素-4″-O-葡萄糖苷的测定，牡荆素-2″-O-鼠李糖苷、内标物峰与小鼠血浆内源性物质均实现基线分离。

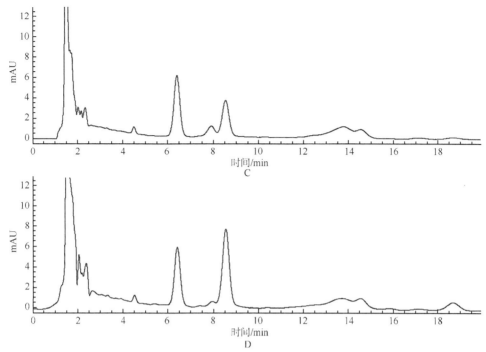

图 4-26 小鼠血浆中牡荆素-2″-O-鼠李糖苷和内标物牡荆素-4″-O-葡萄糖苷的色谱图
空白血浆(A)、空白血浆加入对照品和内标物(B)、30mg/kg 牡荆素-2″-O-鼠李糖苷口服给药(C)和静脉给药(D)0.25h 后小鼠血浆样品

(2)标准曲线的制备：取空白血浆 200μL 6 份，加入内标溶液 20μL，加入系列标准溶液(2.0μg/mL、4.0μg/mL、10.0μg/mL、40.0μg/mL、100.0μg/mL、400.0μg/mL)各 40μL，使牡荆素-2″-O-鼠李糖苷血浆浓度为 0.4μg/mL、0.8μg/mL、2.0μg/mL、8.0μg/mL、20.0μg/mL、80.0μg/mL，按"血浆样品的预处理"项下方法操作，进样 20μL，记录色谱图。以牡荆素-2″-O-鼠李糖苷与内标物的峰面积比值为纵坐标(Y)，牡荆素-2″-O-鼠李糖苷浓度为横坐标(X)，用加权最小二乘法进行回归运算，权重系数为 $1/c^2$，计算回归方程和相关系数。回归方程为 $Y=1.0291X+0.6782$($n=6$)，相关系数 $r=0.9997$，血浆浓度的线性范围为 0.4~80μg/mL。其他生物样品回归方程的相关系数 r 均大于 0.99。

(3)提取回收率：取空白血浆 200μL，按上述"血浆样品的预处理"项下方法分别制备低、中、高三个浓度(1μg/mL、40μg/mL、64μg/mL)的样品各 6 样本，同时另取空白血浆 200μL，除不加标准系列溶液和内标物外，按"血浆样品的预处理"项下操作，向获得的上清液中加入相应浓度的标准溶液 40μL 和内标物 40μL，涡旋混合，50℃空气流下吹干。残留物用流动相溶解，进样分析，获得相应色谱峰面积。以每一浓度两种处理方法的峰面积比值计算提取回收率，牡荆素-2″-O-鼠李糖苷在低、中、高三个浓度的提取回收率及 RSD 见表 4-44。

表 4-44　小鼠血浆中牡荆素-2″-O-鼠李糖苷提取回收率（n=6）

加样浓度/(μg/mL)	回收率/%	RSD/%
1	82.36±5.82	7.1
40	94.45±3.76	4.0
64	95.72±2.32	2.4

(4) 精密度和准确度：取空白血浆 200mL，按上述"血浆样品的制备"项下方法分别制备低、中、高三个浓度（1μg/mL、40μg/mL、64μg/mL）的质量控制样品，每一浓度进行 6 样本分析，连续测定 3 天，并与标准曲线同时进行，以当日的标准曲线计算质控样品的浓度，求得方法的精密度 RSD（质控样品测得值的相对标准偏差）和准确度 RE（质控样品测量均值对真值的相对误差），结果见表 4-45。该法的日内精密度 RSD≤7.6%，日间精密度 RSD≤4.6%，RE 为 1.0%～15%，均符合目前生物样品分析方法指导原则的有关规定。该法可用于准确测定小鼠血浆中牡荆素-2″-O-鼠李糖苷浓度。

表 4-45　牡荆素-2″-O-鼠李糖苷精密度、准确度的测定结果

加样浓度 /(μg/mL)	日内精密度			日间精密度		
	测定浓度/(μg/mL)	RSD/%	RE/%	测定浓度/(μg/mL)	RSD/%	RE/%
1	1.170±0.0892	7.6	17	1.147±0.128	4.6	15
40	40.66±2.77	6.8	1.7	40.40±2.33	3.4	1.0
64	64.93±2.74	4.2	1.5	64.70±2.64	1.4	1.1

注：日内：n=6；日间：n=3 天，每天重复测定 5 次

(5) 检测限、定量限及最低定量限：将不同已知浓度的牡荆素-2″-O-鼠李糖苷标准溶液精密吸取 40μL 至 200μL 的空白血浆中，按"血浆样品预处理"项下方法操作，配制不同浓度样品溶液，进行测定，当色谱峰信噪比 S/N=3 时即为检测线（LOD），经检测牡荆素-2″-O-鼠李糖苷在小鼠血浆中的 LOD 为 0.121μg/mL。当色谱峰信噪比 S/N=10 时即为定量限（LOQ），结果显示牡荆素-2″-O-鼠李糖苷在小鼠血浆中的 LOQ 为 0.363μg/mL。设定最低定量限（LLOQ）为 0.4μg/mL。取空白血浆 200μL，加入牡荆素-2″-O-鼠李糖苷标准溶液，配制成相当于牡荆素-2″-O-鼠李糖苷血浆浓度为 0.4μg/mL 的样品，重复分析 6 次，连续测定 3 天，并根据当日标准曲线计算，求每一样本检测浓度。获得该浓度的日内精密度（RSD）为 8.4%，日间精密度（RSD）为 5.2%，准确度（RE）分别为 14%和 12%。该结果表明 HPLC 法测定血浆中牡荆素-2″-O-鼠李糖苷的定量下限为 0.4μg/mL，其日内精密度及日间精密度的 RSD<20%及 RE 在 ±20%之内符合规定。

(6) 样品稳定性：取空白血浆 200μL，按上述"血浆样品的预处理"项下分别制备低、中、高浓度（1μg/mL、40μg/mL、64μg/mL）的样品，进行短期（室温 4h）、长期（-20℃，一个月）、冻（-20℃，24h）融（室温，2～3h）三次后重新测定，计算相对误

差 RSD 及 RE，实验结果表明，在各个条件下保存的血浆样品稳定。具体结果见表 4-46。

表 4-46　牡荆素-2″-O-鼠李糖苷在小鼠血浆中的稳定性测定结果

稳定性	测定浓度		
	1μg/mL	40μg/mL	64μg/mL
短期稳定性	0.9674±0.083	40.78±0.354	64.54±0.894
长期稳定性	1.103±0.052	41.01±0.257	63.96±1.02
冻融稳定性	1.051±0.057	40.49±0.462	65.28±0.720

注：均值±SD；$n=6$

2. 牡荆素-2″-O-鼠李糖苷小鼠体内药动学研究

1）生物样品采集

（1）血浆样品：对于血浆药动学研究，100 只小鼠随机平均分成 10 组，其中 5 组经口服灌胃给予牡荆素-2″-O-鼠李糖苷溶液（30mg/kg），另外 5 组以相同剂量经尾静脉注射给予牡荆素-2″-O-鼠李糖苷溶液。实验前禁食 12h，自由饮水。给药后于 3min、5min、10min、15min、20min、30min、50min、80min、120min、180min、240min 眼眶静脉采血 0.5mL，置于预先肝素化的试管中，离心 15min（3000r/min），得血浆样品置−20℃冰箱中保存，待测。

（2）组织样品：对于组织分布研究，80 只小鼠随机分成 10 组，其中 5 组经口服灌胃给予牡荆素-2″-O-鼠李糖苷溶液（30mg/kg），另外 5 组以相同剂量经尾静脉注射给予牡荆素-2″-O-鼠李糖苷溶液。实验前禁食 12h，自由饮水。于给药后 0.25h、0.5h、1h、1.5h、2h、4h、6h 及 8h 断颈处死，剖取心脏、肝脏、脾脏、肺脏、肾脏、脑、肌肉、小肠、胃及胆囊。组织经生理盐水冲洗后，用滤纸吸干水分，称重。另外，在处理过程中，胃中的内容物应清理干净。所有样品于−20℃低温保存备用。

（3）尿液及粪便样品：对于排泄实验，10 只小鼠被随机分成 2 组，其中 5 只经口服灌胃给予牡荆素-2″-O-鼠李糖苷溶液（30mg/kg），另外 5 只以相同剂量经尾静脉注射给予牡荆素-2″-O-鼠李糖苷溶液。小鼠置于代谢笼中以在不同时间收集尿液及粪便。给药 2h 后，可自由饮食。分别收集给药后 0~2h、2~4h、4~6h、6~8h、8~12h 及 12~24h 的尿液与粪便。尿液测量体积、粪便称重并记录。所有样品于−20℃低温保存备用。

2）药动学结果

（1）血浆药动结果：药动学模型机参数用 3p97 处理软件（中国数学药理协会）计算软件处理，绝对生物利用度经公式：生物利用度(%) = $\dfrac{AUC_{0\to\infty}(p.o.) \times Dose(i.v.)}{AUC_{0\to\infty}(i.v.)Dose(p.o.)}$ 计算。通过进行一房室、二房室、三房室对各权重为 1、$1/c$、$1/c^2$ 的情况进行拟合，比较药时曲线拟合图及参数。牡荆素-2″-O-鼠李糖苷口服及静脉给药后均选择权重系数

$1/c$,药动学行为符合开放性二室模型一级动力学过程。牡荆素-2″-O-鼠李糖苷口服及静脉给药后在血浆中吸收快,4h 内消除。口服及静脉给药后最高血药浓度分别为 $(0.49\pm0.14)\mu g/mL$ 及 $(18.80\pm5.18)\mu g/mL$。绝对生物利用度为 4.89%。平均药时曲线见图 4-27,其主要药动学参数见表 4-47。

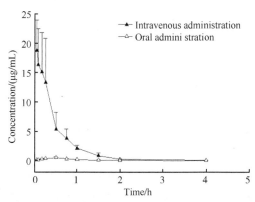

图 4-27 牡荆素-2″-O-鼠李糖苷口服、静脉给药(30mg/kg)后血浆药时曲线
均值±SD, $n=5$

表 4-47 牡荆素-2″-O-鼠李糖苷口服、静脉给药后药动参数

参数	口服给药(30mg/kg)	静脉给药(30mg/kg)
$t_{1/2\alpha}$/h	0.29±0.12	0.29±0.09
$t_{1/2\beta}$/h	1.68±0.54	1.93±0.75
V_c/(mL/kg)	35.58±4.98	1.41±0.86
CL/[mL/(h·kg)]	66.32±13.84	3.26±1.03
$AUC_{0\to t}$[μg/(mL·h)]	0.45±0.28	9.20±2.54

注:均值±SD, $n=5$

(2)组织分布结果:结果表明,牡荆素-2″-O-鼠李糖苷在体内分布快速而广泛,静脉给药后,除脑中含量低于 LOQ 以外,其余组织均可检测。口服给药后,在脑、脾脏及肺脏中浓度低于 LOQ,其他组织中均可检测。牡荆素-2″-O-鼠李糖苷经口服及静脉给予小鼠后,在各组织中的具体分布浓度见表 4-48、表 4-49。典型色谱图以给药后 15min 的肝脏为例,见图 4-28。

(3)排泄结果:牡荆素-2″-O-鼠李糖苷经口服给药后的尿液及粪便累计率分别为 (4.13 ± 0.01)% 及 (38.89 ± 3.04)%,经静脉给药后的尿液及粪便累计率分别为 (12.83 ± 0.03)% 及 (24.65 ± 1.75)%。牡荆素-2″-O-鼠李糖苷经两种给药方式的尿液及粪便累计率见图 4-29、图 4-30。典型色谱图以给药后 4~6h 收集的尿液为例,见图 4-31。

表 4-48 小鼠口服给药 (30mg/kg) 后各组织中牡荆素-2″-O-鼠李糖苷浓度

(单位: μg/g)

时间/h	心脏	肝脏	脾脏	肺脏	肾脏	肠	胃	胆囊	脑	肌肉
0.25	1.19±1.68	4.08±0.44	BL	BL	0.25±0.43	40.80±5.57	31.74±9.93	5.86±10.16	BL	0.10±0.18
0.50	3.00±1.84	6.55±1.33	BL	BL	0.50±0.56	28.81±18.65	16.29±16.23	17.27±11.22	BL	BL
1.00	1.66±0.34	6.70±2.51	BL	BL	0.36±0.31	17.46±18.74	16.69±8.86	15.04±15.80	BL	BL
1.50	2.00±0.68	3.61±2.78	BL	BL	1.06±0.63	2.00±0.73	15.90±7.89	21.26±14.21	BL	0.09±0.15
2.00	3.50±3.10	2.00±0.69	BL	BL	0.91±1.57	0.41±0.71	5.02±4.04	18.22±15.88	BL	0.09±0.15
4.00	1.59±0.97	1.01±1.76	BL	BL	0.71±0.75	BL	2.53±2.68	20.73±18.88	BL	0.10±0.17
6.00	3.69±1.16	0.18±0.30	BL	BL	0.48±0.84	BL	0.94±0.28	28.24±4.49	BL	BL
8.00	3.54±0.20	0.63±1.09	BL	BL	BL	BL	BL	23.66±25.51	BL	BL

注: 均值±SD, n=5; BL. 低于定量限

表 4-49 小鼠静脉给药 (30mg/kg) 后各组织中牡荆素-2″-O-鼠李糖苷浓度

(单位: μg/g)

时间/h	心脏	肝脏	脾脏	肺脏	肾脏	肠	胃	胆囊	脑	肌肉
0.25	4.81±6.81	81.82±14.73	4.23±5.34	7.17±3.34	32.98±11.43	37.99±9.06	8.02±2.27	136.88±32.93	BL	1.38±0.11
0.50	2.14±0.45	53.38±15.28	0.47±0.81	2.91±1.72	19.44±1.23	27.52±11.14	5.46±3.31	321.57±140.93	BL	0.23±0.39
1.00	1.57±2.22	43.50±17.07	1.65±2.86	0.35±0.47	21.81±7.94	23.88±16.08	5.39±1.60	189.13±44.96	BL	BL
1.50	2.53±1.57	16.46±3.19	0.42±0.74	1.09±1.88	7.57±0.76	17.83±6.66	2.59±2.45	204.04±52.10	BL	BL
2.00	0.46±0.65	9.81±9.15	BL	BL	5.35±1.73	1.85±1.03	3.02±4.93	149.79±24.85	BL	BL
4.00	2.40±1.56	8.66±11.87	BL	BL	2.01±2.45	7.98±6.09	0.64±1.12	107.13±36.52	BL	BL
6.00	1.49±0.22	1.09±1.89	BL	BL	2.95±2.56	0.94±1.10	2.64±4.58	166.01±55.18	BL	BL
8.00	0.87±1.23	2.31±3.99	BL	BL	3.28±1.39	6.76±7.38	1.74±0.86	117.10±17.42	BL	BL

注: 均值±SD, n=5; BL. 低于定量限

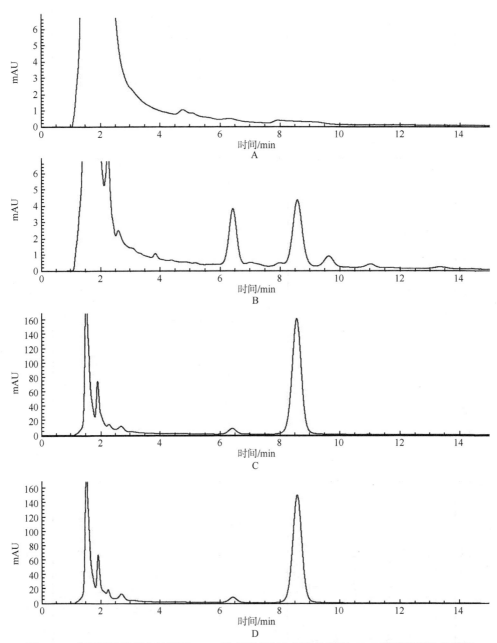

图 4-28　小鼠肝脏组织中牡荆素-2″-O-鼠李糖苷和内标物牡荆素-4″-O-葡萄糖苷的色谱图
空白肝脏组织(A)、空白肝脏组织加入对照品和内标物(B)、30mg/kg 牡荆素-2″-O-鼠李糖苷口服给药(C)和静脉给药(D)0.25h 后小鼠肝脏组织样品

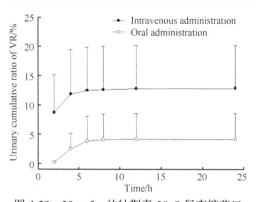

图 4-29 30mg/kg 的牡荆素-2″-O-鼠李糖苷口服、静脉给药后在小鼠尿液中的累计排泄率

均值±SD，$n=5$

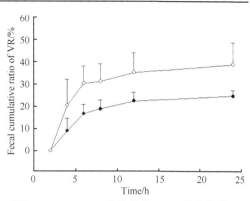

图 4-30 30mg/kg 的牡荆素-2″-O-鼠李糖苷口服、静脉给药后在小鼠粪便中的累计排泄率

均值±SD，$n=5$

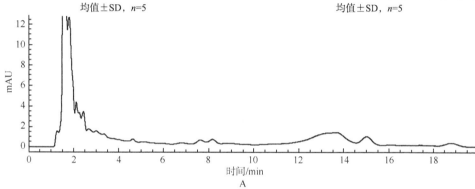

A

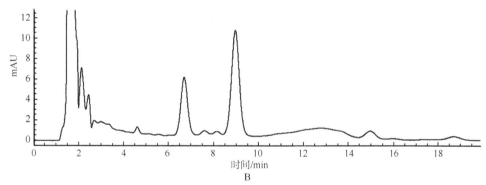

B

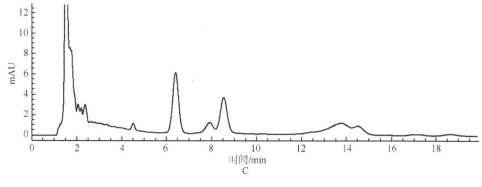

C

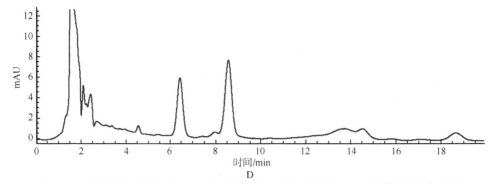

图 4-31 小鼠尿液中牡荆素-2″-O-鼠李糖苷和内标物牡荆素-4″-O-葡萄糖苷的色谱图
空白尿液(A)、空白尿液加入对照品和内标物(B)、30mg/kg 牡荆素-2″-O-鼠李糖苷口服给药(C)和静脉给药(D)4~6h 后小鼠尿液样品

(三)讨论

1. 血浆样品预处理方法 由于黄酮苷中存在多羟基而使其极性较强,在甲醇、乙腈等极性较强的有机溶剂中易溶,故考虑采用沉淀蛋白质法对血浆样品进行预处理,因此法快速简便。蛋白质沉淀法一般是在样品中加入一定量的与水互溶的有机溶剂,使蛋白质表面失去水化层而相互聚集产生沉淀析出,再经离心除去蛋白质、萃取等步骤,最后进柱分析。在分析方法建立阶段曾采用乙酸乙酯、乙腈、甲醇等作为有机提取溶剂进行考察,在对沉淀溶剂进行筛选和优化的过程中发现,甲醇对待测组分及内标的提取回收率均优于其他蛋白质沉淀剂,沉淀完全、提取率高,提纯后杂质少,价格便宜,最终选择甲醇直接沉淀蛋白质。

2. 内标物的选择 为满足测试需求,理想的内标物在色谱行为上,保留时间应与待测物较为接近。本实验曾采用橙皮苷作为内标物,但发现内源性物质的色谱分离不好,内标物与待测物的分离度也不理想,干扰待测物的测定,且保留时间不佳。而牡荆素-4″-O-葡萄糖苷与牡荆素-2″-O-鼠李糖苷结构类似,受内源性物质干扰、仪器波动等因素的影响较小,且与待测物质、血浆内源物质之间无干扰,因此选择其为本实验的内标物。

3. 检测波长的选择 对牡荆素-2″-O-鼠李糖苷及内标物牡荆素-4″-O-葡萄糖苷进行紫外波长下扫描,溶剂为色谱纯甲醇,扫描区间为 200~400nm。牡荆素-2″-O-鼠李糖苷的最大吸收波长分别为 270nm 和 332nm,牡荆素-4″-O-葡萄糖苷的最大吸收波长分别为 270nm 和 330nm。曾尝试选择 270nm 为检测波长,但内源性物质及代谢产物干扰严重,分离效果不理想。当选择 332nm 为检测波长时,牡荆素-2″-O-鼠李糖苷及内标物质的保留时间没有内源性物质的吸收峰,各待测组分响应值较高,并且保证各分析物获得较高的灵敏度,故选择 332nm 为检测波长。

4. 最佳流动相系统的选择 对于体内分析,流动相的选择在考虑各待测组分分离的同时,还要考虑防止内源性物质带来的干扰。为在适当的时间内使物质色谱峰达到基线分离,本实验曾试用了不同比例的甲醇-水、乙腈-水系统作为流动相,但发现待测物质峰形不佳,内源性物质的色谱分离不好,干扰待测物的测定,尤其对低浓度点样品的影响更大。参考大量相关文献并加以实验修正,确定流动相系统为甲醇-乙腈-四氢呋喃-1%冰乙酸溶液(6:2:18:74,$V/V/V/V$)。本实验中在流动相加少量乙酸,在一定程度上改善了色谱峰形。

5. 药动学研究 由实验结果可知,牡荆素-2″-O-鼠李糖苷口服及静脉给药后均选择权重系数 $1/c$,药动学行为符合开放性二室模型一级动力学过程,这一结果与前期文献报道一致[46]。静脉给药后牡荆素-2″-O-鼠李糖苷的最大血浆浓度是口服给药后的 39.37 倍,且牡荆素-2″-O-鼠李糖苷的绝对口服生物利用度仅为 4.89%。根据相关文献报道,这可能是因为牡荆素-2″-O-鼠李糖苷在肠道中受肠道菌群分解,发生严重的首过效应所致[67, 92, 93]。另外,无论是静脉给药还是口服给药,牡荆素-2″-O-鼠李糖苷单体给药在体内 4h 后即无法检测,这与提取物给药的结果有很大不同。山楂叶提取物给药后,牡荆素-2″-O-鼠李糖苷在体内 8h 后仍可检测到[94]。有文献报道,这一结果可归因于山楂叶提取物中其他共存物质的影响[95]。

6. 组织分布研究 组织分布结果表明,牡荆素-2″-O-鼠李糖苷可快速广泛的分布于全身各个脏器中。静脉给药后,除脑以外,牡荆素-2″-O-鼠李糖苷可在其他所有测试脏器中检测到。口服给药后,除脑、脾脏、肺脏以外,牡荆素-2″-O-鼠李糖苷可在其他所有测试脏器中检测到。可见,口服及静脉给药后,牡荆素-2″-O-鼠李糖苷在脑中均检测不到,这可能由于其极性较大,无法透过血脑屏障所致。而口服给药后在脾脏及肺脏中检测不到,可能是由于其口服吸收较差所致。另外,研究发现,牡荆素-2″-O-鼠李糖苷主要分布于血液流量丰富的脏器中,说明牡荆素-2″-O-鼠李糖苷的分布要依靠血液的流动及组织渗透率。还有文献报道,牡荆素-2″-O-鼠李糖苷属高渗透性药物,吸收呈一级动力学过程,机制为被动扩散[96]。尽管在许多脏器中都能检测到牡荆素-2″-O-鼠李糖苷,但两种给药方式的检测浓度却有很大差别。与口服给药相比,静脉给药后,牡荆素-2″-O-鼠李糖苷的含量在各脏器中的含量较高,尤其在胆、肝、肾三个脏器。另外,两种给药途径牡荆素-2″-O-鼠李糖苷在肝中能长时间呈现较高浓度,除因肝脏为主要代谢途径外,结合相关文献,推测牡荆素-2″-O-鼠李糖苷与肝脏有一定亲和性。有报道证明 TFHL 能够增强肝细胞的抗氧化能力,降低细胞因子对肝细胞的损害,防止非酒精性脂肪肝炎的进一步发展[97, 98]。经两种给药途径后,牡荆素-2″-O-鼠李糖苷在心脏中均呈现相当均等的浓度,结合山楂叶主要用于治疗心血管疾病的文献[99-102],推测牡荆素-2″-O-鼠李糖苷为山楂叶中治疗心血管疾病的有效活性成分之一。另外,口服给药后牡荆素-2″-O-鼠李糖苷在胃及小肠中均呈现较高浓度,推测为给药残留及肝肠循环所致。

7. 排泄研究 对比空白生物样品及测试样品发现,牡荆素-2″-O-鼠李糖苷给药后在排泄物中主要以原型排泄。静脉给药后牡荆素-2″-O-鼠李糖苷的总排泄率为(37.48 ± 1.78)%,其中(12.83 ± 0.03)%经尿排泄,(24.65 ± 1.75)%经粪便排泄。口服给药后牡荆素-2″-O-鼠李糖苷的总排泄率为(43.02 ± 3.05)%,其中(4.13 ± 0.01)%经尿排泄，(38.89±3.04)%经粪便排泄。这一结果与口服 TFHL 提取物有所不同，文献报道，口服 TFHL 提取物后，牡荆素-2″-O-鼠李糖苷的总排泄率为 89.01%，其中 0.72%经尿排泄，88.29%经粪便排泄[103]。结合组织分布实验中牡荆素-2″-O-鼠李糖苷在肝脏、胆囊及肾脏中均呈现相当高含量的结果，证明胆汁排泄及肾排泄均为牡荆素-2″-O-鼠李糖苷排泄的主要形式。并且静脉给药后，肾排泄呈现出比口服给药更重要的作用。口服给药后，牡荆素-2″-O-鼠李糖苷呈现非常明显的首过效应，不被吸收的部分多以原形经粪便排出体外。

二、牡荆素-2″-O-鼠李糖苷口服生物利用度研究

在牡荆素-2″-O-鼠李糖苷的药动学研究中，有些学者发现牡荆素-2″-O-鼠李糖苷具有相当低的口服生物利用度[104]，并推测可能是因为牡荆素-2″-O-鼠李糖苷在肠道中受肠道菌群分解，发生显著的首过效应所致。吸收过程是影响口服药物生物利用度的关键因素，所以本实验以大鼠为动物模型，通过联用 CYP3A 选择性抑制剂酮康唑、典型的 P-gP 抑制剂维拉帕米和吸收促进剂胆盐，尝试以三种不同的方式来促进牡荆素-2″-O-鼠李糖苷的肠吸收并期望达到提高口服生物利用度的可能。细胞色素 P450(cytochrome P450 或 CYP450)作为一类亚铁血红素-硫醇蛋白的超家族，是参与药物代谢过程的关键酶[105]。本书研究的目的是考察代谢酶、外排转运蛋白和吸收促进剂是否对牡荆素-2″-O-鼠李糖苷的口服生物利用度存在影响，即比较牡荆素-2″-O-鼠李糖苷与酮康唑、维拉帕米和胆汁盐吸收分别联合给药后的口服吸收差异，以阐明牡荆素-2″-O-鼠李糖苷的口服生物利用度低的原因。

(一)仪器、试药与动物

1. 仪器 Agilent 1100 高效液相色谱仪(四元泵、UV 检测器、Chemstation 工作站、美国 Agilent 公司)；XW-80A 微型涡旋混合器(上海沪西分析仪器厂有限公司)；HH-S 水浴锅(上海永光明仪器设备厂)；TGL-16C 高速台式离心机(江西医疗器械厂)；XYJ80-2 型离心机(金坛市金南仪器厂)；KQ-250DB 型数控超声波清洗器(昆山市超声仪器有限公司)；微量取样器(上海荣泰生化工程有限公司)。

2. 试药 牡荆素-2″-O-鼠李糖苷(实验室自制，纯度>98%)；橙皮苷对照品(购自中国药品生物制品检验所，批号 110753-200413)；酮康唑(西安杨森制药有限公司，批号 H10930212)；盐酸维拉帕米(天津市中央药业有限公司，批号 H12020051)；胆盐(上海亨代劳生物有限公司)。甲醇(色谱纯，天津市科密欧化学试剂有限公司)；乙腈(色谱纯，天津市大茂化学试剂厂)；四氢呋喃(色谱纯，天津市大茂化学试剂厂)；甲酸(分析纯，沈阳市试剂三厂)；纯化水(娃哈哈有限公司)。

3. 动物 健康雄性 Wistar 大鼠，体重(200±20)g，由辽宁中医药大学标准实验动物饲养中心提供。本实验中所有的动物使用均征得辽宁中医药大学实验动物伦理委员会的同意，并严格遵守动物实验保护原则操作进行。

(二) 方法与结果

1. 分析方法的建立

1) 色谱条件

色谱柱：Diamonsil C_{18} (150mm×4.6mm，5μm，迪马公司，中国北京)；流动相：溶剂(A)：乙腈-四氢呋喃(95:5，V/V)；溶剂(B)：0.1%甲酸溶液(V/V)。洗脱体积为 0～10min，12%～17%(A)，88%～83%(B)；10～20min，17%～20%(A)，83%～80%(B)；20～35min，20%～23%(A)，80%～77%(B)，然后返回到初始状态，总运行时间35min。流动相在使用前经减压下过滤并脱气后进行分析，流速为1mL/min，柱温为30℃，检测波长为330nm。

2) 溶液的制备

(1) 标准储备溶液的制备：精密称取牡荆素-2″-O-鼠李糖苷对照品 40mg，置于10mL量瓶中，用甲醇溶解并定容至刻度，摇匀，既得浓度为4000μg/mL的对照品储备液，于4℃冰箱中保存，备用。

(2) 内标溶液的制备：取精密称定的橙皮苷2.16mg，置10mL量瓶中，用甲醇超声溶解并稀释至刻度，摇匀，即得浓度为216μg/mL的内标储备液，精密量取橙皮苷储备液2mL至10mL量瓶中，甲醇定容至刻度，既得43.2μg/mL的内标溶液，于4℃冰箱保存，备用。

3) 质控样品制备

精密吸取200μL空白血浆，分别各加入20μL工作溶液和30μL内标溶液，依照生物样品的处理方法处理，制备成低(0.4μg/mL)、中(5μg/mL)、高(64μg/mL)三种浓度的质控样品，于4℃冰箱保存，备用。

4) 生物样品的处理

取200μL血浆至预先肝素化的2mL离心管中，依次加入20μL冰乙酸、30μL内标(43.2μg/mL)、1mL甲醇，涡旋混合1min，离心15min(3500r/min)，收集上清液，50℃下氮气流下吹干，残渣用200μL的流动相溶解。临用前离心10min(10 000r/min)，取上层溶液20μL，注入HPLC仪进行分析，记录色谱图及峰面积。

5) 分析方法的确证

(1) 方法的专属性：制备空白大鼠血浆并将一定浓度的对照品与内标物加入到大鼠空白血浆中，按"生物样品的处理"同法操作，获得色谱图(图4-32B)；另外将静脉(10mg/kg)给药30min和口服(30mg/kg)给药20min牡荆素-2″-O-鼠李糖苷后的血浆样品(图4-32C、D)与空白血浆样品(图4-32A)按"血浆样品的处理"项下同法处理后比较色谱图，如图4-32可见，对照品溶液与样品溶液中的指标性成分面积牡荆素-2″-O-鼠李糖苷的保留时间和峰形一致，内标橙皮苷位置无内源性物质干扰。表明血浆样品中其他成分对牡荆素-2″-O-鼠李糖苷的测定无干扰。本实验还考查同时服用药物 P-gp抑制剂、CYP3A选择性抑制剂及口服吸收促进剂对指标性成分的测定均不产生干扰。其中荆素-2″-O-鼠李糖苷和内标橙皮苷分离度良好，保留时间分别为

18.46min 和 27.83min。

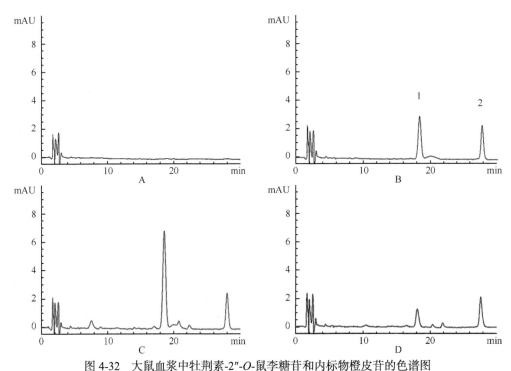

图 4-32　大鼠血浆中牡荆素-2″-O-鼠李糖苷和内标物橙皮苷的色谱图

A. 空白血浆；B. 空白血浆加入对照品和内标物；C. 10mg/kg 牡荆素-2″-O-鼠李糖苷静脉给药 30min 后大鼠血浆样品；D. 30mg/kg 牡荆素-2″-O-鼠李糖苷口服给药 20min 后大鼠血浆样品。色谱峰 1. 牡荆素-2″-O-鼠李糖苷；色谱峰 2. 橙皮苷

(2) 标准曲线的绘制：取空白血浆 200μL 数份，分别加入内标物 30μL，加入系列标曲溶液(0.8μg/mL、1.6μg/mL、3.2μg/mL、8μg/mL、20μg/mL、50μg/mL、200μg/mL)各 20μL，分别配制成相当于浓度为 0.16μg/mL、0.32μg/mL、0.64μg/mL、1.6μg/mL、4μg/mL、10μg/mL、40μg/mL、80μg/mL 的血浆样品。按"生物样品的处理"项下预处理方法进行操作，进样 20μL，记录色谱峰面积。以牡荆素-2″-O-鼠李糖苷与橙皮苷的峰面积比值为纵坐标(Y)，以牡荆素-2″-O-鼠李糖苷的浓度为横坐标(X)，用加权最小二乘法进行回归运算，计算回归方程和相关系数，权重系数为 $1/c^2$，得到回归方程为 $Y=0.3656X+0.0118$，相关系数 $r=0.9998$，表明该方法牡荆素-2″-O-鼠李糖苷为 0.16～80μg/mL 时线性良好。

(3) 精密度与准确度：取空白血浆，按上述"质控样品制备"项下方法分别制备低、中、高(0.16μg/mL、5μg/mL、64μg/mL)的三个浓度质控样品，并对其进行色谱分析，根据所求的标准曲线计算对照品溶液浓度。其中日内精密度的验证在同一天内进行，重复进行 5 次；日间精密度验证要求对三个浓度的质控样品进行分析，连续测定 3 天($n=5$)。用标准曲线计算高、中、低三个浓度下的 RSD。结果见表 4-50，表明本实验方法的日内精密度与日间精密度良好。

表 4-50　牡荆素-2″-O-鼠李糖苷精密度、准确度结果

加样浓度 /(μg/mL)	日内精密度			日间精密度		
	测定浓度/(μg/mL)	RSD/%	RE/%	测定浓度/(μg/mL)	RSD/%	RE/%
0.4	0.39±0.019	4.87	10	0.39±0.021	5.38	11
5	4.96±0.217	4.23	5.8	4.87±0.160	3.29	3.7
64	63.88±0.378	0.59	4.9	63.82±0.412	0.65	3.5

注：日内：$n=5$；日内：$n=3$ 天，每天重复测定 5 次

(4) 检测限(LOD)和定量限(LOQ)：将已知浓度的标准溶液无限稀释，至 200μL 空白血浆中，按"生物样品的处理"项下方法进行操作，配制不同浓度的样品溶液，按照"色谱条件"项下方法进行测定，得到的对照品标准溶液色谱峰的峰高为噪声的 3 倍($S/N=3$)时为检测线(LOD)；对照品标准溶液色谱峰的峰高为噪音的 10 倍($S/N=10$)时为定量限(LOQ)。结果显示，HPLC 测定血浆中牡荆素-2″-O-鼠李糖苷的 LOD 和 LOQ 分别为 0.048μg/mL 和 0.16μg/mL。

(5) 样品稳定性：取空白大鼠血浆 200μL，对上述质控样品溶液中高、中、低三种浓度的牡荆素-2″-O-鼠李糖苷血浆样品进行稳定性研究。短期稳定性(室温，4h)、长期稳定性(-20℃，一个月)和冻(-20℃，24h)融(室温，2~3h)三次重复后对样品进行处理和分析测定，计算相对标准偏差 RSD，结果见表 4-51。

表 4-51　牡荆素-2″-O-鼠李糖苷在大鼠血浆中的稳定性测定结果

稳定性	测定浓度		
	0.4μg/mL	5μg/mL	64μg/mL
短期稳定性	0.39±0.012	4.87±0.224	63.73±0.273
长期稳定性	0.38±0.012	4.86±0.371	63.46±0.326
冻融稳定性	0.37±0.015	4.84±0.384	63.18±0.373

注：均值±SD，$n=5$

(6) 提取回收率：取空白血浆，取按上述"质控样品制备"项下方法制备的低、中、高(0.16μg/mL、5μg/mL、64μg/mL)三个浓度的质控样品各 5 份。另取空白血浆，不加入标准系列溶液和内标物，按"血浆样品处理"项下同法操作，得到上清液后加入相应浓度标准溶液 20μL 和内标溶液 30μL，涡旋混合，50℃氮气流下吹干。相同方法处理空白血浆。残留物用流动相溶解，进行 HPLC 分析，记录色谱峰面积，以每一浓度两种处理方法的峰面积比值计算提取回收率，牡荆素-2″-O-鼠李糖苷在低、中、高三个浓度的提取回收率及 RSD 见表 4-52。

表 4-52　牡荆素-2″-O-鼠李糖苷在大鼠血浆中提取回收率测定结果

加样浓度/(μg/mL)	测定浓度/(μg/mL)	RSD/%	回收率/%
0.4	0.39±0.015	3.85	97.50
5	4.91±0.102	2.08	98.20
64	63.88±0.135	0.21	99.81

注：均值±SD，$n=5$

2. 牡荆素-2″-O-鼠李糖苷生物利用度研究

1) 动物分组

将大鼠随机分为 6 组($n=6$),其中两组大鼠分别进行牡荆素-2″-O-鼠李糖苷静脉注射(10mg/kg)和口服(30mg/kg)给药;两组分别口服牡荆素-2″-O-鼠李糖苷(30mg/kg)的大鼠同时口服酮康唑(20.83mg/kg)和维拉帕米(31.25mg/kg);剩余两组大鼠,分别将牡荆素-2″-O-鼠李糖苷(30mg/kg)与不同浓度的胆盐(1g/kg、0.5g/kg)进行口服灌胃给药。

2) 生物样品的采集

各组大鼠给药后分别于 3min、5min、10min、20min、30min、45min、60min、90min、120min、240min 进行大鼠眼眶取血。血液样本收集到预先肝素化的离心管中后离心 10min(3500r/min),收集血浆,置于-20℃的环境下储存,待测。

3) 生物利用度研究结果

将给药后不同取血时间点测得的血药浓度和时间数据用 3p97 药动学软件进行拟合,得到主要药动学参数(表 4-53)。将静脉注射和口服单体牡荆素-2″-O-鼠李糖苷的药时曲线图(图 4-33A)、口服牡荆素-2″-O-鼠李糖苷与合用酮康唑的药时曲线图(图 4-33B)、口服牡荆素-2″-O-鼠李糖苷与合用维拉帕米的药时曲线图(图 4-33C)、口服牡荆素-2″-O-鼠李糖苷与合用不同浓度胆盐的血药浓度-时间曲线(图 4-33D)进行拟合图。

表 4-53 牡荆素-2″-O-鼠李糖苷在大鼠体内静脉给药 10mg/kg、口服给药 30mg/kg 后血浆药动学参数

给药途径	参数				
	CL/(L/kg/min)	$AUC_{0\to\infty}$/[μg/(mL·min)]	C_{max}/(μg/mL)	T_{max}/min	F/%
静脉	0.0028	867.27	—	—	—
口服	0.065	146.73	0.82	13.67	5.63
口服 VR+酮康唑	0.29	164.65	0.83	30.27	6.33
口服 VR+维拉帕米	0.11	260.17	1.27	15.64	9.99
口服 VR+胆盐(0.5g/kg)	0.0043	196.19	0.88	16.81	7.54
口服 VR+胆盐(1g/kg)	0.0057	460.91	1.68	23.02	17.71

注:VR. 牡荆素-2″-O-鼠李糖苷。均值±SD,$n=5$

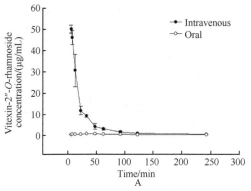

A

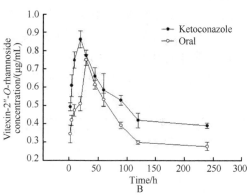

B

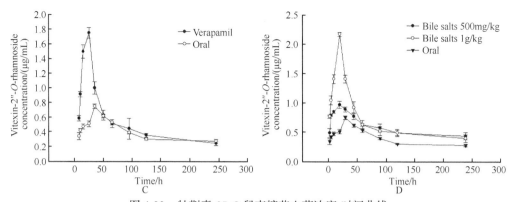

图4-33 牡荆素-2″-O-鼠李糖苷血药浓度-时间曲线

A. 口服、静脉给药牡荆素-2″-O-鼠李糖苷；B. 口服牡荆素-2″-O-鼠李糖苷(30mg/kg)联合酮康唑(20.83mg/kg)；C. 口服牡荆素-2″-O-鼠李糖苷(30mg/kg)联合维拉帕米(31.25mg/kg)；D. 口服牡荆素-2″-O-鼠李糖苷(30mg/kg)联合胆盐(0.5g/kg、1g/kg)

为了提高口服生物利用度，一些国内外学者已经将注意力集中到如何增加药物的口服吸收问题上。由于药物代谢酶和肠内药物转运酶作为已经被证实的影响药物代谢和吸收的两种至关重要的因素[106, 107]，本实验的主要目的是验证药物代谢酶、外排转运蛋白和口服吸收促进剂是否可以影响牡荆素-2″-O-鼠李糖苷的口服生物利用度。

同时将服用酮康唑(20.83mg/kg)与单独口服牡荆素-2″-O-鼠李糖苷进行口服生物利用度的比较。结果显示，药时曲线下面积 $AUC_{0\to\infty}$ 增加到$(164.65\pm13.26)\mu g/(mL\cdot min)$，高于对照组 $AUC_{0\to\infty}$ [$(146.73\pm23.07)\mu g/(mL\cdot min)$]。P-gp 的抑制剂维拉帕米(31.25mg/kg)与牡荆素-2″-O-鼠李糖苷(30mg/kg)同时口服给药后，与对照组药时曲线下面积 [$(AUC_{0\to\infty}(146.73\pm23.07)\mu g/(mL\cdot min)$] 相比，$AUC_{0\to\infty}$ 增加至 $(260.17\pm23.14)\mu g/(mL\cdot min)$，AUC约增加了1.77倍，$C_{max}$ 约增加了1.5倍。牡荆素-2″-O-鼠李糖苷联合不同浓度的胆盐给药后，实验结果显示牡荆素-2″-O-鼠李糖苷的绝对生物利用度增加至 17.71%，与胆汁(1g/kg)联合给药后，药时曲线下面积($AUC_{0\to\infty}$)从 $(146.73\pm23.07)\mu g/(mL\cdot min)$ 增加到了 $(460.91\pm16.73)\mu g/(mL\cdot min)$，$AUC_{0\to\infty}$ 约增加了3倍，C_{max} 约增加了约2.1倍。然而，同时口服低浓度胆盐后，牡荆素-2″-O-鼠李糖苷的药时曲线下面积 $AUC_{0\to\infty}$ 为$(146.73\pm23.07)\mu g/(mL\cdot min)$，与对照组药时曲线下面积 $AUC_{0\to\infty}$ [$(196.19\pm26.7)\mu g/(mL\cdot min)$] 比较差异影响较小。

(三)讨论与小结

1. 酮康唑对牡荆素-2″-O-鼠李糖苷口服生物利用度的影响　酮康唑作为一种已知的 CYP3A 的选择性抑制剂，对很多药物的口服生物利用度具有重要的影响，其中对大鼠 P450 及其亚型均有影响[108]。例如，联合服用酮康唑后，他克莫司[109]和环孢素[110]的口服生物利用度分别增加了 2 倍和 2.5 倍。在本实验中，首次将酮康唑(20.83mg/kg)和牡荆素-2″-O-鼠李糖苷共同服用并比较服用前后的牡荆素-2″-O-鼠李糖苷的口服生物利用度。结果，药时曲线下面积 $AUC_{0\to\infty}$ 增加到 $(164.65\pm13.26)\mu g/(mL\cdot min)$，高于对照组 $AUC_{0\to\infty}$ [$(146.73\pm23.07)\mu g/(mL\cdot min)$]。CYP3A 作为主要的 I 相药物代谢酶存在人的肝细胞和肠道肠中与许多药物的代谢和消除有关[111]。小肠上皮细胞具有水解葡糖苷的酶类及葡萄糖转运系统而参与葡糖苷的吸收[112]，并且这个水解过程主要是由 I 相代谢酶参与的，与细胞色素 P450 具有密切的关系。如图 4-33B 所示，尽管牡荆素-2″-O-鼠李糖苷在大鼠血浆中的血药浓度在联合酮康唑给药后有所增加，但牡荆素-2″-O-鼠李糖苷的口服生物利用度没有显著变化，这意味着，此剂量的酮康唑作为 CYP3A 的蛋白酶抑制剂，并不能通过充分影响小肠上皮细胞的水解过程来促进牡荆素-2″-O-鼠李糖苷的口服吸收从而明显提高其生物利用度。另外，CYP3A 代谢酶在肝脏和肠的分布情况不同[113]，以及复杂的体内环境可能是导致这一结果的另外一个原因。

2. 维拉帕米对牡荆素-2″-O-鼠李糖苷口服生物利用度的影响 Najafzadeh 等[114]通过实验证明了当同时服用维拉帕米和盐霉素后糖尿病大鼠血清中的药物浓度得到了显著提高。本实验中选用 P-gp 制剂维拉帕米（31.25mg/kg），同时与牡荆素-2″-O-鼠李糖苷（30mg/kg）口服给药，与对照组药时曲线下面积 $AUC_{0\to\infty}$ 为 $(146.73\pm23.07)\mu g/(mL\cdot min)$ 相比，给药后的药时曲线下面积 $AUC_{0\to\infty}$ 增加至 $(260.17\pm23.14)\mu g/(mL\cdot min)$，约增加了 1.77 倍，$C_{max}$ 约增加了 1.5 倍。能量依赖泵 P-gp 主要在肝脏、肾脏和肠中表达，药物被吸收进入肠系膜毛细血管后受代谢酶的影响，特别是受 II 相共轭酶，如葡糖醛酸基转移酶和硫酸基转移酶的影响[115]。这些代谢物又被 P-gp 的外排作用挤压回胃肠道，以防止细胞积累一些外源性和内源性化合物[116]。P-gp 抑制剂的作用是能够降低外排回肠腔药物的剂量，在减少药量需求的同时改善药物的口服吸收情况[117]。维拉帕米是典型的 P-gp 抑制剂，可竞争性地抑制 P-gp 来增加进入细胞内的药物浓度[198]。如图 4-33C 所示，牡荆素-2″-O-鼠李糖苷联合口服维拉帕米给药后血浆中的药物浓度与单独给药牡荆素-2″-O-鼠李糖苷相比显著增加，并且牡荆素-2″-O-鼠李糖苷的绝对生物利用度提高到 10%，此结果表明牡荆素-2″-O-鼠李糖苷可能是 P-gp 的底物，在牡荆素-2″-O-鼠李糖苷肠吸收的过程中，受到 P-gp 的抑制作用，使得可吸收入肠黏膜细胞的药量减少。而作为 P-gp 的抑制剂维拉帕米能够减少排回肠腔的药量从而促进牡荆素-2″-O-鼠李糖苷的口服吸收，并可以起到增加牡荆素-2″-O-鼠李糖苷的口服生物利用度的作用。

3. 胆盐对牡荆素-2″-O-鼠李糖苷口服生物利用度的影响 胆盐也是一种可以提高口服生物利用度的常用吸收促进剂[199]。图 4-33D 为牡荆素-2″-O-鼠李糖苷单独给药和联合不同浓度胆盐给药的牡荆素-2″-O-鼠李糖苷的血浆浓度-时间曲线图，显示牡荆素-2″-O-鼠李糖苷的绝对生物利用度增加至 17.71%，与胆汁（1g/kg）联合给药后，药时曲线下面积 $AUC_{0\to\infty}$ 从 $(146.73\pm23.07)\mu g/(mL\cdot min)$ 增加到了 $(460.91\pm16.73)\mu g/(mL\cdot min)$。$AUC_{0\to\infty}$ 约增加了 3 倍，C_{max} 约增加了 2.1 倍。同时口服低浓度胆盐后，牡荆素-2″-O-鼠李糖苷的药时曲线下面积 $AUC_{0\to\infty}$ 为 $(146.73\pm23.07)\mu g/(mL\cdot min)$，与对照组药时曲线下面积 $AUC_{0\to\infty}$ $(196.19\pm26.7)\mu g/(mL\cdot min)$ 相比差别很小（$P>0.05$）。结果表明，胆盐作为吸收促进剂对牡荆素-2″-O-

鼠李糖苷的口服生物利用度研究具有较为重要的意义，在一定程度上能够很好的提高牡荆素-2″-O-鼠李糖苷的生物利用度，并且影响的程度与浓度大小相关。

第七节　异槲皮苷药动学研究

异槲皮苷的别名为槲皮素-3-O-葡萄糖苷、罗布麻甲素，是一种黄酮类化合物，是山楂叶中含有的主要活性成分之一。由于其具有丰富的生物学及药理活性，如抗炎[120]、体内及体外抗氧化活性[121]、对暴露于 H_2O_2 引起的 RGC-5 细胞凋亡有明显的衰减作用，以及对青光眼的治疗作用[122]等而越来越受到国内外学者的关注。此外，多种中草药中研究异槲皮苷的许多方法，如 HPLC-UV[123]、LC-DAD 和 LC-MS[124]、CZE-UV[125]、SPE-HPLC[126]等均在文献中有相关报道。异槲皮苷的体内外分析已见报道[127]，然而异槲皮苷的多剂量静脉给药分析并未见相关研究。本实验采用内标法的 HPLC 分析对异槲皮苷的多剂量给药药动学过程进行分析，为相关的临床研究提供理论依据。

一、材料、试药与动物

(一)仪器

Agilent 1100 高效液相色谱仪(美国安捷伦公司)；HH-S 水浴锅(中国上海永光明仪器设备厂)；十万分之一天平(瑞士 METTLER)；XW-80A 微型旋涡混合器(中国上海沪西分析仪器厂有限公司)；XYJ80-2 型离心机(中国金坛市金南仪器厂)；TGL-16C 高速台式离心机(中国江西医疗器械厂)；ZDHW 电子调温电热套(北京中兴伟业仪器有限公司)；微量取样器(中国上海荣泰生化工程有限公司)；柱温箱(中国大连日普利科技仪器有限公司)；TY10HSC-24A 氮吹仪(中国南京科捷分析仪器有限公司)。

(二)试药

异槲皮苷、内标物牡荆素均为实验室自制(纯度>98%，HPLC)；甲醇(色谱纯，天津市科密欧化学试剂有限公司)；乙腈(色谱纯，天津市大茂化学试剂厂)；甲酸(分析纯，沈阳市试剂三厂)；冰乙酸(分析纯，华北地区特种化学试剂开发中心)；磷酸(分析纯，沈阳市试剂三厂)；纯化水(娃哈哈有限公司)。

(三)动物

雄性 Wistar 大鼠，20 只，体重(240±20)g，辽宁中医药大学实验动物中心提供，试验动物生产许可证号 SCXK(辽)2003—008。实验中所使用动物严格按照实验室动物保护指导原则进行，所使用动物征得辽宁中医药大学实验动物伦理委员会同意。实验期间自由饮水，大鼠给药前禁食 12~16h。

二、方法与结果

(一) 大鼠血浆样品中异槲皮苷分析方法的建立

1. 色谱条件 色谱柱：Diamonsil C_{18} (150mm×4.6mm, 5μm)(迪马公司, 中国北京)；预柱：KR C_{18} (35mm×8.0mm, i.d., 5μm)(大连科技发展公司)；流动相：甲醇-乙腈-0.1%甲酸溶液(35:5:60, *V/V/V*)；检测波长：360nm；流速：1mL/min；内标物：牡荆素；柱温：30℃；进样量：20μL。

2. 溶液制备

(1) 系列标准溶液的制备：精密称取异槲皮苷(图 4-34A)对照品约 1.60mg，置 10mL 量瓶中，加适量甲醇超声溶解，并定容至刻度，摇匀，即得浓度为 160μg/mL 的对照品储备液。采用倍数稀释法分别配制成7个浓度的对照品溶液，即160.0μg/mL、40.0μg/mL、10.0μg/mL、4.0μg/mL、1.6μg/mL、0.8μg/mL 和 0.4μg/mL 的系列标准溶液，于 4℃ 冰箱保存，备用。

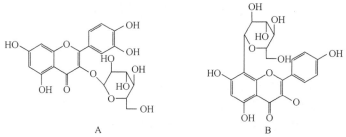

图 4-34 异槲皮苷(A)和牡荆素(B)的化学结构式

(2) 内标溶液的制备：取精密称定的牡荆素(图 4-34B) 2.26mg，置 10mL 量瓶中，加适量甲醇超声使溶解，并稀释至刻度，摇匀，即得浓度为 226μg/mL 的内标储备液。再精密吸取 1.0mL 内标储备液置 10mL 量瓶中，加甲醇稀释至刻度，摇匀，制成浓度为 22.6μg/mL 的溶液，作为内标物，于 4℃ 冰箱保存，备用。

3. 空白血浆样品的制备 取 6 只空白大鼠(大鼠于取样前一晚禁食，自由饮水)血浆，充分混合，于-20℃冰箱保存，备用。

4. 质控样品的制备 精密吸取 100μL 空白血浆，分别各加入 50μL 工作溶液(1.2μg/mL、12μg/mL、120μg/mL)和 10μL 内标溶液，依照"血浆样品的处理"项下方法处理，制备成低、中、高三种浓度的质控样品。异槲皮苷血浆浓度分别为 0.6μg/mL、6μg/mL、60μg/mL，于 4℃ 冰箱保存，备用。

5. 血浆样品预处理条件的优化

1) 提取溶剂种类的选择

取大鼠空白血浆样品 100μL 共三组，每组三个，分别置 2mL 离心管中，依次加入质控标准溶液 50μL、内标溶液 10μL、乙酸 10μL。各组分别加入甲醇、乙腈、甲醇-乙腈(50:50)各500μL，涡旋1min，离心15min(3500r/min)，取上清液，40℃氮气流下吹干，100μL流动相溶解，涡旋1min，离心5min(10 000r/min)，取20μL进样。分别记录峰面积，计算提取回收率，结果见表4-54。综合考虑各待测组分和内标物回收率，选择甲醇作为提取溶剂。

表4-54 不同溶剂对大鼠血浆中异槲皮苷、内标物提取回收率的影响($n=3$)

组分	甲醇		乙腈		甲醇-乙腈	
	R/%	RSD/%	R/%	RSD/%	R/%	RSD/%
Iqtrin	93.03	3.7	85.22	4.0	90.31	2.4
IS	82.25	4.1	86.37	3.2	81.99	3.3

注：R. 提取回收率

取大鼠空白血浆样品100μL共三组，每组三个，分别置2mL离心管中，依次加入质控标准溶液50μL、内标溶液10μL、乙酸10μL。各组分别加入甲醇400μL、500μL和1000μL，涡旋1min，离心15min(3500r/min)，取上清液，40℃氮气流下吹干，100μL流动相溶解，涡旋1min，离心5min(10 000r/min)，取20μL进样。分别记录峰面积，计算提取回收率，结果见表4-55。综合考虑各待测组分和内标物回收率，选择500μL甲醇为提取溶剂。

表4-55 不同甲醇用量对大鼠血浆中异槲皮苷、内标提取回收率的影响($n=3$)

组分	400μL		500μL		1000μL	
	R/%	RSD/%	R/%	RSD/%	R/%	RSD/%
ISOQ	88.89	2.9	93.03	3.7	92.31	3.5
IS	80.12	3.1	82.25	4.1	82.27	3.6

注：R. 提取回收率

2) 酸种类及用量的选择

取空白血浆样品，同"提取溶剂种类的选择"项下操作，分别考察甲酸、乙酸和磷酸对各待测组分的提取回收率的影响，结果见表4-56。

表4-56 不同种酸对大鼠血浆中异槲皮苷、内标的提取回收率的影响($n=3$)

组分	甲酸		乙酸		磷酸	
	R/%	RSD/%	R/%	RSD/%	R/%	RSD/%
Iqtrin	90.82	3.1	93.84	4.2	88.95	2.3
IS	80.11	2.7	83.25	2.8	80.37	3.1

注：R. 提取回收率

综合考虑样品提取回收率及峰形，结果表明乙酸组效果最好。故继续考察不同用量的乙酸对提取回收率的影响。

取空白血浆样品,同"提取溶剂种类的选择"项下操作,考察其用量分别为 0μL、10μL、20μL 时对血浆中各待测组分含量测定的影响情况,计算各待测组分的提取回收率。结果见表 4-57。

表 4-57　不同体积乙酸对大鼠血浆中异槲皮苷、内标物的提取回收率的影响($n=3$)

组分	0μL		10μL		20μL	
	R/%	RSD/%	R/%	RSD/%	R/%	RSD/%
ISOQ	89.36	2.6	93.84	4.2	92.56	3.3
IS	80.28	3.1	83.25	2.8	82.11	3.8

注:R. 提取回收率

结果显示,乙酸为 10μL 时能较好抑制大鼠血浆样品中待测组分的解离,并且有利于改善色谱峰峰形,故选择乙酸用量为 10μL。

6. 血浆样品的处理　经过对上述因素的考查,确定了血浆样本的处理方法:取血浆 100μL 至预先肝素化的 2mL 离心管中,依次加入乙酸 10μL、内标 10μL、甲醇 500μL,涡旋 1min,离心 15min(3500r/min),取上清液,40℃氮气流下吹干,用 100μL 流动相溶解,涡旋 1min,离心 5min(10 000r/min),取 20μL 进样。分别记录峰面积,记录色谱图。

7. 分析方法的确证

1)方法的专属性

上述色谱条件下,通过将大鼠的空白血浆样品色谱图(图 4-35A)、空白血浆样品中加对照品和内标物色谱图(图 4-35B),以及异槲皮苷静脉注射后血浆样品中加内标色谱图(图 4-35C)进行比较,发现异槲皮苷分离不受内源性物质的干扰,异槲皮苷与内标物色谱峰达到基线分离,异槲皮苷和内标物的保留时间分别为 6.8min 和 10.6min。

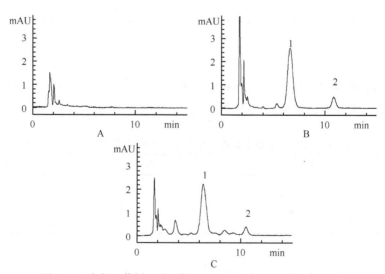

图 4-35　大鼠血浆样品中异槲皮苷和内标物牡荆素的色谱图

A. 空白血浆;B. 空白血浆中加入内标物牡荆素;C. 10mg/kg 静脉给药 60min 后大鼠血浆样品(加入内标物)。色谱峰 1. 牡荆素;色谱峰 2. 异槲皮苷

2)检测限(LOD)和定量限(LOQ)

将已知浓度的标准溶液稀释,精密吸取 50μL,至 100μL 的空白血浆中,按"血浆样品的处理"项下方法进行处理,配制样品溶液,进行测定,保证 S/N 均为 10,重复分析 5 次,获得该浓度的日内精密度 RSD 低于 8.7%,准确度 RE 为 3.8%。该结果表明 HPLC 测定异槲皮苷的 LOQ 为 0.203μg/mL,LOD($S/N=3$)为 0.062μg/mL。

3)标准工作曲线

取空白血浆 100μL,分别加入内标溶液 10μL,加入异槲皮苷系列标准溶液(0.4μg/mL、0.8μg/mL、1.6μg/mL、4.0μg/mL、10.0μg/mL、40.0μg/mL 和 160.0μg/mL)各 50μL,配制成相当于血浆浓度为 0.2μg/mL、0.4μg/mL、0.8μg/mL、2.0μg/mL、5.0μg/mL、20.0μg/mL 和 80.0μg/mL 的待测样品,按"血浆样品的处理"项下方法操作,进样 20μL,记录色谱图。以异槲皮苷与内标物的峰面积比值为纵坐标(Y),异槲皮苷浓度为横坐标(X),用加权最小二乘法进行回归运算[128],权重系数为 $1/c^2$,求得直线的回归方程为 $Y=0.2426X-0.0242$,相关系数 $r=0.9961$。该法异槲皮苷为 0.2~80μg/mL 时线性良好。

4)提取回收率

取空白血浆 100μL,按上述"血浆样品处理"项下方法分别制备低、中、高三个浓度(0.6μg/mL、6μg/mL、60μg/mL)的样品。以提取后样品的色谱峰面积与含有相同含量未经提取溶液直接进样所获得的色谱峰面积之比,考察样品的提取回收率。每一浓度进行6样本分析,待测组分的提取回收率均不低于(91.24±6.93)%,结果见表4-58。

表4-58 大鼠质控样品中提取回收率结果

加样浓度/(μg/mL)	回收率/%	RSD/%
0.6	94.50±3.50	3.7
6	91.24±6.93	7.6
60	92.73±3.62	3.9

5)精密度和准确度

取空白血浆 100μL,按上述"血浆样品的处理"项下方法分别制备低、中、高三个浓度(0.6μg/mL、6μg/mL、60μg/mL)的血浆样品。日内精密度测定在同一天对每个浓度的质控样品进行 5 样本分析;日间精密度的计算,是对每个浓度的 5 样品进行分析(每天一个分析批),连续测定 3 天,并与标准曲线同时进行,以当日的标准曲线计算质控样品的浓度,求得该方法的精密度 RSD(质控样品测得值的相对标准偏差)和准确度 RE(质控样品测量均值对真值的相对误差),结果见表4-59。

表4-59 异槲皮苷精密度、准确度的测定结果

加样浓度/(μg/mL)	日内精密度			日间精密度		
	测定浓度/(μg/mL)	RSD/%	RE/%	测定浓度/(μg/mL)	RSD/%	RE/%
0.6	0.642±0.046	7.2	7.0	0.637±0.049	7.7	6.2
6	5.62±0.24	4.2	-6.3	6.27±0.46	7.4	4.6
60	62.2±1.4	2.3	3.6	62.4±1.8	2.8	4.0

注:日内精密度:$n=5$;日间精密度:$n=3$,每天重复测定 5 次;均值±SD

本方法的日内精密度和日间精密度 RSD≤7.7%，RE 为-6.3%～7.0%。结果表明该法重复性、准确性良好，均符合生物分析方法指导原则的要求[70]。

6) 样品稳定性

取空白血浆 100μL，按上述"血浆样品的处理"项下方法分别制备低、中、高三个浓度(0.6μg/mL、6μg/mL、60μg/mL)的样品，各个浓度质控样品分别经短期(室温，4h)、长期(，一个月)和连续冻(冻: -20℃/24h)融(室温，2～3h)3 次循环处理后带入标准曲线中测定待测组分质控样品的浓度，计算 RE，结果见表 4-60。

表 4-60 异槲皮苷在大鼠血浆中的稳定性测定结果

测定浓度 /(μg/mL)	稳定性		
	短期稳定性	长期稳定性	冻融稳定性
0.6	0.563±0.019	0.558±0.030	0.556±0.026
6	5.92±0.11	5.84±0.17	5.75±0.15
60	59.9±0.9	59.0±1.7	57.4±1.9

注：均值±SD，n=5

结果表明生物样品在室温、-20℃放置 1 个月及连续冻融 3 次均能保持稳定。

(二) 异槲皮苷药动学研究

1. 动物血浆样品的采集与预处理　取雄性 Wistar 大鼠 15 只，随机分成 3 组，每组 5 只。实验前禁食 12h，自由饮水。取定量异槲皮苷溶解到含 20% MDA 的生理盐水溶液(V/V)中，制成异槲皮苷溶液。按 5mg/kg、10mg/kg 和 20mg/kg 体重经尾静脉一次性给予异槲皮苷溶液，分别于注射后 2min、5min、10min、15min、20min、30min、45min、60min、90min、120min 和 180min 采血，每个点采血 0.3mL，置于预先肝素化的离心管中，离心 15min(3500r/min)，得血浆样本置-20℃冰箱中保存，待处理。

取各采血时间点血浆 100μL，按照"血浆样品的处理"项下方法操作，进样分析。

2. 药动学研究结果　将给药后不同时间取血测得的血药浓度和时间数据用 3p97 药动学软件拟合，通过进行一房室、二房室、三房室对各权重为 1、$1/c$、$1/c^2$ 的情况进行拟合，比较药时曲线拟合图及参数，平均药时曲线见图 4-36，其主要药动学参数见表 4-61。

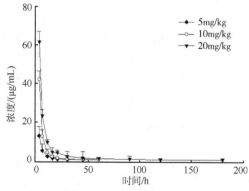

图 4-36　异槲皮苷大鼠血药浓度-时间曲线

表 4-61　异槲皮苷在大鼠体内静脉给药后血浆药动学参数

参数	给药剂量/(mg/kg)		
	5	10	20
V_c/(L/kg)	0.142±0.03	0.149±0.04	0.170±0.03
$t_{1/2\alpha}$/min	3.66±0.31	3.65±0.25	9.06±0.11*
$t_{1/2\beta}$/min	38.1±0.29	39.9±0.67	62.4±0.72*
$AUC_{0\to\infty}{}^a$/[mg/(L·min)]	157.1±83.2	366.5±79.5	545.3±89.7
CL^a/[L/(kg·min)]	0.0436±0.0005	0.0430±0.0008	0.0366±0.0003*
$MRT_{0\to t}$/min	6.75±0.32	6.69±0.41	18.7±0.37*
$MRT_{0\to\infty}$/min	9.30±0.45	9.26±0.49	27.1±0.98*
$AUC_{0\to t}{}^b$/[mg/(L·min)]	107.2±63.2	243.6±192	494.6±222
$AUC_{0\to\infty}{}^b$/[mg/(L·min)]	111.6±59.0	250.5±203	512.3±245

a、b 分别为房室模型和非房室模型；均值±SD，$n=5$
*$P<0.05$，与给药剂量为 5mg/kg、10mg/kg 相比较

三、讨论与小结

(一) 助溶剂的选择

异槲皮苷几乎不溶于冷水，微溶于沸水。鉴于其欠佳的水溶性，本实验曾尝试用 DMSO 作为助溶剂。有文献报道当 DMSO 加入量大于 1%时，将会给动物造成中毒反应[129]，本实验在生理盐水中加入的约为 1%DMSO 时，异槲皮苷未获得较好的溶解。后尝试使用丙二醇作为助溶剂，文献报道丙二醇用量小于 60%时在安全范围内[130]。本实验分别尝试使用 5%、10%、20%的丙二醇，发现当生理盐水中加入 20%丙二醇时异槲皮苷能够很好地溶解，故最终确定使用含 20%丙二醇的生理盐水溶液(V/V)来制备药物溶液。

(二) 流动相的选择

为了获得合适的保留时间和良好的分离度，曾分别采用甲醇-水(40∶60、45∶55)作为流动相，结果被测物分离效果不佳。后在流动相中加入了乙腈，分别尝试采用甲醇-乙腈-水(30∶5∶65、35∶5∶60、25∶5∶65)作为流动相，后发现流动相为甲醇-乙腈-水(35∶5∶60)出峰时间比较理想，但峰形欠佳。为了改善峰形，尝试了甲醇-乙腈-甲酸溶液系统，分别尝试 0.1%～0.5%的甲酸溶液，最后发现当流动相为甲醇-乙腈-0.1%甲酸溶液(35∶5∶60)时分离效果良好，故最终确定其为本实验流动相。

(三) 检测波长的选择

异槲皮苷的吸收光谱显示其具有两个最大吸收波长，分别为 256nm 和 358nm，而内标物牡荆素的两个最大吸收波长为 269nm 和 331nm。当选择 256nm 作为检测波长时，血浆中的内源性物质峰会对检测造成干扰。综上所述最终确定检测波长为 360nm。

(四)内标物的选择

为满足测试需求,内标物应选择与被测物结构相似、保留时间较为接近的化合物。本实验对多种化合物进行了筛选,曾尝试了牡荆素-4″-O-葡萄糖苷、牡荆素-2″-O-鼠李糖苷、金丝桃苷和牡荆素等物质作为内标物。最终由于牡荆素保留时间适宜,与待测物结构类似,不受内源性物质干扰,且与待测物质、血浆内源性物质之间无干扰、分离度良好,因此选择牡荆素为本实验的内标物。

(五)药动学研究

药动学研究结果表明,给药后异槲皮苷在大鼠体内迅速消除,低剂量(5mg/kg)异槲皮苷的血药浓度只能检测到 0.75h,高剂量(20mg/kg)可以检测到 3h。通过拟合度比较 5mg/kg、10mg/kg 和 20mg/kg 给药剂量下均选择 $1/c^2$ 为权重系数。依据 F 检验,AIC 和 R^2 的比较,三个剂量的药动学行为均最符合三室开放模型。在给药剂量为 5~10mg/kg 时,AUC 的值成比例增加。此外,药动学参数 $t_{1/2\alpha}$、$t_{1/2\beta}$、CL^a、$MRT_{0\to t}$ 和 $MRT_{0\to\infty}$ 在 20mg/kg 与其他剂量的比较中均表现出显著性差异。20mg/kg 剂量的 $t_{1/2\alpha}$ 值比另外两个给药剂量的 $t_{1/2\alpha}$ 值大,表明异槲皮苷在大鼠体内的分布过程在 20mg/kg 剂量下进行的更为缓慢。而 20mg/kg 剂量下较大的 $t_{1/2\beta}$、$MRT_{0\to t}$ 和 $MRT_{0\to\infty}$ 则表明异槲皮苷的消除过程相较于低剂量时也表现的更为缓慢。基于以上结果,异槲皮苷在 5~10mg/kg 时表现出非剂量依赖性而在更高剂量(20mg/kg)时则呈现出非线性过程。这主要是由于药物的代谢酶和可透过膜的载体在高剂量给药状态下存在饱和现象,也就是说代谢酶或载体的输送能力在体内的剂量和浓度超过某一限度时会达到饱和,从而表现出不同给药剂量下药动学过程的差异[72]。

第八节 牡荆素药动学研究

牡荆素是从山楂叶中分离的一种黄酮类化合物,药理研究表明它对缺血性心肌损伤具有良好的保护作用,可以增加冠脉和心肌血流量、降低血管射血阻力、降低全血及血浆黏度、提高红细胞变形能力、抑制血栓形成等,并且牡荆素还具有抗炎、抑制痉挛、降低血压及抑制甲状腺等作用。因此,本书初步对其血浆药动学和生物利用度进行研究,并通过口服及静脉两种给药途径进一步研究牡荆素在小鼠体内的吸收、分布及排泄,为其今后牡荆素的研究开发、临床合理用药等提供指导和奠定理论基础。

一、牡荆素在大鼠血浆药动学及生物利用度研究

(一)仪器、试药与动物

1. 仪器 Agilent l100 高效液相色谱仪(美国安捷伦公司);HH-S 水浴锅(中国上

海永光明仪器设备厂);XYJ80-2 型离心机(中国金坛市金南仪器厂);TGL-16C 高速台式离心机(中国江西医疗器械厂);XW-80A 微型旋涡混合器(中国上海沪西分析仪器厂有限公司);ZDHW 电子调温电热套(中国北京中兴伟业仪器有限公司);微量取样器(中国上海荣泰生化工程有限公司)。

2. 试药 牡荆素(实验室自制,纯度>98%);橙皮苷对照品(购自中国药品生物制品检验所,批号 110753-200413);甲醇(色谱纯,天津市大茂化学试剂厂);乙腈(色谱纯,天津市大茂化学试剂厂);乙酸(分析纯,沈阳市试剂三厂);纯化水(娃哈哈有限公司)。

3. 动物 雄性 Wistar 大鼠,体重 300~330g,辽宁中医药大学实验动物中心提供。实验中所使用动物严格按照实验室动物保护指导原则进行,所使用动物征得辽宁中医药大学动物实验伦理委员会同意。

(二)方法与结果

1. 大鼠血浆样品中牡荆素分析方法的建立

1)色谱条件

色谱柱:Kromasil C_{18}(150mm×4.6mm,5μm)(大连三杰科技发展有限公司,中国大连);预柱:KR C_{18}(35mm×8.0mm,i.d.,5μm)(大连科技发展公司);流动相:甲醇-乙腈-0.3%甲酸溶液(3:1:6,$V/V/V$);检测波长:330nm;流速:1mL/min;内标物:橙皮苷;柱温:室温;进样量:20μL。

2)溶液制备

(1)标准储备溶液的制备:取牡荆素对照品约 2.37mg,精密称定,置 10mL 量瓶中,用甲醇超声溶解并定容至刻度,摇匀,即得浓度 237μg/mL 对照品储备液,于 4℃冰箱保存,备用。

(2)内标溶液的制备:取精密称定的橙皮苷 2.48mg,置 10mL 量瓶中,用甲醇超声溶解并稀释至刻度,摇匀,即得浓度为 248μg/mL 的内标储备液,于 4℃冰箱保存,备用。

3)空白血浆样品的制备

取 6 只空白大鼠(大鼠于取样前一晚禁食,自由饮水)血浆,混合,于-20℃冰箱保存,备用。

4)质控样品的制备

精密吸取 150μL 空白血浆,分别加入 20μL 工作溶液和 30μL 内标溶液依照"血浆样品的处理"项下方法处理,制备成低、中、高三种浓度的质控样品。牡荆素血浆浓度分别为 0.3μg/mL、1.5μg/mL、16μg/mL 于 4℃冰箱保存,备用。

5)血浆样品预处理条件的优化

(1)提取溶剂种类的选择:分别取大鼠空白血浆样品 150μL,置 5mL 离心管中,分别加入质控标准溶液 20μL、内标溶液 30μL、乙酸 20μL。分别加甲醇、乙腈、乙酸乙酯、甲醇-乙腈(1:1)各 1.0mL,涡旋 1min,离心 15min(3500r/min),取上清液,50℃氮气流下吹干,150μL 流动相溶解,涡旋 1min,离心 10min(10 000r/min),取

20μL 进样。分别记录峰面积，计算提取回收率，结果见表 4-62。综合考虑各待测组分和内标物回收率，选择乙腈为提取溶剂。

表 4-62　不同溶剂对大鼠血浆中牡荆素、IS 提取回收率的影响

组分	甲醇		乙腈		乙酸乙酯		甲醇-乙腈	
	$R/\%$	RSD/%	$R/\%$	RSD/%	$R/\%$	RSD/%	$R/\%$	RSD/%
VIT	82.24	4.6	86.13	4.2	62.79	5.8	80.59	4.9
IS	84.75	2.1	85.99	2.7	78.56	3.2	84.32	3.1

注：R. 回收率；$n=3$

(2) 酸种类的选择：取空白血浆样品，同"提取溶剂种类的选择"项下操作，分别考察乙酸、磷酸和其分别用量为 10μL、20μL 时对血浆中各待测组分含量测定的影响情况，计算各待测组分的提取回收率。结果见表 4-63。结果显示，乙酸 20μL 较好抑制大鼠血浆样品中待测组分的解离，并且有利于改善色谱峰峰形，故选择乙酸用量为 20μL。

表 4-63　不同种酸和用量对大鼠血浆中牡荆素、IS 提取回收率的影响（$n=3$）

组分	酸的种类及用量/μL							
	乙酸(10)		乙酸(20)		磷酸(10)		磷酸(20)	
	A	A/A_{IS}	A	A/A_{IS}	A	A/A_{IS}	A	A/A_{IS}
VIT	126.5	1.16	142.7	1.25	89.9	1.03	92.3	1.05
IS	108.4		114.3		87.6		87.5	

注：A. 分析物的峰面积；A/A_{IS}. 分析物的峰面积/内标物的峰面积

6) 血浆样品的处理

取血浆 150μL 至预先肝素化的 2mL 离心管中，依次加入冰乙酸 20μL、内标 30μL、甲醇 1mL，涡旋 1min，离心 10min(3500r/min)，取上清液，50℃氮气流下吹干，用 150μL 流动相溶解，涡旋 1min，离心 10min(10 000r/min)，取 20μL 进样。分别记录峰面积，记录色谱图。

7) 分析方法的确证

(1) 方法的专属性：上述色谱条件下，通过将大鼠的空白血浆样品色谱图（图 4-37A）、空白血浆样品中加对照品和内标物色谱图（图 4-37B）、牡荆素静脉注射后加内标血浆样品色谱图（图 4-37C）、牡荆素灌胃给药后加内标血浆样品色谱图（图 4-37D）进行比较，发现牡荆素分离不受内源性物质的影响，且与内标物的色谱峰达到基线分离。牡荆素和内标物的保留时间分别为 4.1min 和 6.2min。

(2) 检测限（LOD）和最低定量限（LOQ）测定：将已知浓度的标准溶液无限稀释，精密吸取 50μL，至 150μL 的空白血浆中，按"血浆样品的处理"项下方法处理，配制样品溶液，进行测定，保证 S/N 均为 10，重复分析 5 次，获得该浓度的日内精密度 RSD 低于 9.2%，准确度 RE 为 4.7%。该结果表明，HPLC 法测定牡荆素的 LOQ 为 0.1μg/mL，LOD（$S/N=3$）为 0.035μg/mL。

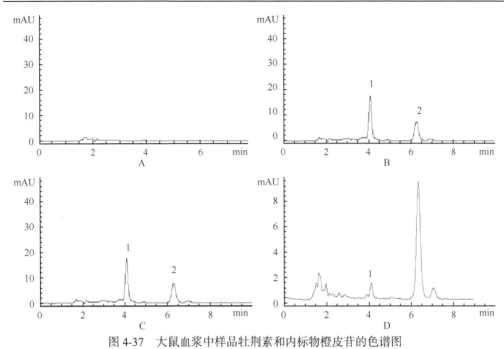

图 4-37　大鼠血浆中样品牡荆素和内标物橙皮苷的色谱图

A. 空白血浆；B. 空白血浆中加入内标物橙皮苷；C. 静脉给药 10min 后大鼠血浆样品；D. 灌胃给药 20min 后大鼠血浆样品。色谱峰 1. 牡荆素，色谱峰 2. 橙皮苷

(3) 标准工作曲线：取空白血浆 150μL 6 份，加入内标溶液 30μL，加入牡荆素系列标准溶液(0.75μg/mL、1.5μg/mL、3.75μg/mL、7.5μg/mL、18.75μg/mL、37.5μg/mL 和 150μg/mL)各 20μL，配制成相当于血浆浓度为 0.1μg/mL、0.2μg/mL、0.5μg/mL、1μg/mL、2.5μg/mL、5.0μg/mL 和 20μg/mL 的待测样品，按"血浆样品的处理"项下方法操作，进样 20μL，记录色谱图。以牡荆素与内标物的峰面积比值为纵坐标(Y)，牡荆素浓度为横坐标(X)，用加权最小二乘法进行回归运算，权重系数为 $1/c^2$，典型的回归方程为 $Y=0.2031X-0.0158$，相关系数 $r=0.9991$。该法牡荆素为 0.1～20μg/mL 时线性良好。

(4) 提取回收率：取空白血浆 150μL，按上述"血浆样品处理"项下方法分别制备低、中、高三个浓度(0.3μg/mL、1.5μg/mL、16μg/mL)的样品各 6 样本，同时另取空白血浆 150μL，除不加标准系列溶液和内标外，按"血浆样品的处理"项下方法处理，向获得的上清液中加入相应浓度的标准溶液 20μL 和内标 30μL，涡旋混合，50℃氮气流下吹干。残留物以流动相溶解，进样分析，获得相应色谱峰面积。以每一浓度两种处理方法的峰面积比值计算提取回收率，牡荆素在低、中、高三个浓度的提取回收率及 RSD 见表 4-63。

(5) 精密度和准确度：取空白血浆 150μL，按上述"血浆样品的处理"项下方法分别制备低、中、高三个浓度(0.3μg/mL、1.5μg/mL、16μg/mL)的质量控制样品，每一浓度进行 6 样本分析，连续测定 3 天，并与标准曲线同时进行，以当日的标准曲线计算质控样品的浓度，求得方法的精密度 RSD(质控样品测得值的相对标准偏差)

和准确度 RE(质控样品测量均值对真值的相对误差)，结果见表 4-64。该法的日内精密度 RSD≤7.9%，日间精密度 RSD≤7.3%，RE 为-6.9%~6.9%，均符合目前生物样品分析方法指导原则的有关规定，该法可用于准确测定大鼠血浆中牡荆素浓度。

表 4-64　大鼠质控样品中牡荆素测定法精密度、准确度和提取回收率结果

加样浓度 /(μg/mL)	日内精密度			日间精密度			回收率/%	RSD/%
	测定浓度 /(μg/mL)	RSD/%	RE/%	测定浓度 /(μg/mL)	RSD/%	RE/%		
0.3	0.321±0.024	7.4	6.9	0.317±0.019	6.3	5.9	94.68±0.032	3.3
1.5	1.40±0.11	7.9	−6.9	1.46±0.107	7.3	−2.6	83.83±0.057	6.8
16	15.1±0.72	4.8	−5.9	15.4±0.78	5.1	−3.8	90.45±0.320	3.5

注：均值±SD，日内精密度：$n=5$；日间精密度：$n=3$ 天；每天重复测定 5 次；回收率：$n=6$

(6) 样品稳定性：取空白血浆 150μL，按上述"血浆样品的处理"项下方法分别制备低、中、高三个浓度(0.3μg/mL、1.5μg/mL、16μg/mL)的样品，置冰箱中进行短期(室温，4h)、长期(-20℃，一个月)和冻(24h，-20℃)融(室温，2~3h)三次后重新测定，计算相对误差 RSD 及 RE，结果见表 4-65。

表 4-65　大鼠质控样品中牡荆素的稳定性结果

稳定性	浓度		
	0.3μg/mL	1.5μg/mL	16μg/mL
短期稳定性	0.321±0.025	1.44±0.11	14.7±0.66
长期稳定性	0.304±0.021	1.44±0.13	15.3±0.45
冻融稳定性	0.322±0.023	1.42±0.079	15.4±0.36

注：均值±SD，$n=5$

结果表明生物样品在室温、-20℃放置 1 个月及连续冻融 3 次均能保持稳定。

2. 牡荆素在大鼠体内的血浆药动学研究

1) 动物血浆样品的采集

取 Wistar 大鼠 10 只，随机分成 2 组，每组 5 只。实验前禁食 12h，自由饮水。取定量牡荆素溶解到生理盐水-20%丙二醇溶液中，配制成 2mg/mL 和 3mg/mL 的溶液供静脉注射和灌胃使用。按 10mg/kg 和 30mg/kg 体重静脉和灌胃给予牡荆素溶液后，于静脉注射后 2min、5min、8min、11min、15min、20min、30min、45min、60min、90min 和 120min 采血，灌胃给药后 3min、5min、10min、15min、20min、30min、45min、60min、80min、120min 和 180min 采血，置于预先肝素化的试管中，离心 10min(3500r/min)，得血浆样品置-20℃冰箱中保存，待测。

取各采血时间点血浆 150μL，按照"血浆样品的处理"项下方法操作，进样分析。

2) 牡荆素药动学研究结果

将给药后不同时间取血测得的血药浓度和时间数据用 3p97 药动学软件拟合，通过进行一房室、二房室、三房室对各权重为 1、$1/c$、$1/c^2$ 的情况进行拟合，比较药时

曲线拟合图及参数，平均药时曲线见图 4-38，其主要药动学参数见表 4-66。结果表明，静脉给药后牡荆素在大鼠体内的药动学行为符合二室开放模型，灌胃给药后，牡荆素在大鼠体内的药动学行为符合开放性一室模型。

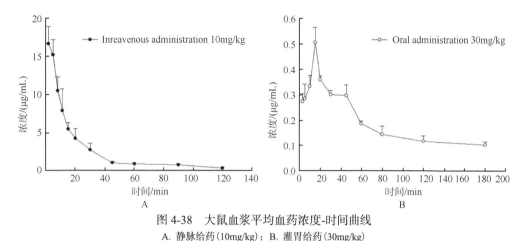

图 4-38　大鼠血浆平均血药浓度-时间曲线
A. 静脉给药(10mg/kg)；B. 灌胃给药(30mg/kg)

表 4-66　牡荆素在大鼠体内静脉和灌胃给药后的血浆药动学参数

参数	给药途径	
	静脉(10mg/kg)	口服(30mg/kg)
C_{max}/(μg/mL)	16.61±2.32	0.51±0.015
T_{max}/min	—	15.82±0.172
V_c/(L/kg)	0.47±0.106	0.62±0.16
$t_{1/2\alpha}$/min	6.78±0.771	—
$t_{1/2\beta}$/min	46.01±0.810	—
$t_{1/2}(ka)$/min	—	3.68±0.085
$t_{1/2}(ke)$/min	—	59.81±2.31
$AUC_{0\to\infty}^{a}$/[μg/(mL·min)]	327.11±26.6	42.70±6.35
CL^a[L/(kg·min)]	0.031±0.035	0.71±0.156
$MRT_{0\to t}$/min	26.23±1.51	60.42±5.41
$MRT_{0\to\infty}$/min	32.30±2.92	127.32±6.59
$AUC_{0\to t}^{b}$/[μg/(mL·min)]	324.21±26.1	35.38±3.56
$AUC_{0\to\infty}^{b}$/[μg/(mL·min)]	335.61±32.4	49.34±3.32
F/%		4.91±0.761

注：均值±SD，n=5；a、b 分别代表房室模型和非房室模型

3) 生物利用度研究

生物利用度(bioavailability)是指剂型中的药物被吸收进入体循环的速率与程度。生物利用度分为绝对生物利用度与相对生物利用度。

绝对生物利用度(absolute bioavailability)是指药物吸收进入体循环的量与给药剂

量的比值,是以静脉给药制剂(通常认为静脉给药制剂生物利用度为100%)为参比制剂获得的药物吸收进入体循环的相对量。

本实验通过静脉和灌胃给予大鼠牡荆素后,得到其相应的药动学参数AUC,利用公式求出牡荆素在大鼠体内的绝对生物利用度。

$$生物利用度(\%) = \frac{AUC_{0 \to t}(\text{p.o.}) \times \text{Dose(i.v.)}}{AUC_{0 \to t}(\text{i.v.}) \times \text{Dose(p.o.)}}$$

经计算牡荆素的生物利用度为4.9%。

(三)讨论与小结

1. 助溶剂的选择 牡荆素为碳苷化合物,碳苷化合物具有溶解度小、不易酸水解的特点,为了获得牡荆素溶液,供大鼠静脉和灌胃给药使用,本实验曾尝试用DMSO作为助溶剂,有文献报道当DMSO加入量大于1%时[123],将会给动物造成中毒反应。本实验在生理盐水中加入DMSO约为1%时,牡荆素未获得较好的溶解。后尝试使用丙二醇作为助溶剂,文献报道[124]丙二醇的用量小于60%时,是在安全范围内,故本实验尝试使用5%、10%、20%的丙二醇,发现当生理盐水中加入20%丙二醇时牡荆素能够很好地溶解,故最终确定用生理盐水-20%丙二醇作为溶剂。

2. 流动相的选择 为了获得合适的保留时间和良好的分离度,曾分别采用甲醇-水(30:70~45:55)作为流动相,结果被测物分离效果不佳,后在流动相中加入了乙腈,分别尝试采用甲醇-乙腈-水(15:15:70~30:10:60)作为流动相,后发现流动相为甲醇-乙腈-水(30:10:60)出峰时间比较理想,但峰形欠佳。为了改变峰形,尝试了甲醇-乙腈-甲酸溶液系统,分别尝试0.1%~0.5%的甲酸溶液,最后发现当流动相为甲醇-乙腈-0.3%甲酸水(30:10:60)时分离效果良好,故最终确定其为流动相。

3. 检测波长的选择 牡荆素有两个最大吸收波长,分别为269nm和330nm,内标物的两个最大吸收波长为204nm和284nm。当选择269nm作为检测波长时,血浆中的内源性物质会对检测造成干扰,并且在此波长处内标物吸收较弱,考虑到以上原因最终确定检测波长为330nm。

4. 内标物的选择 为满足测试需求,内标物应选择与被测物结构相似、保留时间较为接近的化合物。本研究对多种化合物进行了筛选,尝试了牡荆素-4″-O-葡萄糖苷、牡荆素-2″-O-鼠李糖苷、黄芩苷等内标物,发现内源性物质的色谱分离不好,内标物与待测物的分离度也不理想,且保留时间不佳。而橙皮苷保留时间适宜,与牡荆素结构类似,不受内源性物质干扰、仪器波动等因素的影响较小,且与待测物质、血浆内源性物质之间无干扰,因此选择其为本试验的内标物。

5. 药动学研究 由药动学研究结果可知,牡荆素静脉及灌胃给药后选择的权重系数分别为$1/c^2$和1,药动学行为分别符合二室开放模型和一室开放模型。静脉给药后牡荆素在大鼠体内迅速消除,$t_{1/2\beta}$[(46.0±0.81)min]、V_c[(0.47±0.06)L/kg]和CL[(0.0306±0.035)L/kg/min]与之前牡荆素的报道[131]$t_{1/2\beta}$[(43.53±4.23)min]、V_c[(0.62±0.16)L/kg]和CL[(0.011±0.005)L/(kg·min)]结果相似。但是此结果与山楂叶中的提取物牡荆素注射大鼠体内的药动参数有所不同[93]，$t_{1/2\beta}$ [（2.28±0.623）h]、V_c [（0.190±0.003）L/kg] 和 CL [（0.371±0.014）L/(kg·h)]，与提取物相比，牡荆素在大鼠体内的消除时间缩短、清除率变快，推测这可能与提取物内各成分的相互作用有关。牡荆素灌胃给药后，血浆浓度非常低，C_{max} 仅为 0.413μg/mL，灌胃后牡荆素在 15.82min 迅速被吸收，并且在体内快速消除。

牡荆素的口服生物利用度非常低，仅为 4.9%，推测牡荆素在体内存在较强的首过效应[132]，这与之前报道一致，黄酮类化合物的生物利用度都比较差，这与它本身的结构相关，在肝脏和小肠中通过一些酶它会被转化成一些代谢产物和生物转化物（通过甲基化、硫酸化或葡萄糖醛酸化）[133-136]。

二、牡荆素在小鼠体内吸收、分布、排泄研究

（一）仪器、试药与动物

1. 仪器 同"牡荆素的血浆药动学及生物利用度研究"。
2. 试药 同"牡荆素的血浆药动学及生物利用度研究"。
3. 动物 健康昆明小鼠，雄性（20±2）g，辽宁中医药大学实验动物中心提供。实验中所使用动物严格按照实验室动物保护指导原则进行，所使用动物征得辽宁中医药大学实验动物伦理委员会同意。

（二）方法与结果

1. 小鼠生物样品中牡荆素分析方法的建立
1）色谱条件
色谱柱：Kromasil C_{18}（150mm×4.6mm，5μm）（大连三杰科技发展有限公司，中国大连）；预柱：KR C_{18}（35mm×8.0mm，5μm）（大连科技发展公司）；流动相：甲醇-乙腈-0.3%甲酸溶液（3∶1∶6，$V/V/V$）；检测波长：330nm；流速：1mL/min；内标物：橙皮苷；柱温：室温；进样量：20μL。

2）溶液制备
（1）标准储备溶液的制备：取牡荆素对照品约 3.28mg，精密称定，置 10mL 量瓶中，用甲醇超声溶解并定容至刻度，摇匀，即得浓度为 328μg/mL 的时对照品储备液，于 4℃冰箱保存，备用。
（2）内标溶液的制备：取精密称定的橙皮苷 2.48mg，置 10mL 量瓶中，用甲醇超声溶解并稀释至刻度，摇匀，即得浓度为 248μg/mL 的内标储备液，于 4℃冰箱保存，备用。

3）空白生物样品的制备
（1）血浆样品：取 10 只空白小鼠（小鼠于取样前一晚禁食，自由饮水）血浆，混合，于-20℃冰箱保存，备用。
（2）组织样品：取 10 只空白小鼠（小鼠于取样前一晚禁食，自由饮水）的脏器（心

脏、肝脏、脾脏、肺脏、肾脏、肠、胃、胆囊），取出后用生理盐水洗净除去内容物，用滤纸吸干其水分，混合在一起称重，并加入生理盐水1∶3(m/V)，匀浆，作为空白组织样品保存，于-20℃冰箱保存，备用。

(3)粪便样品：取10只空白小鼠(小鼠于取样前一晚禁食，自由饮水)放置代谢笼，收集其粪便，混合，用研钵捣碎，混合均匀后，取约0.2g，并加入生理盐水1∶5(m/V)，匀浆，吸取上清液，作为空白粪便样品，于-20℃冰箱保存，备用。

(4)尿液样品：取10只空白小鼠(小鼠于取样前一晚禁食，自由饮水)放置代谢笼，收集其尿液，混合，于-20℃冰箱保存，备用。

4)质控样品的制备

(1)血浆样品：精密吸取150μL空白血浆，分别各加入30μL工作溶液和30μL内标溶液，依照"生物样品的处理"项下方法处理，制备成低、中、高三种浓度的质控样品。牡荆素血浆浓度分别为0.3μg/mL、3μg/mL、30μg/mL，将质控样品于4℃冰箱保存，备用。

(2)组织样品：精密吸取150μL空白组织匀浆液，分别各加入30μL工作溶液和30μL内标溶液，依照"生物样品的处理"项下方法处理，制备成低、中、高三种浓度的质控样品。肝脏、胃、肾脏组织匀浆液质控样品中牡荆素浓度分别为0.3μg/mL、2μg/mL、16μg/mL；心脏、脾脏、肺脏分别为0.3μg/mL、1.5μg/mL、8μg/mL；肠为0.6μg/mL、3μg/mL、16μg/mL；胆囊为0.6μg/mL、4μg/mL、30μg/mL，将质控样品于4℃冰箱保存，备用。

(3)粪便/尿液样品：精密吸取150μL空白粪便匀浆液/尿液，分别各加入30μL工作溶液和30μL内标溶液，依照"生物样品的处理"项下方法处理，制备成低、中、高三种浓度的质控样品。牡荆素粪便匀浆液/尿液浓度为0.6μg/mL、4μg/mL、30μg/mL，将质控样品于4℃冰箱保存，备用。

5)生物样品预处理条件的优化

提取溶剂种类的选择(以肝脏、肠、粪便为代表进行筛选)方法如下。

分别取小鼠空白组织样品匀浆液150μL，分别置5mL离心管中，分别加入各待测组分中浓度质控样品30μL、内标溶液30μL、乙酸20μL。分别加甲醇、乙腈、乙酸乙酯、甲醇-乙腈(1∶1)各1.0mL，涡旋1min，离心15min(3500r/min)，取上清液，50℃氮气流下吹干，150μL流动相溶解，涡旋1min，离心10min(10 000r/min)，取20μL进样。分别记录峰面积，计算提取回收率，结果见表4-67。综合考虑各待测组分和内标物回收率，选择乙腈为提取溶剂。

表4-67 不同溶剂对大鼠血浆中牡荆素、内标物提取回收率的影响

样品	甲醇		乙腈		乙酸乙酯		甲醇-乙腈	
	R/%	RSD/%	R/%	RSD/%	R/%	RSD/%	R/%	RSD/%
肝脏	82.24	4.6	86.13	4.2	62.79	5.8	80.59	4.9
肠	84.75	2.1	85.99	2.7	78.56	3.2	84.32	3.1
粪	87.66	4.7	89.57	3.5	79.62	5.4	86.81	4.2

注：R. 回收率；$n=3$

6）生物样品的处理

(1) 血浆/尿液：取肝素抗凝血浆 150μL，置 2mL 具塞离心试管中，依次加入 20μL 乙酸、30μL 内标溶液、1mL 乙腈，涡旋混合 1min，离心 15min(3500r/min)，分取上清液，于 50℃氮气流下吹干。残渣加入流动相 150μL，涡旋溶解 1min，离心 10min(10 000r/min)，取上清液 20μL，注入高效液相色谱仪，记录色谱图。

(2) 组织匀浆：精密称量组织样品，加入 1：3(m/V)生理盐水，匀浆处理。取 150μL 组织匀浆液，加入 20μL 乙酸、30μL 内标溶液、1mL 乙腈，涡旋混合 1min，离心 15min(3500r/min)，分取上清液，于 50℃氮气流下吹干。残渣加入流动相 150μL，涡旋溶解 1min，离心 10min(10 000r/min)，取上清液 20μL，注入高效液相色谱仪，记录色谱图。

(3) 粪便匀浆：收集粪便后，用研钵捣碎，混合均匀后，称取 0.2g，并加入生理盐水 1：5(m/V)，匀浆，吸取匀浆液 150μL，加入 20μL 乙酸、30μL 内标溶液、1mL 乙腈，涡旋混合 1min，离心 15min(3500r/min)，分取上清液，于 50℃氮气流下吹干。残渣加入流动相 150μL，涡旋溶解 1min，离心 10min(10 000r/min)，取上清液 20μL，注入高效液相色谱仪，记录色谱图。

7）分析方法的确证

(1) 方法的专属性：血浆样品：上述色谱条件下，将小鼠的空白血浆样品色谱图（图 4-39A）、空白血浆样品中加对照品和内标物色谱图（图 4-39B）、牡荆素静脉注射 16min 后加内标血浆样品色谱图（图 4-39C）、牡荆素灌胃给药 15min 后加内标血浆样品色谱图（图 4-39D）进行比较。

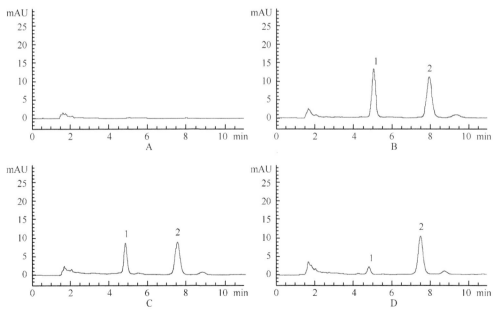

图 4-39 小鼠血浆样品中牡荆素和内标物橙皮苷的色谱图

A. 空白血浆；B. 空白血浆中加入内标物橙皮苷；C、D. 静脉给药 16min 后小鼠血浆样品灌胃给药 15min 后小鼠血浆样品。色谱峰 1. 牡荆素；色谱峰 2. 橙皮苷组织样品：以小肠为例，将小鼠的空白小肠匀浆液样品色谱图(图 4-40A)、空白小肠匀浆液样品中加对照品和内标物色谱图(图 4-40B)、牡荆素静脉注射 16min 后加内标小肠样品色谱图(图 4-40C)、牡荆素灌胃给药 15min 后加内标小肠样品色谱图(图 4-40D)进行比较。

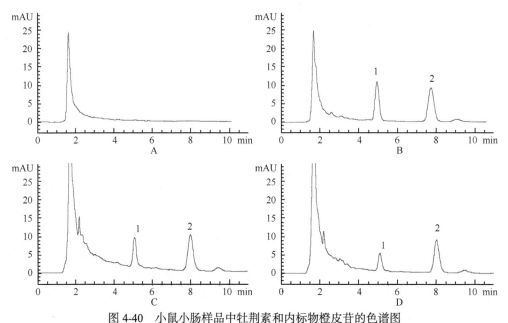

图 4-40　小鼠小肠样品中牡荆素和内标物橙皮苷的色谱图

A. 空白小肠样品；B. 空白小肠样品中加入内标物橙皮苷；C、D. 静脉给药 16min 后小鼠小肠样品灌胃给药 15min 后小鼠小肠样品。色谱峰 1. 牡荆素；色谱峰 2. 橙皮苷

粪便样品：以粪便为例，将小鼠的空白粪便匀浆液样品色谱图(图 4-41A)、空白粪便匀浆液样品中加对照品和内标物色谱图(图 4-41B)、牡荆素静脉注射 0～2h 后加内标粪便样品色谱图(图 4-41C)、牡荆素灌胃给药 2～4h 后加内标粪便样品色谱图(图 4-41D)进行比较。

以上血浆、组织及实验粪便样品实验结果提示，牡荆素分离不受内源性物质的影响且与内标物色谱峰达到基线分离。

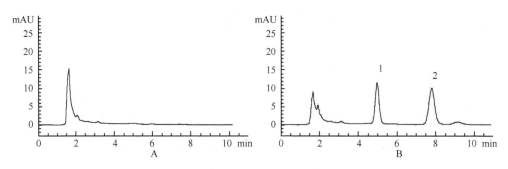

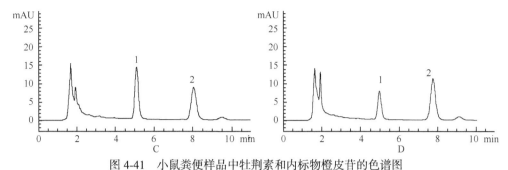

图 4-41 小鼠粪便样品中牡荆素和内标物橙皮苷的色谱图

A. 空白粪便样品；B. 空白粪便样品中加入内标物橙皮苷；C、D. 静脉给药 0~2h 后小鼠粪便样品灌胃给药 2~4h 后小鼠粪便样品。色谱峰 1. 牡荆素；色谱峰 2. 橙皮苷

(2) 检测限（LOD）和最低定量限（LOQ）测定：将已知浓度的标准溶液无限稀释，精密吸取 50μL，至 150μL 的空白血浆中，按"生物样品的处理"项下方法操作，配制样品溶液，进行测定，保证 S/N 均为 10，重复分析 5 次，获得该浓度的日内精密度 RSD 低于 9.3%，准确度 RE 为 5.8%。该结果表明，HPLC 法测定血浆样品时牡荆素的 LOQ 为 0.1μg/mL，最低检测限（LOD，$S/N=3$）为 0.035μg/mL。同法测定组织样品或粪便样品时，牡荆素的心脏、肝脏、脾脏、肺脏、胃 LOQ 为 0.1μg/mL，最低检测限（LOD，$S/N=3$）为 0.035μg/mL；测定小肠、胆囊、粪便及尿液时，牡荆素的 LOQ 为 0.18μg/mL，最低检测限（LOD，$S/N=3$）为 0.053μg/mL。

(3) 标准工作曲线：取空白血浆 150μL 6 份，加入内标溶液 30μL，加入牡荆素系列标准溶液（0.5μg/mL、2.5μg/mL、5μg/mL、12.5μg/mL、25μg/mL、50μg/mL、100μg/mL 和 200μg/mL）各 30μL，配制成相当于血浆浓度为 0.1μg/mL、0.5μg/mL、1μg/mL、2.5μg/mL、5.0μg/mL、10μg/mL、20μg/mL 和 40μg/mL 的待测样品，按"生物样品的处理"项下方法操作，进样 20μL，记录色谱图。以牡荆素与内标物的峰面积比值为纵坐标（Y）、牡荆素浓度为横坐标（X），用加权最小二乘法进行回归运算，权重系数为 $1/c^2$，各个组织、粪便及尿液标准曲线建立过程同血浆，典型的回归方程见表 4-68。

表 4-68 牡荆素在小鼠血浆、组织及排泄物中标准曲线、相关系数和线性范围

生物样品	回归方程	相关系数（r）	线性范围（μg/mL）
血浆	$Y=0.1631X+0.0121$	0.9998	0.1~40
心脏	$Y=0.1997X+0.0379$	0.9926	0.1~10
肝脏	$Y=0.1911X+0.0854$	0.9977	0.1~20
脾脏	$Y=0.1122X+0.0476$	0.9973	0.1~10
肺脏	$Y=0.1622X+0.0765$	0.9943	0.1~10
肾脏	$Y=0.1558X+0.1745$	0.9973	0.1~20
小肠	$Y=0.1662X+0.0765$	0.9985	0.2~20
胃	$Y=0.1558X+0.0423$	0.9998	0.1~20
胆囊	$Y=0.1627X+0.0154$	0.9982	0.2~40
尿液	$Y=0.1648X+0.0296$	0.9986	0.2~40
粪便	$Y=0.1644X+0.0248$	0.9989	0.2~40

(4) 提取回收率：取空白血浆 150μL，按上述"生物样品的处理"项下方法分别制备低、中、高三个浓度(0.3μg/mL、3μg/mL、30μg/mL)的样品各 6 样本，同时另取空白血浆 150μL，除不加标准系列溶液和内标外，其他步骤按"生物样品的预处理"项下操作，向获得的上清液中加入相应浓度的标准溶液 30μL 和内标 30μL，涡旋混合，50℃氮气流下吹干。残留物以流动相溶解，进样分析，获得相应色谱峰面积。以每一浓度两种处理方法的峰面积比值计算提取回收率，牡荆素在低、中、高三个浓度的提取回收率及 RSD。结果表明，提取回收率值为 92.51%～94.65%，符合目前生物样品分析方法指导原则的有关规定。组织、粪便及尿液提取回收率测定方法同血浆，在组织、粪便及尿液中，该法的回收率均为 90.76%～92.35%，均符合目前生物样品分析方法指导原则的有关规定。

(5) 精密度和准确度：取空白血浆 150μL，按上述"生物样品的处理"项下方法分别制备低、中、高三个浓度(0.3μg/mL、3μg/mL、30μg/mL)的质控样品，每一浓度进行 6 样本分析，连续测定 3 天，并与标准曲线同时进行，以当日的标准曲线计算质控样品的浓度，求得方法的精密度 RSD(质控样品测得值的相对标准偏差)和准确度 RE(质控样品测量均值对真值的相对误差)，该法的日内精密度 RSD≤6.5%，日间精密度 RSD≤7.7%，RE 为-4.9%～3.9%，均符合目前生物样品分析方法指导原则的有关规定，该法可用于准确测定小鼠血浆中牡荆素浓度。

组织、粪便及尿液的精密度和准确度测定方法同血浆，在组织、粪便及尿液中，该法的日内精密度 RSD≤10.5%，日间精密度 RSD≤8.7%，RE 为-5.9%～6.3%，均符合目前生物样品分析方法指导原则的有关规定，该法可用于准确测定小鼠血浆中牡荆素浓度。

2. 牡荆素在小鼠体内的药动学研究

(1) 血浆样品的采集：取昆明小鼠 120 只，随机分成 12 组，每组 10 只。其中 6 组小鼠用于静脉给药，其余 6 组用于灌胃给药。实验前禁食 12h，自由饮水。取定量牡荆素溶解到生理盐水-20%丙二醇溶液中，配制成 2mg/mL 的溶液供静脉注射和灌胃使用。按 10mg/kg 和 30mg/kg 体重静脉和灌胃给予牡荆素溶液后，于静脉注射后 2min、5min、8min、11min、16min、30min、45min、60min、90min 和 120min 采血，灌胃给药后 3min、5min、10min、15min、20min、30min、45min、60min、90min 和 120min 采血，置于预先肝素化的试管中，离心 10min(3500r/min)，得血浆样品置－20℃冰箱中保存，待测。

取各采血时间点血浆样品，按照"生物样品的处理"项下方法操作，进样分析。

(2) 组织样品的采集：取昆明小鼠 60 只，随机分成 12 组，每组 5 只。其中 6 组小鼠用于静脉给药，其余 6 组用于灌胃给药。实验前禁食 12h，自由饮水。取 2mg/mL 的牡荆素溶液按 10mg/kg 和 30mg/kg 体重给予小鼠静脉注射和灌胃。分别于静脉给药 2min、16min、30min、60min 和 90min 和灌胃给药 5min、15min、20min、60min 和 90min 后，断颈处死小鼠，取心、肝脏、脾脏、肺脏、肾脏、肠、胃及胆囊。组织经生理盐水冲洗后，用滤纸吸干水分，称重。另外，在处理过程中，胃和肠中的内容物应清理干净。所有样品于-20℃低温保存备用。

取各采样时间点组织,按照"生物样品的预处理"项下方法操作,处理样品后,进样分析。

(3)粪便及尿液样品:12只小鼠被随机分成2组,其中6只静脉注射给药,其余6只用于灌胃给药。实验前禁食12h,自由饮水。取2mg/mL的牡荆素溶液按10mg/kg和30mg/kg体重给予小鼠静脉注射和灌胃。给药后小鼠置于代谢笼中在不同时间收集尿液及粪便。给药2h后,可自由饮食。分别收集给药后0~2h、2~4h、4~8h、8~12h和12~24h的尿液与粪便。尿液测量体积,粪便称重并记录。所有样品于-20℃低温保存备用。

取各时间段的粪便/尿液样品,按照"生物样品的处理"项下方法操作,处理样品后,进样分析。

3. 牡荆素药动学研究结果 将给药后不同时间取血测得的血药浓度和时间数据用3p97药动学软件拟合,比较药时曲线拟合图及参数,平均药时曲线见图4-42,其主要药动学参数见表4-69。结果表明,静脉给药后牡荆素在小鼠体内的药动学行为符合二室开放模型,灌胃给药后,牡荆素在小鼠体内的药动学行为符合一室开放模型。

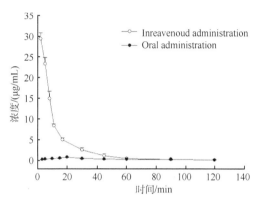

图4-42 小鼠静脉给药(10mg/kg)、灌胃给药(30mg/kg)后血浆平均血药浓度-时间曲线
均值±SD, $n=6$

表4-69 牡荆素小鼠体内静脉和灌胃给药后的血浆药动学参数

参数	给药途径	
	静脉(10mg/kg)	口服(30mg/kg)
C_{max}/(μg/mL)	—	0.71±0.11
T_{max}/min	—	19.14±0.07
V/(L/kg)	0.29±0.06	0.34±0.14
$t_{1/2\alpha}$/min	5.99±0.77	—
$t_{1/2\beta}$/min	33.11±0.81	—
$t_{1/2}$(ka)/min	—	6.42±0.09
$t_{1/2}$(ke)/min	—	29.11±2.31
CL/[L/(kg·min)]	0.03±0.04	0.89±0.06
$AUC_{0\to\infty}^{a}$/[μg/(mL·min)]	357.91±26.61	33.74±6.35
$MRT_{0\to t}$/min	14.61±1.56	45.65±5.41
$MRT_{0\to\infty}$/min	18.12±2.92	92.62±6.59
$AUC_{0\to t}^{b}$/[μg/(mL·min)]	377.81±26.13	32.43±3.56
$AUC_{0\to\infty}^{b}$/[μg/(mL·min)]	381.22±32.41	44.72±3.32
F/%	—	3.91±0.76

注:均值±SD, $n=6$

4. 组织分布研究结果 组织分布研究结果表明，牡荆素能快速及广泛的分布全身，静脉给药后，组织脏器中牡荆素分布浓度由高至低依次为胆囊、肺脏、肝脏、肾脏、脾脏、胃、肠及心脏。灌胃给药后，组织脏器中牡荆素分布浓度由高至低依次为胆囊、胃、肠、脾脏、肝脏、肾脏及心脏。在各组织中的具体分布浓度见表4-70和图4-43。

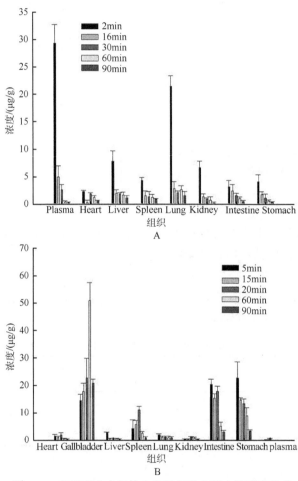

图4-43 牡荆素在小鼠体内各组织及血浆中的浓度分布
A. 静脉给药(10mg/kg)；B. 灌胃给药(30mg/kg)。均值±SD，$n=6$

5. 排泄研究结果 牡荆素经静脉给药后的尿累计率及粪便累计率分别为$(22.72\pm2.23)\%$和$(9.11\pm1.69)\%$，经灌胃给药后的尿累计率及粪便累计率分别为$(2.92\pm1.05)\%$和$(7.85\pm1.45)\%$，见图4-44。

表 4-70 小鼠静脉给药(10mg/kg)和灌胃给药(30mg/kg)后各个时间段各组织中牡荆素的浓度

时间/min	心脏	肝脏	脾脏	胰脏	肾脏	小肠	胃	胆囊
				浓度/(μg/g)				
				静脉给药				
2	2.33±0.21	7.80±1.94	4.35±0.52	21.51±1.98	6.68±1.08	3.20±1.17	4.08±1.26	553.81±40.03
15	3.16±0.43	1.98±0.63	1.61±0.82	2.86±1.27	1.39±0.47	2.43±1.13	1.74±0.54	421.25±64.47
30	1.83±0.25	1.57±0.39	1.33±1.02	2.05±0.37	0.93±0.23	1.52±0.49	1.17±0.67	290.30±49.95
60	1.20±0.34	1.63±0.53	1.28±0.50	1.58±0.72	0.75±0.58	0.99±0.37	0.66±0.12	144.47±26.72
90	0.68±0.09	1.10±0.43	0.95±0.07	2.65±0.77	0.21±0.14	0.49±0.19	0.39±0.07	81.26±22.96
				口服给药				
5	1.81±0.65	2.95±0.279	11.33±3.18	2.08±0.55	0.47±0.12	20.63±1.87	22.87±5.90	14.73±2.27
15	1.27±0.46	0.65±0.255	6.05±1.29	1.36±0.31	0.46±0.19	15.55±1.53	14.94±0.79	18.05±3.02
20	2.20±0.76	0.74±0.074	4.46±1.24	1.36±0.43	1.21±0.40	18.05±1.85	13.65±1.62	22.89±7.25
60	0.75±0.09	0.70±0.205	2.86±0.62	1.17±0.47	0.82±0.42	5.39±1.48	9.19±2.94	51.00±16.67
90	0.49±0.08	0.52±0.133	1.11±0.43	1.10±0.45	0.49±0.23	3.13±0.69	3.62±0.52	20.19±1.65

注:均值±SD, $n=6$

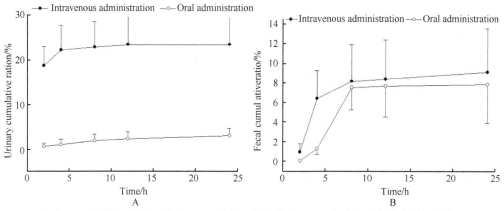

图 4-44 牡荆素静脉给药(10mg/kg)和灌胃给药(30mg/kg)后在小鼠体内的排泄率
A. 尿液的累计排泄率；B. 粪便累计排泄率。均值±SD，$n=6$

(三)讨论与小结

1. 生物样品处理方法 生物样品因其特殊性，在分析之前要进行预处理，较为常见的方法[137]有沉淀蛋白质法、液-液萃取和固相萃取。由于黄酮苷极性较强，易溶于甲醇、乙腈等极性较强的有机溶剂，而不易溶于常用的有机提取溶剂(乙醚、乙酸乙酯、氯仿等)，故采用液-液萃取方式难以将其从生物基质中提取出来；固相萃取分为自动化和非自动化，前者分析成本高，适用于大量样品分析，而后者采用固相萃取柱，需要活化、上样、洗涤、洗脱等步骤，操作繁琐。根据实验条件及化合物的性质，本书选择沉淀蛋白质的方法来提取被测物，该方法不仅实验成本低、分析速率快，而且提取回收率很高，满足实验需求。本实验曾对沉淀蛋白质的溶剂进行了筛选，乙酸乙酯、甲醇、甲醇-乙腈(1∶1)、乙腈等均被尝试，通过对被测物提取率的比较，发现乙腈对被测物及内标物的回收率均优于其他蛋白质沉淀剂，提取率高，提纯后杂质少，最终选择乙腈直接沉淀蛋白质。

2. 血浆药动学研究 静脉及灌胃给药后，牡荆素在小鼠体内的药动学行为与第三章描述的牡荆素在大鼠体内的药动学行为基本一致，静脉给药后药动学行为符合二室开放模型，灌胃给药后药动学行为符合一室开放模型，提示牡荆素的体内代谢在这两物种之间不存在差异。

3. 组织分布研究 牡荆素在小鼠体内的吸收和消除都是非常迅速的。静脉给药2min后，牡荆素在多数组织中已达到吸收的最大值；给药90min后，其在各组织中的含量已经非常低，表明牡荆素在体内分布迅速而且在体内无蓄积现象。灌胃给药后，牡荆素在组织中的最大吸收值在血浆中，表明牡荆素依靠的是血液的流动和灌注到达体内各个组织。两种给药方式给药后，牡荆素在小鼠胆囊中的浓度都是最高的，其浓度已达到血浆浓度的 200 倍，提示胆汁排泄是牡荆素在体内的主要排泄方式之一。另外，经两种给药方式给药后，牡荆素在心脏中均呈现相当稳定的浓度，这一特点表明，牡荆素对心脏有稳定且持续的药效，这与文献报道牡荆素具有治疗心血管疾病的报道一致[138,139]。同时文献报道山楂叶治疗心血管疾病疗效显著[100,140,141]，推测牡荆素应为山楂叶中治疗心血管疾病的有效成分之一。

4. 排泄研究 牡荆素在小鼠体内的消除是很迅速的，给药后 24h，在排泄物中已经检测不到被测物。与空白粪便及尿液样品对比，发现牡荆素在排泄物中主要以原型药出现，静脉给药后牡荆素的总排泄率为(31.83±3.85)%，其中(22.72±2.23)%经尿排泄、(9.11±1.69)%经粪便排泄。口服给药后牡荆素的总排泄率为(10.77±2.34)%，其中(2.92±1.05)%经尿排泄、(7.85±1.45)%经粪便排泄。结合组织分布实验，发现牡荆素在胆囊中均呈现相当高的含量，证明胆汁排泄为牡荆素排泄的主要形式。同时发现静脉给药后，肾排泄也是重要的排泄方式之一。口服给药后，不被吸收的部分多以原型药经粪便排出体外。然后高剂量的牡荆素灌胃进入体内后，经胆汁排泄的量大于以粪便和尿液排泄的量，推测牡荆素在体内存在重吸收过程，可能存在肝肠循环现象[72-74]。

第九节 液质联用等技术研究山里红叶提取物及单体成分药动学

本书采用 HPLC-UV 及 UPLC-MS/MS 技术，对山里红叶提取物及活性成分大鼠静脉及灌胃不同给药途径进行药动学研究，以期为新药研究提供指导意义。

一、静脉给药牡荆素-2″-O-鼠李糖苷的药动学研究

牡荆素-2″-O-鼠李糖苷是山里红叶中黄酮的主要成分之一，已经被证实有很强的抑制人类乳癌细胞 DNA 合成的作用[142]。目前，没有文献报道有关大鼠静脉给药牡荆素-2″-O-鼠李糖苷的药动学研究。为了全面评价其药动学，建立实验方法是完全必要的。近年来，有许多文献报道有关测定山楂属植物提取物中牡荆素-2″-O-鼠李糖苷及牡荆素的分析方法，如毛细管电泳法及 LC-UV/LC-MS 法[143-148]。然而，迄今没有文献报道关于生物体液中牡荆素-2″-O-鼠李糖苷的分析方法。因此本研究建立并验证测定大鼠血浆中牡荆素-2″-O-鼠李糖苷的 HPLC 法，将该法应用于 4 个剂量大鼠静脉给药药代动学研究。

(一)仪器、药品与试剂

1. 仪器 岛津高效液相色谱仪，LC-10AT 泵，SPD-10A VP 检测器(日本岛津)；Chromato-Solution Light workstation 色谱工作站(日本岛津)；RE-52A 旋转蒸发仪(中国上海亚荣生化仪器厂)；HH2-数显恒温水浴锅(中国国华电器有限公司)；AGBP210S 电子天平(德国 Satorius 公司)；TDL-40B 型离心机(中国上海安亭科学仪

器厂）；CAY-1 型液体快速混合器（中国北京长安仪器厂）；100～1000μL 微量取样器（中国上海求精生化试剂仪器厂）。

2. 药品与试剂　牡荆素-2″-O-鼠李糖苷（自制，纯度 99%）；橙皮苷（购自中国药品生物制品检定所）；色谱纯乙腈、甲醇及分析纯甲醇（中国上海医药集团）。

3. 药材　山里红叶采于辽宁省沈阳市辽中县，经辽宁中医药大学鉴定教研室王冰教授鉴定为山里红叶。

4. 动物　雄性 Wistar 大鼠，体重 250～300g，辽宁中医药大学实验动物中心提供。实验中所使用动物研究严格按照实验室动物保护指导原则进行，并征得辽宁中医药大学动物实验伦理委员会同意。

（二）色谱条件

色谱柱：Diamonsil ODS C_{18}（150mm×4.6mm，5μm）（迪马公司，中国北京）；流动相：乙腈-0.3%水（12∶88）；流速：1mL/min；内标：橙皮苷；柱温：室温；进样量：20μL。检测波长：270nm。

1. 溶液制备

1）标准储备溶液的制备

取牡荆素-2″-O-鼠李糖苷对照品约 10mg，精密称定，置 100mL 量瓶中，用甲醇溶解并定容至刻度，摇匀，即得浓度为 100μg/mL 的对照品储备液，于 4℃冰箱保存。

2）内标溶液的制备

取橙皮苷对照品约 9.50mg，置 25mL 量瓶中，用甲醇溶解并稀释至刻度，摇匀，即得浓度为 380μg/mL 的内标储备液。精密量取储备液适量，用甲醇稀释制成 38μg/mL 的内标溶液，于 4℃冰箱保存，备用。

3）静脉样品的制备

称取牡荆素-2″-O-鼠李糖苷对照品适量，加适量乙醇超声溶解，加水稀释制成 5mg/mL 的药液，于 4℃冰箱保存，备用。

2. 动物及血浆样品的采集　取 Wistar 大鼠 20 只，随机分成 4 组，每组 5 只。实验前禁食 12h，自由饮水。按 15mg/kg、30mg/kg、60mg/kg、120mg/kg 体重静脉给予牡荆素-2″-O-鼠李糖苷水溶液后，于 3min、5min、8min、12min、17min、23min、30min、38min、47min、57min、90min 采血，置于预先肝素化的试管中，离心 10min（3000r/min），得血浆样品置 -20℃冰箱中保存，待测。

3. 血浆样品的处理　取肝素抗凝血浆 200μL，置 10mL 具塞离心试管中，依次加入乙酸 20μL、100μL 内标溶液（橙皮苷甲醇溶液，38μg/mL）、1mL 甲醇，涡旋混合 1min，离心 10min（3000r/min），分取上清液，于 50℃氮气流下吹干，残渣加入流动相 200μL，涡旋溶解 1min，离心 10min（15 000r/min），取上清液 20μL，注入高效液相色谱仪，记录色谱图。

(三) 结果

1. 分析方法的确证

1) 方法的专属性

取大鼠空白血浆 6 份, 除内标溶液用 100μL 甲醇代替外, 其余按"血浆样品的预处理"项下方法操作, 获得空白血浆样品的色谱图(图 4-45A); 将一定浓度的牡荆素-2″-O-鼠李糖苷和内标橙皮苷(40μg/mL)加入大鼠空白血浆中, 依同法操作, 获得相应的色谱图(图 4-45B); 大鼠给药后血浆样品色谱图见(图 4-45C)。其中牡荆

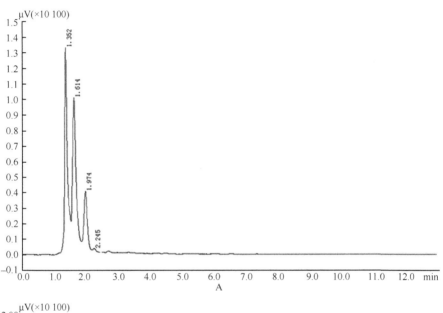

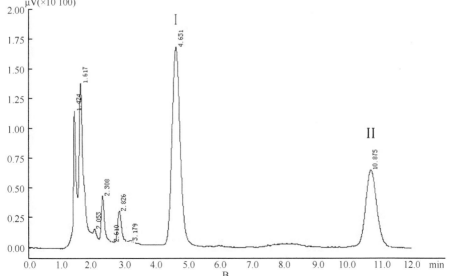

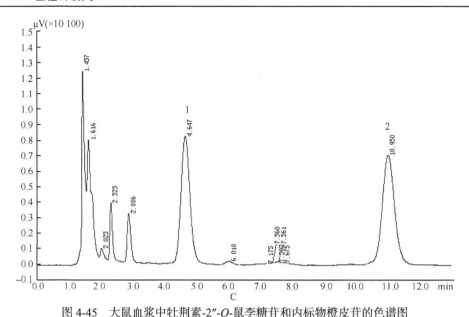

图 4-45 大鼠血浆中牡荆素-2″-O-鼠李糖苷和内标物橙皮苷的色谱图

A. 空白血浆；B. 空白血浆加入对照品和内标物；C. 10mg/kg 牡荆素-2″-O-鼠李糖苷静脉给药 47min 后大鼠血浆样品。色谱峰 1. 牡荆素-2″-O-鼠李糖苷；色谱峰 2. 橙皮苷

素-2″-O-鼠李糖苷和内标橙皮苷的保留时间分别为 4.6min 和 10.9min。结果表明，血浆样品内源性物质不干扰牡荆素-2″-O-鼠李糖苷及内标橙皮苷的测定。

2) 标准工作曲线、定量下限和检测限

(1) 标准曲线的绘制：取空白血浆 200μL 8 份，加入内标溶液 100μL，加入系列标准溶液(0.428μg/mL、0.856μg/mL、1.71μg/mL、4.28μg/mL、10.7μg/mL、21μg/mL、4μg/mL、42.8μg/mL、85.6μg/mL) 各 50μL，使牡荆素-2″-O-鼠李糖苷血浆浓度为 0.1070μg/mL、0.2141μg/mL、0.4282μg/mL、1.070μg/mL、2.676μg/mL、5.352μg/mL、10.70μg/mL、21.41μg/mL，按"血浆样品的预处理"项下方法操作，进样 20μL，记录色谱图。以牡荆素-2″-O-鼠李糖苷与内标物的峰面积比值为纵坐标(Y)，牡荆素-2″-O-鼠李糖苷浓度为横坐标(X)，用加权最小二乘法进行回归运算，权重系数为 $1/c^2$，回归方程为 $Y=0.1053X+0.001\ 525$，相关系数 $r=0.9965$。该法牡荆素-2″-鼠李糖苷为 0.1070~21.41μg/mL 时线性良好。

(2) 定量下限和检测限：最低定量限 (LLOQ) 按标准曲线上最低浓度 0.1070μg/mL，取空白血浆 200μL，各加入牡荆素-2″-O-鼠李糖苷标准溶液 50μL，配制成相当于牡荆素-2″-O-鼠李糖苷血浆浓度为 0.1070μg/mL 的样品，重复分析 5 次，连续测定 3 天，并根据当日标准曲线计算，求每一样本测得浓度。获得该浓度的日内精密度(RSD)为 11.2%，日间精密度(RSD)为 9.6%，准确度(RE)分别为 5.2%和 7.4%。该结果表明 HPLC 法测定血浆中牡荆素-2″-O-鼠李糖苷的定量下限为 0.1070μg/mL，其日内精密度及日间精密度在 RSD<20%及 RE 为±20%之内符合规定。测定荆素-2″-O-鼠李糖苷的检测限(LOD)为 0.040 22μg/mL。

3)精密度和准确度

取空白血浆 200μL,按上述血浆样品的制备项下方法分别制备低、中、高三个浓度(0.185μg/mL、1.85μg/mL、18.5μg/mL)的质控样品,每一浓度进行 5 样本分析,连续测定 3 天,并与标准曲线同时进行,以当日的标准曲线计算质控样品的浓度,求得方法的精密度 RSD(质控样品测得值的相对标准偏差)和准确度 RE(质控样品测量均值对真值的相对误差),结果见表4-71。该法的日内精密度 RSD≤7.4%,日间精密度 RSD≤8.5%,RE 在±4.9%之间,均符合目前生物样品分析方法指导原则的有关规定[149, 150, 76],该法可用于准确测定大鼠血浆中牡荆素-2″-O-鼠李糖苷浓度。

表 4-71 牡荆素-2″-O-鼠李糖苷精密度、准确度

加样浓度 /(μg/mL)	日内			日间		
	测定浓度/(μg/mL)	RSD/%	RE/%	测定浓度/(μg/mL)	RSD/%	RE/%
0.185	0.1762±0.012	7.3	−4.9	0.1790±0.014	7.9	−3.2
1.85	1.830±0.135	7.4	−1.1	1.828±0.154	8.5	−1.6
18.5	18.52±0.853	4.6	0.13	18.66±1.34	7.2	0.86

注:日内:n=5;日间:n=3,每天重复测定 5 次

4)提取回收率

取空白血浆 200μL,按上述"血浆样品的预处理"项下方法分别制备低、中、高三个浓度(0.185μg/mL、1.85μg/mL、18.5μg/mL)的样品各 6 样本,同时另取空白血浆 200μL,除不加标准系列溶液和内标外,其他步骤按"血浆样品的预处理"项下操作,向获得的上清液中加入相应浓度的标准溶液 50μL 和内标 100μL,涡旋混合,50℃空气流下吹干。残留物以流动相溶解,进样分析,获得相应色谱峰面积。以每一浓度两种处理方法的峰面积比值计算提取回收率,牡荆素-2″-O-鼠李糖苷在低、中和高三个浓度的提取回收率及 RSD%见表4-72。

表 4-72 牡荆素-2″-O-鼠李糖苷提取回收率(n = 6)

加样浓度/(μg/mL)	测定浓度/(μg/mL)	提取回收率/%	RSD/%
0.185	0.1776±0.009	96.0±4.64	4.8
1.85	1.779±0.118	96.2±6.38	6.6
18.5	18.78±0.847	101.5±5.94	6.0

5)样品稳定性

取空白血浆 200μL,按上述"血浆样品的预处理"项下方法分别制备低、高两个浓度(0.185μg/mL、18.5μg/mL)的样品,置冰箱中进行冻(24h,−20℃)融(室温,2~3h)、长期放置(−20℃,两周)和提取后放置(25℃,6h)后重新测定,计算相对误差 RSD 及 RE,结果见表4-73。

表 4-73　牡荆素-2″-O-鼠李糖苷在大鼠血浆中的稳定性（$n=6$）

稳定性	加样浓度/(μg/mL)	测定浓度/(μg/mL)	RSD/%	RE/%
冻-融	0.185	0.1775±0.012	7.2	−4.1
	18.5	19.07±0.968	5.1	3.1
长期	0.185	0.1786±0.014	8.1	−3.5
	18.5	18.77±0.687	3.7	1.5
放置	0.185	0.1798±0.016	9.0	−2.8
	18.5	19.04±0.841	4.4	2.9

实验结果表明，在各个条件下保存的血浆样品稳定。

(四) 药动学研究结果

大鼠静脉给药牡荆素-2″-O-鼠李糖苷后，血浆中牡荆素-2″-O-鼠李糖苷吸收快，1h 内消除。药动学参数用 DAS2.0 计算软件处理，平均药时曲线见图 4-46，其主要药物动力学参数见表 4-74。结果表明，大鼠静脉给药 4 个剂量牡荆素-2″-O-鼠李糖苷后，在大鼠体内吸收、消除过程均较快，其给药剂量与 AUC 成正比，符合一级动力学过程行为。

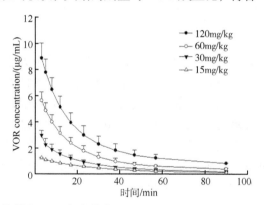

图 4-46　大鼠静脉给药牡荆素-2″-O-鼠李糖苷 15mg/kg、30mg/kg、60mg/kg、120mg/kg 后平均血药浓度-时间曲线
均值±SD，$n=5$

表 4-74　大鼠静脉给药牡荆素-2″-O-鼠李糖苷后药动学参数

药动学参数	15mg/kg	30mg/kg	60mg/kg	120mg/kg
$t_{1/2\alpha}$/min	8.21±8.01	7.46±3.73	9.35±2.44	8.72±1.36
$t_{1/2\beta}$/min	45.34±24.0	56.47±18.7	61.57±13.4	61.69±13.2
V_c/(L/kg)	5.587±5.58	7.532±1.89	8.885±0.837	11.33±1.55
CL/[L/(min·kg)]	0.290±0.047	0.315±0.062	0.335±0.037	0.343±0.037
$AUC_{0\to t}$/[mg/(L·min)]	41.08±3.17	74.48±9.29	141.4±3.48	244.2±37.6
$AUC_{0\to\infty}$/[mg/(L·min)]	53.09±9.08	98.54±16.5	181.8±21.3	354.1±38.0
K_{10}/min^{-1}	0.078±0.011	0.049±0.028	0.038±0.004	0.031±0.002
K_{12}/min^{-1}	0.083±0.008	0.10±0.130	0.031±0.012	0.038±0.011
K_{21}/min^{-1}	0.024±0.0098	0.049±0.050	0.023±0.011	0.026±0.010

注：均值±SD，$n=5$

(五)讨论

1. 分析方法的选择 牡荆素-2″-O-鼠李糖苷属黄酮类化合物,有强烈紫外吸收,本实验尝试用 HPLC 法,以检测波长为 270nm 测定血浆中牡荆素-2″-O-鼠李糖苷的含量,结果显示杂质干扰少。尽管牡荆素-2″-O-鼠李糖苷吸收及消除快,但用此法仍然能够在 1h 内检测到牡荆素-2″-O-鼠李糖苷。

2. 色谱条件的优化 当采用甲醇为流动相的有机相时,发现内源性物质的色谱分离不好,干扰待测物的测定,尤其对低浓度点样品的影响更大,使标准曲线的线性关系不好。当采用以乙腈为流动相的有机相时,色谱分离及色谱峰形得到改善。本实验在流动相中加少量甲酸在一定程度上改善了色谱峰形。实验中曾尝试采用 Diamonsil C_{18} 柱(200mm×4.6mm,5μm,迪马公司,中国)作为色谱柱,但保留时间过长,不适合血浆样品分析,因此在本实验中采用 150mm 短柱。

二、灌胃给药山里红叶提取物及牡荆素-2″-O-鼠李糖苷的药动学研究

在前文所述实验中我们以牡荆素-2″-O-鼠李糖苷进行了大鼠静脉给药后体内药代动力研究,本实验采用灌胃给药测定牡荆素-2″-O-鼠李糖苷在大鼠体内的吸收与消除。文献报道黄酮苷类灌胃给药吸收进入体内之前首先被肠道微生物分解,因此黄酮类原型很难在体内检测到[151,152],这也可能是研究牡荆素-2″-O-鼠李糖苷体内药动学还很少被人们关注的原因。由此,建立一个比较完善的分析方法测定通过灌胃给药牡荆素-2″-O-鼠李糖苷在大鼠体内的代谢过程是必要的。本研究将快速、灵敏、高选择性的 UPLC-ESI-MS/MS 法用于灌胃给药牡荆素-2″-O-鼠李糖苷大鼠体内药动学研究。

(一)仪器、药品与试剂

1. 仪器 高效液相色谱仪(美国 Waters 公司 ACQUITY Ultra Performance LC™ 超高效液相色谱仪);质谱仪:Micromass® Quattro micro™ API 三重四极杆串联质谱仪(Waters,英国),电喷雾离子源(ESI 源);数据采集系统:Masslynx 4.1 数据采集软件。

2. 药品与试剂 对照品牡荆素-2″-O-鼠李糖苷(自制,经高效液相色谱归一化法测定,纯度 99%);山里红叶提取物(自制);内标物,橙皮苷对照品:由中国药品生物制品检定所提供,批号为 10062-0007,含量 99.2%;乙腈为色谱纯,购自 Tedia 公司;甲酸为色谱纯,购自 Dikma 公司;甲醇为分析纯,购自山东禹王化学试剂厂;水为 Mill-Q®超纯水系统制备;其他试剂均为分析纯试剂。空白血浆由辽宁中医药大学实验动物中心提供。

(二)超高效液相色谱条件

液相色谱由 ACQUITY™ 超高效液相色谱系统(美国 Waters 公司)完成,自动进样器温度4℃。色谱柱为 ACQUITY UPLC™ BEH C_{18} 柱(2.1mm×50 mm, 1.7μm;美国 Waters 公司);流动相:乙腈-0.1%甲酸溶液;流速:0.25mL/min;内标:橙皮苷;柱温:40℃;进样量:5μL;洗脱方式:梯度洗脱,梯度洗脱程序见表4-75。

表4-75 流动相梯度洗脱程序

洗脱时间/min	流动相组成	
	A(0.1%甲酸溶液/%)	B(乙腈/%)
0	70	30
1.0	60	40
1.5	10	90
3.0	70	30

1. 质谱条件 电喷雾离子源(ESI源);检测方式:正离子检测;扫描方式:多反应离子监测(MRM)方式,定量分析时的离子反应分别为 579→433 m/z(牡荆素-2″-O-鼠李糖苷)和 m/z 611→303(内标橙皮苷);扫描时间为0.10s;毛细管电压:3.1kV;锥孔电压:40V;去溶剂气:N_2;去溶剂气温度:300℃;源温度:110℃;去溶剂气流速:300L/h;锥孔气流速:40L/h;碰撞气(Ar)压力 $2.61×10^{-3}$Mbar;碰撞诱导解离(CID)电压均为20eV。所有获得的数据用 Masslynx4.1 数据采集软件处理。

2. 溶液制备

1)标准储备溶液的制备

取牡荆素-2″-O-鼠李糖苷对照品约10mg,精密称定。置100mL量瓶中,用甲醇溶解并定容至刻度,摇匀,即得浓度为100μg/mL的对照品储备液,于4℃冰箱保存。

2)内标溶液的制备

取橙皮苷对照品约10mg,精密称定。置25mL量瓶中,用甲醇溶解并稀释至刻度,摇匀,即得浓度为400μg/mL的内标储备液。精密量取储备液适量,用甲醇稀释制成40μg/mL的内标对照品储备液,于4℃冰箱保存,备用。

3)灌胃样品的制备

(1)山里红叶提取物灌胃液的制备:称取山里红叶药材250g,按筛选最佳工艺提取大孔吸附树脂净化工艺处理提取物,用适量 0.5% CMC-Na 混悬,制成相当于100mg/mL的牡荆素-2″-O-鼠李糖苷药液,于4℃冰箱保存,备用。

(2)牡荆素-2″-O-鼠李糖苷灌胃液的制备:称取牡荆素-2″-O-鼠李糖苷对照品适量,加适量水超声溶解,并加水稀释制成100mg/mL的药液,于4℃冰箱保存备用。

3. 动物及血浆样品的采集 实验中所使用动物研究严格按照实验室动物保护指

导原则进行，并征得辽宁中医大学动物实验伦理委员会同意。取雄性 Wistar 大鼠 10 只，体重为 250～300g，由辽宁中医药大学实验动物中心提供。实验前，动物在保持环境温度下饲养一周，动物喂养标准实验室食物，自由饮水，实验前禁食 14～16h。

取 Wistar 大鼠 5 只，通过灌胃器灌胃给药大鼠牡荆素-2″-O-鼠李糖苷（120mg/kg）。分别在 0min、5min、10min、15min、30min、45min、60min、90min、150min、240min 及 360min 通过眶静脉采血，置于预先肝素化的聚四氟乙烯试管中，离心 10min（3000r/min），得血浆，置-20℃冰箱中保存，待测。

取 Wistar 大鼠 5 只，通过灌胃器灌胃给药大鼠山里红叶提取物的作用相当于牡荆素-2″-O-鼠李糖苷（120mg/kg）。按上述实验方法采血，处理样品得血浆，置-20℃冰箱中保存，待测。

4. 血浆样品的处理 取肝素抗凝血浆 200μL，置 10mL 具塞离心试管中，依次加入 20μL 乙酸、50μL 内标溶液（橙皮苷甲醇溶液，40μg/mL）、1mL 甲醇。涡旋混合 1min，离心 10min（3000r/min），分别取上清液，置 1.5mL 试管中，于 50℃氮气流下吹干。残渣用初始流动相：水-乙腈（30 : 70）混合溶液 100μL 溶解，涡旋 1min，离心 10min（15 000r/min），取上清液 5μL，进样，UPLC-ESI-MS/MS 系统分析。

(三) 结果

1. 质谱分析 本方法用正离子方式检测，在一级全扫描质谱图中获得牡荆素-2″-O-鼠李糖苷准分子离子峰 579m/z，选择性对[M+H]进行二级质谱分析（图 4-47A），准分子离子裂解生成的主要碎片离子 m/z433，用于定量分析。图 4-47B 为内标橙皮苷的二级全扫描质谱图，准分子离子裂解生成的主要碎片离子 303m/z，用于定量分析。

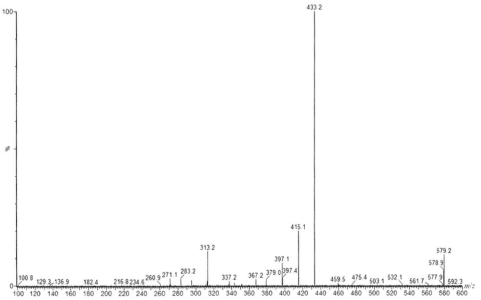

A

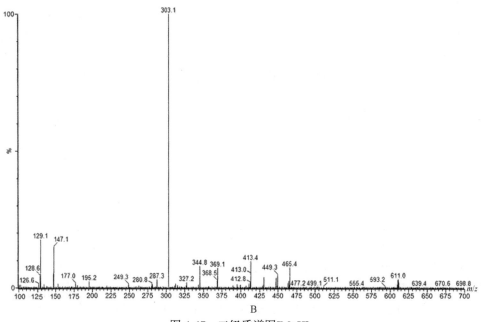

图 4-47　二级质谱图[M+H]
A. 牡荆素-2"-O-鼠李糖苷；B. 橙皮苷

2. 分析方法的确证

1）方法的专属性

分别取 6 只大鼠的空白血浆 200μL，除内标溶液用 50μL 甲醇代替外，其余步骤按"血浆样品的处理"项下操作，进样 5μL，得空白血浆样品的色谱图 4-48A。将一

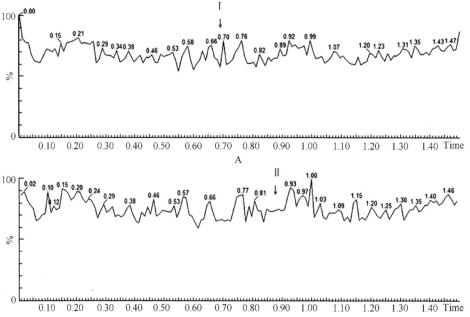

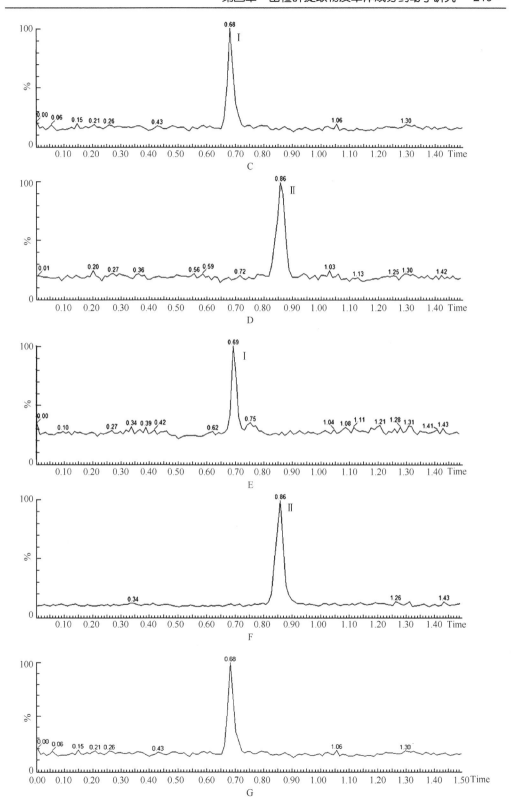

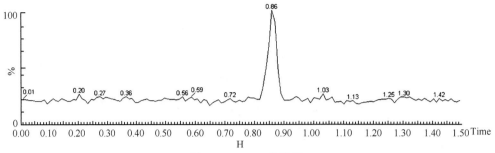

图 4-48　MRM 色谱图

A. 空白血浆；B. 空白血浆加对照品和内标物；C. 口服给药 10min 后；D. 大鼠给药山里红提取物 15min 后。Ⅰ. 牡荆素-2″-O-鼠李糖苷；Ⅱ. 内标物

定浓度的牡荆素-2″-O-鼠李糖苷标准溶液和内标溶液加入大鼠空白血浆中，依同法操作，得相应的色谱图 4-48B。牡荆素-2″-O-鼠李糖苷的保留时间分别为 0.69min，内标物的保留时间为 0.86min；取大鼠给药牡荆素-2″-O-鼠李糖苷后收集的血浆样品，依同法操作，得大鼠给药后血浆样品色谱图，见图 4-48C。取大鼠给药山里红提取物后收集的血浆样品，依同法操作，得大鼠给药后血浆样品色谱图，见图 4-48D。结果表明，空白血浆中的内源性物质不干扰牡荆素-2″-O-鼠李糖苷及内标物的测定。

2) 标准曲线的绘制

取空白血浆 200μL，置 10mL 具塞玻璃试管中，加入内标溶液 50μL，加入牡荆素-2″-O-鼠李糖苷系列标准溶液(0.04μg/mL、0.1μg/mL、0.2μg/mL、0.4μg/mL、1μg/mL、2μg/mL、10μg/mL)各 50μL，配制相当于牡荆素-2″-O-鼠李糖苷浓度为 10ng/mL、25ng/mL、50ng/mL、100ng/mL、250ng/mL、500ng/mL、2500ng/mL 的标准血浆样品，按"血浆样品的处理"项下依法操作，进样 5μL，记录色谱图；以血浆中牡荆素-2″-O-鼠李糖苷的浓度为横坐标(X)、牡荆素-2″-O-鼠李糖苷与内标的峰面积比值为纵坐标(Y)，用加权最小二乘法进行回归计算，权重系数为 $1/c^2$，求得直线的回归方程，即为标准曲线。牡荆素-2″-O-鼠李糖苷的典型回归方程为：$Y=2.98\times10^{-3}X+47.40$，相关系数 $r=0.9946$。

3) 最低定量限及检测限

取空白血浆 200μL 6 份，各加入浓度为 0.04μg/mL 的牡荆素-2″-O-鼠李糖苷标准溶液 50μL，配制成相当于牡荆素-2″-O-鼠李糖苷血浆浓度为 10ng/mL 的样品，进行测定，并根据当日标准曲线计算，求得每一样本测得浓度。获得该浓度的日内精密度(RSD)为 7.6%，日间精密度(RSD)为 11.4%，准确度(RE)为–5.3%和 12.0%。结果表明，该法测定血浆中牡荆素-2″-O-鼠李糖苷的定量下限为 10ng/mL，同时稀释样品溶液至信噪比(S/N)为 3 时牡荆素-2″-O-鼠李糖苷的检测浓度为 2ng/mL。

4) 精密度和准确度

取空白血浆 200μL，制备低、中、高三个浓度(25ng/mL、250ng/mL、2000ng/mL)的质控样品，按上述血浆样品的制备项下方法，每一浓度进行 5 样本分析，日内精密度在同一天测定，日间精密度在连续三个工作日测定，并与标准曲线同时进行，以当日的标准曲线计算质控样品的浓度，将质控样品的结果进行方差分析，求得方法的精密度 RSD（质控样品测得值的相对标准偏差）和准确度 RE（质控样品测量均值对真值的相对误差），结果见表 4-76。该分析方法的日内精密度 RSD≤11%，日间精密度 RSD≤2.4%，RE 为-9.3%～1%，均符合目前生物样品分析方法指导原则的有关规定[130-132]，该法可用于准确测定大鼠血浆中牡荆素-2″-O-鼠李糖苷的浓度。

表 4-76 牡荆素-2″-O-鼠李糖苷精密度、准确度

	加样浓度/(ng/mL)	测得浓度/(ng/mL)	RSD/%	RE/%
日内	25	22.3	6.7	90.7
	250	241.8	11	96.7
	2000	1985	2.5	99.2
日间	25	23.2	2.3	92.6
	250	235.7	1.1	94.3
	2000	2020	2.4	101.0

注：日内：$n=5$；日间：$n=3$，每天重复测定 5 次

提取回收率。取空白血浆 200μL，按上述"血浆样品的预处理"项下方法分别制备低、中、高三个浓度（25ng/mL、250ng/mL、2000ng/mL）的样品各 5 样本，同时另取空白血浆 200μL，除不加标准溶液和内标外，其他步骤按"血浆样品的预处理"项下操作，向获得的上清液中加入相应浓度的标准溶液 50μL 和内标 50μL，涡旋混合，50℃空气流下吹干。残留物以流动相溶解，进样分析，获得相应色谱峰面积（三次测定的平均值）。以每一浓度两种处理方法的峰面积比值计算提取回收率，牡荆素-2″-O-鼠李糖苷在低、中和高三个浓度的提取回收率分别为（94.6±8.8）%、（97.3±5.6）%、（99.7±3.2）%，牡荆素-2″-O-鼠李糖苷和内标橙皮苷的平均回收率分别为（97.2±2.6）%、（96.9±5.4）%。

5）血浆样品稳定性

取空白血浆 200μL，按"标准曲线的制备"项下操作，制备浓度为 250ng/mL 的质控样品。分别考察血浆样品室温下放置稳定性（6h）、样品预处理后 4℃条件下自动进样室放置稳定性、经 3 个冻融循环（-20℃，24h）及长期放置稳定性（-20℃，15 天）。结果表明，血浆样品室温下放置 6h、预处理后 4℃条件下放置 24h，稳定性良好；质控样品经 3 个冷冻-解冻循环可保持稳定；样品在-20℃条件下可保持 15 天稳定。以上测定结果的准确度（均值±SD）分别为（104.1±8.7）%、（98.2±9.4）%、（100.8±5.4）%、（102.6±8.9）%。

(四) 药动学研究结果

测定大鼠血浆中牡荆素-2″-O-鼠李糖苷的 UPLC-MS/MS 技术，能够测定灌胃给予山里红叶提取物及单体牡荆素-2″-O-鼠李糖苷后，牡荆素-2″-O-鼠李糖苷在大鼠体

内 360min 的吸收及代谢过程。实验结果表明，在单剂量给药时，牡荆素-2″-O-鼠李糖苷在大鼠体内 360min 内基本消除,灌胃给予山里红叶提取物大鼠血浆牡荆素-2″-O-鼠李糖苷在 31min 左右达峰，C_{max} 约为 1412ng/mL,灌胃给予单体牡荆素-2″-O-鼠李糖苷的吸收与提取物达峰基本一致,但 C_{max} 约为 808ng/mL,低于提取物的 C_{max},这是否与山里红叶提取物其他成分的作用相关有待进一步研究。山里红叶提取物及单体牡荆素-2″-O-鼠李糖苷大鼠灌胃给药平均药时曲线见图4-49,药动学参数使用 3p97 药动学软件处理,牡荆素-2″-O-鼠李糖苷在大鼠血浆中药-时曲线符合二室模型的一级吸收($W=1/c$)。其主要药物动力学参数见表 4-77。

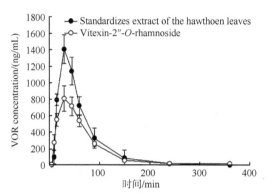

图 4-49 大鼠口服给药牡荆素-2″-O-鼠李糖苷(120mg/kg)及山里红叶提取物后牡荆素-2″-O-鼠李糖苷平均血药浓度-时间曲线

均值±SD，$n=5$

表 4-77 大鼠口服给药牡荆素-2″-O-鼠李糖苷(120mg/kg)及山里红叶提取物后牡荆素-2″-O-鼠李糖苷药动学参数

组分	$AUC_{0\to t}$ /[μg/(mL·min)]	$AUC_{0\to\infty}$ /[μg/(mL·min)]	C_{max}/(μg/mL)	T_{max}/min	$t_{1/2}$/min
山里红叶提取物	133 726±9 386	139 330±9 655	1 412±523	31.1±1.2	21.3±1.4
牡荆素-2″-O-鼠李糖苷	78 556±9 900	82 010±10 155	807.5±174	30.8±1.4	20.1±1.3

注：均值±SD，$n=5$

分别灌胃给予山里红叶提取物及牡荆素-2″-O-鼠李糖苷后结果表明,在同等量牡荆素-2″-O-鼠李糖苷条件下,大鼠灌胃给予牡荆素-2″-O-鼠李糖苷后,血浆中检测到牡荆素-2″-O-鼠李糖苷浓度较低,C_{max} 和 AUC 较小,其他药动对数与提取物给药基本一致。结果说明山里红叶提取物中的其他化学成分可能促进牡荆素-2″-O-鼠李糖苷的吸收,但对牡荆素-2″-O-鼠李糖苷在大鼠体内的其他药动学行为并无显著影响。

(五)讨论

1. 分析方法的选择 牡荆素-2″-O-鼠李糖苷属黄酮类化合物,文献报道,黄酮苷类成分灌胃给药后,由于肠道菌群水解作用影响吸收,因此用普通方法,如 LC-UV 很难检测到此成分。本实验尝试用 HPLC-UV,在 270nm 检测血浆中牡荆素-2″-O-鼠李糖苷的含量，只有几个时间点可检测到微小色谱峰，为了研究整个药动学过程，采用高灵敏度的 UPLC-MS/MS 进行检测。采用 1.7μm 的固定相填料，与传统的 HPLC 法相比极大的提高了液相色谱的分离效能，在分离度相同的条件下，UPLC 的分辨速率是 HPLC 的 9 倍，分辨率可高出 2 倍，灵敏度可提高 3 倍。

2. 色谱条件的优化 虽然血浆样品可通过甲醇沉淀蛋白质，但仍有内源性物质的干扰，这就需要一定程度的色谱分离。当采用甲醇为流动相的有机相时，发现内源性物质干扰被测物的分离，色谱峰形不佳。当采用乙腈为流动相的有机相时，色谱分离得到改善，在流动相加少量甲酸，色谱峰形改善。本实验采用 ACQUITY UPLC^{TM} BEH C_{18} column(50mm×2.1mm，1.7μm)短柱，并采用梯度洗脱方式进行色谱分离，由于 UPLC 色谱柱填料粒径小，其平衡所需时间较短，保证了测定方法的重现性。采用梯度洗脱可获得峰形更好、半峰宽更小的色谱峰，从而可获得更高的灵敏度，同时可将柱内残留的内源性杂质洗脱的更彻底，从而延长色谱柱的使用寿命。

3. 质谱条件的优化 本实验比较了牡荆素-2″-O-鼠李糖苷在电喷雾离子源 ESI(+)和 ESI(−)中的响应，结果用 ESI(+)时，牡荆素-2″-O-鼠李糖苷的信号响应强度优于 ESI(−)。采用 ESI 源(+)检测对牡荆素和内标橙皮苷进行一级全扫描，结果表明在上述条件下 m/z433 和 m/z303 分别为牡荆素-2″-O-鼠李糖苷和橙皮苷的主要离子，故选二者的主要离子 m/z433 和 m/z303 为反应离子监测(MRM)分析的定量离子，根据待测物与内标物的色谱峰面积比，对待测组分进行定量。这种定量分析方法的好处在于只需将待测组分与内源性物质简单分离以减少离子抑制效应，待测组分与内标物间不需进行完全的色谱分离便可获得高度的专属性。

参 考 文 献

[1] 郭立玮. 中药药代动力学方法与应用. 北京：人民卫生出版社，2002：306.
[2] 陈琼华，高士美，杜学芳，于文学. 中药大黄的综合研究Ⅳ·大黄蒽醌衍生物在体内的吸收、排泄和分布. 药学学报，1963，(10)：525-528.
[3] 赫梅生. 用药物急性病死率估计药物体存量与表观半衰期. 中国药理学报，1985，6(3)：213-216.
[4] 李耐三. 用药理学方法测定药物动力学参数. 中草药，1985，16(4)：17-20.
[5] 李成韶. 以药效为指标的中药药物动力学研究. 中国新药与临床药理，1996，7(3)：50-52.
[6] 富杭育. 以发汗的药效法再探麻黄汤、桂枝汤、银翘散、桑菊饮的药物动力. 中药药理与临床，1992，8(5)：1-4.
[7] 颜敏，刘建平. 中药药物动力学研究进展. 药学进展，2005，29(6)：260-265.
[8] Smolen V F. Bioavilability and pharmacokinetic analysis of drug responding systems. Ann Rev Pharmacol Toxicol，1978，18(4)：495-522.
[9] He J X, Akao T, Tani T. Influence of co-administered antibiotics on the pharmacokinetic fate in rats of paeoniflorin and its active metabolite paeonimetabolin-I from Shaoyao-Gancao-Tang. J Pharm Pharmacol，2003，55(3)：313-321.
[10] Tashiro S I. Serum pharmacology and serum pharmacochemistgry of sairei-to-ChaiLingTang. The First International Symposium on Natural Medicine and Microecology (1 st ISNNM)，Dalien：1996，1-6.
[11] 田中茂，小仓伊穂子，田代真一. 血中浓度测定による汉方方剂の"证"と有效性决定法. 开发和汉医学会言志，1986，3(3)：276-277.
[12] 黄教成. 药学学报，1987，22(7)：553.
[13] 毕惠嫦，和凡，温莹莹，李孝，黄民. 丹参酮Ⅱ-A 在大鼠肝微粒体酶中的代谢动力学. 中草药，2007，38(6)：551-554.
[14] 艾路，孙莹，张宏桂. 复方中药中乌头生物碱在人体内的代谢产物. 北京中医药大学学报，2007，30(6)：955-958.

[15] 陈勇,沈少林,陈怀侠,潘军,韩凤梅. HPLC-MSn 法鉴定葫芦巴碱及其在大鼠体内的主要代谢产物. 药学学报, 2006, 41(3): 216-220.
[16] 刘昌孝. 药的药代动力学研究在中药现代化中面临的任务. 天津中医药, 2003, 20(6): 1-5.
[17] 顾宜,王胜春,高苏莉,蒋永培. 中药五灵胶囊体内相对生物利用度.第四军医大学学报, 2001, 22(5): 453.
[18] 马越鸣. 中药复方药代动力学研究方法的评价与展望. 中国临床药理学与治疗学, 2002, 7(3): 273-275.
[19] 徐凯建,孙考祥,陆义成,张慧君,吴琳华,胡君茹. 双黄连注射液与气雾剂的人体生物利用度研究. 中国医院药学杂志, 1992, 12(1): 484-486.
[20] 邹节明,孟杰,颜正华,龙致贤,施雪筠. 中药复方有效成分淫羊藿苷的药代动力学研究. 中草药, 2002, 33(1): 55-58.
[21] 李再新,吴小红,贺福元,刘文龙,刘伟. 补阳还五汤中川芎嗪的药代动力学研究. 中国药业, 2007, 6(18): 21-23.
[22] 卢贺起,张智,魏雅川,闪增郁,张万龙. 以药效法测定四物汤药动学参数的研究. 中药药理与临床, 1995, (1): 11-14.
[23] 李成韶,杜以兰. 效量半衰期: (ED)及计算公式. 药学学报, 1986, 21(3): 165-169.
[24] 原文鹏,张硕峰,沈欣,杨铮,江佩芬. 尿频康对大、小鼠排尿的抑制作用及药动学实验. 中国实验方剂学杂志, 2000, 6(6): 18-20.
[25] 韩国柱. 中草药药代动力学. 北京: 中国医药科技出版社, 1999, 1-16, 210-236.
[26] 宋洪涛,郭涛,张汝华,胡海洋,赵明宏. 麝香保心 pH 依赖型梯度释药微丸和麝香保心丸的药效动力学. 中草药, 2002, 33(9): 810-813.
[27] 富杭育,贺玉琢,周爱香,郭淑英,沈鸿. 以发汗的药效法再探麻黄汤桂枝汤桑菊饮的药物动力学. 中药药理与临床, 1992, 8(5): 1-5.
[28] 赵智强,俞晶华,陆跃鸣,周仲瑛. 天麻钩藤饮等 3 方对小鼠镇压痛作用的药物动力学研究. 中药药理与临床, 1999, 15(2): 13-15.
[29] 赫梅生,詹丽芳,郭景阳,张玉芝. 用动物急性死亡率法估计药物体存率与表观半衰期. 中国药理学报, 1985, 6(3): 213-216.
[30] 黄衍民,潘留华,吴晓放. 乌头注射液对小鼠的毒效动力学研究. 中国药学, 1998, 33(7): 421-423.
[31] 王娟,桂常青,周静,宋建国. 丹参注射液在小鼠体内的毒效药动学研究. 皖南医学院学报, 2003, 22(4): 248-250.
[32] 李佩芬,李巧云,李端. 雷公藤多甙的表观药动学参数测定. 中药药理与临床, 1994, 10(1): 29-31.
[33] 陈长勋,金若敏,李仪奎,孙芳,吴松毅. 附子、川乌、四逆汤表观药动学的测定. 中国医院药学, 1990, 10(11): 487-489.
[34] 周莉玲,李锐,周华,廖慧芳,廖雪珍. 青藤碱制剂药动学试验中药物累积法与血药浓度法的相关性研究. 中成药, 1996, 18(9): 1-4.
[35] 郭立玮. 中药药代动力学研究进展. 南京中医学院学报, 1992, 8(2): 126-129.
[36] 任天池,王玉蓉. 用药物累积法考察九分散和疏风定痛丸的药物动力学实验. 中成药, 1991, 13(7): 2-4.
[37] 周爱香,富杭育,贺石琢. 用药物累积法再探麻黄汤、桂枝汤、银翘散、桑菊饮的药物动力学. 中药药理与临床, 1993, 9(2): 1-2.
[38] 王西发,秦骏,杨彩民. 微生物法测定家兔体内鹿蹄草素药动学参数. 西北药学, 1997, 12(2): 70-71.
[39] 黄熙,陈可冀,任平. "复方效应成分动力学"新假说的科学证据、要素、意义及前景. 中国中药杂志, 1997, 22(4): 250.
[40] 李静,殷飞,姚树坤. 血清药理学研究进展. 中国中医基础医学杂志, 2009, 15(3): 234-236.
[41] 黄熙,陈可冀. "证治药动学"新假说的理论与实践. 中医杂志, 1997, 38(1): 745-747.
[42] 任平,黄熙,马援,文爱东,藏益民. 脾虚血淤大鼠肠道菌群和川芎嗪的药物动力学特征初探. 中药药理与临床, 1994, (2): 40-42.
[43] 杨奎,蒲旭峰. 论"中药胃肠药动学研究"的意义及对策. 中国实验方剂学杂志, 1998, (1): 36-39.
[44] 程坤,朱家壁. 群体药动学研究方法的比较和评价. 中国药师, 1999, (1): 45-48.
[45] 徐铭,李范珠. 微透析取样技术及其在体内药物分析中的应用. 药物分析杂志, 2006, 26(7): 1030-1034.
[46] 刘汉清. 泻下通保剂生物利用度的研究. 中草药, 1990, 21(4): 7-9.
[47] 李耐三,于东晖. 中药雷公藤的毒代动力学研究. 中国药科大学学报, 1992, 23(1): 25-26.
[48] 沈子龙,易七贤,周斌. 抗癌止痛膏透皮吸收示踪研究. 中国药科大学学报, 1993, 24(1): 30-33.
[49] 刘启德,梁美蓉,欧卫平,叶忠梅,冯美蓉. 青藤碱时辰药代动力学研究. 中药新药与临床药理, 1995, 6(1): 23-26.
[50] 王毅,刘铁汉,王巍,王本祥. 人参皂苷 Rg1 的肠内菌代谢及其代谢产物吸收入血的研究. 药学学报, 2000, 35(4): 284-288.
[51] Chang Q, Zhu M, Zuo Z, Chow M, Ho W K. High-performance liquid chromatographic method for simultaneou

determination of hawthorn active components in rat plasma. J Chromatogr B Analyt Technol Biomed Life Sci, 2001, 760(2): 227-235.

[52] Ying X X, Gao S, Zhu W, Bi Y, Qin F, Li X, Li F. High-performance liquid chromatographic determination and pharmacokinetic study of vitexin-2″-O-rhamnoside in rat plasma after intravenous administration. J Pharm Biomed Anal, 2007, 44(3): 802-806.

[53] Ying X X, Lu X, Sun X, Li X, Li F. Determination of vitexin-2″-O-rhamnoside in rat plasma by ultra-performance liquid chromatography electrospray ionization tandem mass spectrometry and its application to pharmacokinetic study. Talanta, 2007, 72(4): 1500-1506.

[54] Liang M, Xu W, Zhang W, Zhang C, Liu R, Shen Y, Li H, Wang X, Wang X, Pan Q, Chen C. Quantitative LC/MS/MS method and in vivo pharmacokinetic studies of vitexin rhamnoside, a bioactive constituent on cardiovascular system from hawthorn. Biomed Chromatogr, 2007, 21(4): 422-429.

[55] Cirico T L, Omaye S T. Additive or synergetic effects of phenolic compounds on human low density lipoprotein oxidation. Food Chem Toxicol, 2006, 44(4): 510-516.

[56] Xue H F, Li Y Z, Zhang W J, Lu D R, Chen Y H. Yin J J, Meng Y H, Ying X X, Kang T G. Pharmacokinetic study of isoquercitrin in rat plasma after intravenous administration at three different doses. Braz J Pharm Sciences, 2013, 49(3): 435-441.

[57] Chang Q, Zuo Z, Chow M S, Ho W K. Difference in absorption of the two structurally similar flavonoid glycosides, hyperoside and isoquercitrin in rats. Eur J of Pharm Biopharm, 2005, 59(3): 549-555.

[58] Ma G, Jiang X H, Chen Z, Ren J, Li C R, Liu T M. Simultaneous determination of vitexin-4″-O-glucoside and vitexin-2″-O-rhamnoside from Hawthorn leaves flavonoids in rat plasma by HPLC method and its application to pharmacokinetic studies. J Pharmaceut Biomed, 2007, 44(1): 243-249.

[59] Ying X X, Meng X S, Wang S Y, Wang D, Li H, Wang B, Du Y, Liu X, Zhang W, Kang T. Simultaneous determination of three polyphenols in rat plasma after orally administrating hawthorn leaves extract by HPLC method. Nat Prod Res, 2010, 26(6): 585-591.

[60] Davies B, Morris T. Physiological parameters in laboratory animals and humans. Pharm Res-Dordr, 1993, 10(7): 1093-1095.

[61] Kasai N, Ikushiro S, Hirosue S, Arisawa A, Ichinose H, Uchida Y, Wariishi H, Ohta M, Sakaki T. Atypical kinetics of cytochromes P450 catalysing 3'-hydroxylation of flavone from the white-rot fungus Phanerochaete chrysosporium. J Biochem, 2010, 147(1): 117-125.

[62] Tong C L, Liu X D. Determination of vitexin in dog plasma by HPLC and study of its pharmacokinetics. Chinese Pharmacol Bull, 2006, 22(9): 1149-1150.

[63] Chang Q, Zuo Z, Ho W K, Chow M S. Comparison of the pharmacokinetics of hawthorn phenolics in extract versus individual pure compound. 2005, J Clin Pharmacol, 45(1): 106-112.

[64] Ohnishi M, Morishita H, Iwahashi H, Toda S, Shirataki Y, Kimura M, Kido R. Inhibitory effects of chlorogenic acids on linoleic acid peroxidation and haemolysis. Phytochemistry, 1994, 36(3): 579-583.

[65] Chen Y H, Xu Q Y, Zhang W J, Li R H, Wang Y J. Xue H F. HPLC determination of vitexin-4″-O-glucoside in mouse plasma and tissue after oral and intravenous administration. J Liq Chromatogr R T, 2014, 37(7): 1052-1064.

[66] Cai S, Chen Y H, Zhang W J, Ying X X. Comparative study on the excretion of vitexin-4″-O-glucoside in mice after oral and intravenous administration by using HPLC. Biomed Chromatogr, 2013, 27(11): 1375-1379.

[67] Felgines C, Texier O, Morand C, Manach C, Scalbert A, Régerat F, Rémésy C. Bioavailability of the flavanone naringenin and its glycosides in rats. Am J Physiol-Gastr L, 2000, 279(6): 1148-1154.

[68] Hang T, Jiang X H, Ma G. Intestinal absorption kinetics of rhamnosylvitexin in rats. West China Journal of Pharmaceutical Sciences, 2008, 23(1): 61-63.

[69] Wang Y J, Han C H, Leng A J, Zhang W J, Xue H F, Chen Y H, Yin J J, Lu D R, Ying X X. Pharmacokinetics of vitexin in rats after intravenous and oral administration. Afr J Pharm Pharmaco, 2012, 6(31): 2368-2373.

[70] Yin J J, Qu J G, Zhang W J, Lu D R, Gao Y C, Ying X X, Kang T G. Tissue distributions comparison between healthy and fatty liver rats after oral administration of hawthorn leaf extract. Biomed Chromatogr, 2014, 28(5): 637-647.

[71] Chen Y H, Zhang W J, Li D, Meng Y, Ying X, Kang T. Hepatic and gastrointestinal first-pass effects of vitexin-4″-O-glucoside in rats. J Pharm Pharmacol, 2013, 65(10): 1500-1507.

[72] 郑培良. 药物肝肠循环对药物作用的影响. 中国药理学通报, 1987, 3(6): 349.

[73] 方萍, 董蕾, 罗金燕. 胆汁酸肝肠循环在大鼠消化间期胃肠肌电活动中的作用. 第四军医大学学报, 2004, 25(13): 1185-1187.

[74] 张勇，尚德静，李庆伟. 中药降血脂的研究进展. 辽宁师范大学学报（自然科学版），2004，27（2）：201-205.
[75] Selloum L, Reichl S, Muller M, Sebihi L, Arnhold J. Effects of flavonols on the generation of superoxide anion radicals by xanthine oxidase and stimulated neutrophils. Arch Biochem Biophys, 2001. 395（1）：49-56.
[76] FDA. Guidance for industry, bioanalytical method validation, US Department of Health and Human Services, Food and Drug Administration Center for Drug Evaluation and Research (CDER). http://www.fda.gov/cder/guidance/index.htm.
[77] Liu X, Wang D, Wang S Y, Meng X S, Zhang W J, Ying X X, Kang T G. LC determination and pharmacokinetic study of hyperoside in rat plasma after intravenous administration. Yakugaku Zasshi, 2010, 130（6）：873-879.
[78] Leon S, Andrew B C Y. Applied Biopharmaceutics and Pharmacokinetics. London: Prentice-Hall Co Ltd, 1993: 375-398.
[79] Chen I L, Tsai Y J, Huang C M, Tsai T H. Lymphatic absorption of quercetin and rutin in rat and their pharmacokinetics in systemic plasma. J Agr Food Chem, 2010, 58（1）：546-551.
[80] 吴晓青，吴宗贵，黄高忠. 心安胶囊综合治疗冠心病心绞痛的疗效观察. 心血管康复医学杂志，2002，11（1）：69-70.
[81] 李国璜，王加玑，陈文敏. 国产益心酮治疗冠心病心绞痛45例疗效观察. 山西医药杂志，1986，15（3）：183.
[82] 邹立乾，余进. 复心片治疗冠心病心绞痛的临床分析. 时珍国医国药，2003，14（5）：281.
[83] Wei W J, Ying X X, Zhang W J, Chen Y, Leng A, Jiang C, Liu J. Effects of vitexin-2″-O-rhamnoside and vitexin-4″-O-glucoside on growth and oxidative stress-induced cell apoptosis of human adipose-derived stem cells. J Pharm Pharmacol, 2014, 66（7）：988-997.
[84] Ying X X, Li H B, Chu Z Y, Zhai Y J, Leng A J, Liu X, Xin C, Zhang W J, Kang T G. HPLC determination of malondialdehyde in ECV304 cell culture medium for measuring the antioxidant effect of vitexin-4″-O-glucoside. Arch Pharm Res, 2008, 31（7）：878-885.
[85] Li H B, Ying X X, Lu J. The mechanism of vitexin-4″-O-glucoside protecting ECV-304 cells against tertbutyl hydroperoxide induced injury. Nat Prod Res, 2010, 24（18）：1695-1703.
[86] Karnes H, March C. Precision, accuracy and data acceptance critera in biopharmaceutical analysis. Pharm Res-Dordr, 1993, 10（10）：1420-1426.
[87] Shah V, Midha K, Dighe S. Analytical methods validation: bioavailability, bioequivalence and pharmacokinetic studies. J Pharm Sci-US, 1992, 81（3）：309-312.
[88] Kirakosyan A, Seymour E, Kaufman P B, Warber S, Bolling S, Chang S C. Antioxidant capacity of polyphenolic extracts from leaves of *Crataegus laevigata* and *Crataegus monogyna* (Hawthorn) subjected to drought and cold stress. J Agr Food Chem, 2003, 51（14）：3973-3976.
[89] Ying X X, Wang R X, Jing X, Zhang W J, Li H B, Zhang C, Li F M. HPLC determination of eight polyphenols in the leaves of *Crataegus pinnatifida* Bge. var. *major*. J Chromatogr Sci, 2009, 47（3）：201-205.
[90] Cheng S, Qiu F, Huang J, He J. Simultaneous determination of vitexin-2″-O-glucoside, vitexin-2″-O-rhamnoside, rutin, and hyperoside in the extract of hawthorn (*Crataegus pinnatifida* Bge.) leaves by RP-HPLC with ultraviolet photodiode array detection. J Sep Sci, 2007, 30（5）：717-721.
[91] Ma L Y, Liu R H, Xu X D, Yu M Q, Zhang Q, Liu H L. The pharmacokinetics of C-glycosyl flavones of hawthorn leaf flavonoids in rat after single dose oral administration. Phytomedicine, 2010, 17（8-9）：640-645.
[92] Formica J V, Regelson W. Review of the biology of quercetin and related bioflavonoids. Food Chem Toxicol, 1995, 33（12）：1061-1080.
[93] Liang M J, Xu W, Zhang W, Zhang C, Liu R, Shen Y, Li H, Wang X, Wang X, Pan Q, Chen C. Quantitative LC/MS/MS method and in vivo pharmacokinetic studies of vitexin rhamnoside, a bioactive constituent on cardiovascular system from hawthorn. Biomed Chromatogr, 2007, 21（4）：422-429.
[94] Wang S Y, Chai J Y, Zhang W J, Liu X, DU Y, Cheng Z Z, Ying X X, Kang T G HPLC determination of five polyphenols in rat plasma after intravenous administrating hawthorn leaves extract and its application to pharmacokinetic study. Yakugaku Zasshi, 2010, 130（11）：1603-1613.
[95] Chang W T, Dao J, Shao Z H. Hawthorn: potential roles in cardiovascular disease. Am J Chinese Med, 2005, 33（33）：1-10.
[96] Xu Y A, Fan G, Gao S, Hong Z Y. Assessment of intestinal absorption of vitexin-2″-O-rhamnoside in hawthorn leaves flavonoids in rat using in situ and in vitro absorption models. Drug Dev Ind Pharm, 2008, 34（2）：164-170.
[97] Yan M X, Chen Z Y, He B H. Effect of total flavonoids of Chinese hawthorn leaf on expression of NF-κB and its inhibitor in rat liver with non-alcoholic steato-hepatitis. China J Tradi Chin Med Pharm, 2009, 24（2）：139-143.
[98] Chen Z Y, Liu H, Yan M X, He B H. Effect of TFHL on expression of CYP2E1 in liver tissue of rats with NASH. China J Tradi Chin Med Pharm, 2010, 25（1）：141-144.
[99] 李澎，王建农，卢树杰. 山楂叶原花青素对乳鼠心肌细胞缺血再灌注损伤的保护作用. 中国中药杂志，2009，34（1）：96-99.
[100] 纪影实，张晓丹，李红. 山楂叶总黄酮对脑缺血的保护作用. 吉林大学学报（医学版），2005，31（6）：879-882.

[101] Veveris M, Koch E, Chatterjee S S. *Crataegus* special extract WS1442 improves cardiac function and reduces infarct size in a rat model of prolonged coronary ischemia and reperfusion. Life Sci, 2004, 74(15): 1945-1955.
[102] 朱晓新, 李连达, 刘建勋, 刘志云, 马雪英. 牡荆素鼠李糖苷对血管内皮细胞血管活性物质的影响. 中国实验方剂学杂志, 2006, 12(1): 23-25.
[103] Ma L Y, Liu R H, Xu X D, Yu M Q, Zhang Q, Liu H L. The pharmacokinetics of C-glycosyl flavones of Hawthorn leaf flavonoids in rat after single dose oral administration. Phytomedicine, 2010, 17(8-9): 640-645.
[104] Du Y, Wang F, Wang D, Li H B, Zhang W J, Cheng Z Z,, Ying X X, Kang T G. Tissue distributions and pharmacokinetics of vitexin-2"-O-rhamnoside in mice after oral and intravenous administration. Lat Am J Pharm, 2011, 30(8): 1519-1524.
[105] 朱大岭, 韩维娜, 张荣. 细胞色素P450酶系在药物代谢中的作用. 医药导报, 2004, 23(7): 440-443.
[106] Okudaira N, Tatebayashi T, Speirs G C, Komiya I, Sugiyama Y. A study of the intestinal absorption of an ester-type prodrug, ME3229, in rats: active efflux transport as a cause of poor bioavailability of the active drug. J Pharmacol Exp Ther, 2000, 294(2): 580-587.
[107] Suzuki H, Sugiyama Y. Role of metabolic enzymes and efflux transporters in the absorption of drugs from the small intestine. Eur J Pharm Sci, 2000, 12(1): 3-12.
[108] 曹安民, 施畅, 刘雁, 廖明阳. 酮康唑对大鼠肝脏CYP450酶系的影响. 中国新药杂志, 2007, 16(4): 285-287.
[109] Floren L C, Bekersky I, Benet L Z, Mekki Q, Dressler D, Lee J W, Roberts J P, Hebert M F. Tacrolimus oral bioavailability doubles with coadministration of ketoconazole. Clin Pharmacol Ther, 1997, 62(1): 41-49.
[110] Gomez D Y, Wacher V J, Tomlanovich S J, Hebert MF, Benet L Z. The effects of ketoconazole on the intestinal metabolism and bioavailability of cyclosporine. Clin Pharmacol Ther, 1995, 58(1): 15-19.
[111] Thummel K E, Kunze K L, Shen D D. Enzyme-catalyzed processes of first-pass hepatic and intestinal drug extraction. Adv Drug Deliver Rev, 1997, 27(2): 99-127.
[112] Murota K, Terao J. Antioxidative flavonoid quercetin: implication of its intestinal absorption and metabolism. Arch Biochem Biophys, 2003, 417(1): 12-17.
[113] Ding X B, Jiang Y Y, Zhong Y, Zuo C X. Chemical constituents of the leaves of *Crataegus pinnatifida* Bge. var. *major* N. E. Br.. China J Chin Mater Med, 1990, 15(5): 295.
[114] Najafzadeh H, Fatemi S R, Ashna A. Effect of verapamil on serum level of salinomycin in diabetic rats. American Journal of Applied Sciences, 2011, 8(9): 860.
[115] Thummel K E. Gut instincts: CYP3A4 and intestinal drug metabolism. J Clin Invest, 2007, 117(11): 3173-3176.
[116] Aller S G, Yu J, Ward A, Weng Y, Chittaboina S, Zhuo R, Harrell P M, Trinh Y T, Zhang Q, Urbatsch I L, Chang G. Structure of P-glycoprotein reveals a molecular basis for poly-specific drug binding. Science, 2009, 323(5922): 1718-1722.
[117] Ambudkar S V, Dey S, Hrycyna C A, Ramachandra M, Pastan I, Gottesman M M. Biochemical, cellular, and pharmacological aspects of the multidrug transporter. Annu Rev Pharmacol, 1999, 39(1): 361-398.
[118] 张伟霞, 周宏灏. P-糖蛋白介导的药代动力学及其药物相互作用. 中国临床药理学杂志, 2004, 20(2): 139-143.
[119] Mrestani Y, Bretschneider B, Härtl A, Neubert R H. *In-vitro* and *in-vivo* studies of cefpirom using bile salts as absorption enhancers. J Pharm Pharmacol, 2003, 55(12): 1601-1606.
[120] Rogerio A P, Kanashiro A, Fontanari C, da Silva E V G, Lucisano-Valim Y M, Soares E G, Faccioli L H. Anti-inflammatory activity of quercetin and isoquercitrin in experimental murine allergic asthma. Inflamm Res, 2003, 56(10): 402-408.
[121] Silva C G, Raulino R J, Cerqueira D M, Mannarino S C, Pereira M D, Panek A D, Silva J F M, Menezes F S, Eleutherio E C A. *In vitro* and *in vivo* determination of antioxidant activity and mode of action of isoquercitrin and hyptis fasciculata. Phytomedicine, 2009, 16(8): 761-767.
[122] Sang J H, Kim B J, Lee E H, Osborne N N. Isoquercitrin is the most effective antioxidant in the plant Thuja orientalis and able to counteract oxidative-induced damage to a transformed cell line (RGC-5 cells). Neurochem Int, 2010, 57(7): 713-721.
[123] Bramati L, Aquilano F, Pietta P. Unfermented rooibos tea: quantitative characterization of flavonoids by HPLC-UV and determination of the total antioxidant activity. J Agr Food Chem, 2003, 51(25): 7472-7474.
[124] Maria L M B, Cristina A L, Olga J. Determination of flavonoids in a citrus fruit extract by LC–DAD and LC–MS. Food Chem, 2007, 101(4): 1742-1747.
[125] Jing R J, Jiang X Y, Hou S R, Li X J, Xiang X. Determination of quercetin, luteolin, kaempferol and isoquercitrin in stamen nelumbinis by capillary zone electrophoresis-ultraviolet detection. Chinese J Anal Chem, 2007, 35(8): 1187.

[126] Lai X, Zhao Y, Liang H, Bai Y, Wiang B, Guo D. SPE-HPLC method for the determination of four flavonols in rat plasma and urine after oral administration of Abelmoschus manihot extract. J Chromatogr B Analyt Technol Biomed Life Sci, 2007, 852(1): 108-114.

[127] Chang Q, Zuo Z, Ho W K, Chou M S. Comparison of the pharmacokinetics of hawthorn phenolics in extract versus individual pure compound. J Clin Pharmacol, 2005, 45(1): 106-112.

[128] 钟大放. 以加权最小二乘法建立生物分析标准曲线的若干问题. 药物分析杂志, 1996, 16(5): 343-346.

[129] 马宁, 刘文英, 李焕德, 蒋新宇, 张毕奎, 朱荣华, 刘伟, 刘霞, 向大雄. HPLC-MS 法测定大鼠血浆中白藜芦醇衍生物(E)-3, 5, 4′-三甲氧基二苯乙烯的浓度. 药物分析杂志, 2008, 28(7): 1037-1041.

[130] 王庆利, 王海学. 国外丙二醇的非临床安全性研究现状. 中国新药杂志, 2006, 15(18): 1513-1516.

[131] 童成亮, 刘晓东. 荆素在大鼠体内的药代动力学. 中国药科大学学报, 2007, 38(1): 65-68.

[132] Formica J, Regelson W. Review of the biology of quercetin and related bioflavonoids. Food Chem Toxicol, 1995, 33(12): 1061-1080.

[133] Formica J, Regelson W. Review of the biology of quercetin and related bioflavonoids. Food Chem Toxicol, 1995, 33(12): 1061-1080.

[134] Chen J, Lin H, Hu M. Absorption and metabolism of genistein and its five isoflavone analogs in the human intestinal Caco-2 model. Cancer Chemoth Pharm, 2005, 55(2): 159-169.

[135] Hu M. Commentary: bioavailability of flavonoids and polyphenols: call to arms. Mol Pharm, 2007, 4(6): 803-806.

[136] Zhang L, Lin G, Zuo Z. Position preference on glucuronidation of mono-hydroxylflavones in human intestine. Life Sci, 2006, 78(24): 2772-2780.

[137] 李好枝. 体内药物分析. 北京, 中国医药科技出版社, 2011, 116-127.

[138] Vierling W, Brand N, Edcke F, Sensch K H, Schneider E, Scholz M. Investigation of the pharmaceutical and pharmacological equivalence of different Hawthorn extracts. Phytomedicine, 2003, 10(1): 8-16.

[139] Kim J H, Lee B C, Kim J H, Sim G S, Lee D H, Le K E, Yun Y P, Pyo H B. The isolation and antioxidative effects of vitexin fromAcer palmatum. Arch Pharm Res, 2005, 28(2): 195-202.

[140] 宋玉超, 连超杰, 李强, 雷海民. 山楂叶及其制剂对心血管作用的研究进展. 现代药物与临床, 2011, 26(1): 25-28.

[141] 闵清, 白育庭, 余薇, 田庆龙, 劳超, 张羽萍. 山楂叶总黄酮对实验性大鼠心肌缺血的作用及其机制研究. 中国现代应用药学, 2011, 28(2): 95-99.

[142] Ninfali P, Bacchiocca M, Antonelli A, Biagiotti E, Di Gioacchino A M, Piccoli G, Stocchi V, Brandi G. Characterization and biological activity of the main flavonoids from Swiss Chard (Beta vulgaris subspecies cycla). Phytomedicine, 2007, 14(2-3): 216-221.

[143] Urbonaviciute A, Jakstas V, Kornysova O, Janulis V, Maruska A. Capillary electrophoretic analysis of flavonoids in single-styled hawthorn (*Crataegus monogyna* Jacq.) ethanolic extracts. J Chromatogr A, 2006, 1112: 339-344.

[144] Sladkovský R, Urbánek M, Solich P. High performance liquid chromatography for determination of flavonoids in plant. Chromatographia, 2003, 58: 187-192.

[145] Sakakibara H, Honda Y, Nakagawa S, Ashida H, Kanazawa K. Simultaneous determination of all polyphenols in vegetables, fruitsand teas. J Agri Food Chem, 2003, 51: 571-581.

[146] Rehwald A, Meier B, Sticher O. Qualitative and quantitative reversed-phase high-performance liquid chromatography of flavonoids in *Passiflora incarnata* L.. J Chromatogr A, 1994, 677: 25-33.

[147] Kite G, Porter E, Denison F, Grayer R, Veitch N, Butler I, Simmonds M. Data-directed scan sequence for the general assignment of C-glycosylflavone O-glycosides in plant extracts by liquid chromatography-ion trap mass spectrometry. J Chromatogr A, 2006, 1104: 123-131.

[148] Su J, Zhang W D, Zhou Y, Zhou J, Gu Z B. Determination of flavoniod-glycosides in *Yixintong pills* by HPLC. China Journal of Chinese Materia Medica, 2004, 29: 525-527.

[149] Shah V, Midha K, Dighe S. Analytical methods validation: bioavailability, bioequivalence and pharmacokinetic studies. J Pharm Sci, 1992, 81(3): 309-312.

[150] Karnes H, March C. Precision, accuracy and data acceptance critera in biopharmaceutical analysis. Pharm Res, 1993, 10(10): 1420-1426.

[151] Formica J, Regelson W. Review of the biology of quercetin and related bioflavonoids. Food Chem Toxicol, 1995, 33: 1061-1080.

[152] Felgines C, Texier O, Morand C, Manach C, Scalbert A, Regerat F, Remesy C. Bioavailability of the flavanone naringenin and its glycosides in rats. Am J Physiol-Gastr L, 2000, 279: G1148-1154.

第五章 山楂叶中单体成分首过效应研究

第一节 牡荆素首过效应研究

牡荆素是山楂叶中的一种主要活性成分，是一种黄酮类化合物，它不仅表现出多种药理活性，包括降低血压、抗炎、解痉作用(非特异性)等，还表现出抗甲状腺和抗菌作用，由于具有清除自由基的活性，其还在抗氧化作用中表现出显著抑制活性[1-3]。因此，牡荆素引起了学者的广泛关注，其在比格犬、小鼠及大鼠中的药动学特性已有相关报道，其以单体或提取物形式的单剂量或多剂量、静脉或口服的相关研究也有报道[4-6]。此外，牡荆素的组织分布、排泄也有相关论文发表[7]；其在大鼠体内表现出的较低口服绝对生物利用度[8]，表明其具有显著的首过效应。然而，对牡荆素首过效应的研究较少。肝、胃、肠的首过效应，被认为是影响药物吸收代谢的三个主要过程，本实验使用大鼠的首过效应模型进行研究。此外，P-糖蛋白(P-gp)与细胞色素P4503A(CYP3A)的共同底物和抑制剂维拉帕米，被选择用来评估其对牡荆素肠吸收的影响，以探究牡荆素的转运是否通过P-gp和CYP3A介导[9-11]。本研究为牡荆素今后的临床研究及剂型设计提供理论基础。

一、仪器、试药与动物

(一)仪器

Agilent 1100高效液相色谱仪(美国安捷伦公司)；HH-S水浴锅(中国上海永光明仪器设备厂)；十万分之一天平(瑞士METTLER)；XW-80A微型旋涡混合器(中国上海沪西分析仪器厂有限公司)；XYJ80-2型离心机(中国金坛市金南仪器厂)；TGL-16C高速台式离心机(中国江西医疗器械厂)；ZDHW电子调温电热套(中国北京中兴伟业仪器有限公司)；微量取样器(中国上海荣泰生化工程有限公司)；柱温箱(中国大连日普利科技仪器有限公司)；TY10HSC-24A氮吹仪(中国南京科捷分析仪器有限公司)。

(二)试药

牡荆素(实验室自制，纯度>98%)；橙皮苷标准品(购自中国食品药品检定研究院，批号110753-200413)；盐酸维拉帕米(天津市中央药业有限公司，批号H12020051)。甲醇(色谱纯，天津市科密欧化学试剂有限公司)；乙腈(色谱纯，天津市大茂化学试剂厂)；乙醚(国药集团化学试剂有限公司)；甲酸(分析纯，沈阳市试剂三厂)；冰乙酸(华北地区特种化学试剂开发中心)；磷酸(沈阳市试剂三厂)；纯化水(娃哈哈有限公司)。

(三) 动物

雄性 Wistar 大鼠，50 只，体重 280~330g，辽宁中医药大学实验动物中心提供，试验动物生产许可证号 SCXK(辽)2003—008。实验中所使用动物严格按照实验室动物保护指导原则进行，所使用动物征得辽宁中医药大学实验动物伦理委员会同意。试验期间自由饮水，大鼠给药试验前禁食 12~16h。

二、方法与结果

(一) 大鼠血浆样品中牡荆素分析方法的建立

1. 色谱条件　色谱柱：Diamonsil C_{18}(150mm×4.6mm，5μm)(迪马公司，中国北京)；预柱：KR C_{18}(35mm×8.0mm，i.d.，5μm)(大连科技发展公司)；流动相：甲醇-乙腈-0.3%甲酸溶液(3∶1∶6，*V/V/V*)；检测波长：330nm；流速：1mL/min；内标物：橙皮苷；柱温：25℃；进样量：20μL。

2. 溶液制备

(1) 系列标准溶液的制备：精密称取牡荆素对照品 5.00mg，置 10mL 量瓶中，加适量甲醇超声使溶解，并定容至刻度，摇匀，即得浓度为 500μg/mL 的对照品储备液。采用倍数稀释法分别配制成 8 个浓度的系列对照品溶液，即 (500.0μg/mL、125.0μg/mL、50.0μg/mL、25.0μg/mL、10.0μg/mL、5.0μg/mL、2.0μg/mL 和 1.0μg/mL) 的系列标准溶液，于 4℃冰箱保存，备用。

(2) 内标溶液的制备：取精密称定的橙皮苷 3.24mg，置 10mL 量瓶中，加适量甲醇超声使溶解，并稀释至刻度，摇匀，即得浓度为 324μg/mL 的内标储备液。再精密吸取 5.0mL 内标储备液置 10mL 量瓶中，加甲醇稀释至刻度，制成浓度为 162μg/mL 的溶液，作为内标溶液，于 4℃冰箱保存，备用。

3. 质控样品的制备　精密吸取 100μL 空白血浆，分别各加入 10μL 工作溶液 (3μg/mL、35μg/mL、400μg/mL) 和 20μL 内标溶液，按照"血浆样品的处理"项下方法处理，制备成低、中、高三种浓度的质控样品。牡荆素血浆浓度分别为 0.3μg/mL、3.5μg/mL、40μg/mL，于 4℃冰箱保存，备用。

(1) 空白血浆样品的制备：取空白大鼠(大鼠于取样前一晚禁食，自由饮水)血浆，充分混合(6 只以上)，于 −20℃ 冰箱保存，备用。

(2) 血浆样品的处理：取血浆 100μL 至预先肝素化的 2mL 离心管中，依次加入乙酸 10μL、内标 20μL、乙腈 500μL，涡旋 1min，离心 15min(3500r/min)，取上清液，40℃氮气流下吹干，用 100μL 流动相溶解，涡旋 1min，离心 5min(10 000r/min)，取 20μL 进样。分别记录峰面积，记录色谱图。

(二) 分析方法的确证

1. 方法的专属性　上述色谱条件下，将大鼠的空白血浆样品色谱图(图 5-1A)、空白血浆样品中加对照品和内标物色谱图(图 5-1B)及牡荆素给药后血浆样品加内标色谱图(图 5-1C)进行比较,结果表明,牡荆素与内标色谱峰分离良好,不受内源性物质的干扰。牡荆素和内标物的保留时间分别为 6.3min 和 10.5min。

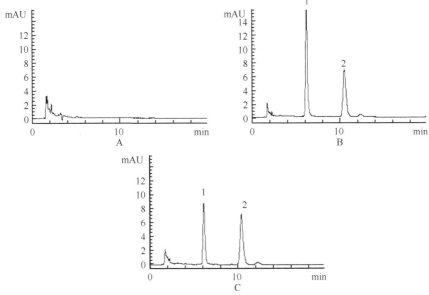

图 5-1 大鼠血浆样品中牡荆素和内标物橙皮苷的色谱图

A. 空白血浆;B. 空白血浆中加入内标物橙皮苷;C. 加入内标物的 10mg/kg 静脉给药 60min 后大鼠的血浆样品。色谱峰 1. 牡荆素;色谱峰 2. 橙皮苷

2. 检测限和最低定量限 将已知浓度的标准溶液无限稀释,精密吸取 10μL,至 100μL 的空白血浆中,按"血浆样品的处理"项下方法处理,配制样品溶液,进行测定,保证 S/N 均为 10,重复分析 5 次,获得该浓度的日内精密度(RSD)低于 9.1%,准确度(RE)为 3.3%。该结果表明,HPLC 测定牡荆素的最低是量限(LOQ)为 0.120μg/mL、检测限(LOD)($S/N=3$)为 0.033μg/mL。

3. 标准工作曲线 取空白血浆 100μL,分别加入内标溶液 20μL,加入牡荆素系列标准溶液(1.0μg/mL、2.0μg/mL、5.0μg/mL、10.0μg/mL、25.0μg/mL、50.0μg/mL、125.0μg/mL 和 500.0μg/mL)各 10μL,配制成相当于血浆浓度为 0.1μg/mL、0.2μg/mL、0.5μg/mL、1.0μg/mL、2.5μg/mL、5.0μg/mL、12.5μg/mL 和 50.0μg/mL 的待测样品,按"血浆样品的处理"项下方法操作,进样 20μL,记录色谱图。以牡荆素与内标物的峰面积比值为纵坐标(Y),牡荆素的浓度为横坐标(X),用加权最小二乘法进行回归运算,权重系数为 $1/c^2$,求得直线的回归方程为 $Y=0.2384X+0.0019$,相关系数 $r=0.9983$。本方法牡荆素为 0.1~50μg/mL 时线性良好。

4. 提取回收率 取空白血浆 100μL,按上述"血浆样品的处理"项下方法分别制备低、中、高三个浓度(0.3μg/mL、3.5μg/mL、40μg/mL)的样品。以提取后样品的色谱峰面积与含有相同含量未经提取指标溶液直接进样所获得的色谱峰面积之比,考察样品和内标物的提取回收率。每一浓度进行 6 样本分析,待测组分的提取回收

率均不低于 (88.90±2.87)%，结果见表 5-1。

表 5-1　大鼠质控样品中提取回收率结果

加样浓度/(μg/mL)	回收率/%	RSD/%
0.3	93.79±8.12	8.7
3.5	88.90±2.87	3.2
40	90.22±5.91	6.6

5. 精密度和准确度　取空白血浆 100μL，按上述"血浆样品的处理"项下方法分别制备低、中、高三个浓度 (0.3μg/mL、3.5μg/mL、40μg/mL) 的血浆样品。日内精密度测定在同一天对每个浓度的质控样品进行 5 样本分析；日间精密度的计算，是对每个浓度的 5 样品进行分析 (每天一个分析批)，连续测定 3 天，并与标准曲线同时进行，以当日的标准曲线计算质控样品的浓度，求得该方法的精密度 (RSD) (质控样品测得值的相对标准偏差) 和准确度 (RE) (质控样品测量均值对真值的相对误差)，结果见表 5-2。

表 5-2　牡荆素精密度、准确度的测定结果 (均值±SD)

加样浓度/(μg/mL)	日内精密度			日间精密度		
	测定浓度/(μg/mL)	RSD/%	RE/%	测定浓度/(μg/mL)	RSD/%	RE/%
0.3	0.309±0.013	4.2	−3.0	0.274±0.023	8.4	8.7
3.5	3.18±0.26	8.2	9.1	3.23±0.13	4.0	7.7
40	36.3±2.1	5.8	9.2	37.1±3.0	8.1	7.3

注：日内精密度：$n=5$；日间精密度：$n=3$ 天，每天重复测定 5 次

本方法的日内精密度和日间精密度 RSD≤9.3%，RE 为−6.3%～5.3%。结果表明该法重复性、准确性良好，符合生物分析方法指导原则的要求。

6. 样品稳定性　取空白血浆 100μL，按上述"血浆样品的处理"项下方法分别制备低、中、高三个浓度 (0.3μg/mL、3.5μg/mL、40μg/mL) 的样品，各个浓度的 QC 样品分别经短期 (室温，4h)、长期 (−20℃，一个月) 和连续冻融 3 次 (冻：−20℃/24h；融：室温，2～3h) 循环处理后代入标准曲线中测定待测组分 QC 样品的浓度，计算的 RE(%) 结果见表 5-3。

表 5-3　牡荆素在大鼠血浆中的稳定性测定结果 (均值±SD，$n=5$)

浓度/(μg/mL)	稳定性		
	短期稳定性	长期稳定性	冻融稳定性
0.3	0.272±0.021	0.307±0.013	0.289±0.018
3.5	3.15±0.31	3.26±0.15	3.24±0.19
40	36.7±2.45	35.9±1.55	37.5±0.87

结果表明生物样品室温、-20℃放置1个月及连续冻融3次均能保持稳定。

(三) 牡荆素的首过效应研究

1. 肝首过效应 选取两组大鼠,每组 5 只,实验前夜禁食但自由饮水。20%乌拉坦(0.3mL/kg,i.p.)轻微麻醉后仰卧置于手术台上。置于红外灯下使体温维持在(37±1)℃,苏醒前完成大鼠的颈动脉插管,管中充满 80U/mL 的肝素,用以抗凝和取血。

对于静脉给药组,在大腿内侧剖开一个小口,找到股静脉,把 1.5mL 牡荆素溶液在 5min 内匀速注入股静脉中(给药剂量 30mg/kg),给药后,立即用棉花物理按压止血,之后缝合伤口。对于肝门静脉给药组,腹部剖开后,沿肠找到肠系膜上静脉,沿流向肝门静脉的方向进针,向肝门静脉中注入牡荆素,给药剂量为 30mg/kg,5min内匀速完成 1.5mL 药液的注入,给药后,立即用棉花轻按压于给药处 30s 进行生理止血,止血后,缝合刀口。分别于 0min(注射前)、2min(注射完成时间)、5min、8min、11min、15min、20min、30min、45min、60min、90min、120min 和 180min 通过颈动脉插管各采血 0.3mL,置于预先肝素化的离心管中,离心 15min(3000r/min),得血浆样品,置-20℃冰箱中保存,待测。

取各采血时间点血浆 100μL,按照"血浆样品的处理"项下方法操作,进样分析。

2. 胃肠首过效应 选取三组大鼠,每组 5 只。实验前夜禁食但自由饮水。20%乌拉坦(0.3mL/kg,i.p.)轻微麻醉后仰卧置于手术台上。置于红外灯下使体温维持在(37±1)℃,苏醒前完成大鼠的颈动脉插管,管中充满 80U/mL 的肝素,用以抗凝和取血。

对于肝门静脉给药组,1.5mL 牡荆素溶液在 5min 内注入肝门静脉,方法参照"肝首过效应"的实验方法。同时,1.5mL 生理盐水分别灌注至胃及十二指肠。对于十二指肠给药组,在十二指肠上段(幽门下 1cm)进针灌注牡荆素溶液 1.5mL,剂量为 30mg/kg。同时,肝门静脉和胃在相同时间内注入相同体积的生理盐水。对于胃给药组,1.5mL 牡荆素溶液在 5min 内经由胃的底部贲门处匀速注入胃内,同时肝门静脉和十二指肠在相同时间内注入相同体积的生理盐水。分别于 0min(注射前)、2min(注射完成时间)、5min、8min、11min、15min、20min、30min、45min、60min、90min、120min 和 180min 通过颈动脉插管各采血 0.3mL,置于预先肝素化的离心管中,离心15min(3000r/min),得血浆样品置-20℃冰箱中保存,待测。

取各采血时间点血浆 100μL,按照"血浆样品的处理"项下方法操作,进样分析。

3. 盐酸维拉帕米对牡荆素肠吸收的影响 选取两组大鼠,每组 5 只。实验前夜禁食但自由饮水。20%乌拉坦(0.3mL/kg,i.p.)轻微麻醉后仰卧置于手术台上。置于红外灯下使体温维持在(37±1)℃,苏醒前完成大鼠的颈动脉插管,管中充满 80U/mL 的肝素,用以抗凝和取血。

为研究 CYP3A 与 P-gp 对牡荆素肠吸收的影响,对于维拉帕米组,2mL 盐酸维拉帕米溶液(50mg/kg)在灌注牡荆素药液 10min 之前灌注至十二指肠,同时,生理盐水对照组在灌注牡荆素药液 10min 之前，相同时间内灌注相同体积的生理盐水。分别于 0min（注射前）、2min（注射完成时间）、5min、8min、11min、15min、20min、30min、45min、60min、90min、120min 和 180min 通过颈动脉插管各采血 0.3mL，置于预先肝素化的离心管中，离心 15min（3000r/min），得血浆样品，置 −20℃冰箱中保存，待测。取各采血时间点血浆 100μL，按照"血浆样品的处理"项下方法操作，进样分析。

4. 首过效应研究结果　药动学数据使用 3p97 软件，采用非房室模型处理。数据采用 SPSS 软件（IBM Corporation，Armonk，NY）进行统计分析，当 $P<0.05$ 时认为数据存在显著性差异。所有数据均以平均值±标准偏差（SD）表示。

5. 肝首过效应　牡荆素的外周静脉给药及肝门静脉给药药时曲线图如图 5-2A 所示，相关药动学参数见表 5-4。牡荆素的肝首过效应参照以下公式计算，为 5.2%：

$$\text{肝首过效应} = (AUC_{iv} - AUC_{hep})/AUC_{iv} \tag{5-1}$$

6. 胃肠首过效应　牡荆素的肝门静脉给药、胃内给药及十二指肠内给药血药浓度-时间曲线图如图 5-2B 所示，相关药动学参数见表 5-4。牡荆素的胃内给药和十二指肠内给药 AUC 显著小于肝门静脉给药。十二指肠和胃的首过效应分别参照以下公式计算为 94.1%和 31.3%：

$$\text{肠首过效应} = (AUC_{hep} - AUC_{int})/AUC_{hep} \tag{5-2}$$

$$\text{胃首过效应} = (AUC_{int} - AUC_{gas})/AUC_{int} \tag{5-3}$$

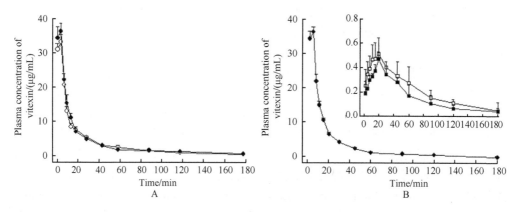

图 5-2　牡荆素大鼠血药浓度-时间曲线（均值±SD）
A. 静脉给药（○；$n=5$），肝门静脉给药（●；$n=5$）；B. 胃给药（■；$n=5$），十二指肠给药（□；$n=5$），肝门静脉给药（●；$n=5$）

7. 维拉帕米对牡荆素肠吸收的影响　维拉帕米组和生理盐水组的血药浓度-时间曲线如图 5-3 所示，相关药动学参数见表 5-4。维拉帕米组的 AUC 仅稍高于生理盐水组，约为生理盐水组的 1.13 倍。

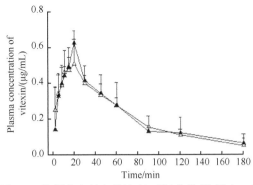

图 5-3 牡荆素大鼠血药浓度-时间曲线(均值±SD)
联合维拉帕米(▲；n=5)联合生理盐水十二指肠给药(△；n=5)

表 5-4 牡荆素在大鼠体内静脉给药、肝门静脉给药、胃给药、十二指肠给药及十二指肠联合维拉帕米给药后血浆药动学参数(均值±SD，n=5)

参数	肝首过效应		胃肠首过			肠首过效应	
	静脉给药组	肝门静脉给药组	肝门静脉给药组	胃给药组	十二指肠给药组	十二指肠(VIT+生理盐水)	十二指肠(VIT+维拉帕米)
AUC/[μg/mL·min]	774±23.7[a]	734±18.4	719±23.5	29.2±1.35[b]	42.5±4.88	39.8±2.20	44.9±1.56[c]
首过效应/%	—	5.2	—	31.3	94.1	—	—

a. 在肝首过效应中，与肝门静脉给药组相比较，静脉给药组有显著性差异($P<0.01$)；

b. 在胃肠首过效应中，与十二指肠给药组相比较，胃给药组有显著性差异($P<0.001$)；

c. 在肠首过效应中，与生理盐水组相比较，维拉帕米组有显著性差异($P<0.01$)

三、讨论与小结

(一)牡荆素首过效应

为研究牡荆素胃肠首过效应及肝首过效应，分别通过外周静脉灌注(30mg/kg)、肝门静脉灌注(30mg/kg)、十二指肠灌注(30mg/kg)及胃灌注(30mg/kg)4 种方式将牡荆素给予大鼠，肝、胃及肠的首过效应通过式(5-1)～式(5-3)进行了计算。将肝门静脉给药的 AUC[734mg/(mL·min)]与外周静脉给药的 AUC[774mg/(mL·min)]进行比较，得到牡荆素的肝首过效应为 5.2%，即表示药物经肝脏处置后减少的药量占总药量的比例为 5.2%。对于十二指肠内给药的情况，应该考虑到肝首过效应和肠首过效应同时存在的情况，故用式(5-2)把肝首过效应部分去掉，即得到肠首过效应。同理，胃内给药的情况，应同时考虑到肝首过效应、肠首过效应及胃首过效应的情况，应用式(5-3)，排除肝首过效应及肠首过效应的情况，得到胃首过效应的值。胃内给药和十二指肠内给药的 AUC 分别为 29.2mg/(mL·min)和 42.5mg/(mL·min)，经 SPSS 进行统计分析存在显著性差异，故认为胃首过效应不能被忽略，应分别计算。

经计算，胃首过效应和十二指肠首过效应分别为31.3%和94.1%。

(二)维拉帕米对牡荆素肠吸收的影响

牡荆素是一种碳苷葡萄糖苷，在血液中消除迅速，其绝对口服生物利用度很低，这可以通过许多因素导致，如P-gp和CYP3A对牡荆素的结合和外排作用，较差的溶解性也会影响药物的生物利用度[12]。大多数药物是经肠道吸收的，在肠道存在着各种转运蛋白，P-gp是一种广泛存在的转运载体，可通过外排泵的输送机制减少药物的跨膜转运，作为某些药物的吸收屏障[13,14]。因此，维拉帕米作为一种P-gp和CYP3A的抑制剂，在本研究中被选定来评估牡荆素的肠吸收。预灌注维拉帕米组的AUC相较于预灌注生理盐水对照组的AUC从39.8mg/(mL·min)略增长至44.9mg/(mL·min)，表明维拉帕米并没有显著提高牡荆素的肠吸收。

本实验首次进行牡荆素首过效应研究，建立了高效液相色谱法测定牡荆素的研究方法，并进行了方法学验证。该法专属性强，分离度较好，其LOD、提取回收率、精密度、稳定性均符合生物样品分析要求。实验数据经过药动学软件处理及统计软件分析，得出以下结论：肠首过效应为牡荆素最主要的首过效应，约为94%，肝首过效应和胃首过效应也不能忽视，分别约为5%和30%。这三个部位的首过效应共同作用导致了牡荆素的低生物利用度。此外P-gp和CYP3A的抑制剂维拉帕米对改善牡荆素的肠吸收作用并不十分显著。以上结果为牡荆素的进一步研究提供了理论依据。

第二节　牡荆素-4″-O-葡萄糖苷首过效应研究

一、仪器、试药与动物

(一)仪器

Agilent 1100高效液相色谱仪(美国安捷伦公司)；HH-S水浴锅(中国上海永光明仪器设备厂)；XYJ80-2型离心机(中国金坛市金南仪器厂)；TGL-16C高速台式离心机(中国江西医疗器械厂)；XW-80A微型旋涡混合器(中国上海沪西分析仪器厂有限公司)；ZDHW电子调温电热套(中国北京中兴伟业仪器有限公司)；动物手术器械；红外灯；微量取样器(中国上海荣泰生化工程有限公司)。

(二)试药

牡荆素-4″-O-葡萄糖苷(实验室自制，纯度>98%)，橙皮苷(中国药品生物制品检定所提供，批号110721-200613)，甲醇(色谱纯，天津市大茂化学试剂厂)，乙腈(色谱纯，天津市大茂化学试剂厂)，冰乙酸(分析纯，天津市进丰化工有限公司)，乙醚

(国药集团化学试剂有限公司); 四氢呋喃, 乌拉坦, 生理盐水, 纯化水(娃哈哈有限公司)。盐酸维拉帕米(天津市中央药业有限公司, 批号 H12020051)。

(三)动物

清洁级健康 SD 大鼠, 雄性(250~320g), 36 只(随机分成 6 组, 每组 6 只), 大连医科大学实验动物中心提供。实验中所使用动物严格按照实验室动物保护指导原则进行, 所使用动物征得辽宁中医药大学动物实验伦理委员会同意。实验期间自由饮水, 大鼠给药实验前禁食不禁水 12h。

二、方法与结果

(一)大鼠生物样品中牡荆素-4″-O-葡萄糖苷分析方法的建立

1. 色谱条件 色谱柱: Kromasil C_{18}(150mm×4.6mm, 5μm)(大连三杰科技有限公司); 预柱: Kromasil C_{18}(35mm×8.0mm, 5μm)(大连科技发展公司); 流动相: 甲醇-乙腈-四氢呋喃-1%冰乙酸溶液(6∶2∶18∶74, *V/V/V/V*); 检测波长: 330nm; 流速: 1mL/min; 内标物: 橙皮苷; 柱温: 室温; 进样量: 20μL。

2. 溶液的制备

(1)标准储备溶液的制备: 取牡荆素-4″-O-葡萄糖苷对照品 10mg, 精密称定, 置 10mL 量瓶中, 用 5mL 甲醇超声溶解并定容至刻度, 摇匀, 即得浓度为 1000μg/mL 的对照品储备液, 于 4℃冰箱保存, 备用。

(2)内标溶液的制备: 取精密称定的橙皮苷 3.30mg, 置 10mL 量瓶中, 用 5mL 甲醇超声溶解并稀释至刻度, 摇匀, 即得浓度为 330μg/mL 的内标储备液, 于 4℃冰箱保存, 备用。

3. 质控样品的制备 精密吸取 100μL 空白血浆, 依次加入一定浓度的工作溶液 50μL 和 30μL 内标溶液, 照"生物样品的处理"项下方法处理, 制备成低(1.25μg/mL)、中(10μg/mL)、高(80μg/mL)三种浓度的质控样品, 于4℃冰箱保存, 备用。

4. 空白生物样品的制备 随机挑取 6 只健康 SD 雄性大鼠, 于前一晚禁食不禁水, 乌拉坦腹腔麻醉, 进行颈动脉插管手术, 采集动脉血液, 离心后, 收集血浆, 将 6 只大鼠的血浆混合, 于-20℃冰箱保存, 备用。

5. 生物样品的处理 取血浆 100μL, 置 2mL 具塞离心试管中, 依次加入 30μL 内标溶液、10μL 乙酸、0.5mL 甲醇, 涡旋混合 1min, 离心 15min(3500r/min), 分取上清液, 于 50℃氮气流下吹干, 残渣加入流动相 100μL 复溶, 涡旋溶解 1min, 离心 10min(10 000r/min), 取上清液 20μL, 注入高效液相色谱仪, 记录色谱图。

(二)分析方法的确证

1. 方法的专属性 上述色谱条件下, 将大鼠的空白血浆样品色谱图(图 5-4A)、空白血浆样品中加对照品和内标物色谱图(图 5-4B)、牡荆素-4″-O-葡萄糖苷肝门静脉灌注给药后加内标物的血浆样品色谱图(图 5-4C)、牡荆素-4″-O-葡萄糖苷胃灌注给药后加内标物的血浆样品色谱图(图 5-4D)及牡荆素-4″-O-葡萄糖苷肠灌注给药后加内标物的血浆样品色谱图(图 5-4E)进行比较。结果表明，牡荆素-4″-O-葡萄糖苷与内标物色谱峰分离良好，且不受内源性物质的干扰。

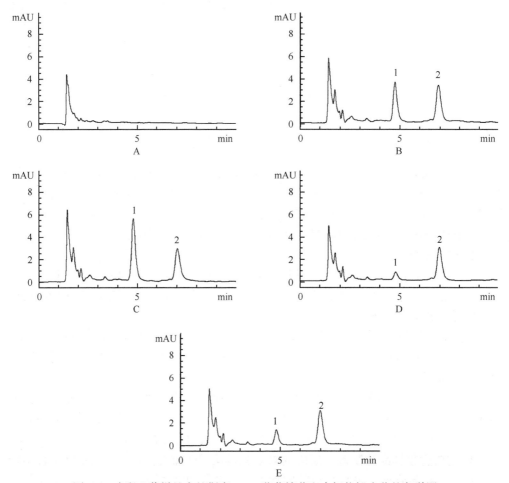

图 5-4　大鼠血浆样品中牡荆素-4″-O-葡萄糖苷和内标物橙皮苷的色谱图
颈动脉空白血浆(A)、颈动脉空白血浆加入标准品和内标物(B)、肝门静脉给药(C)、肠给药(D)、胃给药(E)、后大鼠血浆样品。色谱峰 1. 牡荆素-4″-O-葡萄糖苷；色谱峰 2. 内标物

2. LOD 和 LOQ 测定　将已知浓度的标准溶液无限稀释，精密吸取 50μL，至 100μL 的空白血浆中，按"生物样品的处理"项下方法操作，配制样品溶液，进行测定，得 LOQ 为 0.18μg/mL(S/N=10)、LOD 为 0.06μg/mL(S/N=3)。两种浓度分别重复分析 5 次，获得该浓度的日内精密度 RSD 低于 11.72%，准确度 RE 为 7.3%，均符合 USFDA 的规定。

3. 标准工作曲线　取空白血浆 100μL 7 份，依次加入牡荆素-4″-O-葡萄糖苷系列标准溶液 50μL、内标溶液 30μL，配制成相当于血浆浓度为 0.5μg/mL、1μg/mL、2μg/mL、5μg/mL、10μg/mL、20μg/mL、50μg/mL 的生物样品，按"生物样品的处理"项下方法操作，进样 20μL，记录色谱图。以牡荆素-4″-O-葡萄糖苷与内标物的峰面积比值为纵坐标(Y)，牡荆素-4″-O-葡萄糖苷浓度为横坐标(X)，用加权最小二乘法进行回归运算，权重系数为 $1/c^2$，得到回归方程。此条标准曲线用于股静脉、肝门静脉给药后的血浆样品的测定。

另取空白血浆 100μL7 份，依次加入牡荆素-4″-O-葡萄糖苷系列标准溶液各 50μL、内标溶液 30μL，配制成相当于血浆浓度为 0.2μg/mL、0.5μg/mL、1μg/mL、2μg/mL、5μg/mL、10μg/mL、20μg/mL 的生物样品，按"生物样品的处理"项下方法操作，进样 20μL，记录色谱图。以牡荆素-4″-O-葡萄糖苷与内标物的峰面积比值为纵坐标(Y)，牡荆素-4″-O-葡萄糖苷浓度为横坐标(X)，用加权最小二乘法进行回归运算，权重系数为 $1/c^2$，得到回归方程。此条标准曲线用于胃、肠灌注给药后的血浆样品的测定。回归方程见表 5-5。

表 5-5　牡荆素-2″-O-鼠李糖苷标准曲线的回归方程、相关系数及线性范围

生物样品	回归方程	相关系数(r)	线性范围/(μg/mL)
股、肝门静脉	$Y=0.1605X+0.0019$	0.9996	0.5～50
胃、肠	$Y=0.1688X-0.0351$	0.9997	0.2～20

4. 提取回收率　取空白血浆 100μL18 份，先略过加入标准系列溶液和内标液的步骤，按"生物样品的处理"项下操作，随后在得到的上清液中加入相应的标准系列溶液 50μL 和内标液 30μL，其加入标准系列溶液和制备质控低、中、高三种血浆样品的浓度和体积是一样的，涡旋混合，50℃氮气流下吹干。残留物以 100μL 流动相溶解，离心 10min(10 000r/min)，取上清液进样分析，获得相应色谱峰面积。此种处理方法得到的数据被认为其的提取率为 100%。另取质控低、中、高三个浓度的血浆样本各 6 份，在同样的色谱条件下进行测定。以每一浓度两种处理方法的峰面积比值计算提取回收率。结果表明，对牡荆素-4″-O-葡萄糖苷的提取回收率为 89.2%～99.0%，符合目前生物样品分析方法指导原则。

5. 精密度和准确度　取质控低、中、高三个浓度血浆样品，各 6 份，同一浓度的每一份样品每天测定一次，连续测定 3 天，以当日的标准曲线计算质控样品的浓度，求得方法的精密度（RSD）(质控样品测得值的相对标准偏差)和准确度(RE)(质控样品测量均值对真值的相对误差)，本方法的日内精密度 RSD 为 6.77%～9.04%，准确度为-2.7%～5.7%；日间精密度（RSD）2.90%～6.66%，准确度为-5.19%～9.0%，均符合目前生物样品分析方法指导原则的有关规定，该法可用于准确测定大鼠动脉血浆中的牡荆素-4″-O-葡萄糖苷。

(三)牡荆素-4″-O-葡萄糖苷在大鼠体内的首过效应研究

1. 肝首过效应　10 只健康 SD 雄性大鼠，随机分成两组，每组 5 只。其中一组

用于股静脉给药，另一组用于肝门静脉给药。实验前夜禁食但自由饮水。大鼠手术前，采用腹腔注射 20%的乌拉坦，每只按照 0.3mL/kg 注射，等大鼠轻微麻醉后，将其固定在手术台上，对其进行颈动脉插管手术，管内充满浓度为 80U/mL 的肝素生理盐水，以便血液抗凝。对于肝门静脉给药组，插管后立即剖开腹腔，开口约为 2cm。找到肠系膜上静脉，通过肠系膜上静脉给药，药物直接通过肝门静脉进入到肝脏，剂量为 10mg/kg，给药时间为 5min。随后立即进行腹腔的缝合手术，并在给药后迅速进行颈动脉的采血，其时间点为 0min、3min、5min、10min、15min、20min、30min、50min、80min、120min、180min、240min 和 330min。血液经 3500r/min 离心 15min，收集血浆，于-20℃冰箱中保存，待测。在整个实验过程中，大鼠始终被照于红外灯下，维持正常体温，以确保实验的正常进行。同时，根据已有文献，在进行肝门静脉给药的同时，考虑平行实验，减少实验误差，故同时在股静脉给予同等体积的生理盐水。对于股静脉给药，动脉插管后，将大鼠一侧腿部皮肤打开，找到股静脉，灌注给药，剂量为 10mg/kg，给药时间为 5min，随后立即缝合。其采血时间和平行实验等同于肝门静脉给药。

2. 胃和肠首过效应 15 只健康 SD 雄性大鼠，随机分成 3 组，每组 5 只，分别用于胃灌注、肠灌注和肝门静脉灌注给药。实验前夜禁食但自由饮水。大鼠手术前，采用腹腔注射 20%的乌拉坦，每只按照 0.3mL/kg 注射，等大鼠轻微麻醉后，将其固定在手术台上，对其进行颈动脉插管，管中含有浓度为 80U/mL 的肝素生理盐水抗凝。对于胃灌注给药组，插管后，剖开腹腔，约为 2cm，找到胃，从胃底部将药物灌注，灌注时间为 5min。同时，将等体积的生理盐水通过肝门静脉进行灌注，为平行实验。随后，立即进行腹部缝合手术，并开始颈动脉采血，其采血时间点与肝首过效应同。对于肠灌注给药，腹部剖开后，找到十二指肠，在距离幽门端 1cm 的位置进行灌注给药，其他步骤同胃给药。对于肝门静脉给药组，其步骤同 "肝首过效应" 项下步骤。此三组给药剂量分别是：胃、肠为 20mg/kg，肝门静脉为 10mg/kg。

3. CYP 3A 与 P-gp 对牡荆素-4″-O-葡萄糖苷肠吸收的影响 为研究肠道内 CYP3A 与 P-gp 对牡荆素-4″-O-葡萄糖苷肠吸收的影响，在牡荆素-4″-O-葡萄糖苷给药前先给予维拉帕米(60mg/kg)。15 只健康 SD 雄性大鼠，随机分成 3 组，每组 5 只。第一组为肠灌注给药组，即在灌肠给予牡荆素-4″-O-葡萄糖苷前 10min，先灌注一定剂量的维拉帕米水溶液，其余步骤同之前所述。第二组为股静脉灌注给药组，即在维拉帕米肠灌注 10min 后，在股静脉进行牡荆素-4″-O-葡萄糖苷灌注给药，其余步骤同前。第三组为生理盐水组，即用生理盐水代替维拉帕米水溶液，肠灌注生理盐水 10min 后，再进行肠灌注牡荆素-4″-O-葡萄糖苷，其余步骤同前。

4. 牡荆素-4″-O-葡萄糖苷首过效应研究结果

1) 肝脏首过效应

药物灌注 5min 结束后，出现了血浆药物浓度最高峰；给药后 20min，出现了双峰现象。其血浆药时浓度曲线见图 5-5，表 5-6 中为肝门静脉灌注后的相关血浆药动学参数。通过与股静脉灌注给药组的数据比较,肝门静脉给药后的牡荆素-4″-O-葡萄糖苷在血浆中的 $t_{1/2}$ 显著性降低,同时清除率显著性增加,其生物利用度为45.1%,即肝脏对牡荆素-4″-O-葡萄糖苷的提取率为54.9%。

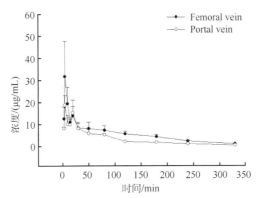

图 5-5　牡荆素-4″-O-葡萄糖苷肝首过效应血药浓度-时间曲线

表 5-6　牡荆素-4″-O-葡萄糖苷肝首过效应相关药动学参数(均值±SD)

给药途径	剂量/(mg/kg)	CL/[mL/(kg·min)]	$t_{1/2}$/min	$AUC_{0\to\infty}$/[μg/(mL·min)]	生物利用度/%
股静脉	10	0.005±0.002	120.1±19.0	1866.5±103	100
肝门静脉	10	0.012±0.008	74.2±5.6	841.4±11.9	45.1

2) 胃肠首过效应

牡荆素-4″-O-葡萄糖苷胃、肠灌注给药后的血药浓度-时间浓度曲线见图 5-6,其相关药动学参数见表 5-7。将胃、肠灌注组的数据分别与肝门静脉灌注组的数据进行比较,其胃的表观生物利用度为 9.8%、肠的表观生物利用度为 8.1%,即胃对牡荆素-4″-O-葡萄糖苷的提取率为–1.7%、肠对牡荆素-4″-O-葡萄糖苷的提取率为 91.9%。

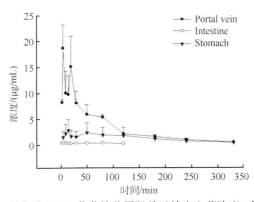

图 5-6　牡荆素-4″-O-葡萄糖苷胃肠首过效应血药浓度-时间曲线

表 5-7　牡荆素-4″-O-葡萄糖苷胃肠首过效应相关药动学参数(均值±SD)

给药途径	剂量/(mg/kg)	$AUC_{0\to\infty}/[\mu g/(mL \cdot min)]$	生物利用度/%
肝门静脉	10	838.8±112	100
肠	20	135.6±42.8	8.1
胃	20	164.4±9.0	9.8

3) CYP 3A 与 P-gp 对牡荆素-4″-O-葡萄糖苷肠吸收的影响

股静脉给药组结果显示，维拉帕米吸收入血后对静脉给药方式下的牡荆素-4″-O-葡萄糖苷的血浆药动学几乎没有影响。将肠灌注维拉帕米组和肠灌注生理盐水组进行比较，维拉帕米组的药动学数据 AUC 表现出轻微的增加趋势，同时双峰现象的程度有所增加，可以宏观观察到，见图 5-7。

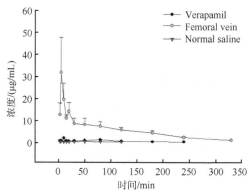

图 5-7　牡荆素-4″-O-葡萄糖苷联合维拉帕米肠给药后血药浓度-时间曲线

三、讨论与小结

首过效应实验数据显示，肝脏对牡荆素-4″-O-葡萄糖苷的提取率为 54%，肠道对牡荆素-4″-O-葡萄糖苷的提取率为 91.9%，胃对牡荆素-4″-O-葡萄糖苷的提取率为 –1.7%，即肝首过效应作用和肠首过效应作用应该是影响牡荆素-4″-O-葡萄糖苷生物利用度低的主要原因。另外，灌注维拉帕米生理盐水组的药时曲线下面积比灌注生理盐水组略高一些，说明在一定程度上维拉帕米对牡荆素-4″-O-葡萄糖苷起到了竞争性抑制作用，可以初步判断牡荆素-4″-O-葡萄糖苷是肠道 CYP 3A 或 P-糖蛋白的底物。在临床应用中，我们或许可以通过联合用药的方法增加牡荆素-4″-O-葡萄糖苷的吸收，解决口服生物利用度低这一瓶颈。

本实验中建立的测定大鼠血浆中牡荆素-4″-O-葡萄糖苷的高效液相色谱法，具有专一性，同时我们尝试改进的建立首过效应的模型也是科学的、可靠的。相信，无论是方法还是实验数据，都将为山楂叶中牡荆素-4″-O-葡萄糖苷的研究作出贡献。

第三节 牡荆素-2″-O-鼠李糖苷首过效应研究

一、仪器、试药与动物

(一)仪器

岛津 30A 超高效液相色谱仪(日本岛津公司);HH-S 水浴锅(中国上海永光明仪器设备厂);XYJ80-2 型离心机(中国金坛市金南仪器厂);TGL-16C 高速台式离心机(中国江西医疗器械厂);XW-80A 微型旋涡混合器(中国上海沪西分析仪器厂有限公司);ZDHW 电子调温电热套(中国北京中兴伟业仪器有限公司);微量取样器(中国上海荣泰生化工程有限公司)。

(二)试药

牡荆素-2″-O-鼠李糖苷;橙皮苷(中国药品生物制品检定所提供,批号 110721-200613);甲醇(色谱纯,天津市大茂化学试剂厂);磷酸(分析纯,天津市进丰化工有限公司);冰乙酸(华北地区特种化学试剂开发中心);纯化水(娃哈哈有限公司)。盐酸维拉帕米(上海禾丰制药有限公司,批号:H43140401);环孢素 A(华北制药股份有限公司,批号 FJB1408003);咪达唑仑(江苏恩华药业股份有限公司,批号 20140707);胆盐(上海亨代劳生物有限公司);冰片(株洲松本林化有限公司)。

(三)动物

健康 Wistar 大鼠,雄性(250~300g),50 只,由辽宁中医药大学实验动物中心提供;实验中所使用动物研究严格按照实验室动物保护指导原则进行,所使用动物征得辽宁中医药大学动物实验伦理委员会同意。实验期间自由饮水,大鼠给药实验前禁食 12h。

二、方法与结果

(一)大鼠血浆中牡荆素-2″-O-鼠李糖苷分析方法的建立

1. 色谱条件 色谱柱:Diamonsil C_{18}(150mm×4.6mm,5μm)(迪马公司,中国北京);流动相:甲醇-0.1%磷酸溶液(2:3;V/V);检测波长:330nm;流速:1mL/min;内标物:橙皮苷;柱温:室温;进样量:5μL。

2. 溶液的制备

(1)系列标准溶液的制备:取牡荆素-2″-O-鼠李糖苷对照品约 5mg,精密称定,置10mL量瓶中，用甲醇溶解并定容至刻度，摇匀，即得浓度为500.0μg/mL的对照品储备液，采用倍数稀释法分别配制成系列对照品溶液，即（500.0μg/mL、100.0μg/mL、25.0μg/mL、10.0μg/mL、5.0μg/mL、4.0μg/mL、2.0μg/mL和1.6μg/mL）的系列标准溶液，于4℃冰箱保存，备用。

(2) 内标溶液的制备：取橙皮苷对照品约2mg，精密称定，置10mL量瓶中，用甲醇溶解并稀释至刻度，摇匀，即得浓度为200μg/mL的内标储备液，再精密吸取2.0mL内标储备液置10mL量瓶中，加甲醇稀释至刻度，制成浓度为40μg/mL的溶液，作为内标溶液，于4℃冰箱保存，备用。

(3) 给药溶液的制备：取牡荆素-2″-O-鼠李糖苷对照品500mg，精密称定，置50mL量瓶中，用生理盐水溶解并定容至刻度，摇匀，即得浓度为10mg/mL的对照品储备液，于4℃冰箱保存，备用。

3. 质控样品的制备　精密吸取100μL空白血浆，分别各加入10μL工作溶液和50μL内标溶液，按照"生物样品的制备"项下方法处理，制备成低、中、高三种浓度的质控样品。牡荆素血浆浓度分别为2μg/mL、20μg/mL、200μg/mL，于4℃冰箱保存，备用。

4. 生物样品的制备　取血浆样品100μL，置2mL具塞离心试管中，依次加入20μL冰乙酸、50μL内标溶液（40μg/mL）、500μL甲醇，涡旋混合1min，离心15min（3000r/min），取上清液，于50℃氮气流下吹干，残渣加入流动相100μL，涡旋溶解1min，离心5min（15 000r/min），取上清液5μL注入UHPLC进行分析，分别记录色谱图及峰面积。

(二) 分析方法的确证

1. 方法的专属性　上述色谱条件下，将大鼠的空白血浆样品色谱图（图5-8A）、空白血浆样品中加对照品和内标物色谱图（图5-8B）及牡荆素-2″-O-鼠李糖苷给药后血浆样品加内标色谱图（图5-8C）进行比较，结果表明，牡荆素-2″-O-鼠李糖苷与内标物分离良好，不受内源性物质干扰。牡荆素-2″-O-鼠李糖苷和内标物的保留时间分别为3.6min和5.8min。

2. 检测限（LOD）、定量限（LOQ）　将已知浓度的标准溶液精密无限稀释，精密吸取10μL至100μL的空白血浆中，按"生物样品的制备"项下方法操作，配制样品溶液，进行测定，得LOQ为0.772μg/mL（S/N=10）、LOD为0.257μg/mL（S/N=3）。两种浓度样品重复分析6次，获得该浓度的日内精密度（RSD）为10.2%、日间精密度（RSD）为9.1%，准确度（RE）分别为4.2%和6.4%，其日内精密度及日间精密度的RSD<20%、准确度在±20%之内，符合规定。

3. 标准曲线的绘制　取空白血浆100μL，依次加入系列标准溶液（500.0μg/mL、100.0μg/mL、25.0μg/mL、10.0μg/mL、4.0μg/mL、2.0μg/mL和1.6μg/mL）各50μL、内标溶液50μL，配制成相当于血浆浓度为0.8μg/mL、1.0μg/mL、2.0μg/mL、5.0μg/mL、12.5μg/mL、50.0μg/mL、250.0μg/mL的生物样品，按"生物样品的制备"项下方法

操作，进样 5μL，记录色谱图。以牡荆素-2″-O-鼠李糖苷与内标物的峰面积比值为纵坐标(Y)，牡荆素-2″-O-鼠李糖苷浓度为横坐标(X)，用加权最小二乘法进行回归运算，权重系数为 $1/c^2$，典型的回归方程为 $Y=0.2671X-0.0219$，相关系数 $r=0.9992$，本方法牡荆素-2″-O-鼠李糖苷为 0.8～250.0μg/mL 时线性良好。

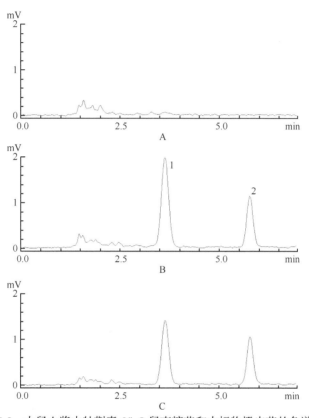

图 5-8　大鼠血浆中牡荆素-2″-O-鼠李糖苷和内标物橙皮苷的色谱图
A. 空白血浆；B. 空白血浆加入标准品和内标物；C. 肝门静脉给药后大鼠颈动脉血浆样品(C)。色谱峰 1. 牡荆素-2″-O-鼠李糖苷；色谱峰 2. 内标物

4. 精密度和准确度　取空白血浆，按上述"质控样品的制备"项下方法分别制备低、中、高(2μg/mL、20μg/mL、200μg/mL)三个浓度质控样品，并对其进行色谱分析，根据所求的标准曲线计算对照品溶液的浓度。日内精密度测定在同一天内对每个浓度的质控样品进行 5 样本分析；日间精密度测定是对每个浓度进行 5 样本分析，连续测定 3 天，以当日的标准曲线计算质控样品的浓度，求得该方法的精密度(RSD)(质控样品测得值的相对标准偏差)和准确度(RE)(质控样品测量均值对真值的相对误差)，结果见表 5-8。实验结果提示，本实验方法日内精密度、日间精密度符合要求。

表 5-8　牡荆素-2″-O-鼠李糖苷精密度、准确度的测定结果（均值±SD，$n=5$）

加样浓度/(μg/mL)	日内精密度			日间精密度		
	测定浓度/(μg/mL)	RSD/%	RE/%	测定浓度/(μg/mL)	RSD/%	RE/%
2	2.10±0.11	5.24	5.00	1.96±0.06	5.97	3.00
20	21.49±0.58	2.70	7.43	21.2±0.74	3.43	5.92
200	204±5.6	2.73	2.06	203±6.6	3.26	1.37

注：日内精密度：$n=5$；日间精密度：$n=3$ 天，每天重复测定 5 次

5. 提取回收率　取空白血浆 100μL，按上述"生物样品的制备"项下方法分别制备低、中、高三个浓度(2μg/mL、20μg/mL、200μg/mL)的样品各 5 样本，同时另取空白血浆 100μL，除不加标准系列溶液和内标外，按"血浆样品的预处理"项下操作，向获得的上清液中加入相应浓度的标准溶液 10μL 和内标 50μL，涡旋混合，50℃空气流下吹干。残留物以流动相溶解，进样分析，获得相应色谱峰面积。以每一浓度两种处理方法的峰面积比值计算提取回收率，牡荆素-2″-O-鼠李糖苷在低、中、高三个浓度的提取回收率及 RSD 见表 5-9。

表 5-9　牡荆素-2″-O-鼠李糖苷在大鼠血浆中的提取回收率结果（均值±SD，$n=5$）

加样浓度/(μg/mL)	回收率/%	RSD/%
2	98.25±3.21	3.27
20	97.43±3.92	4.07
200	99.46±0.37	0.37

6. 样品稳定性　取空白血浆 100μL，按上述"生物样品的制备"项下方法分别制备低、中、高三个浓度(2μg/mL、20μg/mL、200μg/mL)的样品，各个浓度的质控样品分别进行短期(室温，4h)、长期(−20℃，1 个月)和冻(24h，−20℃)融(室温，2～3h)三次后重新测定，计算相对误差 RSD 及 RE。实验结果表明，各个条件下保存的血浆样品稳定，具体结果见表 5-10。

表 5-10　牡荆素-2″-O-鼠李糖苷在大鼠血浆中的稳定性结果（均值±SD，$n=5$）

稳定性	浓度		
	2μg/mL	20μg/mL	200μg/mL
短期稳定性	1.990±0.0954	20.44±0.6596	194.0±1.945
长期稳定性	2.240±0.07810	20.51±0.5010	190.7±2.082
冻融稳定性	2.137±0.1190	20.62±0.6410	183.7±11.62

(三)首过效应研究

1. 肝首过效应　选取两组大鼠，每组 5 只，实验前夜禁食但自由饮水。20%乌拉坦(5mL/kg, i.p.)轻微麻醉后仰卧于手术台，置于红外灯下使体温维持在(37±1)℃，

苏醒前将大鼠颈动脉插管，管中充满 80U/mL 的肝素用于抗凝和取血。

对于股静脉给药组，在大腿内侧剖开一个小口，找到股静脉，将牡荆素-2″-O-鼠李糖苷溶液 5min 内匀速注入股静脉中（5mg/kg），给药后，立即用棉花物理按压止血，缝合伤口。对于肝门静脉给药组，腹部剖开后，沿肠找到肠系膜上静脉，并沿着肝门静脉的方向注入牡荆素-2″-O-鼠李糖苷（5mg/kg），5min 内匀速完成。给药后，立即用棉花轻按压于给药处进行生理止血，止血后，缝合刀口。于给药后 2min、5min、8min、11min、15min、20min、30min、45min、60min、90min、120min、150min、180min、240min、300min 采血 0.3mL，置于预先肝素化的离心管中，离心 15min（3000r/min），得血浆样品置—20℃冰箱中保存，待测。

2. 胃肠首过效应 选取两组大鼠，每组 5 只，实验前夜禁食但自由饮水。20% 乌拉坦（5mL/kg，i.p.）轻微麻醉后仰卧于手术台，置于红外灯下使体温维持在 (37±1)℃，苏醒前将大鼠颈动脉插管，管中充满 80U/mL 的肝素用于抗凝和取血。

对于十二指肠给药组，经十二指肠上段（幽门下 1cm）灌注牡荆素-2″-O-鼠李糖苷溶液（40mg/kg），5min 内匀速完成。对于胃给药组，经胃底部贲门处 5min 内匀速注入牡荆素-2″-O-鼠李糖苷溶液（40mg/kg）。于给药后 2min、5min、8min、11min、15min、20min、30min、45min、60min、90min、120min、150min、180min、240min、300min 采血 0.3mL，置于预先肝素化的离心管中，离心 15min（3000r/min），得血浆样品置 −20℃冰箱中保存，待测。

3. CYP450 与 P-gp 抑制剂及吸收促进剂对牡荆素-2″-O-鼠李糖苷肠吸收的影响 选取 5 组大鼠，每组 5 只，实验前夜禁食但自由饮水。20%乌拉坦（5mL/kg，i.p.）轻微麻醉后仰卧于手术台，置于红外灯下使体温维持在(37±1)℃，苏醒前将大鼠颈动脉插管，管中充满 80U/mL 的肝素用于抗凝和取血。

为研究 CYP3A 与 P-gp 对牡荆素-2″-O-鼠李糖苷肠吸收的影响，分别将维拉帕米溶液（50mg/kg）、环孢素 A 溶液（25mg/kg）、咪达唑仑溶液（1mg/kg）在灌注牡荆素-2″-O-鼠李糖苷 10min 之前灌注至十二指肠。为研究吸收促进剂对牡荆素-2″-O-鼠李糖苷肠吸收的影响，分别将胆盐（1g/kg）、冰片（30mg/kg）与牡荆素-2″-O-鼠李糖苷的混合溶液灌注至十二指肠。于给药后 2min、5min、8min、11min、15min、20min、30min、45min、60min、90min、120min、180min、240min、300min 采血 0.3mL，置于预先肝素化的离心管中，离心 15min（3000r/min），所得血浆样品置−20℃冰箱中保存，待测。

4. 首过效应研究结果 为研究牡荆素-2″-O-鼠李糖苷肝首过效应及胃肠首过效应，分别通过外周静脉注射（5mg/kg）、肝门静脉注射（5mg/kg）、胃灌注（40mg/kg）及十二指肠灌注（40mg/kg）4 种方式将牡荆素-2″-O-鼠李糖苷给予大鼠。图 5-9 为在肝首过效应实验及肠首过效应实验中牡荆素-2″-O-鼠李糖苷大鼠体内的药时曲线图，表 5-11 为相关药动参数。

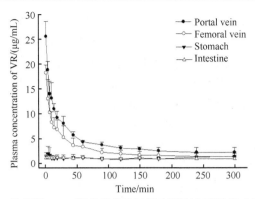

图 5-9　牡荆素-2″-O-鼠李糖苷首过效应研究血药浓度-时间曲线

表 5-11　牡荆素-2″-O-鼠李糖苷肝首过效应及胃肠首过效应研究相关药动学参数（均值±SD，$n=5$）

给药途径	剂量/(mg/kg)	$AUC_{0\to\infty}/[\mu g/(mL\cdot min)]$	生物利用度/%
股静脉	5	725.49±26.13	10
肝门静脉	5	1151.9±38.25	158.77
胃	40	263.89±97.36	2.86
十二指肠	40	220.98±24.37	2.40

5. CYP450 与 P-gp 抑制剂及吸收促进剂对牡荆素-2″-O-鼠李糖苷肠吸收的影响

CYP450 与 P-gp 抑制剂维拉帕米、环孢素 A、维拉帕米，以及吸收促进剂胆盐、冰片的血药浓度-时间曲线如图 5-10 所示，相关药动参数见表 5-12。

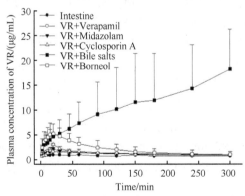

图 5-10　牡荆素-2″-O-鼠李糖苷十二指肠给药及联合 CYP450 与 P-gp 抑制剂、吸收促进剂十二指肠给药后血药浓度-时间曲线

表 5-12　牡荆素-2″-O-鼠李糖苷联合 CYP450 与 P-gp 抑制剂、吸收促进剂给药后相关药动学参数（均数±SD，$n=5$）

给药途径	$AUC_{0\to\infty}/[\mu g/(mL\cdot min)]$	$(AUC_1-AUC_2)/AUC_2$
VR	230.00±36.45	—
VR+维拉帕米	349.19±20.95	0.52

给药途径	AUC$_{0\to\infty}$/[μg/(mL·min)]	(AUC$_1$−AUC$_2$)/AUC$_2$
VR+咪达唑仑	378.40±61.17	0.65
VR+环孢素 A	498.06±45.24	1.17
VR+胆盐	3304.2±150.3	13.4
VR+冰片	628.54±25.55	1.73

注：AUC$_1$. 分别为 VR 联合维拉帕米、咪达唑仑、环孢素 A、胆盐、冰片给药组药曲线下面积；AUC$_2$. VR 十二指肠组药时曲线下面积

三、讨论与小结

(一)色谱条件的选择

为了获得合适的保留时间和良好的分离度，本实验曾采用甲醇-水的不同体积比，结果当甲醇-水体积比为 40∶60 时被测物的分离效果良好。为了改善峰形，本实验尝试在流动相中加入磷酸，结果发现当流动相为甲醇-0.1%磷酸溶液(2∶3)时分离效果最好，故最终确定其为本实验的流动相。

(二)牡荆素-2″-O-鼠李糖苷的首过效应

研究表明，黄酮类药物经口服给药后，在人体或啮齿动物体内会产生显著的代谢，从而使生物利用度较低[15-17]。而牡荆素-2″-O-鼠李糖苷作为山楂叶中主要的黄酮类化合物之一，已有多篇报道其在体内发生明显的首过效应。本实验从肝脏首过效应及胃肠首过效应结果发现，肝门静脉、胃与十二指肠给药后的生物利用度分别为 158.77%、2.86% 与 2.40%，可以推测牡荆素-2″-O-鼠李糖苷在体内发生严重的首过效应主要是由其肠道引起的，而肝及胃的首过效应可以忽略不计。这一结果与已有的报道相吻合，即对于黄酮类化合物的首过效应，其肠道首过效应比其肝脏代谢起着更重要的作用，并且在肝肠循环中，肠循环更常用于解释黄酮类化合物较低生物利用度的原因[18]。

(三)CYP450 与 P-gp 及吸收促进剂对牡荆素-2″-O-鼠李糖苷肠吸收的影响

影响口服药物吸收的主要屏障有三种，即化学屏障、物理屏障及生化屏障，而 CYP450 与 P-gp 被认为是主要的生化屏障[19]。这不单基于 CYP450 与 P-gp 的底物有着广泛的重叠，也因为二者广泛共存于口服药物吸收的主要场所——小肠中[20, 21]。另外，有报道指出由 P-gp 和其他外排蛋白质控制的载体介导转运，能影响大鼠体内药物吸收的速率、程度及药物的首过代谢[22, 23]。因此，本实验通过研究 CYP450 与 P-gp 的三种调节剂——维拉帕米、环孢素 A 和咪达唑仑对牡荆素-2″-O-鼠李糖苷药动学的影响，来寻找牡荆素-2″-O-鼠李糖苷与 CYP450 及 P-gp 调节剂的潜在药物关系，并且揭示维拉帕米、环孢素 A 及咪达唑仑是否能够增加牡荆素-2″-O-鼠李糖苷的

肠吸收。从结果可知，维拉帕米给药组、环孢素 A 给药组及咪达唑仑组大鼠血浆中的牡荆素-2″-O-鼠李糖苷含量比未加 P-gp 与 CYP450 的调节剂的稍高，但绝对生物利用度却仍较低，说明 P-gp 与 CYP450 的调节剂在较低的肠生物利用度中并不起主要作用。

众所周知，药物的生物利用度与吸收及首过代谢密切相关。目前也有文献报道称牡荆素-2″-O-鼠李糖苷在大鼠肠道的吸收呈一级动力学过程，吸收机制为被动扩散，但牡荆素-2″-O-鼠李糖苷在整个肠段的吸收却并不理想[24,25]，这与本实验所得结果相符。由此可以推断牡荆素-2″-O-鼠李糖苷的低生物利用度不仅与其首过效应有关，其不理想的肠吸收也与之相关。因此，我们选择了胆盐和冰片作为吸收促进剂进行研究肠道吸收对牡荆素-2″-O-鼠李糖苷生物利用度的影响。与胆盐（1g/kg）联合给药后，药时曲线下面积 $AUC_{0\to\infty}$ 增加了 13.4 倍，冰片组则增加了 1.73 倍。其主要原因是胆盐可通过调节肠道通透性从而增加药物肠吸收[26]。近年来有研究表明，冰片可作为肠道内 P-gp 的抑制剂发挥增强肠吸收的作用[27]。此外，冰片作为中国传统中药，可增强血脑屏障通透性，引药上行，增加药物吸收[28]。结果表明，胆盐和冰片作为吸收促进剂均可显著提高牡荆素-2″-O-鼠李糖苷的肠吸收。

本实验首次进行牡荆素-2″-O-鼠李糖苷首过效应研究，建立了 UHPLC 测定牡荆素-2″-O-鼠李糖苷的研究方法，并进行了方法学验证。该法专属性强，分离度较好，其检测限、提取回收率、精密度、稳定性均符合生物样品分析要求。实验数据经过药动学软件处理及统计软件分析，得出以下结论：对于牡荆素-2″-O-鼠李糖苷而言，肝首过效应和胃首过效应几乎可以忽略不计，肠首过效应为最主要的首过效应，导致了牡荆素-2″-O-鼠李糖苷的低生物利用度。此外，P-gp 和 CYP3A 的抑制剂维拉帕米、环孢素 A 及咪达唑仑对改善牡荆素-2″-O-鼠李糖苷的肠吸收作用并不十分显著，但吸收促进剂胆盐和冰片可显著增加牡荆素-2″-O-鼠李糖苷的肠吸收，提高其生物利用度。以上结果为牡荆素-2″-O-鼠李糖苷的进一步研究提供了理论依据。

参 考 文 献

[1] Gaitan E, Cooksey R C, Legan J, Lindsay R H. Antithyroid effects *in vivo* and *in vitro* of vitexin: a C-glucosylflavone in millet. J Clin Endocr Metab, 1995, 80(4): 1144-1147.
[2] Peng X, Zheng Z, Cheng K W, Shan F, Ren G X, Chen F, Wang M F. Inhibitory effect of mung bean extract and its constituents vitexin and isovitexin on the formation of advanced glycation endproducts. Food Chem, 2008,106(2): 475-481.
[3] Prabhakar M C, Bano H, Kumar I, Shamsi M A, Khan M S. Pharmacological investigations on vitexin. Planta Med, 1981, 43(12): 396-403.
[4] 童成亮, 刘晓东. HPLC 法测定犬血浆中牡荆素及药代动力学研究. 中国药理学通报, 2006, 22(9): 1149-1150.
[5] 童成亮, 刘晓东. 牡荆素在大鼠体内的药代动力学. 中国药科大学学报, 2007, 38(1): 65-68.
[6] Wang S Y, Chai J Y, Zhang W J, Liu X, Du Y, Cheng Z Z, Ying X X, Kang T G. HPLC determination of five polyphenols in rat plasma after intravenous administrating hawthorn leaves extract and its application to pharmacokinetic study. Yakugaku Zasshi, 2010, 130(11): 1603-1613.
[7] Wang Y J, Qu G L, Zhang W J, Xue H F, Chen Y H, Yin J J, Lu D R, Ying X X. Pharmacokinetics, tissue distribution and excretion of vitexin in mice. Lat Am J Pharm, 2012, 31(6): 844-851.
[8] Wang Y J, Han C H, Leng A J, Zhang W J, Xue H F, Chen Y H, Yin J J, Lu D R, Ying X X. Pharmacokinetics of vitexin in rats after intravenous and oral administration. Afr J Pharm Pharmacol, 2012, 6(31): 2368-2373.
[9] Saitoh H, Aungst B J. Possible involvement of multiple P-glycoprotein-mediated efflux systems in the transport of

verapamil and other organic cations across rat intestine. Pharm Res, 1995, 12(9): 1304-1310.
[10] Hollman P C, Hertog M G, Katan M B. 1996. Role of dietary flavonoids in protection against cancer and coronary heart disease. Biochem Soc T, 24(3): 785-789.
[11] Wandel C, Kim R B, Kajiji S, Guengerich P, Wilkinson G R, Wood A J. P-glycoprotein and cytochrome P-450 3A inhibition: dissociation of inhibitory potencies. Cancer Res, 1999, 59(16): 3944-3948.
[12] Zu Y G, Zhang Q, Zhao X H, Wang D, Li W, Sui X Y, Zhang Y, Jang S G, Wang Q X, Gu C B. Preparation and characterization of vitexin powder micronized by a supercritical antisolvent(SAS)process. Powder Technol, 2012, 228(9): 47-55.
[13] Borst P, Evers R, Kool M, Wijnholds J. The multidrug resistance protein family. BBA-Biomembranes, 1999, 1461(2): 347-357.
[14] Lee V H L, Sporty J L, Fandy T E. Pharmacogenomics of drug transporters: the next drug delivery challenge. Adv Drug Deliver Rev, 2001, 50(10): S33-S40.
[15] Birt D F, Hendrich S, Wang W. Dietary agents in cancer prevention: flavonoids and isoflavonoids. Pharmacol Therapeut, 2001, 90(2-3): 157-177.
[16] Setchell K D, Brown N M, Desai P, Zimmer-Nechemias L, Wolfe B E, Brashear W T, Kirschner A S, Cassidy A, Heubi J E. Bioavailability of pure isoflavones in healthy humans and analysis of commercial soy isoflavone supplements. J Nutr, 2001, 131(4 Suppl): 1362S-1375S.
[17] Yang C S, Landau J M, Huang M T, Newmark H L. Inhibition of carcinogenesis by dietary polyphenolic compounds. Annu Rev Nutr, 2001, 21(1): 381-406.
[18] Ying X X, Wang F, Cheng Z Z, Zhang W J, Li H B, Du Y, Liu X, Wang S Y, Kang T G. Pharmacokinetics of vitexin-4″-O-glucoside in rats after intravenous application. Eur J Drug Metab Ph, 2012, 37(2): 109-115.
[19] Li J, Wang G J. Intestinal absorption barrier and novel strategies for absorption enhancement. Acta Pharmaceutica Sinica, 2005, 40(7): 600-605.
[20] Cummins C L, Jacobsen W, Benet L Z. Unmasking the dynamic interplay betweenintestinal P-glycoprotein and CYP3A4. J Pharmacol Exp Ther, 2002, 300(3): 1036-1045.
[21] Wolozin B, Kellman W, Ruosseau P, Celesia G G, Siegel G. Decreased prevalence of Alzheimer disease associated with 3-hydroxy-3-methyglutaryl coenzyme A reductase inhibitors. Arch Neurol, 2000, 57(10): 1439-1443.
[22] Lown K S, Mayo R R, Leichtman A B, Hsiao H L, Turgeon D K, Schmiedlin-Ren P, Brown M B, Guo W, Rossi S J, Benet L Z, Watkins P B. Role of intestinal P-glycoprotein(MDR1) in interpatient variation in the oral bioavailability of cyclosporine. Clin Pharmacol Ther, 1997, 62(3): 248-260.
[23] Terao T, Hisanaga E, Sai Y, Tamai I, Tsuji A. 1996. Active secretion of drugs from the small intestinal epithelium in rats by P-glycoprotein functioning as an absorption barrier. J Pharm Pharmacol, 1996, 48(10): 1083-1089.
[24] Xu Y A, Fan G, Gao S, Hong Z. Assessment of intestinal absorption of vitexin-2″-O-rhamnoside in hawthorn leaves flavonoids in rat using in situ and in vitro absorption models. Drug Dev Ind Pharm, 2008, 34(2): 164-170.
[25] Huang T, Jiang X H, Guo M A. Intestinal absorption kinetics of rhamnosylvitexin in rats. West China Journal of Pharmaceutical Sciences, 2008, 23(1): 61-63.
[26] Sharma P, Varma M V, Chawla H P, Panchagnula R. Absorption enhancement, mechanistic and toxicity studies of medium chain fatty acids, cyclodextrins and bile salts as peroral absorption enhancers. Farmaco, 2005, 60(11-12): 884-893.
[27] He H, Shen Q, Li J. Effects of borneol on the intestinal transport and absorption of two P-glycoprotein substrates in rats. Arch Pharm Res, 2011, 34(7): 1161-1170.
[28] Zhang Q, Wu D, Wu J, Ou Y, Mu C L, Han B, Zhang Q L. Improved blood-brain barrier distribution: Effect of borneol on the brain pharmacokinetics of kaempferol in rats by *in vivo* microdialysis sampling. J Ethnopharmacol, 2015, 162(3): 270-277.

第六章　山楂叶中单体成分抗氧化活性研究

第一节　HPLC法测定MDA含量的抗氧化作用研究

高血脂与脂质过氧化有密切关系,同时高血脂可造成脂肪肝,具有抗氧化作用的物质可显著抑制LDL在肝内转化,从而降低脂肪肝的发生率。因此,本研究采用细胞培养技术对山里红叶提取物中活性部位的主要黄酮类成分牡荆素-2″-O-鼠李糖苷、牡荆素-4″-O-葡萄糖苷进行抗氧化研究,首次应用高效液相色谱法,并采用衍生化技术,定量测定硫代巴比妥酸(TBA)-MDA衍生物,该法因可定量反映人脐静脉内皮细胞(ECV304)氧化产物MDA的含量而应用于抗氧化作用研究,为指导其临床用药、新药研究及质量控制提供依据,也为其他具有抗氧化作用活性成分研究提供方法。

一、牡荆素-2″-O-鼠李糖苷抗氧化作用研究

牡荆素-2″-O-鼠李糖苷是山里红叶的主要成分[1],其中牡荆素-2″-O-鼠李糖苷具有显著抑制MCF-7人乳癌细胞DNA合成[2]的作用。MDA是评价生物样品脂质过氧化的标记物,MDA和TBA反应形成MDA-TBA复合物后,在532nm有最大吸收,可用于定量测定MDA,从而测定某化合物抗氧化能力[3]。本实验的目的是用HPLC法定量测定ECV-304细胞培养液中的MDA,研究牡荆素-2″-O-鼠李糖苷的抗氧化作用。

(一)药品与试剂

对照品牡荆素-2″-O-鼠李糖苷、牡荆素-4″-O-葡萄糖苷(自制,经高效液相色谱归一化法测定,纯度为99%); ECV304细胞(北京,中国科学院细胞库); RPMI-1640(Gibco, Grand Island, NY, USA); 胎牛血清(大连生物试剂公司); N-乙酰半胱氨酸(NAC)、四甲基偶氮唑盐(MTT)(Aldrich-Fluka, USA); 谷氨酰胺(GIBCO, Grand Island, NY, USA); 1, 1, 3, 3-四甲氧基丙烷(TMP)(Alfa Aesar, UK); 硫代巴比妥酸(thiobarbituric acid, TBA)、三氯乙酸(trichloroacetic acid, TCA)和叔丁基过氧化氢(tert-butyl hydroperoxide, TBHP)(分析纯,中国医药集团上海化学的试药公司); 乙腈(HPLC级, Tedia, USA); 乙酸铵(HPLC级, Dima, USA); 水为Mill-Q®系统处理超纯水(Millipore, USA)。

(二) 溶液配制

1. RPMI-1640 培养液　取 RPMI-1640 培养基干粉一袋,加入 100 单位的青霉素、20 单位的链霉素,加入 $NaHCO_3$ 2.0g,重蒸馏水定容至 1000mL。用 HCl 调节 pH 至 7.2 左右,过滤除菌,置 4℃冰箱保存,临用时加入 10%胎牛血清[4]。

2. 磷酸盐缓冲液　精密量取 0.2mol/L NaH_2PO_4 19mL 与 0.2mol/L Na_2HPO_4 81mL 混合配成 pH7.4 的磷酸盐缓冲液(phosphate buffered saline, PBS),再以 0.8%氯化钠溶液将其稀释 20 倍即得,灭菌 15min,置 4℃冰箱保存[4]。

3. MTT 溶液　称取 100mg MTT 放入烧杯中,加 20mL PBS 在磁力搅拌器上搅拌直至完全溶解,用 0.22μm 的微孔滤器除菌,分装,置 4℃冰箱保存[4]。

4. 试药配制　将试药牡荆素-2″-O-鼠李糖苷、牡荆素-4″-O-葡萄糖苷分别用二甲基亚砜(DMSO)溶解(终浓度≤0.01%),并含有 10%胎牛血清的 RPMI-1640 将各样品稀释至所需浓度,置 4℃冰箱保存。

(三) 细胞培养

取 ECV-304 细胞,将其接种在含 10%胎牛血清和 2mmol/L 谷氨酰胺的 RPMI-1640 培养液中,在饱和湿度、温度为 37℃、CO_2 浓度为 5%的培养箱中培养。

(四) 细胞生长抑制试验

取处于对数生长期的 ECV304 细胞,以每孔 100μL 接种于 96 孔板,培养 24h 后分别加入牡荆素-2″-O-鼠李糖苷使其浓度为 0μmol/L、20μmol/L、40μmol/L、80μmol/L、160μmol/L,作用 12h、24h、36h、48h 后,每孔加入 25μL MTT(5g/L),继续培养 3.5h 后,弃上清液,每孔加入 150μL DMSO 溶解,用酶标仪在波长为 492nm 处测定吸光度,细胞生长抑制率按公式:抑制率(%)=[A_{492}(空白组)-A_{492}(试药)]/A_{492}(空白组)×100%计算。

(五) 仪器及色谱条件

全自动 Agilent 1100 高效液相色谱仪二极管阵列检测器(美国安捷伦公司); 3100 紫外分光光度计(日本日立公司); AGBP210S 电子天平(德国 Satorius 公司)。色谱柱: Synergi™ Hydro-RP C_{18} 柱(4.6mm×250mm,4μm)(Phenomenex, USA);流动相:采用二元梯度系统;溶剂 A:乙腈;溶剂 B:水(10mmol/L 乙酸铵)(pH6.8);线性梯度洗脱:20%~30%A 洗脱 5min,运行 3min 后回到初始状态,平衡 2min。检测波长:532nm;流速:1.0mL/min;柱温:室温;进样量:20μL。

(六) 细胞培养液收集

ECV-304 细胞接种在 24 孔板(10^5 个细胞/孔)中,1×10^5 个细胞用牡荆素-2″-O-鼠李糖苷(0μmol/L、15.6μmol/L、31.3μmol/L、62.5μmol/L、125μmol/L)预孵 1h,然

后用 0.5mmol/L TBHP 处理 24h，处理后细胞分别悬浮。同时将细胞分为用各浓度试药处理和未用处理组，然后分别用 TBHP 处理 6h、12h、24h，收集细胞培养液，4℃冰箱保存，备用。

(七) 标准溶液制备

42µL TMP 用 0.1mol/L HCl 稀释定容到 25mL 量瓶中，40℃孵育 60min，使 TMP 水解成 10mmol/L MDA 储备液（每周需重新配制），4℃冰箱储藏，实验中标准溶液需用 0.1mol/L HCl 稀释[5]。

(八) TBA 衍生化

0.5mL 细胞培养液和 5µL MDA 标准溶液置 10mL 硬质玻璃管中，涡旋 30s，加 0.5mL 0.6%TBA 溶液维持溶液 pH2～3，试管置试管加热器中 80℃加热 30min，加热结束后将玻璃试管立即在冰水中冷却，加 100µL TCA，离心 5min（12 700r/min），上清液转移至 HPLC 玻璃小瓶，进样 20µL[5]。

(九) 结果和讨论

1. HPLC 法分离 采用 HPLC 法分离测定 ECV-304 细胞培养液中的 MDA-TBA，实验中 MDA-TBA 在一般的 C_{18} 柱中几乎没有保留，无法与其他产物分离。本实验采用 Synergi^{TM} Hydro-RP C_{18} 柱，该柱的极性基团通过极性、氢键及静电作用使亲水、亲脂基团都能够在色谱柱上保留，能够使 MDA-TBA 与其他产物完全分离。

当样品通过 0.45µm 薄膜滤过净化时，粉色的 MDA-TBA 复合物部分保留在微孔滤膜上，MDA-TBA 色谱峰几乎消失，因此样品在 HPLC 分析之前离心 5min（12 700r/min）。

当采用等度洗脱时，整个色谱分析过程为 15min。然而，在连续进样后，样品有明显的滞留，因此采用线性梯度洗脱以减少色谱柱的污染，并且可以缩短分析时间，使整个色谱分析时间在 10min 内完成。ECV-304 空白细胞培养液、ECV-304 细胞培养液加 MDA-TBA 衍生化标准液、ECV-304 细胞培养液加试药及 ECV-304 细胞培养液用 TBHP 诱导过氧化色谱图见图 6-1。

2. TBA 衍生化的最佳化 在 TBA 衍生化实验中，采用 2µmol/L MDA 标准液进行最佳衍生化条件筛选。首先在衍生化时间和温度固定后，研究细胞培养液衍生化最佳 pH；衍生化最佳 pH 确定后，固定温度为 100℃，研究衍生化最佳时间；衍生化最佳时间和 pH 筛选后，最后研究衍生化最佳温度。实验结果：最佳衍生化酸度为 pH2～3，温度为 80℃，加热 30min。

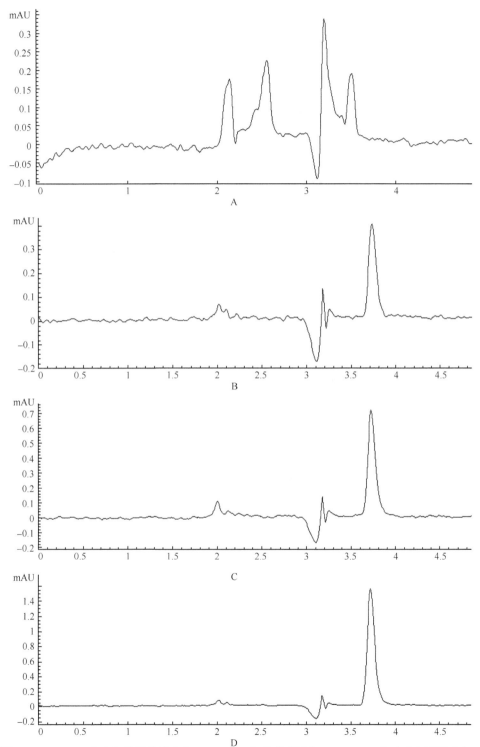

图 6-1　ECV-304 空白细胞培养液(A)、ECV-304 细胞培养液加 MDA-TBA 衍生化标准液(B)、
ECV-304 细胞培养液加试药(C)和 ECV-304 细胞培养液用 TBHP 诱导过氧化(D)色谱图

3. 线性范围和最低定量限　取 0.5mL 空白 ECV-304 细胞培养液，分别制备 MDA（0.0125µmol/L、0.025µmol/L、0.05µmol/L、0.125µmol/L、0.25µmol/L、0.5µmol/L、1.25µmol/L）标准溶液，平行分析三次。用最小二乘法线性回归，权重系数为 $1/c^2$，获得回归方程 $Y=158.6X+6.553$，相关系数 $r=0.9962$。线性范围 $0.0125\sim1.25$µmol/L，最低定量限（LLOQ）按标准曲线上最低浓度确定为 0.0125µmol/L，重复分析 5 次，其精密度的 RSD 为 8.3%，准确度 RE 为 10.6%。

4. 日内及日间精密度和准确度　取 MDA（0.025µmol/L、0.125µmol/L、1.0µmol/L）标准溶液测定日内精密度及日间精密度。质控样品在同一天每个浓度平行测定 5 次，连续测定 3 天，用测得的平均值和加样浓度之差与加样浓度（0.025µmol/L、0.125µmol/L、1.0µmol/L）之比计算准确度。结果表明，测定 ECV-304 细胞培养液低、中、高三个浓度水平 MDA 样品的日内精密度及日间精密度的 RSD 和 RE 均符合规定，结果见表 6-1。

表 6-1　MDA 精密度、准确度测定结果（$n=5$）

加样浓度 /(µmol/L)	日内精密度			日间精密度		
	测定浓度 /(µmol/L)	RSD/%	RE/%	测定浓度 /(µmol/L)	RSD/%	RE/%
0.025	0.02371	5.2	−5.2	0.02355	4.4	−5.8
0.125	0.1214	2.6	−2.9	0.1185	4.0	−5.2
1.0	0.9919	2.7	−0.81	0.9862	2.4	−1.4

5. 回收率试验　用 0.5mL 空白 ECV-304 细胞培养液，用 40℃氮气流吹干，然后加入三个浓度水平 0.025µmol/L、0.125µmol/L、1.0µmol/L 的 MDA 和 0.6%的 TBA 进行衍化。测得 MDA 浓度与加入的对照品溶液浓度之比计算绝对回收率，结果分别为（94.3±2.1）%、（95.0±3.4）%和（96.8±4.7）%，平均回收率为（95.4±1.3）%。

6. 稳定性试验　通过直接测定 TBA 与 MDA 标准溶液（0.025µmol/L、0.125µmol/L、1.0µmol/L）在水溶液中、在最佳衍生化条件下生成 MDA-TBA 来考察稳定性。结果样品在 4℃冰箱储藏一周后，色谱峰面积未改变，说明 MDA-TBA 在中性溶液中是稳定的。但是 ECV-304 细胞培养液需加 TCA 沉淀蛋白质，改变了酸度，结果 MDA-TBA 放置 15h 后浓度显著改变。为了保证 MDA-TBA 的稳定性，测试前再用 20%TCA 沉淀蛋白质，ECV-304 人脐静脉内皮细胞培养液的样品需在 15h 内测定完成。

7. TBHP 诱导 ECV-304 细胞损伤试验　TBHP 诱导 ECV-304 细胞损伤试验按文献方法[6]进行。选择 $0.1\sim1.2$mmol/L TBHP 降低 ECV-304 细胞生存率的 IC_{50} 值，确定 TBHP 的适宜浓度。ECV-304 血管内皮细胞分别在 6h、12h、24h、48h 用 TBHP 处理。实验结果提示，ECV-304 血管内皮细胞采用 0.5mmol/L TBHP 处理 24h，可导致 50%细胞被抑制，结果见图 6-2。

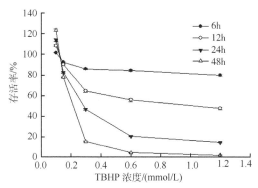

图 6-2　0.1mmol/L、0.15mmol/L、0.3mmol/L、0.6mmol/L、1.2mmol/L TBHP 处理后细胞的存活率

8. 牡荆素-2″-O-鼠李糖苷抑制 TBHP 诱导 ECV-304 细胞损伤的作用　为了评价黄酮类化合物抗氧化效应，用 MTT 法测定细胞存活率。用牡荆素-2″-O-鼠李糖苷处理 ECV-304 细胞 1h，再用 0.5mol/L TBHP 处理。牡荆素-2″-O-鼠李糖苷对 TBHP 诱导 ECV-304 细胞损伤有不同程度的保护作用，牡荆素-2″-O-鼠李糖苷浓度由 15.6μmol/L 增至 125μmol/L，抑制作用逐渐增强，但 62.5μmol/L 与 125μmol/L 牡荆素-2″-O-鼠李糖苷类似，抗氧化效应均较强，结果见图 6-3。因此，在后续实验中采用 62.5μmol/L 牡荆素-2″-O-鼠李糖苷进行实验。

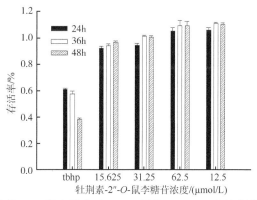

图 6-3　牡荆素-2″-O-鼠李糖苷对 TBHP 诱导 ECV-304 细胞损伤的保护作用

9. ECV-304 细胞培养液中 MDA 的定量测定　MTT 法通常用于评价化合物抗氧化效应，然而，这种方法不能定量反映试药抗氧化效应的强弱。为了研究牡荆素-2″-O-鼠李糖苷对 ECV-304 细胞的保护作用，HPLC 法被应用于测定加入抗氧化试药后 ECV-304 细胞培养液中的 MDA，MDA 浓度的变化可反映试药抗氧化能力的强弱。加入 62.5μmol/L 牡荆素-2″-O-鼠李糖苷孵育不同时间，或用不同浓度牡荆素-2″-O-鼠李糖苷孵育 24h，按"样品收集"项下方法收集细胞培养液，4℃冰箱保存，备用。

将 0.5mmol/L TBHP 处理后的 ECV-304 细胞培养液中的牡荆素 ECV-304 细胞

孵育6h、12h、24h后,用HPLC法测定MDA浓度。结果表明,MDA浓度在12h后没有显著的改变,说明牡荆素-2″-O-鼠李糖苷作用12h对细胞抗氧化作用影响不大,说明孵育12h后,牡荆素-2″-O-鼠李糖苷有较高的保护ECV-304细胞损害作用。对于0.5mmol/L TBHP诱导氧化细胞反应,牡荆素-2″-O-鼠李糖苷在剂量为15.6～125μmol/L时作用24h,能显著抑制TBHP诱导的ECV-304细胞氧化,随着剂量的增加,这种抑制质用显著增强,但浓度超过62.5μmol/L后,MDA水平降低缓慢,这与MTT法试验结果相吻合。本法以定量方式给出了牡荆素-2″-O-鼠李糖苷的抗氧化能力趋势图,见图6-4。在此浓度范围内,该化合物显示剂量依赖抗氧化效应。

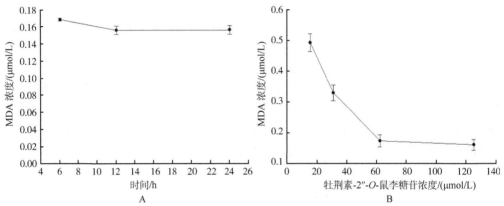

图6-4 0.5mmol/L TBHP处理后的ECV-304细胞培养液与62.5μmol/L牡荆素-2″-O-鼠李糖苷孵育6h、12h、24h(A)和与15.63μmol/L、31.25μmol/L、62.25μmol/L、125.0μmol/L牡荆素-2″-O-鼠李糖苷孵育24h(B)的MDA浓度变化

二、牡荆素-4″-O-葡萄糖苷抗氧化作用研究

(一)仪器及色谱条件

全自动Agilent 1100高效液相色谱仪二极管阵列检测器(美国安捷伦公司);3100紫外分光光度计(日本日立公司);AGBP210S电子天平(德国Satorius公司)。色谱柱:Synergi™ Hydro-RP C_{18}柱(4.6mm×250mm,4μm)(Phenomenex,USA);流动相:采用二元梯度系统;溶剂A:乙腈;溶剂B:水(10mmol/L乙酸铵)(pH6.8);线性梯度洗脱:20%～30%A洗脱5min,运行3min后回到初始状态,平衡2min。检测波长:532nm;流速:1.0mL/min;柱温:室温;进样量:20μL。

(二)细胞培养液收集

ECV-304 细胞被接种在 24 孔板(10^5 个细胞/孔)中,1×10^5 个细胞用牡荆素-4″-O-葡萄糖苷(0μmol/L、30μmol/L、60μmol/L、120μmol/L、240μmol/L)预孵 1h,然后用 0.3mmol/L TBHP 处理 24h,处理后的细胞分别悬浮。同时将细胞分为用各浓度试药处理和未用处理组,然后分别用 TBHP 处理 6h、12h、24h,收集细胞培养液,4℃冰箱保存,备用。

(三)标准溶液制备

42μL TMP 用 0.1mol/L HCl 稀释定容到 25mL 量瓶中,40℃孵育 60min,使 TMP 水解成 10mmol/L MDA 储备液(每周需重新配制),4℃冰箱储藏,试验中标准溶液需用 0.1mol/L HCl 稀释[5]。

(四)TBA 衍生化

0.5mL 细胞培养液和 5μL MDA 标准溶液置 10mL 硬质玻璃管中,涡旋 30s,加 0.5mL 0.6%TBA 溶液维持溶液 pH2~3,试管置试管加热器中 80℃加热 30min,加热结束后将玻璃试管立即在冰水中冷却,加 100μL TCA,离心 5min(12 700r/min),上清液转移至 HPLC 玻璃小瓶,进样 20μL[5]。

(五)结果和讨论

1. HPLC 法分离 采用 HPLC 法分离测定 ECV-304 细胞培养液中的 MDA-TBA,实验中 MDA-TBA 在一般的 C_{18} 柱中几乎没有保留,无法与其他产物分离。本实验采用 Synergi^{TM} Hydro-RP C_{18} 柱,该柱的极性基团通过极性、氢键及静电作用使亲水、亲脂基团都能够在色谱柱上保留,能够使 MDA-TBA 与其他产物完全分离。

当样品通过 0.45μm 薄膜滤过净化时,粉色的 MDA-TBA 复合物部分保留在微孔滤膜上,MDA-TBA 色谱峰几乎消失,因此样品在 HPLC 分析之前,离心 5min(12 700r/min)。

当采用等度洗脱时,整个色谱分析过程为 15min。然而,在连续进样后,样品有明显的滞留,因此采用线性梯度洗脱减少色谱柱的污染,并且可以缩短分析时间,使整个色谱分析时间在 10min 内完成。ECV-304 空白细胞培养液、ECV-304 细胞培养液加 MDA-TBA 衍生化标准液、ECV-304 细胞培养液加试药及 ECV-304 细胞培养液用 TBHP 诱导过氧化色谱图见图 6-5。

2. TBA 衍生化的最佳化 在 TBA 衍生化实验中,采用 2μmol/L MDA 标准液进行最佳衍生化条件筛选。首先在衍生化时间和温度固定后,研究细胞培养液衍生化最佳 pH;衍生化最佳 pH 确定后,固定温度为 100℃,研究衍生化最佳时间;衍生化最佳时间和 pH 筛选后,最后研究衍生化最佳温度。最后实验:最佳衍生化条件为酸度 pH2~3,温度为 80℃,加热 30min。

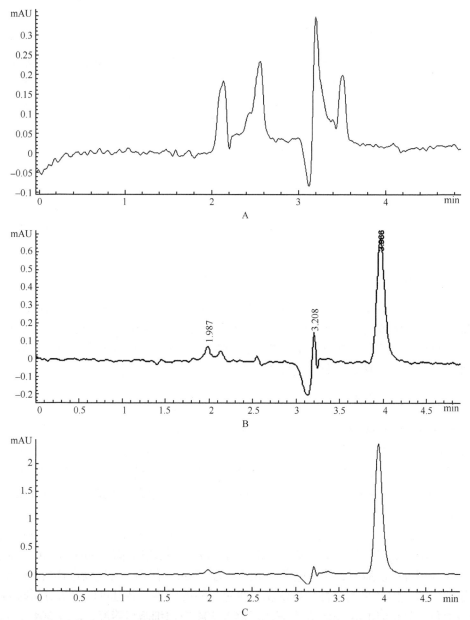

图 6-5 ECV-304 空白细胞培养液(A)、加入 120μmol/L 牡荆素-4″-O-葡萄糖苷溶液(B)和未加入 120μmol/L 牡荆素-4″-O-葡萄糖苷溶液(C)用 TBHP 诱导过氧化色谱图

3. 线性范围和最低定量限 取 0.5mL 空白 ECV-304 细胞培养液,分别制备 MDA(0.0125μmol/L、0.025μmol/L、0.05μmol/L、0.125μmol/L、0.25μmol/L、0.5μmol/L、1.25μmol/L)标准溶液,平行分析三次。用最小二乘法线性回归,权重系数为 $1/c^2$,获得回归方程 $Y=164.7X+4.46$,相关系数 $r=0.9951$。线性范围 0.0125~1.25μmol/L,最低定量限(LLOQ)按标准曲线上最低浓度确定为 0.0125μmol/L,重复分析 5 次,其

精密度的 RSD 为 6.7%，准确度 RE 为 8.6%。

4. 日内及日间精密度和准确度 取 MDA（0.025μmol/L、0.125μmol/L、1.0μmol/L）标准溶液测定精密度为日内精密度及日间精密度。质控样品在同一天每个浓度平行测定 5 次，连续测定 3 天，用测得的平均值和加样浓度之差与加样浓度（0.025μmol/L、0.125μmol/L、1.0μmol/L）之比计算准确度，结果表明，测定 ECV-304 细胞培养液低、中、高三个浓度水平 MDA 样品的日内精密度及日间精密度的 RSD 和 RE 均符合规定，结果见表 6-2。

表 6-2 MDA 精密度、准确度测定结果（n=5）

加样浓度/(μmol/L)	日内精密度			日间精密度		
	测定浓度/(μmol/L)	RSD/%	RE/%	测定浓度/(μmol/L)	RSD/%	RE/%
0.025	0.022 53	6.1	−1.0	0.024 03	5.0	−3.9
0.125	0.122 5	3.1	−2.0	0.120 7	3.8	−3.4
1.0	1.089	1.9	−8.9	1.097	2.6	−9.7

5. 回收率试验 用 0.5mL 空白 ECV-304 细胞培养液，用 40℃氮气流吹干，然后加入三个浓度水平 0.025μmol/L、0.125μmol/L、1.0μmol/L 的 MDA 和 0.6%的 TBA 进行衍化。测得 MDA 浓度与加入的对照品溶液浓度之比计算绝对回收率，结果分别为 (95.1±4.4)%、(97.3±2.5)% 和 (98.2±1.7)%，平均回收率为 (96.9±1.6)%。

6. 稳定性试验 取 MDA（0.025μmol/L、0.125μmol/L、1.0μmol/L）标准溶液，测定 0h、5h、10h、15h、20h、25h 时的浓度，结果见表 6-3。结果显示，MDA-TBA 放置 15h 后浓度显著改变。故 ECV-304 细胞培养液样品在 15h 内稳定性良好。

表 6-3 MDA(TBA)$_2$ 稳定性结果　　　　（单位：nmol/L）

时间/h	0	5	10	15	20	25
MDA(TBA)$_2$	137.5±4.8	137.0±3.2	136.2±3.9	136.0±4.9	112.8±7.1	47.47±5.6

7. TBHP 诱导 ECV-304 细胞凋亡试验 TBHP 诱导 ECV-304 细胞凋亡试验按文献方法[6]进行。本实验选择 0.1～1.2mmol/L TBHP 降低 ECV-304 血管内皮细胞生存率的 IC_{50} 值，确定 TBHP 的适宜浓度。ECV-304 血管内皮细胞分别在 6h、12h、24h、48h 采用 TBHP 处理。结果提示，ECV-304 血管内皮细胞用 0.3mmol/L TBHP 处理 24h，可导致 50%细胞被抑制，结果见图 6-6。

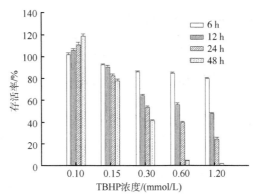

图6-6　0.1mmol/L、0.15mmol/L、0.3mmol/L、0.6mmol/L、1.2mmol/L TBHP处理后细胞的存活率

8. 牡荆素-4″-O-葡萄糖苷抑制TBHP诱导细胞损伤的作用　为了评价黄酮类化合物的抗氧化效应，用MTT法测定细胞存活率。用牡荆素-4″-O-葡萄糖苷处理ECV-304细胞1h，再用0.3mol/L TBHP处理。NAC和牡荆素-4″-O-葡萄糖苷对TBHP诱导ECV-304细胞损伤有不同程度的保护作用，牡荆素-4″-O-葡萄糖苷浓度由30μmol/L增至240μmol/L、抑制作用逐渐增强，但120μmol/L与240μmol/L牡荆素-4″-O-葡萄糖苷类似，抗氧化效应均较强，结果见图6-7。因此，在后续实验中，采用240μmol/L牡荆素-4″-O-葡萄糖苷进行实验。

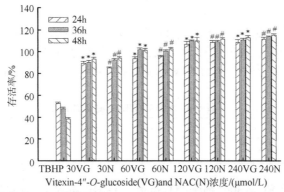

图6-7　牡荆素-4″-O-葡萄糖苷对TBHP诱导ECV-304细胞损伤的保护作用

9. ECV-304细胞培养液中MDA的定量测定　MTT法通常用于评价化合物的抗氧化效应，然而，这种方法不能定量反映试药抗氧化效应的强弱。为了研究牡荆素-4″-O-葡萄糖苷对ECV-304细胞的保护作用，HPLC法被应用于测定加入抗氧化试药后ECV-304细胞培养液中的MDA，MDA浓度的变化，反映试药抗氧化能力的强弱。加入120μmol/L牡荆素-4″-O-葡萄糖苷孵育不同时间，或用不同浓度牡荆素-4″-O-葡萄糖苷孵育24h，按"样品收集"项下收集，4℃冰箱保存，备用。

HPLC法应用于0.3mmol/L TBHP处理后的ECV-304细胞培养液中牡荆素-4″-O-

葡萄糖苷的抗氧化作用研究。当用 120μmol/L 牡荆素-4″-O-葡萄糖苷与 ECV-304 细胞共同孵育 6h、12h、24h 时，采用 HPLC 色谱仪测定 MDA。实验结果提示，细胞培养液中的 MDA 在 12h 后浓度没有明显改变，即药物作用 12h 时，抗氧化作用影响不显著，这说明牡荆素-4″-O-葡萄糖苷与 ECV-304 细胞孵育 12h 后，具有较强的抗氧化作用。对于 0.3mmol/L TBHP 诱导的氧化细胞反应，牡荆素-4″-O-葡萄糖苷在剂量为 30～240μmol/L 时作用 24h，能显著抑制 TBHP 诱导的 ECV-304 细胞氧化，随着剂量的增加，这种抑制作用显著增强，但浓度超过 120μmol/L 后，MDA 水平降低缓慢，这与 MTT 法试验结果相吻合。本法以定量方式给出了牡荆素-4″-O-葡萄糖苷的抗氧化能力趋势图，见图6-8。在此浓度范围内，该化合物显示剂量依赖抗氧化效应。

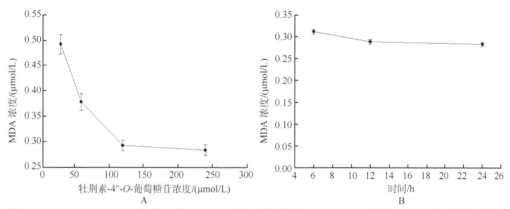

图 6-8　0.3mmol/L TBHP 处理后的 ECV-304 细胞培养液与 120μmol/L 牡荆素-4″-O-葡萄糖苷孵育 24h(A)和孵育不同时间(B)曲线图

首次采用高效液相色谱法和 MDA-TBA 衍生化技术，测定 ECV-304 细胞培养液中 MDA 浓度，本方法稳定，线性良好，回收试验，日内、日间精密度和准确度符合要求。详细考察了 MDA 与 TBA 衍生化条件。通过测定 TBHP 诱导 ECV-304 细胞培养液中产生的 MDA，研究了牡荆素-2″-O-鼠李糖苷及牡荆素-4″-O-葡萄糖苷的抗氧化作用，实验结果表明，在一定浓度范围内，两者均具有较强抗氧化活性，显示剂量依赖抗氧化效应。本方法也可应用于其他化合物抗氧化能力的定量研究。

第二节　牡荆素-4″-O-葡萄糖苷及牡荆素-2″-O-鼠李糖苷对人脂肪干细胞(hADSC)增长及氧化应激反应的影响

一、细胞的分离和培养

女性提供者(年龄 35～45 岁)，在符合医院伦理委员会的要求与提供者的知情同意下手术吸取脂肪组织,收集样本(20~30mL)。脂肪组织用 0.1mol/LPBS 充分洗涤,用 0.1% I 型胶原酶(Sigma,St. Louis,Missouri,USA)在 37℃连续摇动 30min。用含 10%胎牛血清(FBS,Gibco)的 DMEM 高糖(H-DMEM,Gibco,Grand Island,New York,USA)完全培养基终止酶反应。经 40μm 滤过后,离心 10min(1000r/min),用含 200mg/L 谷氨酰胺(Amresco,Solon,Ohio,USA)、100U/mL 青霉素(Gibco)和 100μg/mL 链霉素(Gibco)的完全培养基调整细胞密度到 3×10^7 细胞/cm^2 并接种于 $25cm^2$ 培养瓶。在 37℃含有 5%CO_2 的孵箱中孵育 48h 后,去除培养液中非贴壁细胞。当 80%~90%覆盖完成后,细胞用胰蛋白酶(0.25%胰蛋白酶-0.02%EDTA,Gibco)消化,重新铺种于培养瓶中。

二、流式细胞仪分析

流式细胞仪检测人的脂肪干细胞(adipase derived stem cell,hADSC)(3~5 代)细胞表面抗原的免疫类型。收集细胞,调整细胞数为 1×10^6 细胞/mL,CD13-PE、CD34-FITC、CD44-FITC、CD45-FITC、CD71-FITC、CD90-FITC 和 CD106-PE 细胞与小鼠特异性单克隆抗体避光孵育 30min。染色后的细胞,PBS 洗两次,离心 10min(1000r/min),用流式细胞仪(BD FACSAria II,San Jose,California,USA)检测分析。万次计数,采集的数据用 FACS DiV 软件进行分析。所有的抗体和同型对照均来自 BD 公司(San Jose,California,USA)。

三、细胞活性检测

胰蛋白酶消化后收集 hADSC,调整细胞密度后每孔接种 1×10^4 细胞于 96 孔板中。37℃培养 24h 后,在不同时间(24h、48h 和 72h)下分别给予细胞不同浓度牡荆素-2″-O-鼠李糖苷(0μmol/L、15.6μmol/L、31.3μmol/L、62.5μmol/L、125μmol/L 和 250μmol/L)和牡荆素-4″-O-葡萄糖苷(0μmol/L、30μmol/L、60μmol/L、120μmol/L、240μmol/L 和 480μmol/L)。采用 MTT 法检测不同给药时间、不同浓度牡荆素-2″-O-鼠李糖苷对细胞活性的影响。药物处理后,每孔加入 0.5mg/mL MTT,37℃孵育 4h,小心吸取上清液,加入 150μL 的 DMSD(Sigma)溶解蓝紫色甲瓒晶体。在 490nm 处测定 OD(BioTek EL808,Highland Park,Vermont,USA)。

四、形态评估

细胞铺于 6 孔板中,牡荆素-2″-O-鼠李糖苷(62.5μmol/L)和牡荆素-4″-O-葡萄糖苷(120μmol/L)预处理 24h 后分别加入 H_2O_2(500μmol/L)37℃孵育 4h。对照组细胞的接种不含牡荆素-2″-O-鼠李糖苷、牡荆素-4″-O-葡萄糖苷或 H_2O_2。孵育后,光镜下记录细胞形态变化(Canon DS126231,Tokyo,Japan,100×;Leica DMIL,

Solms, Germany)。

五、核荧光染色

由 H_2O_2 引起的 hADSC 核的形态学变化可利用 Hoechst 33258 进行染色检测[7]，如上述处理 6 孔板中的细胞。处理结束，25℃下 PBS 洗涤细胞并用 4%多聚甲醛固定处理 30min。PBS 洗涤三遍，避光用 Hoechst 33258（5μg/mL，Sigma）染色 10min。荧光显微镜（徕卡 DMIB；徕卡 DFC 500）200×拍照记录。

六、细胞凋亡和坏死的流式细胞评价

用 FITC 标记的 Annexin V 法来量化 H_2O_2 引起的 hADSC 凋亡。hADSC 以牡荆素-2″-O-鼠李糖苷（62.5μmol/L）和牡荆素-4‴-O-葡萄糖苷（120μmol/L）预处理 24h，37℃下用 H_2O_2（500μmol/L）刺激 4h。收集对数期生长的细胞，PBS 洗涤，在 100μL 结合缓冲液[10mmol/L HEPES/NaOH 溶液（pH7.4）、140mmol/L NaCl 和 2.5mmol/L $CaCl_2$]中重悬，再用 FITC AnnexinV 和碘化丙锭（propidium iodide，PI）结合物标记。室温下将样品与 5μL FITC Annexin V 和 5μL PI 避光孵育 15min。孵育后，加入 400μL 结合缓冲液。标准狄金森流式仪（BD facsaria II）对细胞进行定量分析。利用相应软件进行数据采集和分析。细胞凋亡率以与 Annexin V 结合的细胞数量相对于细胞群总数的百分比表示。

七、半胱氨酸蛋白酶活化测定

通过半胱氨酸蛋白酶-3（Caspase-3）活性检测试剂盒，测定半胱氨酸蛋白酶-3 的活性（Beyotime，Haimen，China）。细胞裂解后，4℃下离心 20min（16 000r/min），将细胞裂解液加入到含有 DTT 和半胱氨酸蛋白酶-3 的反应混合物中，37℃下培养 2h。在 405nm 处测定吸光度。不同实验组半胱氨酸蛋白酶-3 的活化程度以其占对照组半胱氨酸蛋白酶-3 活化程度的比例表示。

统计分析的各项实验重复 3 次，数据表示为均数±标准差。数据统计分析采取非参数独立样本 K 检验和秩和检验。两组均数之间的差异通过 Dunnet 比较法分析，$P<0.05$ 表示有统计学意义。

八、结　　果

从脂肪组织中分离 hADSC 后进行体外培养。光镜下观察，未分化的单层 hADSC 呈梭形。随着细胞生长聚集，梭形细胞构成纤维样的形态（图 6-9A）。流式细胞仪分析显示，hADSC 对特定类型 MSC 标记物 CD13、CD44，CD90 呈阳性，对造血干细胞的表达标志物，如 CD34、CD45 和 CD106（图 6-9B）呈阴性[8,9]。

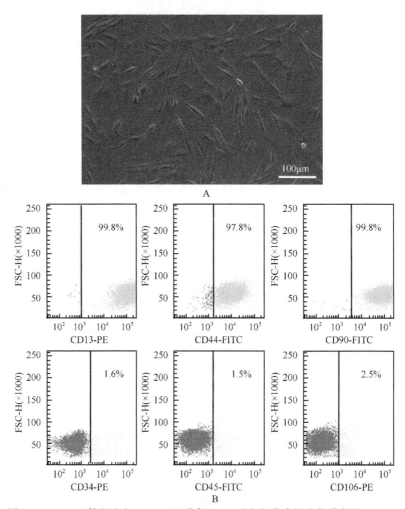

图 6-9 hADSC 特征（A）、hADSC 形态 200×（B）和流式细胞仪分析的 hADSC

（一）牡荆素-2″-O-鼠李糖苷、牡荆素-4″-O-葡萄糖苷对 hADSC 活性和增殖的影响

在调查牡荆素-2″-O-鼠李糖苷对 H_2O_2 诱导的细胞凋亡作用前进行预实验，以确定牡荆素-2″-O-鼠李糖苷可能引起的细胞毒性作用。hADSC 治疗组在不同时间（0h、24h、48h 和 72h）分别加入不同浓度（0μmol/L、15.6μmol/L、31.3μmol/L、62.5μmol/L、125μmol/L 和 250μmol/L）的牡荆素-2″-O-鼠李糖苷及不同浓度（0μmol/L、30μmol/L、60μmol/L、120μmol/L、240μmol/L 和 480μmol/L）的牡荆素-4″-O-葡萄糖苷进行处理。采用 MTT 法检测细胞活性。图 6-10A、B 显示牡荆素-2″-O-

鼠李糖苷和牡荆素-4″-O-葡萄糖苷在所测浓度内均无细胞毒作用。牡荆素-2″-O-鼠李糖苷预防 TBHP 诱导的氧化应激的最佳浓度为 62.5μmol/L，而牡荆素-4″-O-葡萄糖苷的最佳浓度为 120μmol/L（图 6-10C、D）。将用牡荆素-2″-O-鼠李糖苷 62.5μmol/L 处理与未经牡荆素-2″-O-鼠李糖苷、牡荆素-4″-O-葡萄糖苷处理的细胞进行比较（$P<0.05$）发现，经牡荆素-2″-O-鼠李糖苷处理的 hADSC 生存力在 24h、48h 和 72h 处分别显著增加至（106.93±1.77）%、（124.24±2.36）% 和（127.08±0.98）%；经牡荆素-4″-O-葡萄糖苷处理的 hADSC 在 24h 时就显著增加，并在 72h 达到了最大。从这些结果可以看出，在上述浓度水平的牡荆素-2″-O-鼠李糖苷、牡荆素-4″-O-葡萄糖苷干预下，hADSC 的生存力与对照组细胞无明显差别。

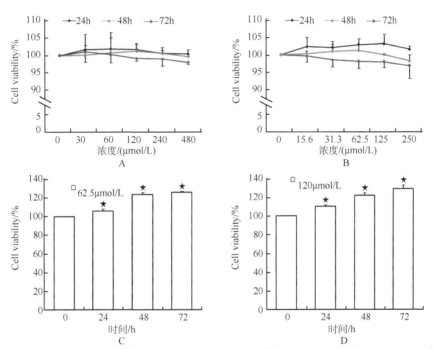

图 6-10　MTT 法在 490nm 处测定牡荆素-2″-O-鼠李糖苷及牡荆素-4″-O-葡萄糖苷对 hADSC 存活率的影响。

不同浓度牡荆素-2″-O-鼠李糖苷（A）和牡荆素-4″-O-葡萄糖苷（B）培养的 hADSC，最佳浓度牡荆素-2″-O-鼠李糖苷（62.5μmol/L）（C）和牡荆素-4″-O-葡萄糖苷（120μmol/L）（D）培养的 hADSC（均值±SD）

（二）牡荆素-2″-O-鼠李糖苷、牡荆素-4″-O-葡萄糖苷治疗的暴露于 H_2O_2 的 hADSC 形态监测

首先，我们通过形态学观察确定牡荆素-2″-O-鼠李糖苷、牡荆素-4″-O-葡萄糖苷的抗氧化作用。H_2O_2 损伤伴随着细胞和细胞核的形态学改变。显微镜下的外观检查显示，血清培养的 hADSC 在融合单层生长时为纺锤状细胞（图 6-11A）。经

500μmol/L H_2O_2 处理 4h 后，hADSC 受到显著伤害，不仅细胞数量减少而且出现凋亡现象，如细胞皱缩、细胞核缩合、细胞膜完整性被破坏及失去附着能力等[8, 9]（图 6-11B，黑色箭头）。然而牡荆素-2″-O-鼠李糖苷（62.5μmol/L）和牡荆素-4″-O-葡萄糖苷（120μmol/L）的预处理均可有效防止 hADSC 形态恶化。大部分细胞显示正常大小、完整性和附着力，极少有细胞质收缩和细胞形态变化的现象（图 6-11C、D）。牡荆素-2″-O-鼠李糖苷、牡荆素-4″-O-葡萄糖苷对氧化应激的保护作用可通过 Hoechst 33258，一种特定的 DNA 荧光染料对细胞核染色来观察核形态变化而确定。如图 6-12A 所示，对照组细胞的细胞核大且圆。然而与健康细胞核相比，被 H_2O_2 单独刺激 4h 的凋亡细胞核出现了高度浓缩和 DNA 片段化（图 6-12B，框内表示）。此外，hADSC 经过牡荆素-2″-O-鼠李糖苷和牡荆素-4″-O-葡萄糖苷预处理后，能明显抑制 H_2O_2 曝光所造成的凋亡改变。大多数晶核保持健康细胞核形态，荧光均匀，也没有观察到核破裂（图 6-12C、D）。

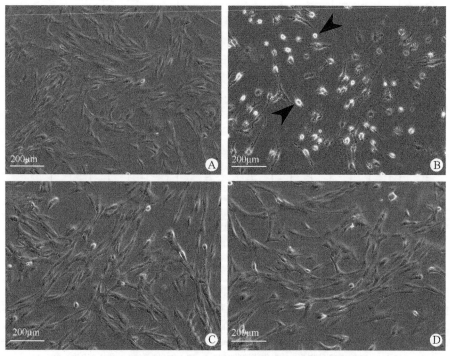

图 6-11　H_2O_2（500μmol/L）作用的 hADSC 的细胞形态显微图像 100×

A. hADSC 的正常形态；B. H_2O_2 处理后 hADSC 出现的凋亡特征；C、D. 经 62.5μmol/L 牡荆素-2″-O-鼠李糖苷、D. 120μmol/L 牡荆素-4″-O-葡萄糖苷预处理过的 hADSC 暴露于 H_2O_2 后的细胞形态

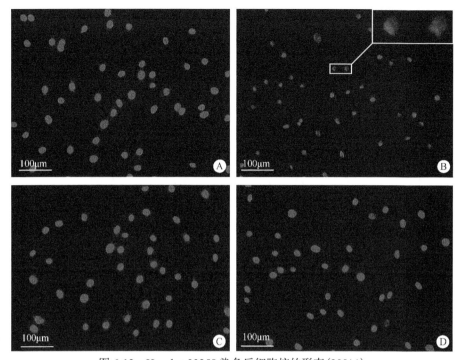

图 6-12　Hoechst 33258 染色后细胞核的形态（200×）

A. 对照细胞核；B. H_2O_2 处理后的细胞核；C. 62.5μmol/L 牡荆素-2″-O-鼠李糖苷预处理的细胞核；D. 120μmol/L 牡荆素-4″-O-葡萄糖苷预处理的细胞核

（三）牡荆素-2″-O-鼠李糖苷和牡荆素-4″-O-葡萄糖苷对暴露于 H_2O_2 的 hADSC 凋亡的定量效果

膜联蛋白 V 是钙依赖性磷脂-结合蛋白质，对磷脂酰丝氨酸有高度的亲和力，它从细胞内部易位到细胞膜的外部，作为探针来检测细胞凋亡[10]。活细胞的完整细胞膜阻止 PI 进入细胞膜内，而死亡细胞和受损细胞的细胞膜能透过 PI。这项研究认为，活细胞对膜联蛋白 V 和 PI 呈阴性；凋亡早期的细胞对膜联蛋白 V 呈阳性，对 PI 呈阴性；凋亡晚期或已死亡的细胞对膜联蛋白 V 和 PI 均呈阳性。为了深入了解牡荆素-2″-O-鼠李糖苷和牡荆素-4″-O-葡萄糖苷对 hADSC 的抗凋亡作用,我们使用双重染色法对膜联蛋白 V 和 PI 进行流式细胞检测。经秩和检验测试（$\chi^2=9.974$，$P<0.05$），4 组实验结果的统计学差异显著。对照组（图 6-13A、E），（92.63±0.34）%的细胞存活。相反，用 500μmol/LH_2O_2 处理 hADSC4h，可明显诱导 hADSC 凋亡，并且（36.30±2.87）%的细胞处于早期凋亡和晚期凋亡/坏死状态（图 6-13B、E；$P<0.05$，与对照组比较）。细胞经牡荆素-2″-O-鼠李糖苷（62.5μmol/L）、牡荆素-4″-O-葡萄糖苷（120μmol/L）预处理 24h 后，显著降低了早期凋亡细胞和晚期凋亡/坏死细胞暴露于 H_2O_2 的比例，分别从（36.30±2.87）%降至（10.40±0.95）%（图 6-13C、E，$P<0.05$）和（11.53±0.85）%（图 6-13D、E；分别为：$P<0.05$，与对照组比较；$P<0.05$，与 H_2O_2 组比较）。

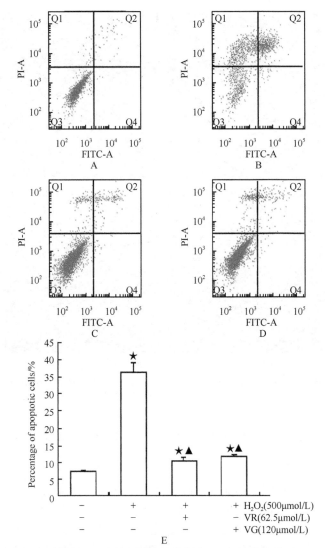

图 6-13 流式细胞仪测定牡荆素-2″-O-鼠李糖苷及牡荆素-4″-O-葡萄糖苷对 H_2O_2 诱导的 hADSC 凋亡的影响

A. 对照组；B. H_2O_2 诱导组；C. 牡荆素-2″-O-鼠李糖苷(62.5μmol/L)预处理组；D. 牡荆素-4″-O-葡萄糖苷(120μmol/L)预处理组；E. 流式细胞仪测定结果。★. $P<0.05$，与对照组比较；62.5μmol/L 牡荆素-2″-O-鼠李糖苷和120μmol/L 牡荆素-4″-O-葡萄糖苷预处理 24h 的 hADSC 暴露于 500μmol/L H_2O_2 4h 后收集细胞染色标记膜联蛋白 V 和 PI。▲. $P<0.05$，与 H_2O_2 组比较；VR. 牡荆素-2″-O-鼠李糖苷；VG. 牡荆素-4″-O-鼠李糖苷

半胱氨酸蛋白酶-3 对细胞凋亡起促进作用，因为它会导致许多关键蛋白质的水解切割，如核酶、聚(腺苷二磷酸核糖)聚合酶(PARP)等。经秩和检验测试($\chi^2=9.974$, $P<0.05$)，4 组实验结果统计学差异显著。如图 6-14 所示，hADSC 暴露于 500μmol/L H_2O_2(349.68±5.64，$P<0.05$)后，半胱氨酸蛋白酶-3 的水平与对照组相比显著增加。经牡荆素-2″-O-鼠李糖苷(142.38±7.91；$P<0.05$，与 H_2O_2 组比较)和牡荆素-4″-O-葡萄糖苷(153.75±8.43；$P<0.05$，与 H_2O_2 组比较)处理 24h 后，H_2O_2 促

细胞凋亡作用会减弱。

九、讨论与小结

本研究中，我们通过形态测定、免疫细胞化学和流式细胞实验考查了牡荆素-2″-O-鼠李糖苷、牡荆素-4″-O-葡萄糖苷对氧化应激导致的 hADSC 凋亡的保护作用。进行后续研究前，有必要评估牡荆素-2″-O-鼠李糖苷和牡荆素-4″-O-葡萄糖苷对 hADSC 的细胞毒性或增殖效应。MTT 结果表明，不同剂量的牡荆素-2″-O-鼠李糖苷和牡荆素-4″-O-葡萄糖苷作用超过 72h 对 hADSC 无细胞毒性或增殖影响。因此，高浓度牡荆素-2″-O-鼠李糖苷和牡荆素-4″-O-葡萄糖苷仍可安全用药。

氧化应激导致的组织损伤与许多疾病相关，包括癌症、神经系统疾病、心血管疾病和内分泌紊乱[11-16]。H_2O_2 是 ROS 的主要来源，具有高活性和高毒，因此广泛应用于体外氧化应激模型。它可破坏细胞的天然抗氧化防御系统，穿透等离子体膜，引起脂质过氧化反应和 DNA 损伤[17-19]。我们研究了 H_2O_2 诱导细胞凋亡的特点，细胞形态学的改变、增加膜联蛋白 V 绑定和半胱氨酸蛋白酶-3 活性。实验数据表明，与 H_2O_2 组比较，hADSC 经牡荆素-2″-O-鼠李糖苷、牡荆素-4″-O-葡萄糖苷预处理后可明显抑制 H_2O_2 诱导的早期和晚期 hADSC 的凋亡或坏死，表明牡荆素-2″-O-鼠李糖苷、牡荆素-4″-O-葡萄糖苷通过抑制 hADSC 凋亡产生保护作用。这充分表明我们之前的实验，即经牡荆素-2″-O-鼠李糖苷、牡荆素-4″-O-葡萄糖苷预处理的 ECV-304 细胞有抗 TBHP 引起的氧化反应的作用[20, 21]。

半胱氨酸蛋白酶属于半胱氨酰天冬氨酸特异性蛋白酶系统，这个酶系作为活性酶原在细胞内合成且在多细胞生物和功能方面高度保守。作为一类蛋白酶，半胱氨酸蛋白酶还有助于引发许多细胞功能，包括细胞分化、改造和死亡[22, 23]。在细胞凋亡过程中，激活半胱氨酸蛋白酶-3 是细胞凋亡的一个重要部分，并常被认为是细胞死亡前兆[24]。半胱氨酸蛋白酶-3 调节裂解和激活凋亡过程的最后阶段，还可调节 H_2O_2 诱导的凋亡，即通过裂解 PARP (116kDa) 成为 89kDa 的片段调节[25]。数据表明，牡荆素-2″-O-鼠李糖苷、牡荆素-4″-O-葡萄糖苷均能显著抑制 H_2O_2 处理的 hADSC 中半胱氨酸蛋白酶-3 的活性（图 6-14），表明这些天然产物的保护作用不仅由于抗氧化作用也由于半胱氨酸蛋白酶-3 活性的衰减。

尽管许多化合物在制药各阶段具有抗氧化性能，但天然产物具有独特的优势，如毒性小、副作用低等。许多学者更关注牡荆素-2″-O-鼠李糖苷的药理活性，如保护受损的心肌细胞和内皮细胞[26, 27]，有效抑制 MCF-7 人类乳腺癌细胞的 DNA 合成[28]，抑制 CD11/CD18 分子的表达、减少人多形核白细胞的脐静脉内皮细胞黏附作用[29]，等等。大鼠和小鼠静脉注射和口服牡荆素-2″-O-鼠李糖苷单体的药动学也有报道[30-34]。尽管牡荆素-2″-O-鼠李糖苷的抗氧化机制仍不明确，但这些发现也可鼓励对氧化应激相关疾病的深入研究。

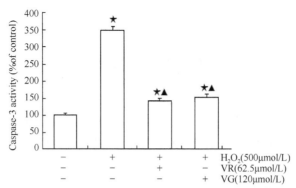

图 6-14 牡荆素-2″-O-鼠李糖苷和牡荆素-4″-O-葡萄糖苷对 H_2O_2 诱导的 hADSC 中半胱氨酸蛋白酶-3 活性的影响

人脂肪干细胞经牡荆素-2″-O-鼠李糖苷（62.5μmol/L）和牡荆素-4″-O-葡萄糖苷（120μmol/L）预处理 24h 后暴露于 500μmol/L H_2O_2 4h，收集细胞并测定半胱氨酸蛋白酶-3 的活性。均值±SD；★. $P<0.05$，与对照组比较；▲. $P<0.05$，与正常组比较；VR. 牡荆素-2″-O-鼠李糖苷；VG. 牡荆素-4″-O-鼠李糖苷

总之，我们的研究结果表明，经牡荆素-2″-O-鼠李糖苷和牡荆素-4″-O-葡萄糖苷预处理的 hADSC 可显著减弱由 H_2O_2 引起的氧化应激和细胞凋亡。本研究首次证明牡荆素-2″-O-鼠李糖苷为 0～200μmol/L、牡荆素-4″-O-葡萄糖苷 0～480μmol/L 时对 hADSC 均无毒性影响。我们认为，经牡荆素-2″-O-鼠李糖苷和牡荆素-4″-O-葡萄糖苷预处理的 hADSC 可提高体外细胞活性和功能并起到治疗效果。因此，牡荆素-2″-O-鼠李糖苷与牡荆素-4″-O-葡萄糖苷均可作为与氧化应激相关疾病的潜在预防药物而或治疗药物而应用于临床治疗。

第三节　牡荆素-4″-O-葡萄糖苷保护 TBHP 诱导 ECV-304 细胞损伤机制研究

在氧代谢的过程中生成了各种 ROS 的代谢产物，如羟基自由基、超氧阴离子和过氧亚硝基阴离子。据报道，内源性和外源性来源的 ROS 可能引起不同的人类疾病，如阿尔茨海默病、帕金森病、炎症、动脉粥样硬化和自闭症等[35, 36]，这表明，ROS 是引起许多疾病的一个重要原因。在正常生理条件下，细胞中各种 ROS 的生成和清除在内源性生物抗氧化剂，如谷胱甘肽、维生素 E 等抗氧化酶素的帮助下维持平衡状态。此外，一些病理学家认为水果和蔬菜中具有富含具有抗氧化[37]功能的分子，这些功能分子可以降低这些疾病的[38]风险。

《中国药典》中记载山楂叶提取物是治疗血瘀、胸闷、心悸、记忆力减退、头晕耳鸣[39]的主要传统中药。牡荆素-4″-O-葡萄糖苷（牡荆素-4″-O-葡萄糖苷）是一种黄酮类糖苷，为山楂叶提取物的主要成分。流行病学研究表明，牡荆素-4″-O-葡萄糖苷的膳食摄入量与冠心病发病的概率成反比。此外，牡荆素-4″-O-葡萄糖苷已被证明具有抗氧化作用[40]，但是，该抗氧化作用的机制仍不清楚。

一、材料和方法

(一)试剂

牡荆素-4″-O-葡萄糖苷[40]从山楂叶中分离制备，将其溶解在 DMSO 中作为储备液，然后，用 RPMT-1640 培养液(Gibco，Grand Island，NY，USA)稀释。实验前，所有的细胞培养物中 DMSO 的浓度须保持在 0.01%以下，使其对细胞生长或死亡无明显影响。MTT 和 TBHP 均购自 Sigma 公司(St.Louis，MO，USA)。

(二)细胞培养

人脐静脉内皮细胞株 ECV-304 由辽宁中医药大学昌艳艳教授馈赠，内皮细胞作为血管系统的基本元素是对氧化应激[41,42]细胞毒性研究合适的靶点。细胞 RPMI-1640 培养液中含 10%胎牛血清、2mmol/L 谷氨酰胺(Gibco，Grand Island，NY，USA)、100U/mL 青霉素和 100mg/mL 链霉素，在潮湿的环境中以 5% CO_2 使其温度维持在 37℃进行培养。

(三)细胞活性和 TBHP 诱导的氧化应激实验

各实验组最有效 TBHP 破坏浓度的测定。应用预实验探究能杀死至少 50%细胞的 TBHP 浓度，在处理后 24h 发现，TBHP 浓度为 0.3mmol/L。

通过 MTT 细胞活力、增殖实验测定 ECV-304 细胞的生长抑制情况。细胞(1×10^5/mL)接种于 96 孔培养板，培养 24h，然后将细胞在含药条件下孵育 12h、24h、36h 和 48h，每孔加 25μ/LMTT，在 37℃培养 3.5h。有显色的甲瓒产物用 150μL DMSO 溶解。于 492nm 波长检测。按以下公式计算细胞生长抑制率：抑制率(%)=[A_{492}(对照组)—A_{492}(牡荆素-4″-O-葡萄糖苷)/A_{492}(对照组)]×100%。

(四)细胞形态学观察

将血管内皮细胞(1×10^5mL)接种于 6 孔培养板培养 24h，加入 0.3mmol/L TBHP，1h 后加入牡荆素-4″-O-葡萄糖苷。24h 后用相差显微镜观察细胞的形态学变化(Leica，Nussloch，Germany)。

(五)DNA 损伤实验

使用碱性单细胞凝胶电泳法检测到 DNA 单链断裂(彗星试验)[43]。利用特定的 DNA 修复酶测定氧化嘧啶和嘌呤碱基的存在。用 128μmol/L 牡荆素-4″-O-葡萄糖苷将细胞预培养在培养板中，培养 2h，然后用 0.3mmol/L TBHP 培养 1h。细胞悬浮于 0.5%琼脂糖，随后将其在细胞裂解缓冲液(Trevigen，Gaithersburg，Md.，USA)中裂解 1h，然后在电泳前将 DNA 在碱性缓冲液中解旋 20min。核质用 SYBR Green 染料染色。4 个独立样本中的 50 个细胞进行尾迁移度盲评。

为测定 DNA 碱基损伤强度，用修复内切核酸酶甲酰胺基嘧啶糖苷酶(FPG)孵育核状体认知氧化改变的嘌呤。FPG 改良彗星分析试验按照 Collins 等描述的方法完成[44]。

(六)细胞氧化还原状态的测定

改变细胞氧化还原状态的牡荆素-4″-O-葡萄糖苷活性是通过计算还原型谷胱甘肽与氧化型谷胱甘肽(GSH/GSSG)的比率。细胞在用 TBHP 预孵处理前，先用 128μmol/L 牡荆素-4″-O-葡萄糖苷孵育细胞 2h。使用开曼化学试剂（Ann Arbor，USA）测定 GSH 和 GSSG 的细胞内容物。用 BioRad550 型酶标仪完成分光光度读数。GSSG 的测定是通过测定由 2-乙烯基吡啶衍生的 GSH 获得[45]。

(七)脂质过氧化反应检测

MDA 是脂质过氧化的最终产物。测定脂质过氧化 MDA 的水平用于测定脂质过氧化。Lazzé 等采用 HPLC 法测定脂质过氧化。简而言之，细胞(1×10^6 个)用牡荆素-4″-O-葡萄糖苷（128μmol/L）预孵 1h，用 0.3mmol/L TBHP 处理后用刮涂器收获细胞并悬浮于培养基中。随后，每孔中加 0.5mL 细胞悬液，用 100μL 20%的 TCA 和 0.5mL 0.6% TBA 溶液在 85℃水浴中处理 30min 后离心。离心后，上清液转移到玻璃瓶中，取 20μL 上清液，注射到色谱柱上进行分析。MDA(TBA)$_2$ 加合物在 532nm 波长下进行检测，流速 1mL/min，10%～30%乙腈和 10 mmol/L 乙酸铵溶液线性梯度洗脱 5min。通过标准溶液建立的标准曲线定量分析 MDA 含量。标准物和样品以 Agilent 1100 系列高效液相色谱仪,配备二极管阵列检测器和自动进样器分析。色谱柱为 Phenomensil C_{18} 柱（250mm×4.6mm，4μm），预柱为 Zorbax SB C_{18}（20mm×2mm，5μm）。

(八)超氧化物歧化酶(SOD)检测

将 WST 工作液[2-(4-碘苯基)-3-(4-硝基苯基)-5-(2，4-二磺基苯基)-2H-四氮唑单钠盐]和酶工作液(控制黄嘌呤氧化酶浓度使 OD 的变化率为 0.025dA/min)加入各个样品中，充分混合。在 37℃孵育细胞 20min。在 540nm 处测定吸光度。

(九)TUNEL 分析

TUNEL 法检测 DNA 链断裂。检测是根据 TACS^{TM} 2TdT DAB 原位细胞凋亡检测试剂盒说明书进行操作的。简而言之，用磷酸盐缓冲生理盐水冲洗细胞并将其固定于含有 3.7%多聚甲醛的培养基中，在室温下培养 10min。固定部分使用 10% H_2O_2 预处理，用 TdT 标记反应混合物并在 37℃下放置 1h 完成末端标记。用 3,3'-二氨基联苯胺(DAB)孵化 7min，细胞核内出现可视 DNA 片段。最后样品用甲基绿反染，并用光学显微镜观察。凋亡细胞核被染成深褐色，随机读数 100 个细胞测定 TUNEL

阳性 ECV-304 细胞数。

(十) 罗丹明 123 线粒体摄取

为了评价牡荆素-4″-O-葡萄糖苷对线粒体专有染色剂 Rhodamine123 线粒体摄取的影响，ECV-304 细胞用罗丹明 123 染色，即将 EVC-304 细胞接种在含有 10%FBS 的 RPMI-1640 六孔培养基中，培养 24h。向培养基中加入牡荆素-4″-O-葡萄糖苷（128μmol/L），然后使用 TBHP 孵育，24h 后，在黑暗条件下用 6.25mg/mL 罗明丹 123 染色，用营养液冲洗两次。将被罗明丹 123 染色的线粒体至于荧光显微镜。(Olympus, BX-51, Japan) 下观察。

(十一) 统计分析

所有的结果均通过三次以上独立的实验证实，数据用平均值±SD 表示，组间比较采用单因素方差分析，$P<0.01$ 为有显著差异。

二、结　　果

TBHP 经常用做氧化应激诱导剂，已知它可诱导损伤脂质和 DNA[46]。为了避免急性毒性，我们对 Dumont 等[47]确定的原则进行了修改，即我们通过预实验选择 0.3mmol/L TBHP 作为实验浓度。为了进一步研究牡荆素-4″-O-葡萄糖苷对 TBHP 诱导损伤的保护作用，通过 MTT 法分析经牡荆素-4″-O-葡萄糖苷处理的细胞存活率。结果表明，牡荆素-4″-O-葡萄糖苷抑制 ECV-304 血管内皮细胞 TBHP 诱导损伤（图 6-15），牡荆素-4″-O-葡萄糖苷的这种保护作用也被形态学观察证实。TBHP 处理后，大部分细胞呈现细胞死亡的特性，即收缩和悬浮，这明显与培养液中贴壁细胞所呈的状态不同。

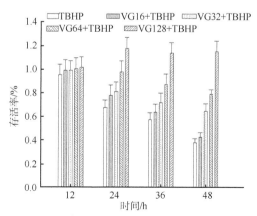

图 6-15　牡荆素-4″-O-葡萄糖苷对细胞存活率的影响

ECV-304 细胞用不同浓度的牡荆素-4″-O-葡萄糖苷处理 1h，然后分别用 0.3mmol/L TBHP 处理 12h、24h、36h 和 48h。细胞生存率采用 MTT 法测定用 128mmol/L 牡荆素-4″-O-葡萄糖苷预处理后，多数 TBHP 处理过的细胞能正常增长（图 6-16A～C）。据报道，TBHP 能诱导 DNA 损伤。暴露于 TBHP 的细胞明显增加（$P<0.01$）了 DNA 单链断裂的形成（图 6-16D）。为了进一步研究牡荆素-4″-O-葡萄糖苷是否能够防止 TBHP 诱导氧化 DNA，利用细菌 DNA 修复酶 FPG，其可识别开环嘌呤 DNA 及氧桥鸟嘌呤 DNA。正如预期的那样，牡荆素-4″-O-葡萄糖苷对 DNA 氧化损伤有明显的保护作用（图 6-16E），这表明牡荆素-4″-O-葡萄糖苷可有效降低 TBHP 对 DNA 的诱导损伤。

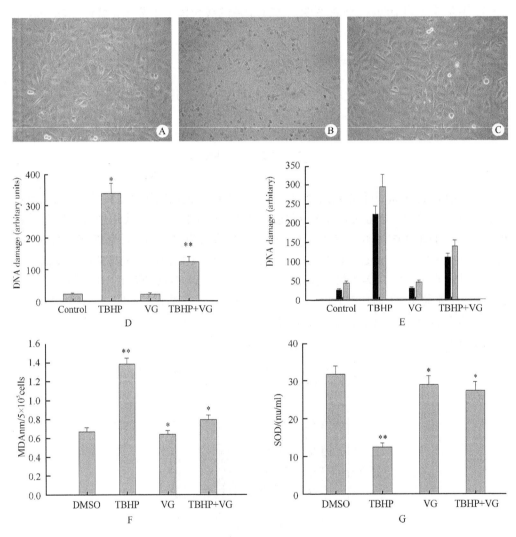

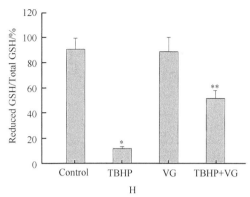

图 6-16 牡荆素-4″-O-葡萄糖苷对 TBHP 诱导血管内皮细胞 ECV-304 损伤的保护作用

细胞形态的检测是在具有牡荆素-4″-O-葡萄糖苷和 TBHP 的环境中进行的,分为对照组(A)、0.3mmol/L TBHP(B)、128μmol/L 牡荆素-4″-O-葡萄糖苷和 0.3mmol/L TBHP(C)三组。DNA 损伤指数计算为 5 个类别的加法,并被称为 100 个彗星(D)。128μmol/L 牡荆素-4″-O-葡萄糖苷对 TBHP 诱导的 DNA 氧化基础上形成的预孵育影响,通过使用 DNA 细菌修复酶(E),对彗星试验进行改良。细胞与牡荆素-4″-O-葡萄糖苷预培养 1h 后,有或无 0.3mmol/L TBHP 预培养 24h。在 128μmol/L 牡荆素-4″-O-葡萄糖苷对 TBHP 诱导的脂质过氧化下预孵育的影响,评价为 MDA 的产生(E)。细胞与牡荆素-4″-O-葡萄糖苷预培养 1h 后,有或无 0.3mmol/L TBHP 预培养 24h。SOD 活性牡荆素-4″-O-葡萄糖苷在全细胞裂解液中测定(G)。在 128μmol/L 牡荆素-4″-O-葡萄糖苷对 TBHP 效应引起的细胞氧化还原状态的损伤中预孵育,评价为谷胱甘肽与氧化型谷胱甘肽的比值(H)。实验结果为三个独立实验的平均值±SD。*$P<0.01$,与对照组比较;*$P<0.01$,与 TBHP 组比较。$n=5$

脂质过氧化作用已被确认为是一个潜在的细胞损伤和 DNA 损伤机制。MDA 浓度可作为脂质过氧化的指标,TBHP 单独处理 ECV-304 血管内皮细胞可增加 MDA 的浓度;然而,MDA 浓度会随着与牡荆素-4″-O-葡萄糖苷联合处理而大幅度降低,这表明牡荆素-4″-O-葡萄糖苷具有抗氧化应激诱导作用(图 6-16F)。SOD 在所有有氧生命系统(包括人类)的抗氧毒性和由氧衍生的游离自由基保护中承担着非常重要的作用。以 TBHP 诱导的 SOD 活性会衰减,而其活性可在 TBHP 存在的情况下通过牡荆素-4″-O-葡萄糖苷处理恢复。(图 6-16G)。由于氧化应激一般涉及谷胱甘肽系统,我们测得了还原型谷胱甘肽与谷胱甘肽的比率,表明牡荆素-4″-O-葡萄糖苷可保护 TBHP 对细胞氧化还原状态的损伤诱导作用(图 6-16H)。

为了进一步研究牡荆素-4″-O-葡萄糖苷对 TBHP 诱导细胞死亡的保护作用。用 TUNEL 法确定 TBHP 诱导 ECV-304 血管内皮细胞死亡的特征。以 0.3mmol/L TBHP 处理 ECV-304 血管内皮细胞 24h,TUNEL 阳性细胞比例高达(45.1±5.2)%。在牡荆素-4″-O-葡萄糖苷存在条件的下(128μmol/L),凋亡细胞的数目减少到(18.4±2.1)%(表 6-4)。

表 6-4 TUNEL 阳性 ECV-304 细胞定量分析

组别	剂量(μmol/L)	凋亡细胞(TUNEL 阳性率)
对照组	—	4.5±0.4
牡荆素-4″-O-葡萄糖苷	16	4.5±0.5
	64	4.4±0.4
	128	4.6±0.5
	192	5.2±0.5

续表

组别	剂量(μmol/L)	凋亡细胞(TUNEL 阳性率)
牡荆素-4″-O-葡萄糖苷 +TBHP(0.3mM)	0	$45.1\pm4.7^*$
	16	41.4 ± 4.3
	64	$33.3\pm3.3^{**}$
	128	$18.4\pm2.1^{**}$
	192	$23.32\pm2.9^{**}$

注：细胞在 TBHP 0.3mmol/L 和牡荆素-4″-O-葡萄糖苷中培育 24h，结果代表三个独立实验，所有日期均为平均值±SD。经单因素方差分析具有统计学意义；*$P<0.01$，与对照组比较；**$P<0.01$，与 TBHP 组比较

当 ECV-304 细胞用线粒体特异探针 Rhodamine123 孵育时，可通过活性线粒体摄取 Rhodamine123 产生强荧光(图 6-17A)。TBHP 处理的细胞与未处理的细胞相比，有较弱的绿色荧光，表明 ECV-304 血管内皮细胞的线粒体被 TBHP 破坏(图 6-17B)。然而，牡荆素-4″-O-葡萄糖苷能够逆转 TBHP 对 ECV-304 血管内皮细胞的影响(图 6-17C)。结果表明，牡荆素-4″-O-葡萄糖苷能部分逆转细胞损伤。

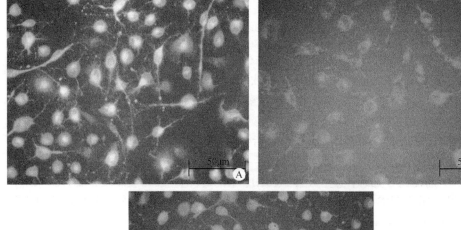

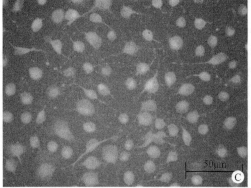

图 6-17 牡荆素-4″-O-葡萄糖苷对线粒体功能的保护作用

A. 对照组；B. 0.3mmol/L TBHP；C. 0.3mmol/L TBHP+128μmol/L 牡荆素-4″-O-葡萄糖苷。使用荧光显微镜的放大倍数为 400×，在 24h 内牡荆素-4″-O-葡萄糖苷细胞形态的变化，在 TBHP 受损的血管内皮细胞的丢失的线粒体的恢复

三、讨 论

在本实验中,ECV-304 细胞暴露于 TBHP,TBHP 的作用包括诱导细胞死亡、DNA 损伤、脂质过氧化和氧化还原状态的改变[48]。TBHP 分子在过渡金属的存在下进行分解,从而产生叔丁氧基或叔丁氧基基团[49]。这些自由基可引发一些细胞化学成分的改变,包括脂质过氧化,而脂质过氧化被认为是导致细胞膜破坏和损伤的重要因素。膜过氧化能够导致细胞膜流动性和渗透性改变,增加蛋白质降解,进而导致细胞裂解[50]。MDA 是脂质过氧化的最终产物,被证明可引起膜成分聚合、交联,可能导致突变、遗传毒性和致癌作用[51]。在本实验中,当 TBHP 诱导 ECV-304 细胞时,MDA 含量显著升高。与对照组相比较,牡荆素-4″-O-葡萄糖苷具有能够防止 TBHP 诱导的脂质过氧化和细胞毒性作用,可保持这种作用在一定范围。这表明,牡荆素-4″-O-葡萄糖苷的保护作用可能与通过阻断 TBHP 诱导的氧应激,维持细胞收缩有关。

总之,牡荆素-4″-O-葡萄糖苷可有效地防止细胞毒性和 TBHP 诱导的脂质过氧化作用,至少部分是通过恢复线粒体的功能而体现的。

第四节 金丝桃苷保护 ECV-304 细胞氧化损伤的机制研究

金丝桃苷为山楂叶中的主要成分,《中国药典》2015 版将其定为山楂叶中含量测定的成分。此外,金丝桃苷还广泛存在于各种植物体内,如藤黄科、豆科、杜鹃花科和卫矛科等的多种植物中,是贯叶连翘、红旱莲、黄蜀葵等植物药中具有较强生物活性的成分之一。研究表明,金丝桃苷具有抗氧化、驱虫、抗炎和止泻等作用[52-54]。

金丝桃苷体内外显示出了较多的药理学活性,但有关机制还不十分明确,尤其是对其抗氧化作用的机制尚没有进行过系统研究,对金丝桃苷的进一步研发尚缺乏科学的实验支持。本研究目的旨在研究金丝桃苷的抗氧化机制,为新药研究提供先导化合物,并为进一步的活性追踪、开发新的用途及临床应用提供理论依据。

一、实验材料与方法

(一)实验材料

人脐静脉血管内皮 ECV-304 细胞由辽宁中医药大学昌艳艳教授馈赠。金丝桃苷购自北京生物制品研究所,用 DMSO 溶解(终浓度≤0.01%);经 HPLC 检测纯度均大于 98%。用 RPMI-1640 培养液稀释至所需浓度,并经 0.22μm 微孔滤器过滤除菌。

胎牛血清由大连生物试剂公司提供。谷氨酰胺、胰蛋白酶、青霉素、链霉素、HEPES、N-乙酰半胱氨酸(NAC)、MTT、罗丹明 123、正常熔点琼脂糖(NMA)和低熔点琼脂糖(LMA)购于美国 Sigma 公司(St.Louis,MO,USA)。RPMI-1640(Gibco,Grand Island,NY, USA)细胞培养液购自 Gibco(Grand Island, NY, USA)。TACSTM2 TdT-DAB 原位凋亡检测试剂盒为美国 Trevigen 公司产品。

(二)实验方法

1. 细胞培养 将 ECV-304 细胞接种在含 10%胎牛血清培养于含 5%胎牛血清、1×10^5U/L 青霉素、100g/L 链霉素和 2mmol/L 谷氨酰胺(Gibco, Grand Island, NY, USA)的 RPMI-1640 培养液中,在饱和湿度、温度为 37℃、CO_2 浓度为 5%的培养箱中培养。

2. 细胞生长抑制 取处于对数生长期的 ECV-304 细胞,以每孔 100μL 接种于 96 孔板,分别加入浓度为 0.1mmol/L、0.15mmol/L、0.3mmol/L、0.6mmol/L 和 1.2mmol/L 的 TBHP 作用 6h、12h 和 24h 后,每孔加入 25μL MTT(5g/L),继续培养 4h,弃上清液,每孔加入 150μL DMSO 溶解,酶标仪 492nm 检测,绘制时效及量效曲线。

抑制率(%)=$[A_{492}$(对照组)$-A_{492}$(TBHP)$]/A_{492}$(对照组)$\times100\%$

3. 药物效应实验 取处于对数生长期的 ECV-304 细胞,接种于 96 孔培养板(1×10^5/孔),培养 12h 后,加入浓度为 4~128μmol/L 的金丝桃苷和 NAC 预处理 1h,再加入浓度为 0.3mmol/L 的 TBHP(为上述实验确定浓度,诱导建立 ECV-304 细胞氧化损伤模型),置于温度为 37℃、CO_2 浓度为 5%的培养箱中培养 6h、12h、24h 和 48h,用 PBS 清洗 2 次,然后每孔加入 25μL MTT(5g/L),继续培养 4h 后,弃上清液,每孔加入 150μL DMSO 溶解,酶标仪 492nm 检测,绘制时效及量效曲线。

4. TUNEL 分析 将密度为 1×10^5 个/mL 的 ECV-304 细胞埋在放有盖玻片的 6 孔培养板内,加入 128μmol/L 金丝桃苷预作用 1h 后,加入 0.3mmol/L TBHP 培养 0h、12h、24h 和 48h,PBS 洗一次,用 4%多聚甲醛室温固定细胞 10min。将盖玻片取出,用 10% H_2O_2 处理后与 TdT 标记反应液在 37℃下孵育 1h,再与 3,3-对二氨基联苯孵育 7min,最后用甲基绿复染,在显微镜下观察。凋亡细胞的细胞核呈深褐色,随机选取 100 个细胞计算其中凋亡细胞的个数,并重复三次。

5. 脂质过氧化反应检测 根据 Lazzé 等[55]建立方法的基础上,采用 HPLC 法检测质子过氧化产物 MDA 的含量[55]。即在 6 孔培养板中以 1×10^5 个细胞加入 120μmol/L 金丝桃苷预处理 1h,再加入 0.3mmol/L TBHP 作用 24h,收集细胞并悬浮,随后加入 100μL 20% TCA 和 0.5mL 6%的 TBA 溶液,于 85℃条件下作用 30min 进行衍生化。离心,上清液移至 HPLC 仪进样瓶中,进样 20μL,进行色谱分析。

分析物 MDA$(TBA)_2$,以流速 1mL/min、检测波长为 532nm,线性梯度洗脱,以乙腈-10mmol/L 乙酸洗脱 5min,5min 内乙腈由 10%增至 30%,平衡 3min 并回到初始条件,总运行时间为 8min。以上样品与对照品用全自动 Agilent1100 系列高效液相色谱仪检测,检测器为光电二极管阵列检测器,并配有自动进样器,分析柱为 Phenomensil C_{18} 柱(4.6mm×250mm,4μm)(Phenomenex,USA),保护柱为 Zorbax SB C_{18}(2.00mm×20 mm,5μm)。最后以 MDA 标准溶液绘制标准曲线并进行定量分析。

6. 统计分析 所有结果来自三次以上独立的实验,实验结果采用 Sigmastat3.5 软件进行处理,计算出平均值(mean)和标准差(SD),组间比较采用 one-way ANOVA 分析,$P<0.01$ 为有显著差异。

二、实 验 结 果

(一)TBHP 诱导 ECV-304 细胞氧化损伤实验

TBHP 是近年来研究氧化应激引起细胞凋亡作用机制常用的诱导剂,可用 TBHP 作为氧化诱导剂[56]。本书采用人脐静脉血管内皮细胞 ECV-304 为材料[57]。实验结果表明(图 6-18),0.1~1.2mmol/L TBHP 作用 6h、12h 和 24h 后,可以明显抑制 ECV-304 细胞的生长,并确定了合适的 TBHP 浓度(IC_{50}),即以 0.3mmol/L TBHP 诱导建立了 ECV-304 细胞氧化损伤模型。

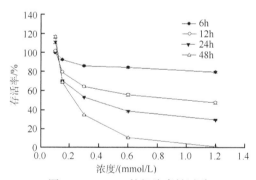

图 6-18 TBHP 的细胞毒性试验
ECV-304 细胞用各浓度的 TBHP 分别处理 6h、12h、24h 和 48h。细胞生长抑制率采用 MTT 法试验测定。
结果为平均值±SD,$n=3$

(二)金丝桃苷对 TBHP 诱导的 ECV-304 细胞损伤的保护作用

实验采用 MTT 法观察不同浓度金丝桃苷对 TBHP 损伤的保护作用。结果表明(图 6-19),浓度为 4~128μmol/L 的 NAC 和金丝桃苷分别作用于 TBHP 损伤的 ECV-304 细胞 6h、12h、24h 和 48h,随着药物量的增加,细胞生存抑制率明显降低,呈现出明显的时间和剂量依赖关系。金丝桃苷浓度为 128μmol/L 时达到其保护作用的峰值,因此,可以认为金丝桃苷具有很强的抗氧化损伤的能力。

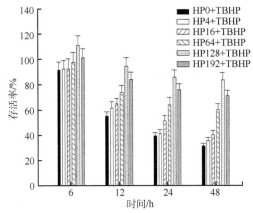

图 6-19　金丝桃苷抗氧化作用

将 ECV-304 细胞用不同浓度的金丝桃苷处理 1h，然后分别暴露于 0.3mmol/L TBHP 12h、24h、36h 和 48h。存活率采用 MTT 法测定。结果为平均值±SD，$n=3$

(三) TUNEL 检测

采用 TUNEL 法检测金丝桃苷对 TBHP 诱导 ECV-304 细胞 DNA 损伤的保护作用。TBHP 诱导 ECV-304 细胞死亡是通过细胞凋亡作用，金丝桃苷可以明显抑制 TBHP 诱导的 ECV-304 细胞的凋亡。如表 6-5 所示，TUNEL 阳性率：对照组为 (45.1±5.2)%；金丝桃苷作用 24h 时，16μmol/L 金丝桃苷为 (39.4±4.6)%，64μmol/L 金丝桃苷为 (38.7±2.8)%，128μmol/L 金丝桃苷为 (19.4±2.5)%，此结果表明，金丝桃苷可以明显抑制 TBHP 诱导的 ECV-304 细胞凋亡及 DAN 断裂损伤。

表 6-5　TUNEL 阳性的 ECV-304 细胞的定量分析

组别	剂量/(μmol/L)	凋亡细胞(TUNEL 阳性率/%)
对照组	—	4.5±0.4
金丝桃苷组	16	4.5±0.6
	64	4.8±0.6
	128	4.6±0.5
	192	5.4±0.8
金丝桃苷+TBHP(0.3 mmol/L)	0	45.1±5.2[#]
	16	39.4±4.6
	64	27.3±3.4[*]
	128	14.4±2.5[*]
	192	25.36±3.1[*]

注：细胞用 0.3mmol/L TBHP 和金丝桃苷处理 24h，实验结果为平均值±SD。#$P<0.01$，与对照组比较；*$P<0.01$，与 TBHP 组比较

(四)金丝桃苷抑制 TBHP 氧化应激诱导的细胞脂质过氧化

脂质过氧化损伤是自由基损伤中的主要危害之一。生物膜富含不饱和脂肪酸，最易受到自由基攻击，MDA 为不饱和脂肪酸过氧化的终产物，其水平高低直接反映脂质过氧化程度及机体的抗氧化能力。金丝桃苷可以对抗 TBHP 诱导的 ECV-304 细胞的脂质过氧化，MDA 数据分析结果亦表明金丝桃苷具有显著的抗脂质过氧化反应的作用；SOD 可对抗氧化毒性和氧游离自由基作用，在保护所有有氧生命系统中承担重要作用，本实验表明金丝桃苷可恢复 TBHP 诱导的 SOD 活性(图 6-20)。

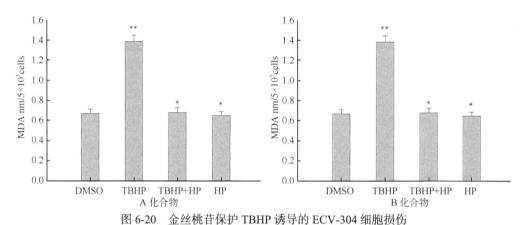

图 6-20　金丝桃苷保护 TBHP 诱导的 ECV-304 细胞损伤

A. 细胞以 128μmol/L 金丝桃苷孵育，加 TBHP(0.3mmol/L)处理 24h；B. 细胞以 128μmol/L 金丝桃苷孵育，加 TBHP(0.3 mmol/L)处理 24h。实验结果为平均值±SD。**$P<0.01$，与对照组比较；*$P<0.01$，与 TBHP 组比较

机体自由基损伤参与多种生理和病理过程，如肿瘤、自身免疫疾病、血管狭窄和动脉硬化等。机体在正常状态时，呼吸链中即有自由基的产生，但同时机体内存在内源性的抗氧化体系，使自由基的产生和灭活处于一个动态平衡的状态。但在病理条件下，自由基大量产生，即可以造成生物大分子的损伤。而越来越多的实验也表明，自由基的毒性作用可使细胞死亡，由于许多疾病都是由于细胞凋亡失控引起，因此研究自由基参与细胞凋亡的分子机制对疾病的防治显然非常重要[58]。

本研究发现，金丝桃苷可显著抑制 TBHP 诱导的 ECV-304 细胞凋亡。细胞形态学观察结果显示，经金丝桃苷作用后细胞连接紧密，大小均匀；而经 TBHP 作用后的细胞变圆，细胞皱缩，核膜周边有的形成小芽，可见凋亡小体生成。这表明金丝桃苷具有很强的抗氧化作用。MDA 是自由基膜过氧化脂质的一种重要的分解产物，在 TBHP 处理的 ECV-304 细胞中，MDA 明显升高，金丝桃苷能显著降低 MDA 的含量。SOD 的主要功能是催化超氧阴离子的歧化反应，被看成是 ROS 防御的第一线；SOD 含量减少和活力降低将导致自由基堆积，后者在不饱和脂肪酸中发生一系列反应，并以链式或链式支链反应的形式形成脂质过氧化物，常被用来作为脂质过氧化程度的检测指标。金丝桃苷能明显提高 TBHP 处理的 ECV-304 细胞中 SOD 的活力。

参 考 文 献

[1] Ding X, Jiang Y, Zhong Y, Zuo C. Chemical constituents of the leaves of *Crataegus pinnatifida Bge.* var. *major* N. E. Br. China J Chin Mater Med, 1990, 15(5): 295-297, 319.

[2] Ninfali P, Bacchiocca M, Antonelli A, Biagiotti E, Di Gioacchino A M, Piccoli G, Stocchi V, Brandi G. Characterization and biological activity of the main flavonoids from Swiss Chard(Beta vulgaris subspecies cycla). Phytomedicine, 2007, 14(2-3): 216-221.

[3] Draper H H, Squires E J, Mahmoodi H, Wu J, Agarwal S, Hadley M. A comparative evaluation of thiobarbituric acid methods for the determination of malondialdehyde in biological materials. Free Radical Bio Med, 1993, 15(40): 353-363.

[4] 徐叔云, 卞如濂, 陈修. 药理实验方法学. 北京: 人民卫生出版社, 2002. 1849-1856.

[5] Korchazhkina O, Exley C, Andrew Spencer S. Measurement by reversed-phase high-performance liquid chromatography of malondialdehyde in normal human urine following derivatisation with 2, 4-dinitrophenylhydrazine. J Chromatogr B, 2003, 794(2): 353-362.

[6] Dumont P, Burton M, Chen Q M, Gonos E S, Frippiat C, Mazarati J B, Eliaers F, Remacle J, Toussaint O. Induction of replicative senescence biomarkers by sublethal oxidative stresses in normal human fibroblast. Free Radical Bio Med, 2000, 28(3): 361-373.

[7] Kruman I, Bruce-Keller A J, Bredesen D, Waeg G, Mattson M P Evidence that 4-hydroxynonenal mediates oxidative stress-induced neuronal apoptosis. J Neurosci, 1997, 17(13): 5089-5100.

[8] Gimble J M, Katz A J, Bunnell B A. Adipose-derived stem cells for Regenerativemedicine. Circ Res, 2007, 100(9): 1249-1260.

[9] Jang S, Cho H H, Cho Y B, Park J S, Jeong H S. Functional neural differentiation of human adipose tissuederived stem cells using bFGF and forskolin. BMC Cell Biol, 2010, 11: 25-37.

[10] Walton M, Sirimanne E, Reutelingsoerger C, Williams C, Gluckman P, Dragunow M. Annexin-V labels apoptotic neurons following hypoxia-ischemia. Neuroreport, 1997, 8(18): 3871-3875.

[11] Halliwell B. Oxidative stress and cancer: have we moved forward? Biochem J, 2007, 401(1): 1-11.

[12] Valko M, Leibfritz D, Moncol J, Cronin M T, Mazur M, Telser J. Free radicals and antioxidants in normal physiological functions and human disease. Int J Biochem Cell B, 2007, 39(1): 44-84.

[13] Singh N, Dhalla A K, Seneviratne C, Singal P K. Oxidative stress and heart failure. Mol Cell Biochem, 1995, 147(1-2): 77~81.

[14] Ramond A, Godin-Ribuot D, Ribout C, Totoson P, Koritchneva I, Cachot S, Levy P, Joyeux-Faure M. Oxidative stress mediates cardiac infarction aggravation induced by intermittent hypoxia. Fund Clin Pharmacol, 2013, 27(3): 252-261.

[15] Folli F, Corradi D, Fanti P, Davalli A, Paez A, Giaccari A, Perego C, Muscogiuri G. The role of oxidative stress in the pathogenesis of type 2 diabetes mellitus micro- and macrovascular complications: avenues for a mechanistic-based therapeutic approach. Curr Diabetes Rev, 2011, 7(5): 313-324.

[16] Giacco F, Brownlee M. Oxidative stress and diabetic complications. Circ Res, 2010, 107(9): 1058-1070.

[17] Hu L, Sun Y, Hu J. Catalpol inhibits apoptosis in hydrogen peroxide-induced endothelium by activating the PI3K/Akt signaling pathway and modulating expression of Bcl-2 and Bax. Eur J Pharmacol, 2010, 628(1-3): 155-163.

[18] Lesnefsky E J, Allen K G, Carrea F P, Horwitz L D. Iron-catalyzed reactions cause lipid peroxidation in the intact heart. J Mol Cell Cardiol, 1992, 24(9): 1031-1038.

[19] Nakamura H, Nakamura K, Yodoi J. Redox regulation of cellular activation. Annu Rev Immunol, 1997, 15: 351-369.

[20] Ying X X, Li H B, Chu Z Y, Zhai Y J, Leng A J, Liu X, Xin C, Zhang W J, Kang T G. HPLC determination of malondialdehyde in ECV304 cell culture mediumfor measuring the antioxidant effect of vitexin-4″-O-glucoside. Arch Pharm Res, 2008, 31(7): 878-885.

[21] Ying X X, Li H B, Xiong Z L, Sun Z S, Cai S, Zhu W L Bi Y J, Li F M. LC determination of malondialdehyde concentration in the human umbilical vein endothelial cell culture medium: application to the antioxidant effect of vitexin-2″-O-rhamnoside. Chromatographia, 2008, 67(9): 679-686.

[22] Creagh E M, Martin S J. Caspases: cellular demolition experts. Biochem Soc Trans, 2001, 29(6): 696-702.

[23] Earnshaw W C, Martins L M, Kaufmann S H. Mammalian caspases: structure, activation, substrates, and functions during apoptosis. Annu Rev Biochem, 1999, 68(1): 383-424.

[24] Snigdha S, Smith E D, Prieto G A, Cotman C W. Caspase-3 activation as a bifurcation point between plasticity and cell death. Neurosci Bull, 2012, 28(1): 14-24.

[25] Lu Y H, Su M Y, Huang H Y, Lin Li, Yuan C G. Protective effects of the citrus flavanones to PC12 cells against

cytotoxicity induced by hydrogen peroxide. Neurosci Lett, 2010, 484(1): 6-11.
[26] Zhu X X, Li L D, Liu Z Y, Liu Z Y. The protective effects of vitexia-rhamnoside (VR) on the cultured cardiacmyocytes damaged by hypoxia and reoxygenation. Chin J Nat Med, 2003, 1(1): 44-49.
[27] Zhu X X, Li L D, Liu J X, Liu Z Y, Ma X Y. Effect of vitexiarhamnoside (VR) on vasomotor factors expression of endothelial cell. China J Chin Mater Med, 2006, 31(7): 566-569.
[28] Ninfali P, Bacchiocca M, Antonelli A, Biagiotti E, Di Gioacchino A M, Piccoli G, Stocchi V, Brandi G. Characterization and biological activity of the main flavonoids from Swiss Chard (Betavulgaris subspecies cycla). Phytomedicine, 2007, 14(2-3): 216-221.
[29] Li P, Fu J H, Li X Z. Effect of haw leaf extract and its preparation on polymorphonuclear leucocyte adhesion during HUVEC anoxia/reoxygenation injury. Chin J Integr Tradit West Med, 2008, 28(8): 716-720.
[30] Ma G, Jiang X H, Chen Z, Ren J, Li C R, Liu T M. Simultaneous determination of vitexin-4″-O-glucoside and vitexin-2″-O-rhamnoside from hawthorn leaves flavonoids in rat plasma by HPLC method and its application to pharmacokinetic studies. J Pharm Biomed Anal, 2007, 44(1): 243-249.
[31] Ying X X, Wang F, Cheng Z Z, Zhang W J, Li H B, Du Y, Liu X, Wang S Y, Kang T G. Pharmacokinetics of vitexin-4″-O-glucoside in rats after intravenous application. Eur J Drug Metab Ph, 2012, 37(2): 109-115.
[32] Chen Y H, Xu Q Y, Zhang W J, Li R H, Wang Y J, Xue H F. HPLC determination of vitexin-4″-O-glucoside in mouse plasma and tissues after oral and intravenous administration. J Liq Chromatogr R T, 2014, 37(7): 1052-1064.
[33] Liang M, Xu W, Zhang W, Zhang C, Liu R, Shen Y, Li H, Wang X, Wang X, Pan Q, Chen C. Quantitative LC/MS/MS method and in vivo pharmacokinetic studies of vitexin rhamnoside, a bioactive constituent on cardiovascular system from hawthorn. Biomed Chromatogr, 2007, 21(4): 422-429.
[34] Ying X X, Sun X H, Li X Q, Lu X M, Li F M. Determination of vitexin-2″-O-rhamnoside in rat plasma by ultra-performance liquid chromatography electrospray ionization tandem mass spectrometry and its application to pharmacokinetic study. Talanta, 2007, 72(4): 1500-1506.
[35] Chauhan V, Chauhan A. Oxidative stress in Alzheimer's disease. Pathophysiology, 2000, 1502(1): 195-208.
[36] Daba M H, Abdel-rahman M S. Hepatoprotective activity of thymoquinone in isolated rat hepatocytes. Toxicol Lett, 1998, 95(1): 23-29.
[37] Kumar A, Naidu P S, Seghal N, Padi S S. Neuroprotective effects of resveratrol against intracerebroventricular colchicine-induced cognitive impairment and oxidative stress in rats. Pharmacology, 2007, 79(1): 17-26.
[38] Zuo Z, Zhang L, Zhou L, Chang Q, Chow M. Intestinal absorption of hawthorn flavonoids - *in vitro*, *in situ* and *in vivo* correlations. Life Sci, 2006, 79(26): 2455-2462.
[39] Liu R H, Yu B Y. Study on the chemical constituents of the leaves from *Crataegus pinnatifida* Bge. var. *major* N. E. Br., Jorunal of Chinese Medicinal Materials, 2006, 29(11): 1169-1173.
[40] Ying X X, Li H B, Chu Z Y, Zhai Y J, Leng A J, Liu X, Xin C, Zhang W J, Kang T G. HPLC determination of malondialdehyde in ECV304 cell culture medium for measuring the antioxidant effect of vitexin-4″-O-glucoside. Arch Pharm Res, 2008, 31(7): 878-885.
[41] Beyer G, Melzig M F. Effects of selected flavonoids and caffeic acid derivatives on hypoxanthine-xanthine oxidase-induced toxicity in cultivated human cells. Planta Med, 2003, 69(12): 1125-1129.
[42] Beyer G, Melzig M F. Effects of propolis on hypoxanthine-xanthine oxidaseinduced toxicity in cultivated human cells and on neutrophil elastase activity. Biol Pharm Bull, 2005, 28(7): 1183-1186.
[43] Lazze M C, Pizzala R, Savio M, Stivala L A, Prosperi E, Bianchi L. Anthocyanins protect against DNA damage induced by tert-butyl-hydroperoxide in rat smooth muscle and hepatoma cells. Mutat Res, 2003, 535(1): 103-115.
[44] Von Harsdorf R, Li P F, Dietz R. Signaling pathways in reactive oxygen speciesinduced cardiomyocyte apoptosis. Circulation, 99(22): 1999, 2934-2941.
[45] Li H B, Yi X, Gao J M, Ying X X, Guan H Q, Li J C. The mechanism of hyperoside protection of ECV-304 cells against tert-butyl hydroperoxide-induced injury. Pharmacology, 2008, 82(2): 105-113.
[46] Cortez-pinto H, Lin H Z, Yang S Q, Odwin da costa S, Diehl A M. Lipids upregulate uncoupling protein 2 expression in rat hepatocytes. Gastroenterology, 1999, 116(5): 1184-1198.
[47] Dumont P, Burton M, Chen Q M, Gonos E S, Frippiat C, Mazarati J B, Eliaers F, Remacle J, Toussaint O. Induction of replicative senescence biomarkers by sublethal oxidative stresses in normal human fibroblast. Free Radical Bio Med, 2000, 28(3): 361-373.
[48] Zou C G, Agar N S, Jone G L. Oxidative insult in sheep red blood cells induced by T-butyl hydroperoxide: the roles of glutathione and glutathione peroxidase. Free Radical Res, 2001, 34(1): 45-56.
[49] Kennedy C H, Church D F, Winston G W, Pryor W A. Tert-butyl hydroperoxide-induced radical production in rat liver

mitochondria. Free Radical Biol Med, 1992, 12(5): 381-387.

[50] Hernandez S, Lopez-knowles E, Lloreta J, Kogevinas M, Jaramillo R, Amoros A, Tardón A, García-Closas R, Serra C, Carrato A, Malats N, Real F X. FGFR3 and Tp53 mutations in T1G3 transitional bladder carcinomas: independent distribution and lack of association with prognosis. Clin Cancer Res, 2005, 11(15): 5444-5450.

[51] Kautiainen A, Wachtmeister C A, Ehrenberg L. Characterization of hemoglobin adducts from a 4, 4'-methylenedianiline metabolite evidently produced by peroxidative oxidation *in vivo*. Chem Res Toxicol, 1998, 11(6): 614-621.

[52] Seto T, Yasuda I, Akiyama K. Purgative activity and principals of the fruits of *Rosa multiflora* and *R. wichuraiana*. Chem Pharm Bull(Tokyo), 1992, 40(8): 2080-2082.

[53] Arrieta J, Reyes B, Calzada F, Cedillo-Rivera R, Navarrete A. Amoebicidal and giardicidal compounds from the leaves of *Zanthoxylum liebmannianun*. Fitoterapia, 2001, 72(3): 295-297.

[54] Melzig M F, Pertz H H, Krenn L. Anti-inflammatory and spasmolytic activity of extracts from *Droserae herba*. Phytomedicine, 2001, 8(3): 225-229.

[55] Lazze M C, Pizzala R, Savio M, Stivala L A, Prosperi E, Bianchi L. Anthocyanins protect against DNA damage induced by tert-butyl-hydroperoxide in rat smooth muscle and hepatoma cells. Mutat Res, 2003, 535(1): 103-115.

[56] Soszynski M, Bartosz G. Decrease in accessible thiols as an index of oxidative damage to membrane proteins. Free Radic Biol Med, 1997, 23(3): 463-469.

[57] Beyer G, Melzig M F. Effects of selected flavonoids and caffeic acid derivatives on hypoxanthine-xanthine oxidase-induced toxicity in cultivated human cells. Planta Med, 2003, 69(12): 1125-1129.

[58] Lander H M. An essential role for free radicals and derived species in signal transduction. FASEB, 1997, 11(2): 118-124.

第七章　牡荆素-2″-O-鼠李糖苷滴丸研究

第一节　牡荆素-2″-O-鼠李糖苷剂型选择

滴丸剂是指药物与基质经适宜的方法混合后，滴入不相混溶的冷凝液中，收缩冷凝而制成的球形或类球形制剂[1]。滴丸剂由于药物在水溶性基质中以分子、微晶或亚稳态微粒等高能态形式存在，易于溶出，有利于提高难溶性药物的溶出速率及其生物利用度。牡荆素-2″-O-鼠李糖苷口服给药后生物利用度低，主要由严重的肠首过效应所致[2]。舌下黏膜血管丰富，舌下腺位于舌下黏膜，分泌积存的唾液多，药物在这里溶解吸收，疗效发挥迅速，尤其适用于救治某些急症患者。与其他给药途径相比，舌下给药时药物吸收迅速，在很大限度上避免了首过消除。基于此特点，制成滴丸剂更有利于牡荆素-2″-O-鼠李糖苷的释放，充分发挥药理作用，是解决上述问题较好的一种制剂类型。

第二节　牡荆素-2″-O-鼠李糖苷滴丸制备工艺优化研究

在前期牡荆素-2″-O-鼠李糖苷首过效应实验中，发现冰片作为吸收促进剂可显著提高牡荆素-2″-O-鼠李糖苷的生物利用度。故本实验选用牡荆素-2″-O-鼠李糖苷与冰片按比例4∶3联合用药进行制剂研究，使制剂工艺简单化，质量控制标准化，化学成分明确化，有利于被国际医药市场所接收，为发展中医药现代化奠定基础，并对冠心病、心绞痛及心肌缺血等常见疾病的治疗具有重要的现实意义。

一、仪器与试药

（一）仪器

滴丸装置；AR2140电子天平（上海奥豪斯公司）；DW-2型恒温调热器（北京市永光明医疗仪器厂）；分析天平（上海天平仪器厂）；KQ-250DB型数控超声波清洗器（昆山市超声仪器有限公司）；HH-S水浴锅（上海永光明仪器设备厂）；真空恒温干燥箱（上海亚荣生化仪器厂）。

（二）试药

牡荆素-2″-O-鼠李糖苷（自制，HPLC检测纯度>98%）（图7-1），冰片（株洲松本林化有限公司），聚乙二醇（PEG）4000、（PEG）6000（国药集团化学试剂有限公司，化学纯); 液状石蜡(天津福晨化学试剂厂); 甲醇(天津市大茂化学试剂厂, 色谱纯); 冰乙酸(华北地区特种化学试剂开发中心)

图 7-1 牡荆素-2″-O-鼠李糖苷原料药晶体图

二、实 验 方 法

(一) 制备工艺

1. 基质的选择 滴丸基质分为水溶性和脂溶性两类,均为了让牡荆素-2″-O-鼠李糖苷发挥速效作用并有效提高其口服生物利用度。聚乙二醇类具有不与主药发生反应,同时对人体无害的特点,选择通常制作滴丸的水溶性基质 PEG4000 与 PEG6000 进行比较试验,考察 PEG4000 与 PEG6000 比为 1:0、1:1 和 0:1 时滴丸的圆整度、拖尾情况和硬度。圆整度由不圆至圆分为 1~5 级, 拖尾情况由差至好分为 1~5 级, 粘连由差至好分为 1~5 级。结果见表 7-1。

表 7-1 滴丸外观的影响

PEG4000	PEG6000	圆整度	粘连	硬度
1	0	2	4	3
1	1	2	4	4
0	1	5	5	5

结果显示,当基质 PEG4000 与 PEG6000 的配比为 0:1 时, 牡荆素-2″-O-鼠李糖苷与基质的融合状态均匀、良好,制作后滴丸的圆整度较好,所以本实验选用 PEG6000 作为基质来进行牡荆素-2″-O-鼠李糖苷滴丸的制备。

2. 药物与基质的配比 固定基质为 PEG6000, 牡荆素-2″-O-鼠李糖苷与冰片的比例为 4:3,考察药物用量与基质比为 1:6、1:5、1:4 和 1:3 时滴丸的圆整度、拖尾情况和硬度。圆整度由不圆至圆分为 1~5 级, 拖尾情况由差至好分为 1~5 级, 粘连由差至好分为 1~5 级。结果见表 7-2。

表 7-2 药物与基质的配比

药物与基质比例	圆整度	粘连	硬度
1∶3	4	1	5
1∶4	4	2	5
1∶5	5	5	5
1∶6	5	5	5

结果显示，药物与基质的配比不同，滴丸的圆整度及粘连程度均受到不同程度的影响。当药物与基质的配比为 1∶5、1∶6 时，滴丸圆整度、粘连及硬度情况较好，但考虑到药物最大载药量，减少每次服用量，选用药物与基质比例为 1∶5 进行试验。

3. 冷凝剂的选择 本实验用水溶性基质聚乙二醇宜选用脂溶性冷凝剂，常用的脂溶性冷凝剂有液状石蜡和二甲基硅油、煤油及它们的混合物等。冷凝剂的滴制效果直接影响滴丸的外观、形状，甚至影响药物在基质中的分散状态。通过预实验考查常用冷凝剂液状石蜡作为冷凝剂制备滴丸，发现滴丸下沉过程缓慢但不粘连，冷凝充分但不影响圆整度，满足实验制备滴丸的条件，所以选用液状石蜡为冷凝剂用于牡荆素-2″-O-鼠李糖苷滴丸的制备。

4. 正交试验 除上述因素外，冷凝剂温度、滴管口径、滴速药温也是影响滴丸成型及外观质量的重要因素。固定基质为 PEG6000、药物与基质比为 1∶5、冷凝剂为液状石蜡、滴距 5cm，选用 $L_9(3^4)$ 正交设计试验对牡荆素-2″-O-鼠李糖苷滴丸的制备工艺进行优选，以(A)滴管口径、(B)滴速、(C)药温、(D)冷凝剂温度做为考查因素，外观质量评价分为圆整度、硬度、粘连、拖尾情况 4 项指标，按质量由差到好分别记为 1～5 分的结果直接相加，综合评分=圆整度+硬度+粘连+拖尾情况，结果见表 7-3～表 7-5。

表 7-3 滴制条件因素水平表

水平	A/cm	B/(滴/min)	C/℃	D/℃
1	1.5	20	70	−10～0
2	2	30	80	0～10
3	2.5	40	90	10～20

表 7-4 正交设计结果

序号	A	B	C	D	综合评分
1	1	1	1	1	18
2	1	2	2	2	14
3	1	3	3	3	19
4	2	1	2	3	13
5	2	2	3	1	20
6	2	3	1	2	13
7	3	1	3	2	18

续表

序号	A	B	C	D	综合评分
8	3	2	1	3	12
9	3	3	2	1	16
K_1	17.000	16.000	14.333	18.000	
K_2	15.333	15.333	14.333	14.667	
K_3	15.000	16.000	18.667	14.667	
R	2	0.667	4.334	3.333	

表 7-5 方差分析结果

因素	S	f	F
A	6.889	2	7.749
B	0.889	2	1.000
C	37.556	2	42.245
D	22.222	2	24.999

注：$F_{0.05}(2.2)=19.00$，$F_{0.01}(2.2)=99.00$

由表 7-3～表 7-5 所述，药液温度及冷凝剂温度对滴丸的外观质量有显著性影响，滴速对滴丸的外观影响不大，各因素的影响大小顺序为 C>D>A>B，考虑到滴制效率，选择最优工艺组合为 $C_3D_1A_1B_3$，即药液温度为 90℃，冷凝剂温度为-10～0℃，滴制口径为 1.5cm，低速 40 滴/min。

三、结　果

按配比将适量牡荆素-2″-O-鼠李糖苷与冰片加入到 90℃熔融基质 PEG6000 中，充分搅拌至分散均匀，以滴管滴制口径为 1.5cm、滴速为 40 滴/min，滴入液状石蜡（-10～0℃）中。待冷却完全，成型后取出，滤纸吸取滴丸表面液状石蜡，室温下晾干，即得。随机抽取样本进行外观检查，结果滴丸为淡黄色球形，大小均匀，色泽一致，圆整度好，表面无拖尾粘连现象。按照《中国药典》2015 版四部通则 0108 滴丸剂项下重量差异检查法及通则 0921 崩解时限检查法进行检查。滴丸剂的平均重量在 0.03g 以下或 0.03g 的重量差异限度为±15%时，符合要求。溶散时限均小于 5min，验证结果表明牡荆素-2″-O-鼠李糖苷滴丸优化工艺条件稳定，可行。得到圆形淡黄色滴丸，见图 7-2。

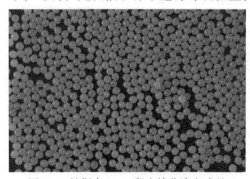

图 7-2　牡荆素-2″-O-鼠李糖苷滴丸成品

四、讨 论

(一)滴丸剂的成型因素

滴丸剂的成型受众多因素的影响,如滴距、滴制温度、冷凝剂、低速、药物与基质的配比等。滴丸的工艺研究中多采用单因素考查法和正交设计试验法进行工艺筛选,从中确立最佳制备工艺。其中滴丸评价滴丸质量的考查指标也并不单一,不同工艺设计条件的不同试验结果会出现差异。本试验在单因素考查后进行了正交设计试验,以外观质量为指标,对滴制口径、滴速、药液温度和冷凝剂温度进行考查,得到的工艺设计结果稳定可靠,为扩大生产提供了科学依据。

(二)基质的选择

基质对滴丸的制作起着至关重要的作用,选用滴丸基质也需要考虑很多方面的问题:滴丸基质需要具有良好的化学惰性,在与主要成分不发生化学反应的同时也不影响主要的疗效与检测,对人体无害;滴丸基质的熔点不能太高,加热到60~100℃可以融化成液体,遇冷后又可以冷凝成固体,并且在室温下保持固体状态;等等。PEG无毒、无刺激,本身无生理活性,化学稳定性良好,对药物有助溶作用,PEG6000的熔点为 55~60℃[3]。另外,滴丸在储存过程中可以出现溶出速率变慢的现象。原因是,基熔融状态下药物在基质中形成过饱和溶液,随着放置时间的延长,药物由原来的分子或无定型状态逐渐析出晶体从而出现溶出变慢的现象[4],其中基质的选择会影响上述现象的发生。单纯使用 PEG6000 作为基质,滴丸外观质量良好,基于以上特点,本实验用 PEG6000 作为牡荆素-2″-O-鼠李糖苷滴丸的基质。

(三)物料比的选择

通常中药滴丸制剂中药物与基质的比例为1:1~1:10,由影响滴丸成型因素和药物自身性质来选择或控制适宜的物料比范围。而本实验严格参照临床用牡荆素-2″-O-鼠李糖苷的使用药物剂量,尽量减少每次服用量,最终将物料比确定为1:5,在满足临床用药剂量的同时使剂量易于接受。而药物在基质中分散均匀,流动性好,滴丸圆整度高,色泽明亮,满足实验要求。

通过正交设计试验优选得到制作牡荆素-2″-O-鼠李糖苷滴丸的最佳工艺条件为:PEG6000 为滴丸滴制基质,滴制温度为90℃,液状石蜡为冷却剂,冷凝温度为-10~0℃,滴速为40滴/min。经初步稳定性试验证明,滴丸工艺稳定、可行。为牡荆素-2″-O-鼠李糖苷滴丸新药研制提供了理论基础。

第三节　牡荆素-2″-O-鼠李糖苷滴丸质量标准研究

通过工艺优化条件制得牡荆素-2″-O-鼠李糖苷滴丸,本实验采用超 HPLC 法对滴丸中牡荆素-2″-O-鼠李糖苷的含量进行测定并进行方法学验证,为控制牡荆素-2″-O-鼠李糖苷滴丸的质量提供可靠依据和技术保障。

一、仪器与试药

(一)仪器

岛津 30A 超高效液相色谱仪(日本岛津公司);HH-S 水浴锅(中国上海永光明仪器设备厂);ZDHW 电子调温电热套(中国北京中兴伟业仪器有限公司);微量取样器(中国上海荣泰生化工程有限公司);分析天平(中国上海平仪器厂);电子天平(AR2140,中国上海奥豪斯公司);溶出度测试仪(ZRS-8G,中国天津市光学仪器厂);实验室 pH 计(PHS-2C,中国上海理达仪器厂)。

(二)试药

牡荆素-2″-O-鼠李糖苷(实验室自制,纯度>98%);牡荆素-2″-O-鼠李糖苷滴丸(自制);甲醇(色谱纯,天津市大茂化学试剂厂);甲醇(分析纯,沈阳市化学试剂厂);冰乙酸(华北地区特种化学试剂开发中心);纯化水(娃哈哈有限公司);乙酸乙酯(天津市大茂化学试剂厂);丙酮(天津市津东文正精细化学试剂厂);甲酸(天津市进丰化工有限公司);石油醚(分析纯,天津市富宇精细化工有限公司)。

二、性　　状

本品为黄色滴丸,味苦。

三、鉴　　别

(一)牡荆素-2″-O-鼠李糖苷的鉴别

取本品滴丸 20 丸,研细,精密称定 0.25g,至锥形瓶中,加甲醇 10mL,超声处理 10min,放冷,再称定重量,用甲醇补足减失的重量,作为供试品溶液。按牡荆素-2″-O-鼠李糖苷滴丸制作工艺同法操作,制备过程中不添加标准品,得到阴性对照品后按上述方法操作即得。另取牡荆素-2″-O-鼠李糖苷对照品适量,加甲醇配制成每毫升含 100mg 的溶液作为对照品溶液。吸取上述三批供试品和对照品溶液、阴性液各 5μL 分别点于同一硅胶 G 薄层板上,以乙酸乙酯-丙酮-甲酸-水(5∶3∶1∶1)为展开剂,展开,取出,晾干,1%三氯化铝乙醇溶液为显色剂,105℃加热,紫外灯(365nm)下检视。结果在供试品的薄层色谱中,在与对照品色谱相应位置上,显相同亮黄色斑点,阴性液在相应位置无干扰。图谱结果见图 7-3。

(二)冰片的鉴别

取本品滴丸 20 丸,研细,精密称定 0.5g,至锥形瓶中,加甲醇 10mL,超声处理 10min,放冷,再称定重量,用甲醇补足减失的重量,作为供试品溶液。按牡荆素-2″-O-鼠李糖苷滴丸制作工艺同法操作,制备过程中不添加冰片,得到阴性对照品后按上述方法操作即得。另分别取冰片、龙脑对照品适量,加甲醇配制成每 1 毫升含 150mg 的溶液作为对照品溶液。吸取上述 4 批供试品溶液、对照品溶液、阴性液各 5μL 分别点于同一硅胶 G 薄层板上,以石油醚(60~90℃)-乙酸乙酯(6∶1)为展开剂,展开,取出,晾干,喷以 10%硫酸乙醇溶液,105℃加热至斑点显色清晰。结果显示,在供试品的薄层色谱中,在与对照品色谱相应位置上,显相同颜色的斑点,阴性无干扰。图谱结果见图 7-4。

图 7-3 三批牡荆素-2″-O-鼠李糖苷滴丸薄层色谱鉴别

1.1 批;2.2 批;3.3 批;4. 牡荆素-2″-O-鼠李糖苷对照品

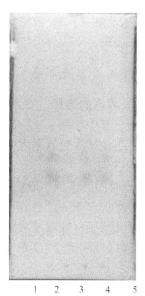

图 7-4 三批牡荆素-2″-O-鼠李糖苷滴丸薄层色谱鉴别

1. 阴性液;2. 冰片对照品;3.1 批;4.2 批;5.3 批

四、重量差异检查

按 2015 版《中国药典》(四部)制剂通则 0108 滴丸剂重量差异项规定进行检查操作:取供试品 20 丸,精密称定总重量,求得平均值后,再分别精密称定每丸重量,比较每丸重量与平均丸重并求得丸重差异。结果见表 7-6。

表 7-6 三批样品丸重差异

批次	丸重差/%
20141213	0.28
20141215	0.31
20141217	0.24

结果显示，三批滴丸(20141213、20141215、20141217)的重量差异均<±15%，符合《中国药典》2015 版滴丸剂检测项中规定，表明滴丸制作工艺稳定。

五、含　量　测　定

(一)色谱条件

色谱柱：Diamonsil C_{18}(150mm×4.6mm，5μm)(迪马公司，中国北京)；流动相：甲醇-0.1%冰乙酸(2∶3，V/V)；柱温：45℃；流速：1.0mL/min；进样量：1μL，检测波长：330nm。

(二)供试品溶液制备方法的考察

1. 提取溶剂的选择　牡荆素-2″-O-鼠李糖苷滴丸由牡荆素-2″-O-鼠李糖苷和冰片联合制成，其中牡荆素-2″-O-鼠李糖苷为水溶性物质，冰片为脂溶性挥发油，不溶于水。为了避免冰片对牡荆素-2″-O-鼠李糖苷的干扰及对色谱柱的损害，本研究选择水作为提取溶剂。

2. 提取时间的选择　取滴丸样品适量，研细，精密称定重量约 0.1g，至具塞锥形瓶中，精密加水 50mL，超声处理，提取时间分别为 30min、40min、50min，放冷，摇匀，过微孔滤膜，取续滤液注入高效液相色谱仪中，测定牡荆素-2″-O-鼠李糖苷含量。结果表明，牡荆素-2″-O-鼠李糖苷的含量随着提取时间的增加而增加，并且 40min 与 50min 的提取量基本相同，故提取时间选择超声 40min。

3. 提取溶剂用量的选择　取滴丸样品适量，研细，精密称定重量约 0.1g，至具塞锥形瓶中，分别精密加水 30mL、40mL、50mL，超声 40min，放冷，摇匀，过微孔滤膜，取续滤液注入高效液相色谱仪中，测定牡荆素-2″-O-鼠李糖苷含量。结果见表 7-7。

表 7-7 溶剂体积考察

溶剂体积/mL	30	40	50
含量/%	15.70	15.82	15.74

结果表明，用 40mL 水提取时，滴丸中牡荆素-2″-O-鼠李糖苷提取比较完全，故

选择提取溶剂的用量为 40mL。

4. 溶液的制备

(1) 供试品溶液的制备：取牡荆素-2″-O-鼠李糖苷滴丸适量，研细后精密称定 0.1g，至具塞锥形瓶中，加水 40mL，超声处理 40min，放冷，摇匀，滤过，既得供试品溶液。

(2) 对照品溶液的制备：精密称取牡荆素-2″-O-鼠李糖苷对照品 50mg，置于 50mL 量瓶中，加甲醇超声溶解后以甲醇定容，配制成 1mL 含 1mg 牡荆素-2″-O-鼠李糖苷的对照品溶液，作为储备液。

(3) 阴性对照溶液的制备：按比例称取基质 PEG6000 和冰片，按滴丸制备工艺制成缺牡荆素-2″-O-鼠李糖苷的阴性滴丸，再按"供试品溶液的制备"项下方法操作，即得。

(三) 阴性对照实验

取对照品溶液、供试品溶液及阴性对照溶液，在上述色谱条件下进样分析，记录色谱图。结果显示，阴性对照液在 330nm 处进行 UHPLC 分析未见有吸收峰，说明基质 PEG6000 对供试品含量测定无干扰。色谱图见图 7-5。

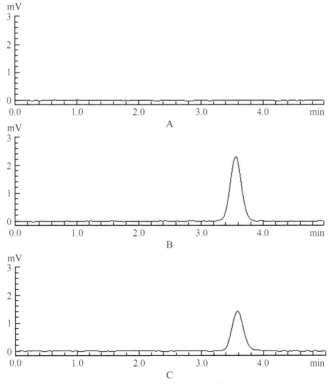

图 7-5 阴性对照（A）、对照品溶液（B）和供试品溶液（C）UHPLC 图

(四)线性关系考查

分别精密移取对照品储备液 0.1mL、0.2mL、0.5mL、1mL、2mL、5mL 于 10mL 量瓶中,甲醇稀释至刻度,摇匀,在上述色谱条件下采用 UHPLC 法分析,记录色谱峰面积,以浓度($\mu g/mL$)为横坐标,峰面积(Y)为纵坐标,绘制标准曲线。以峰面积(X)对进样浓度($\mu g/mL$)进行回归,得到标准曲线的方程为 $Y=949.33X+2476.7$,相关系数 $r=0.9999$。结果表明,在 $10\sim500\mu g/mL$ 时,牡荆素-2″-O-鼠李糖苷峰面积与其浓度线性关系良好。

(五)精密度考查

精密吸取对照品溶液 4mL,至 10mL 量瓶中,用甲醇定容,进样量为 1μL,记录色谱峰面积($n=6$),结果见表 7-8。

表 7-8　精密度测定结果($n=6$)

	No.						RSD/%
	1	2	3	4	5	6	
峰面积(A)	380 479	381 570	377 301	379 331	378 470	380 140	0.40

由试验结果可知 RSD 为 0.40%,RSD<2%,说明仪器精密度良好。

(六)稳定性考查

取供试品溶液,按照上述色谱分析条件在 0h、2h、4h、6h、8h 进行 UHPLC 分析,进样量为 1μL,测定供试品峰面积,计算 RSD,结果见表 7-9。

表 7-9　稳定性测定结果($n=6$)

	时间/h					RSD/%
	0	2	4	6	8	
峰面积	379 878	377 060	380 084	378 957	378 711	0.32

由试验结果可知 RSD 为 0.32%,表明供试品溶液在 8h 内保持基本稳定。

(七)重复性试验

取相同批次下供试品研细,按供试品溶液制备方法同法制得,进样量 1μL,分别记录峰面积,结果见表 7-10。

表 7-10　重复性试验结果($n=6$)

	No.						RSD/%
	1	2	3	4	5	6	
含量/%	15.49	15.60	15.56	15.70	15.63	15.68	0.49

由试验结果可知 RSD 为 0.49%，表明测定方法重复性良好。

(八)准确度试验

分别精密称取牡荆素-2″-O-鼠李糖苷滴丸适量，置于具塞锥形瓶中，精密加入 8mL、10mL、12mL 的对照品溶液制成含标示量 80%、100%、120%的供试品溶液，进行 UHPLC 测定，分别记录色谱峰面积。结果见表 7-11。

表 7-11　加样回收率结果($n=6$)

含量/mg	加样量/mg	测定量/mg	回收率/%	均值/%	RSD/%
3.90	3.12	6.934	97.24		
3.92	3.12	6.978	98.01		
3.91	3.12	6.926	96.67		
3.95	3.90	7.706	96.31		
3.93	3.90	7.727	97.36	97.31	0.57
3.94	3.90	7.745	97.56		
3.95	4.86	8.712	97.98		
3.95	4.86	8.685	97.43		
3.93	4.86	8.655	97.22		

平均加样回收率为 97.31%，RSD 为 0.57%。结果表明，本方法牡荆素-2″-O-鼠李糖苷滴丸的回收率较高。

(九)耐用性试验

采用不同厂家型号的色谱柱进行比较：①Diamonsil C_{18}(150mm×4.6mm，5μm)；②Kromasil C_{18}(150mm×4.6mm，5μm)；③Phenomsil C_{18}(150mm×4.6mm，5μm)。用上述色谱柱得到的供试品色谱图中均有与对照品保留时间一致的色谱峰，且峰形对称，分离度良好。采用不同厂家、不同品牌和不同长度的色谱柱测定的结果基本一致，说明方法具有较好的耐用性。测定结果见表 7-12。

表 7-12　耐用性试验结果($n=6$)

色谱柱	分离度	理论塔板数
Diamonsil C_{18}	12.51	12 390
Kromasil C_{18}	11.68	10 341
Phenomsil C_{18}	14.02	14 258

(十)含量测定

精密称取批号为(20141213、20141215、20141217)的牡荆素-2″-O-鼠李糖苷滴丸，按"溶液配制"项下所述配制供试品溶液，用微孔滤膜(0.45μm)滤过，相同色谱条件下进行 UHPLC 分析,每批进样 3 次,进样量为 1μL,记录峰面积并计算含量。结果见表 7-13。

表 7-13 牡荆素-2″-O-鼠李糖苷含量测定结果

批次	含量/(mg/g)	均值/(mg/g)
20141213	156.16	156.33
	157.11	
	155.74	
20141215	156.83	157.25
	157.46	
	157.46	
20141217	155.50	156.20
	156.40	
	156.70	

经三批样品(20141213、20141215、20141217)含量测定的结果显示,滴丸中供试品含量稳定性可靠,不同制作工艺限制条件的影响会导致测定结果不同,暂定滴丸成品中牡荆素-2″-O-鼠李糖苷的含量不低于 155mg/g。

六、溶出度试验

(一)溶出方法的选择

本实验中牡荆素-2″-O-鼠李糖苷滴丸,样品含量低,经预实验,选用 2015 版《中国药典》四部通则 0931 溶出度测定第三法进行溶出度测定。另外,小杯法(第三法)常用体积为 100~250mL,本实验定为 100mL 溶出介质。

(二)溶出介质的选择

溶出介质一般根据原料药物的理化性质和口服给药后可能暴露的环境条件确定。一般为 pH1.2、pH4~4.5、pH6.8 和水分别进行考查,确定稳定性。

pH 1.2 盐酸溶液的配制:称取 2g 氯化钠,并量取 7mL 盐酸溶液,加水稀释至 1000mL,摇匀,pH 计矫正即得。

pH4.0 乙酸盐缓冲液的配制:量取 54.4g 乙酸钠($CH_3COONa·3H_2O$)溶于水中,加 92mL 冰乙酸稀释至 1000mL,pH 计矫正,即得。

pH6.8 磷酸盐缓冲液的配制:取 0.2mol/L 的磷酸二氢钾溶液 250mL,加 0.2mol/L 氢氧化钠溶液 118mL,用水稀释至 1000mL,摇匀,pH 计矫正,即得。

测定方法:参照《中国药典》2015 版四部通则 0931 溶出度测定第三法,以脱气后的水、pH1.2 盐酸溶液、pH4.0 乙酸盐缓冲液、pH6.8 磷酸盐缓冲液 100mL 为溶出介质,温度为(37±0.5)℃,转速为 100r/min,3min、5min、7min、10min 和 15min

后在规定取样点取溶液 2mL，立即用同温度、同体积溶出介质补充，高速离心取上清液 1μL 注入高效液相色谱仪中进行分析，记录峰面积，计算不同时间点的累计溶出率，见表 7-14。以取样时间为横坐标，牡荆素-2"-O-鼠李糖苷平均累计溶出量($n=6$)为纵坐标，绘制溶出曲线，结果见图 7-6。

表 7-14 不同溶介质中牡荆素-2"-O-鼠李糖苷累计溶出率

时间/min	不同介质			
	水	pH1.2	pH4.0	pH6.8
3	44.28	53.93	53.63	47.75
5	64.01	67.50	73.92	77.91
7	70.20	74.66	79.68	88.99
10	76.67	78.85	84.38	91.87
15	79.34	83.53	88.58	96.58

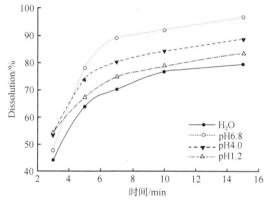

图 7-6 牡荆素-2"-O-鼠李糖苷滴丸在不同介质中的累计溶出量

转速 100r/min，温度(37±0.5)℃

牡荆素-2"-O-鼠李糖苷滴丸在 4 种溶出介质中均表现出较快的溶出速率。15min 时，牡荆素-2"-O-鼠李糖苷滴丸在 4 种溶出介质中累计溶出度均达到 75%以上，释放完全，其中 pH6.8 溶出介质中累计溶出度达到 98%，说明牡荆素-2"-O-鼠李糖苷滴丸在 pH6.8 磷酸盐缓冲液中的溶出速率最快。滴丸的溶散时限符合《中国药典》2015 版规定的 30min 以内的要求。试验结果表明工艺设计合理，方法可行。如图 7-6 所示，不同溶出介质对滴丸溶出度的释放有明显的影响，所以选用效果较好的 pH6.8 磷酸盐缓冲液作为溶出介质。

七、有关物质检查

(一)供试品溶液制备

取不同批次牡荆素-2"-O-鼠李糖苷滴丸适量，研细，精密称定 0.1g，置于 50mL

量瓶中,加流动相溶解稀释至刻度,摇匀,滤过。

(二)对照品溶液制备

精密量取供试品溶液 1mL,置于 100mL 量瓶中,加流动相稀释至刻度,摇匀,滤过。

(三)样品中有关物质检查

取对照溶液 1μL 注入液相色谱仪,调节检测灵敏度,使主成分色谱峰的峰高约为满量程的 10%～20%。再精密量取对照溶液和供试品溶液各 1μL,分别注入液相色谱仪,记录色谱图,至主成分峰保留时间的 2 倍,记录色谱峰。对 3 批样品进行有关物质的检查,结果见表 7-15。

表 7-15　有关物质检查结果

批号	总杂质/%
20141213	0.22
20141215	0.43
20141217	0.35

经三批样品(20141213、20141215、20141217)的有关物质测定结果显示,滴丸中有关杂质总量均未超过主成分的 0.5%。综合测定结果,暂定滴丸成品中单个杂质不得超过主成分的 0.5%,各杂质总和不得超过主成分的 1%。

八、稳定性试验

根据《新药审批办法》中关于样品稳定性考察要求及本品质量标准草案进行稳定性考察。

(一)供试品批号

三批样品的批号分别为 20141213、20141215、20141217。

(二)试验方法

本品采用常温留样观察法和加温加速试验法,试验方法如下。

1. 常温留样观察法　条件:温度(25 ± 2)℃,相对湿度(60 ± 10)%。

取本品的三批样品,按药品质量标准草案,进行零月检查后,室温下放置 0 个月、1 个月、2 个月、3 个月、6 个月,分别进行检查,检查结果与放置前(零月)进行对比,观察其初步稳定性。

2. 加温加速试验法　条件:在恒温、恒湿条件下[温度为(40 ± 2)℃,相对湿度为(75 ± 5)%]。

在规定时间内,按药品质量标准草案,在 0 个月、1 个月、2 个月、3 个月、6

个月进行 6 个月的加速稳定性考察。

(三)检测项目

按质量稳定性研究"滴丸剂"项下技术要求对性状、鉴别、重量差异、水分、溶散时限、含量测定、微生物限度等项目进行检查。

(四)检查结果

结果见表 7-16～表 7-21。

表 7-16 稳定性考察(常温留样观察法)

放置时间	0 个月	1 个月	2 个月	3 个月	6 个月
性状	本品为黄色滴丸,味苦	本品为黄色滴丸,味苦	本品为黄色滴丸,味苦	本品为黄色滴丸,味苦	本品为黄色滴丸,味苦
鉴别	1. VR 薄层鉴别结果显阳性反应; 2. 冰片薄层鉴别结果显阳性反应	1. VR 薄层鉴别结果显阳性反应; 2. 冰片薄层鉴别结果显阳性反应	1. VR 薄层鉴别结果显阳性反应; 2. 冰片薄层鉴别结果显阳性反应	1. VR 薄层鉴别结果显阳性反应; 2. 冰片薄层鉴别结果显阳性反应	1. VR 薄层鉴别结果显阳性反应; 2. 冰片薄层鉴别结果显阳性反应
重量差异/%	0.28	0.26	0.30	0.27	0.29
水分/%	3.5	3.2	2.9	3.4	2.8
溶散时限/min	4.6	4.6	4.4	4.3	4.5
含量测定 VR 含量/(mg/g)	156.24	156.56	156.05	157.01	156.36
微生物限度	合格	合格	合格	合格	合格

注:样品名称:牡荆素-2″-O-鼠李糖苷滴丸(VR);批号:20141213

表 7-17 稳定性考察(常温留样观察法)

放置时间	0 个月	1 个月	2 个月	3 个月	6 个月
性状	本品为黄色滴丸,味苦	本品为黄色滴丸,味苦	本品为黄色滴丸,味苦	本品为黄色滴丸,味苦	本品为黄色滴丸,味苦
鉴别	1. VR 薄层鉴别结果显阳性反应; 2. 冰片薄层鉴别结果显阳性反应	1. VR 薄层鉴别结果显阳性反应; 2. 冰片薄层鉴别结果显阳性反应	1. VR 薄层鉴别结果显阳性反应; 2. 冰片薄层鉴别结果显阳性反应	1. VR 薄层鉴别结果显阳性反应; 2. 冰片薄层鉴别结果显阳性反应	1. VR 薄层鉴别结果显阳性反应; 2. 冰片薄层鉴别结果显阳性反应
重量差异/%	0.30	0.31	0.29	0.33	0.32
水分/%	3.2	3.6	3.3	3.4	2.9
溶散时限/min	4.5	4.6	4.5	4.7	4.4
含量测定 VR 含量/(mg/g)	156.88	156.20	157.05	157.24	157.36
微生物限度	合格	合格	合格	合格	合格

注:样品名称:牡荆素-2″-O-鼠李糖苷滴丸(VR);批号:20141215

表 7-18　稳定性考察(常温留样观察法)

放置时间	0个月	1个月	2个月	3个月	6个月
性状	本品为黄色滴丸,味苦	本品为黄色滴丸,味苦	本品为黄色滴丸,味苦	本品为黄色滴丸,味苦	本品为黄色滴丸,味苦
鉴别	1. VR 薄层鉴别结果显阳性反应; 2. 冰片薄层鉴别结果显阳性反应	1. VR 薄层鉴别结果显阳性反应; 2. 冰片薄层鉴别结果显阳性反应	1. VR 薄层鉴别结果显阳性反应; 2. 冰片薄层鉴别结果显阳性反应	1. VR 薄层鉴别结果显阳性反应; 2. 冰片薄层鉴别结果显阳性反应	1. VR 薄层鉴别结果显阳性反应; 2. 冰片薄层鉴别结果显阳性反应
重量差异/%	0.23	0.24	0.26	0.27	0.25
水分/%	3.3	3.5	3.6	3.2	3.8
溶散时限/min	4.8	4.6	4.5	4.3	4.7
含量测定 VR 含量/(mg/g)	155.89	156.38	156.44	157.12	156.68
微生物限度	合格	合格	合格	合格	合格

注:样品名称:牡荆素-2″-O-鼠李糖苷滴丸(VR);批号:20141217

表 7-19　稳定性考察(加温加速观察法)

放置时间	0个月	1个月	2个月	3个月	6个月
性状	本品为黄色滴丸,味苦	本品为黄色滴丸,味苦	本品为黄色滴丸,味苦	本品为黄色滴丸,味苦	本品为黄色滴丸,味苦
鉴别	1. VR 薄层鉴别结果显阳性反应; 2. 冰片薄层鉴别结果显阳性反应	1. VR 薄层鉴别结果显阳性反应; 2. 冰片薄层鉴别结果显阳性反应	1. VR 薄层鉴别结果显阳性反应; 2. 冰片薄层鉴别结果显阳性反应	1. VR 薄层鉴别结果显阳性反应; 2. 冰片薄层鉴别结果显阳性反应	1. VR 薄层鉴别结果显阳性反应; 2. 冰片薄层鉴别结果显阳性反应
重量差异/%	0.26	0.28	0.27	0.28	0.30
水分/%	3.6	3.5	3.8	2.9	3.4
溶散时限/min	4.5	4.4	4.8	4.6	4.5
含量测定 VR 含量/(mg/g)	156.96	156.35	156.77	156.91	156.52
微生物限度	合格	合格	合格	合格	合格

注:样品名称:牡荆素-2″-O-鼠李糖苷滴丸(VR);批号:20141213

表 7-20　稳定性考察(加温加速观察法)

放置时间	0个月	1个月	2个月	3个月	6个月
性状	本品为黄色滴丸,味苦	本品为黄色滴丸,味苦	本品为黄色滴丸,味苦	本品为黄色滴丸,味苦	本品为黄色滴丸,味苦
鉴别	1. VR 薄层鉴别结果显阳性反应; 2. 冰片薄层鉴别结果显阳性反应	1. VR 薄层鉴别结果显阳性反应; 2. 冰片薄层鉴别结果显阳性反应	1. VR 薄层鉴别结果显阳性反应; 2. 冰片薄层鉴别结果显阳性反应	1. VR 薄层鉴别结果显阳性反应; 2. 冰片薄层鉴别结果显阳性反应	1. VR 薄层鉴别结果显阳性反应; 2. 冰片薄层鉴别结果显阳性反应

续表

放置时间	0个月	1个月	2个月	3个月	6个月
重量差异/%	0.29	0.30	0.28	0.31	0.30
水分/%	3.1	3.8	3.6	3.3	3.5
溶散时限/min	4.6	4.5	4.7	4.6	4.4
含量测定 VR 含量/(mg/g)	156.78	156.42	157.12	157.03	157.26
微生物限度	合格	合格	合格	合格	合格

注：样品名称：牡荆素-2″-O-鼠李糖苷滴丸(VR)；批号：20141215

表 7-21 稳定性考察(加温加速观察法)

放置时间	0个月	1个月	2个月	3个月	6个月
性状	本品为黄色滴丸，味苦	本品为黄色滴丸，味苦	本品为黄色滴丸，味苦	本品为黄色滴丸，味苦	本品为黄色滴丸，味苦
鉴别	1. VR 薄层鉴别结果显阳性反应；2. 冰片薄层鉴别结果显阳性反应	1. VR 薄层鉴别结果显阳性反应；2. 冰片薄层鉴别结果显阳性反应	1. VR 薄层鉴别结果显阳性反应；2. 冰片薄层鉴别结果显阳性反应	1. VR 薄层鉴别结果显阳性反应；2. 冰片薄层鉴别结果显阳性反应	1. VR 薄层鉴别结果显阳性反应；2. 冰片薄层鉴别结果显阳性反应
重量差异/%	0.25	0.24	0.27	0.26	0.28
水分/%	3.4	3.5	3.3	3.6	3.7
溶散时限/min	4.6	4.7	4.5	4.6	4.5
含量测定 VR 含量/(mg/g)	156.01	156.66	156.12	156.96	156.72
微生物限度	合格	合格	合格	合格	合格

注：样品名称：牡荆素-2″-O-鼠李糖苷滴丸(VR)；批号：20141217

(五) 结论

检测结果显示，本品在室温下放置的 6 个月期间，经加温加速试验，其性状、鉴别、水分、溶散时限、含量测定、微生物限度等指标与零月比较基本一致，符合药品质量标准草案及药典滴丸剂有关规定，说明本品是一种稳定制剂，质量良好，符合药品质量标准草案各项规定。

九、实验结果

实验结果表明，流动相为甲醇-0.1%冰乙酸(2∶3，V/V)；经测定，牡荆素-2″-O-鼠李糖苷于 7min 左右出峰。牡荆素-2″-O-鼠李糖苷为 10～500μg/mL 时线性良好，$r>0.999$，牡荆素-2″-O-鼠李糖苷峰面积与浓度相关的标准曲线为 $Y=949.33X+2467.7$，相关系数 $r=0.9999$。精密度试验 RSD 为 0.40%，稳定性试验 RSD 为 0.32%；平均加样回收率为 97.31%，RSD 为 0.57%；重复性试验 RSD 为 0.49%；含量测定牡荆素-2″-O-鼠李糖苷不低于 155mg/g，稳定性良好。

十、讨论与小结

(一)含量测定方法

本实验采用超 HPLC 法对样品中牡荆素-2″-O-鼠李糖苷进行含量测定，快速、稳定。流动相为甲醇-0.1%冰乙酸(2：3，V/V)；经测定，牡荆素-2″-O-鼠李糖苷于 7min 左右出峰。标准曲线回归方程为 $Y=949.33X+2467.7$，相关系数 $r=0.9999$。精密度试验 RSD 为 0.40%，稳定性试验 RSD 为 0.32%；平均加样回收率为 97.31%，RSD 为 0.57%。方法学验证结果说明，线性范围在 10～500μg/mL 内良好，该方法专属性强，实验结果准确、稳定。牡荆素-2″-O-鼠李糖苷滴丸经重量差异和溶出度等项目检查，结果均符合《中国药典》2015 版中滴丸剂的要求。本实验建立的检查方法可有效控制牡荆素-2″-O-鼠李糖苷滴丸的质量，为制剂稳定性和可控性提供科学依据。

(二)溶出度测定方法

溶出度是指药物从片剂等固体制剂在规定溶剂中溶出的速率和程度。可以反映出同一厂家不同生产批号间的品质差异性。另外，药物在人体胃肠道溶出的不同可以反映出药物生物利用度的不同，所以溶出度测定是药物制剂质量控制的一个重要指标。本实验为模拟药物在体内的释放情况，分别对水、pH1.2 盐酸溶液、pH4.0 乙酸盐缓冲液、pH6.8 磷酸盐缓冲液 4 种溶出介质进行考察。结果显示，在 pH6.8 磷酸盐缓冲液中滴丸的释放程度最佳，并且符合药典中对固体制剂溶出度测定的要求。本实验还进行了溶出度实验滤膜的考查[5]，不同时间点取样后，一部分样品不过滤，直接采用高速离心，取上清液测定；另一部分样品过滤膜，取续滤液，两者无显著差异。采用离心取上清液的处理方法取代滤膜过滤方法的优点是缩短取样处理时间，尽可能减小平行测试样品间的误差。

本实验采用 UHPLC 法对样品中牡荆素-2″-O-鼠李糖苷进行含量测定，快速、稳定。方法可行，专属性强、灵敏度高，为安全、有效地控制滴丸的质量提供了技术保障和理论支持。牡荆素-2″-O-鼠李糖苷滴丸经重量差异和溶出度等项目检查，结果均符合《中国药典》2015 版中滴丸剂的要求。本实验建立的检查方法可有效控制牡荆素-2″-O-鼠李糖苷滴丸的质量，为制剂稳定性和可控性提供科学依据。

第四节　牡荆素-2″-O-鼠李糖苷与丹参滴丸对大鼠急性心肌缺血药效的比较研究

心肌缺血，是指心脏的血液灌注减少，导致心脏的供氧减少，心肌能量代谢不正常，不能支持心脏正常工作的一种病理状态。有研究发现，牡荆素-2″-O-鼠李糖苷可通过调节细胞膜钙离子门控通道来影响膜电位及钙离子浓度稳定细胞膜；使 LDH

等酶的产生和漏出减少；在调节心肌细胞活性物质产量和活性等方面可以明显保护心肌细胞缺氧再给氧性损伤，保护缺血再灌注损伤心肌细胞，并可在生理范围内降低心肌细胞搏动频率。另外，该化合物可使缺氧再给氧后内皮细胞血管舒张因子 NO 产量、缩血管因子 ET-1 mRNA 表达及 ET-1 明显减少[6-8]。此外，牡荆素-2″-O-鼠李糖苷对离体动脉环具有浓度依赖性舒张作用，该作用通过内皮依赖性和内皮非依赖的方式产生，并具有部分钙拮抗剂的药理作用特点[9]。因此，发现牡荆素-2″-O-鼠李糖苷具有直接扩张动脉血管的新的药理作用，可用于心脑血管疾病治疗药物的制备。有研究表明，单味冰片对急性心肌梗死具有与冠心苏合丸类似的使冠状窦血流量回升、减慢心率和降低心肌耗氧量的作用[10]，临床上冰片也常用于心脑血管疾病防治。

丹参滴丸是一种纯中药的滴丸剂，主要由丹参、三七、冰片组成，其中丹参是君药，三七为臣药，冰片为佐药。由三药组成的丹参滴丸具有扩张冠脉血管、增加冠脉血流量、防治心肌缺血等功能，故选用丹参滴丸作为阳性对照药物[11-13]。

本研究采用腹腔注射异丙肾上腺素制备大鼠急性心肌缺血模型，研究牡荆素-2″-O-鼠李糖苷滴丸对心肌缺血损伤的保护作用，为牡荆素-2″-O-鼠李糖苷滴丸进一步开发成心血管治疗药物打下坚实基础。

一、材　　料

(一) 试药

牡荆素-2″-O-鼠李糖苷滴丸(实验室自制)，用时取滴丸适量，研细，以蒸馏水配制成混悬液；丹参滴丸(天士力制药集团股份有限公司产品；批号：国药准字 Z10950111)，用时取滴丸适量，研细，以蒸馏水配制成混悬液；盐酸异丙肾上腺素(上海禾丰制药有限公司产品；批号：国药准字 H31021344)。

(二) 动物

Wistar 大鼠 30 只，雄性，体重(200±20)g，所有实验动物及饲料均购于辽宁长生生物技术有限公司，合格证号 SYXK(辽)2010—0001。

二、方　　法

(一) 动物造模与分组

将 60 只大鼠随机分为 6 组，每组 10 只，分别为空白组，以模型组，以及牡荆素-2″-O-鼠李糖苷滴丸低剂量(20mg/kg)、中剂量(40mg/kg)、高剂量(80mg/kg)组和丹参滴丸(85mg/kg)阳性对照组(简称为丹参滴丸组)。牡荆素-2″-O-鼠李糖苷滴丸低剂量、中剂量、高剂量组和丹参滴丸组均给予相应治疗药物灌胃，每天 1 次，连续 14 天；空白组和模型组灌胃同体积蒸馏水(15mL/kg)。最后 3 天除空白组外，其余各组在给药后 1h 分别腹腔注射异丙肾上腺素(5mg/kg),以建立大鼠急性心肌缺血模型,空白对照组相应腹腔注射等量(5mg/kg)生理盐水。末次给药1h后,用10%水合氯醛麻醉,腹主动脉取血。

(二)血清生化指标测定

腹主动脉取血5～6mL,置于离心管中,离心10min(3000r/min),吸取上层血清,采用罗氏Cobas8000生化分析仪,进口原装试剂,测定心肌酶,包括肌酸激酶同工酶(CK-MB)、羟丁酸脱氢酶(HBDH)和乳酸脱氢酶(LDH)含量。

(三)统计学方法

采用SPSS20.0统计分析软件处理。计量资料数据以$\bar{x}\pm s$表示,多组间比较采用单因素方差分析,组间两两比较用q检验,方差不齐时用秩和检验,等级资料用秩和检验。各组治疗前后比较,方差齐时用配对t检验,方差不齐时用t'检验。以$P<0.05$为差别有统计学意义。

三、结　果

与空白组比较,模型组CK-MB、LDH和HBDH含量均显著升高($P<0.05$);与模型组比较,牡荆素-2″-O-鼠李糖苷组CK-MB、LDH、HBDH含量均显著或极显著降低($P<0.05$或$P<0.01$),且低剂量组及中剂量组效果明显优于高剂量组,中剂量组效果最为明显;与丹参滴丸组比较,牡荆素-2″-O-鼠李糖苷组CK-MB、LDH、HBDH含量差异无统计学意义。见表7-22。

表7-22　牡荆素-2″-O-鼠李糖苷对大鼠心肌酶的影响(均值±SD, $n=10$)

组别	CK-MB/(U/L)	LDH/(U/L)	HBDH/(U/L)
空白组	151.90±19.65	1397.33±101.03	493.33±25.93
模型组	219.07±14.41[*]	2055.00±281.86[*]	819.33±100.80[*]
低剂量组	179.27±18.43	1270.33±164.26[**]	513.67±66.58[**]
中剂量组	141.67±39.83[**]	1147.67±271.61[***]	457.67±106.40[**]
高剂量组	156.43±31.47[**]	1660.67±314.08[**]	643.67±145.58[**]
丹参滴丸组	203.93±12.80	1792.00±179.97	687.00±85.26

*$P<0.05$,与空白组比较;**$P<0.05$,***$P<0.01$,与模型组比较

四、讨论与小结

现代医学认为,心肌缺血(MI)是由于各种原因引起冠状动脉血流量降低,致使心肌氧等物质供应不足,心肌能量代谢不正常,不能支持心脏正常工作的一种病理状态[14]。在中医古籍中并无"心肌缺血"这一名词,根据其临床症状应属中医学"胸痹"、"真心痛""心悸"等范畴。其病机应属"本虚标实",辩证分型当有气滞血瘀、

气虚血瘀、外感淫邪、阴盛格阳等[15]。无论何种症型，当心肌缺血产生时，细胞膜通透性增加，细胞内酶大量释放入血液，而血清中心肌酶(CK-MB、LDH、HBDH)的高低可反映缺血心肌的损伤程度[16]。其中CK-MB是CK的4种同工酶之一，95%的CK-MB存在于心肌细胞质中，它能催化肌酸和腺苷三磷酸生成磷酸肌酸和腺苷二磷酸，该可逆性反应所产生的磷酸肌酸含高能键，是肌肉收缩能量的直接来源；LDH是糖酵解途径中的重要酶，位于细胞质，广泛分布于各组织中，心肌居第2位；HBDH实际上是以 α-羟基丁酸作为底物测定的 LDH1 和 LDH2 活性之和，以心肌含量最高[17]。因此，心肌酶(CK-MB、LDH、HBDH)是目前实验和临床均公认的对心肌缺血有诊断意义的测定指标，可作为判断心肌缺血损伤程度的指标。

在疾病的研究中，模型的有效建立是完成相关实验研究的前提。心肌缺血模型受到很多因素的影响，如实验动物、麻醉药、麻醉方法及麻醉剂量的选择、不同的造模方法等[18]。本书采用异丙肾上腺素腹腔注射的方法诱导大鼠心肌缺血，造成大鼠心肌缺血模型[19]。异丙肾上腺素是经典的 β1、β2 受体激动药，其能够兴奋心脏的 β1 受体，使心肌收缩力增强，心率加快和传导加速，从而妨碍冠状动脉血灌注流量引起心肌缺血，单次给药即可导致大鼠心脏损伤[20]。心肌缺血时机体代谢发生紊乱，心肌酶(CK-MB、LDH、HBDH)的含量增多[21]。大鼠灌胃给予牡荆素-2″-O-鼠李糖苷滴丸后，心肌酶(CK-MB、LDH、HBDH)的含量均显著降低，其中中剂量的效果最为明显。这是由于牡荆素-2″-O-鼠李糖苷能够保护细胞免受氧自由基的伤害，减轻一氧化氮(NO)毒性，提高 LDH 的活性，从而减轻缺血、缺氧损伤后心肌细胞心律失常的程度，减少由缺血、缺氧损伤引起的心肌酶的泄漏[22, 23]。同时，高剂量的牡荆素-2″-O-鼠李糖苷可能由于使用量过大导致效果不如中剂量明显，其详细原因尚待进一步的实验证明。综上所述，牡荆素-2″-O-鼠李糖苷可以有效地对心肌缺血损伤起保护作用，减轻心肌组织损伤程度。这为牡荆素-2″-O-鼠李糖苷的临床应用提供了进一步的理论依据和实验基础，但仍需继续研究，进一步阐明其作用机制。

本实验首次进行了牡荆素-2″-O-鼠李糖苷滴丸的药效学研究，建立了大鼠急性心肌缺血模型，通过测定心肌酶(CK-MB、HBDH、LDH)含量评价牡荆素-2″-O-鼠李糖苷滴丸对急性心肌缺血损伤的保护作用。通过统计学软件分析实验数据得出以下结论：牡荆素-2″-O-鼠李糖苷滴丸可以有效地对心肌缺血损伤起保护作用，减轻心肌组织损伤程度。该结果为牡荆素-2″-O-鼠李糖苷滴丸的临床应用提供了进一步的理论依据和实验基础。

第五节　牡荆素-2″-O-鼠李糖苷滴丸在大鼠体内药动学研究

一、仪器、试药与动物

(一)仪器

岛津 30A 超高效液相色谱仪(日本岛津公司)；HH-S 水浴锅(中国上海永光明仪器设备厂)；TGL-16C 高速台式离心机(中国江西医疗器械厂)；XW-80A 微型旋涡混

合器(中国上海沪西分析仪器厂有限公司);ZDHW 电子调温电热套(中国北京中兴伟业仪器有限公司);微量取样器(中国上海荣泰生化工程有限公司)。

(二)试药

牡荆素-2″-O-鼠李糖苷滴丸(实验室自制);牡荆素-2″-O-鼠李糖苷(实验室自制,纯度>99%);橙皮苷(中国药品生物制品检定所提供,批号 110721-200613);甲醇(色谱纯,天津市大茂化学试剂厂);冰乙酸(华北地区特种化学试剂开发中心);纯化水(娃哈哈有限公司)。

(三)动物

健康雄性 Wistar 大鼠,体重(200±20)g,由辽宁中医药大学标准实验动物饲养中心提供。本实验中所有的动物使用均取得辽宁中医药大学实验动物伦理委员会的同意,并严格遵守动物实验保护原则操作进行。实验前禁食超过 12h,实验期间自由饮水。

二、方法与结果

(一)大鼠血浆样品中牡荆素-2″-O-鼠李糖苷分析方法的建立

1. 色谱条件 色谱柱:Diamonsil C_{18}(150mm×4.6mm,5μm)(迪马公司,中国北京);流动相:甲醇-0.1%冰乙酸(2∶3,V/V);柱温:45℃;流速:1.0mL/min;进样量:20μL;检测波长:330nm。

2. 溶液的制备

(1)标准溶液的制备:精密称取牡荆素-2″-O-鼠李糖苷对照品 10mg,置于 10mL 量瓶中,用甲醇溶解并定容至刻度,摇匀,既得浓度为 1000μg/mL 对照品储备液,于 4℃冰箱中保存,备用。

(2)内标溶液的制备:取精密称定的橙皮苷 4mg,置 10mL 量瓶中,用甲醇超声溶解并稀释至刻度,摇匀,即得浓度为 400μg/mL 的内标储备液,精密量取橙皮苷储备液 0.5mL 至 10mL 量瓶中,甲醇定容至刻度,既得 20μg/mL 的内标溶液,于 4℃冰箱保存,备用。

3. 质控样品制备 精密吸取 100μL 空白血浆,分别各加入 20μL 工作溶液和 20μL 内标溶液,依照生物样品的处理方法处理,制备成低(0.4μg/mL)、中(2.5μg/mL)、高(16μg/mL)三种浓度的质控样品,于 4℃冰箱保存,备用。

4. 生物样品的处理 取血浆样品 100μL,置 2mL 具塞离心试管中,依次加入 20μL 冰乙酸、20μL 内标溶液(20μg/mL)、500μL 甲醇,涡旋混合 1min,离心 15min(3000r/min),取上清液,于 50℃氮气流下吹干,残渣加入流动相 100μL,涡旋溶解 1min,离心 5min(15000r/min),取上清液 20μL 注入 UHPLC 进行分析,分别记录色谱图及峰面积。

5. 分析方法的确证

1)方法的专属性

制备空白大鼠血浆并将一定浓度的标准品与内标物加入到大鼠空白血浆中,按"生物样品的处理"方法操作,获得色谱图(图 7-7B);口服牡荆素-2″-O-鼠李糖苷滴丸和牡荆素-2″-O-鼠李糖苷单体(40mg/kg)的血浆样品(图 7-7C、D)与空白血浆样品(图 7-7A)按"生物样品的处理"项下同法处理后比较色谱图,如图 7-7 可见,对照品溶液与样品溶液中的指标性成分牡荆素-2″-O-鼠李糖苷的保留时间和峰形一致,内标橙皮苷位置无内源性物质干扰。表明血浆样品中其他成分对牡荆素-2″-O-鼠李糖苷的测定无干扰,其中牡荆素-2″-O-鼠李糖苷和内标橙皮苷分离度良好,保留时间分别为 3.6min 和 5.8min。

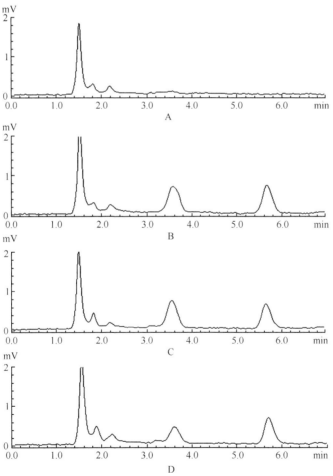

图 7-7 大鼠血浆样品中牡荆素-2″-O-鼠李糖苷和内标物橙皮苷的色谱图

空白血浆(A)、空白血浆加入标准品和内标物(B)、口服牡荆素-2″-O-鼠李糖苷滴丸(C)和牡荆素-2″-O-鼠李糖苷单体(D)20min 后血浆样品。色谱峰 1. 牡荆素-2″-O-鼠李糖;色谱峰 2. 内标物

2)检测限(LOD)和定量限(LOQ)

将已知浓度的标准溶液无限稀释,至100μL空白血浆中,按"生物样品的处理"项下方法进行操作,配制不同浓度的样品溶液,按照"色谱条件"项下方法进行测定,得到的对照品标准溶液色谱峰的峰高为噪音的 3 倍时(保证 $S/N=3$)时为检测限(LOD);对照品标准溶液色谱峰的峰高为噪音的 10 倍(保证 $S/N=10$)为定量限(LOQ)。结果显示,UHPLC测定血浆中牡荆素-2″-O-鼠李糖苷的LOD和LOQ分别为0.047μg/mL和0.141μg/mL。

3)标准曲线与线性范围

取空白血浆 100μL 数份,分别加入内标 20μL,加入系列标曲溶液(0.8μg/mL、1μg/mL、2μg/mL、5μg/mL、10μg/mL、25μg/mL、100μg/mL)各 20μL,分别配制成相当于浓度为 0.16μg/mL、0.2μg/mL、0.4μg/mL、1μg/mL、2μg/mL、5μg/mL、20μg/mL 的血浆样品。按"生物样品制备"项下预处理方法进行操作,进样 20μL,记录色谱峰面积。以牡荆素-2″-O-鼠李糖苷与橙皮苷的峰面积比值为纵坐标(Y),以牡荆素-2″-O-鼠李糖苷的浓度为横坐标(X),用加权最小二乘法进行回归运算,计算回归方程和相关系数,权重系数为 $1/c^2$,得到回归方程 $Y=1.2036X+0.0027$,相关系数 $r=0.9992$,表明该方法牡荆素-2″-O-鼠李糖苷为 0.16~20μg/mL 时线性良好。

4)精密度与准确度

取空白血浆,按上述"质量控制样品制备"项下方法分别制备低、中、高(0.4μg/mL、2.5μg/mL、16.0μg/mL)三个浓度质控样品,并对其进行色谱分析,根据所求的标准曲线计算对照品溶液浓度。其中日内精密度的验证在同一天内进行,重复进行 5 次;日间精密度验证要求对三个浓度的质控样品进行分析,连续测定 3 天($n=5$)。用标准曲线计算高、中、低三个浓度的RSD。结果见表7-23,表明本实验方法的日内精密度与日间精密度良好。

表 7-23 牡荆素-2″-O-鼠李糖苷精密度、准确度测定结果

加样浓度 /(μg/mL)	日内精密度			日间精密度		
	测定浓度/(μg/mL)	RSD /%	RE /%	测定浓度 /(μg/mL)	RSD /%	RE /%
0.4	0.42±0.025	6.0	5.7	0.43±0.027	6.4	7.3
2.5	2.55±0.102	4.0	1.9	2.59±0.082	3.2	3.6
16.0	16.64±0.212	1.3	4.0	16.68±0.59	3.5	4.3

注:日内精密度:$n=5$;日间精密度:$n=3$ 天,每天测定 5 次

5)样品稳定性

取空白大鼠血浆 100μL,对上述"质量控制样品制备"项下质控样品溶液中高、中、低三种浓度的牡荆素-2″-O-鼠李糖苷血浆样品进行稳定性研究。短期稳定性(室温,4h)、长期稳定性(-20℃,一个月)和冻(-20℃,24h)融(室温,2~3h)三次重复后对样品进行处理和分析测定,结果见表7-24。

表 7-24　牡荆素-2″-O-鼠李糖苷在大鼠血浆中稳定性结果($n=5$)

稳定性	测定浓度(均值±SD)		
	0.4μg/mL	2.5μg/mL	16.0μg/mL
短期稳定性	0.45±0.016	2.53±0.064	16.38±0.374
长期稳定性	0.42±0.027	2.57±0.071	16.64±0.526
冻融稳定性	0.43±0.015	2.56±0.012	17.23±0.265

6）提取回收率

取空白血浆，按上述"质控样品制备"项下方法制备的低、中、高(0.4μg/mL、2.5μg/mL、16.0μg/mL)三个浓度的质控样品各5份。另取空白血浆，不加入标准系列溶液和内标，按"血浆样品处理"项下同法操作，得到上清液后加入相应浓度标准溶液10μL和内标溶液50μL，涡旋混合，50℃氮气流下吹干。相同方法处理空白血浆。残留物以流动相溶解，进样UHPLC分析，记录色谱峰面积，以每一浓度两种处理方法的峰面积比值计算提取回收率，牡荆素-2″-O-鼠李糖苷在低、中、高三个浓度的提取回收率及RSD见表7-25。

表 7-25　大鼠血浆样品中牡荆素-2″-O-鼠李糖苷的提取回收率结果($n=5$)

加样浓度/(μg/mL)	回收率/%	RSD/%
0.4	96.33±2.72	2.8
2.5	93.21±4.53	4.9
16.0	95.62±3.22	3.4

(二)牡荆素-2″-O-鼠李糖苷滴丸在大鼠体内药动学研究

1. 生物样品的采集　取大鼠10只随机分为2组，分别灌胃口服牡荆素-2″-O-鼠李糖苷滴丸溶液和牡荆素-2″-O-鼠李糖苷溶液(40mg/kg)，大鼠给药后分别于3min、5min、10min、15min、20min、30min、45min、60min、90min、120min、180min、240min进行大鼠眼眶取血。血液样本收集到预先肝素化的离心管中后离心15min(3000r/min)，收集血浆，置于-20℃冰箱中储存，待测。

2. 药动学研究结果　将给药后不同取血时间点测得的血药浓度和时间数据用3P97药动学软件进行拟合，得到主要药动学参数(表7-26)。图7-8为牡荆素-2″-O-鼠李糖苷滴丸口服后的药时曲线图。

表 7-26　口服灌胃给药牡荆素-2″-O-鼠李糖苷滴丸溶液及牡荆素-2″-O-鼠李糖苷溶液(40mg/kg)后相关药动参数(均数±SD，$n=5$)

给药途径	CL/(L/kg/min)	$AUC_{0\to\infty}$/[μg/(mL·min)]	C_{max}/(μg/mL)	T_{max}/min
VR 滴丸给药组	0.058±0.006	692.89±22.34	1.21	30
VR 单体给药组	0.117±0.002	343.29±16.88	0.53	10

注：VR. 牡荆素-2″-O-鼠李糖苷

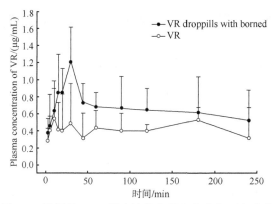

图 7-8　牡荆素-2″-O-鼠李糖苷大鼠血药浓度-时间曲线

三、讨论与小结

本课题组此前研究发现，牡荆素-2″-O-鼠李糖苷的口服生物利用度较低[2]，其主要原因在于其存在较严重的肠首过效应及较差的肠吸收。在肠吸收研究中发现，吸收促进剂冰片可显著提高牡荆素-2″-O-鼠李糖苷的生物利用度，并按一定比例制成滴丸制剂，以期通过增加牡荆素-2″-O-鼠李糖苷的肠吸收提高其生物利用度。口服牡荆素-2″-O-鼠李糖苷滴丸后，血药浓度在 30min 达到最大值 1.21μg/mL（C_{max}），是单体给药组的大约 2.4 倍。另外，滴丸给药组 $AUC_{0\to\infty}$ 值较单体给药组有显著增加，足以证明口服牡荆素-2″-O-鼠李糖苷滴丸可显著促进牡荆素-2″-O-鼠李糖苷的吸收，可提高牡荆素-2″-O-鼠李糖苷的生物利用度。

本实验首次建立了 UHPLC 法对牡荆素-2″-O-鼠李糖苷滴丸体内药动学的研究方法，确定了牡荆素-2″-O-鼠李糖苷滴丸中牡荆素-2″-O-鼠李糖苷在血浆样品中的含量测定方法，并进行了方法学验证。该法专属性强，分离度较好，其检测限、提取回收率、精密度、稳定性均符合生物样品分析要求。实验数据经过药动学软件处理，拟合出牡荆素-2″-O-鼠李糖苷的大鼠体内房室模型，并计算出相关药动学参数。口服牡荆素-2″-O-鼠李糖苷滴丸（40mg/kg），与口服同等量的牡荆素-2″-O-鼠李糖苷单体溶液相比，其最大血药浓度及 $AUC_{0\to\infty}$ 值显著增加，增加了有效成分牡荆素-2″-O-鼠李糖苷的吸收。本实验为牡荆素-2″-O-鼠李糖苷滴丸的进一步研究提供了理论依据。

参 考 文 献

[1] 杨明，倪健，冯怡. 中药药剂学. 上海：上海科学技术出版社，2008，226-227.

[2] Gao Y C, Du Y, Ying Z M, Leng A J, Zhang W J, Meng Y H, Li C, Xu L, Ying X X, Kang T G. Hepatic, gastric and intestinal first-pass effects of vitexin-2″-O-rhamnoside in rats by ultra-high-performance liquid chromatography. Biomed Chromatogr, 2016, 30(2)：111-116.

[3] 周志昆，苟占平，何明华. 药学实验指导. 北京：科学出版社，2010，189-190.

[4] 马艳秋，曲韵智，李津明.固体分散体老化现象与抗老化的研究进展. 中国新药杂志，2007，16(6)：442-446.

[5] 唐素芳. 药物溶出度测定中的影响因素分析. 天津药学，2009，21(1)：72-74.

[6] 朱晓新，李连达，刘建勋，刘志云，马雪英.牡荆素鼠李糖甙对缺氧再给氧损伤心肌细胞的保护作用研究. 中国天

然药物，2003，1(1)：44-49.
[7] 朱晓新，李连达，刘建勋，刘志云，马雪英.牡荆素鼠李糖苷对血管内皮细胞血管活性物质的影响.中国实验方剂学杂志，2006，12(1)：23-25.
[8] 朱晓新.牡荆素鼠李糖苷对血管内皮细胞血管活性物质的影响.中国药理通讯，2004，21(3)：12.
[9] 张晓芳.牡荆素鼠李糖苷在制备扩血管药物中的应用：中国，200810127047.
[10] 魏楚蓉，伍赶球.冰片的药理作用及其机制研究进展.国际病理科学与临床杂志，2010，30(5)：447-451.
[11] 李文雯，韦艺丹，魏林林，季晖.复方丹参滴丸防治急性心肌梗死作用机制的研究进展.药学与临床研究，2014，22(1)：67-71.
[12] 董蕾.复方丹参滴丸治疗冠心病心绞痛合并高脂血症的疗效及对患者血脂水平的影响.中国实用医药，2014，9(4)：137-138.
[13] 袁宝萍，吕嵘，章忱，顾燕频，廖月玲，冯霞，卫洪昌.复方丹参滴丸对急性心肌缺血大鼠模型的影响.中国实验方剂学杂志，2012，18(22)：222-226.
[14] 吴德跃，林辉，周玖瑶.中医药抗心肌缺血治疗研究进展.新中医，2014，46(1)：187-190.
[15] 马育轩，郭蕊珠，周海纯，王艳丽，王珊，何增芬，李冀.心肌缺血再灌注损伤的中医药治疗研究进展.中医药信息，2013，30(5)：116-118.
[16] 王蓓，童华诚，张松.cTnT、NT-proBNP及心肌酶谱联合检测在诊治急性冠脉综合征中的临床意义.安徽医药，2014，18(12)：2287-2289.
[17] 龙林会，王东.血清心肌酶谱与肌钙蛋白检测临床意义及研究进展.检验医学与临床，2013，10(12)：1592-1593.
[18] 李峰杰，李贻奎.心肌梗死动物模型研究进展.中国药理学通报，2013，29(1)：5-10.
[19] 郁丹红，贾晓斌，宋捷，施亚琴，萧伟.药效学筛选表征丹参二萜醌组分整体性质的代表性成分的研究.中国中药杂志，2013，38(12)：1851-1855.
[20] 余树青，肖芬，吴建新.异丙肾上腺素诱导心肌病理损伤机制的研究进展.医学综述，2014，20(4)：613-615.
[21] 齐珍珍，张颖丽，王三龙，王超，王雪，黄芝瑛，汪巨峰，李波.异丙肾上腺素致SD大鼠心肌损伤标志物的研究.生物医学工程研究，2014，33(4)：240-244.
[22] 王芳.山楂叶总黄酮的药理作用.浙江中医药大学学报，2010，34(2)：295-296.
[23] 李丽静，吴晓光，商亚珍.山楂叶总黄酮对脑缺血再灌注损伤的保护作用机制研究进展.承德医学院学报，2013，30(2)：148-151.

附录 本书编者发表山楂叶研究论文

[1] Yucong Gao, Yang Du, Zheming Ying, Aijing Leng, Wenjie Zhang, Yihan Meng, Cuiyu Li, Liang Xu, Xixiang Ying, Tingguo Kang. Hepatic, gastric and intestinal first-pass effects of vitexin-2″-O-rhamnoside in rats by ultra-high-performance liquid chromatography. Biomedical Chromatography, 2016, 30(2): 111-116.

[2] Wenjuan Wei, Xixiang Ying, Wenjie Zhang, Yinghui Chen, Aijing Leng, Chen Jiang, Jing Liu. Effects of vitexin-2″-O-rhamnoside and vitexin-4″-O-glucoside on growth and oxidative stress-induced cell apoptosis of human adipose-derived stem cells. Journal of Pharmacy and Pharmacology, 2014, 66(7): 988-997.

[3] Hefei Xue, Zheming Ying, Wenjie Zhang, Yihan Meng, Xixiang Ying, and Tingguo Kang. Hepatic, gastric, and intestinal first-pass effects of vitexin in rats. Pharmaceutical Biology, 2014, 52(8): 967-971.

[4] Jingjing Yin, Jianguo Qu, Wenjie Zhang, Dongrui Lu, Yucong Gao, Xixiang Ying, Tingguo Kang. Tissue distributions comparison between healthy and fatty liver rats after oral administration of hawthorn leaf extract. Biomedical Chromatography, 2014, 28(5): 637-647.

[5] Yinghui Chen, Qiuyang Xu, Wenjie Zhang, Yunjiao Wang, Hefei Xue, Jingjing Yin, Dongrui Lu, Xixiang Ying, Tingguo Kang. HPLC determination of vitexin-4″-O-glucoside in mouse plasma and tissue after oral and intravenous administration. Journal of Liquid Chromatography & Related Technologies, 2014, 37(7): 1052-1064.

[6] Yinghui Chen, Wenjie Zhang, Xixiang Ying, Tingguo Kang. Hepatic and gastrointestinal first-pass effects of vitexin-4″-O-glucoside in rats. Journal of Pharmacy and Pharmacology, 2013, 65(10): 1500-1507.

[7] Hefei Xue, Yuzhong Li, Wenjie Zhang, Dongrui Lu, Yinghui Chen, Jingjing Yin, Yihan Meng, Xixiang Ying, Tingguo Kang. Pharmacokinetic study of isoquercitrin in rat plasma after intravenous administration at three different doses. Brazilian Journal of Pharmaceutical Sciences, 2013, 49(3): 435-441.

[8] Shuang Cai, Yinghui Chen, Wenjie Zhang, Xixiang Ying. Comparative study on the excretion of vitexin-4″-O-glucoside in mice after oral and intravenous administration by using HPLC. Biomedical Chromatography, 2013, 27(11): 1375-1379.

[9] Dongrui Lu, Wenjie Zhang, Hongjun Zou, Hefei Xue, Jingjing Yin, Yinghui Chen, Xixing Ying, Tingguo Kang. Bioavailability of Vitexin-2″-O-rhamnoside after Oral Co-administration with Ketoconazole, Verapamil and Bile Salts. Latin American Journal Pharmacy, 2013, 32(8): 1218-1223.

[10] Jingjing Yin, Wenjie Zhang, Yingjiao Wang, Siyuan Wang, Hefei Xue, Yinghui Chen, Dongrui Lu, Xixiang Ying, Tingguo Kang. Pharmacokinetic comparison between healthy and fatty liver rats after oral administration of hawthorn leaf extract. Latin American Journal Pharmacy, 2013, 32(2): 153-160.

[11] 卢东蕊, 邹鸿筠, 张文洁, 薛禾菲, 尹静静, 陈映辉, 英锡相. 牡荆素-2″-O-鼠李糖苷滴丸制备工艺及质量标准研究. 辽宁中医药大学学报, 2013, 15(12): 77-80.

[12] Xixiang Ying, Xiansheng Meng, Siyuan Wang, Dong Wang, Haibo Li, Bing Wang, Xun Liu, Wenjie Zhang, Tingguo Kang. Simultaneous determination of three polyphenols in rat plasma after orally administrating hawthorn leaves extract by HPLC method. Natural Product Research, 2012, 26(6): 585-591.

[13] Xixiang Ying, Fei Wang, Wenjie Zhang, Xun Liu, Siyuan Wang, Yang Du, Zhongzhe Cheng, Tingguo Kang. LC determination vitexin-4″-O-glucoside and its pharmacokinetic study in rat plasma after intravenous administration. European Journal of Drug Metabolism and Pharmacokinetics, 2012, 47(2): 1532-1538.

[14] Xun Liu, Dong Wang, Wenjie Zhang, Nan Wang, Siyuan Wang, Haibo Li, Xixiang ying, Tingguo Kang. LC determination and pharmacokinetic study of vitexin-4″-O-glucoside in rat plasma after oral administration. Natural Product Research, 2012, 26(10): 962-967.

[15] Yunjiao Wang, Chunhui Han, Aijing Leng, Wenjie Zhang, Hefei Xue, Yinghui Chen, Jingjing Yin, Dongrui Lu, Xixiang Ying. Pharmacokinetics of vitexin in rats after intravenous and oral administration. African Journal of Pharcacy and Pharmacology, 2012, 6(31): 2368-2373.

[16] Ye An, Chaoshen Zhang, Yang Du, Lin Zhao, Zhongzhe Cheng, Wenjie Zhang, Xixiang Ying, Tingguo Kang. Comparative excretion of vitexin-2″-O-rhamnoside in mice after oral and intravenous administration. African Journal of Pharmacy and Pharmacology, 2012, 6(26): 1927-1932.

[17] Yunjiao Wang, Gonglin Qu, Wenjie Zhang, Hefei Xue, Yinghui Chen, Jingjing Yin, Dongrui Lu, Xixiang Ying. Pharmacokinetics, Tissue distribution and excretion of vitexin in mice. Latin American Journal Pharmacy, 2012, 31(6): 519-524.

[18] 韩春辉, 冷爱晶, 英锡相. 山里红叶化学成分牡荆素及芦丁的分离鉴定. 辽宁中医杂志, 2012, 39(10): 2028-2030.

[19] Yang Du, Fei Wang, Dong Wang, Haibo Li, Wenjie Zhang, Zhongzhe Cheng, Xixiang Ying, Tingguo Kang. Tissue distribution and pharmacokinetics of vitexin-2″-O-rhamnoside in mice after oral and intravenous administration in mice after oral and intravenous administration. Latin American Journal Pharmacy, 2011, 30(8): 1519-1524.
[20] 韩春辉, 马秀琴, 冷爱晶, 英锡相. 山里红叶化学成分分离.辽宁中医杂志, 2011, 38(3): 511-513.
[21] 李永杰, 马秀琴, 冷爱晶, 英锡相. 不同采收期山楂叶中总黄酮含量测定. 辽宁中医药大学学报, 2011, 13(1): 54-55.
[22] Aijing Leng, Qiuyang Xu, Ming Xie, Wenjie Zhang, Yongrui Bao, Yang Du, Zhongzhe Cheng, Haibo Wang, Xixiang Ying, Tingguo Kang. ICP-MS determination of trace elements of different growth time in the leaves of *Crataegus pinnatifida* Bge. var. *major*. Journal Medicinal Plants Research, 2011, 5(19): 4848-4850.
[23] 陶义红, 冷爱晶, 英锡相. 不同采收期山楂叶 IR 光谱研究. 辽宁中医药大学学报, 2011, 13(4): 103-104.
[24] 王思源, 徐秋阳, 张文洁, 刘荀, 英锡相, 康廷国.山楂叶提取物治疗实验性大鼠脂肪肝药效研究. 中华中医药杂志, 2011, 26(12): 2955-2959.
[25] Haibo Li, Xixiang Ying, Jia Lu. The mechanism of vitexin-4″-O-glucoside protecting ECV-304 cells against tertbutyl hydroperoxide induced injury. Natural Product Research, 2010, 24(18): 1695-1703.
[26] 英锡相, 张文洁, 包永睿, 王思源, 刘荀, 康廷国.ICP-MS 法测定山楂叶中微量元素. 广东微量元素科学, 2010, 17(1): 257-259.
[27] Siyuan Wang, Jiyang Cai, Wenjie Zhang, Xun Liu, Yang Du, Zhongzhe Cheng, Xixiang ying, Tingguo Kang. HPLC determination five polyphenols in rat plasma after intravenous administrating hawthorn leaves extract and its application to pharmacokinetic study. Yakugaku Zasshi, 2010, 130(11): 1603-1613.
[28] 李云兴, 柴纪严, 吴成举, 英锡相. 不同采收期山里红叶总黄酮及牡荆素-2″-O-鼠李糖苷含量研究. 中成药, 2010, 32(10): 1831~1833.
[29] Xun Liu, Dong Wang, Siyuan Wang, Xiansheng Meng, Wenjie Zhang, Xixiang Ying, Tingguo Kang. LC determination and pharmacokinetic study of hyperoside in rat plasma after intravenous administration. Yakugaku Zasshi, 2010, 130(6): 873-879.
[30] Xixiang Ying, Rongxiang Wang, Jin Xu, Wenjie Zhang, Haibo Li, Chaoshen Zhang, Famei Li. High-performance liquid chromatographic determination of eight polyphenols in the leaves of *Crataegus pinnatifida* Bge. var. *major*. Journal of Chromatographic Science, 2009, 47(3): 201-205.
[31] 英锡相, 张文洁, 冷爱晶, 王思源, 刘荀, 康廷国. 高效液相色谱法测定大鼠血浆中牡荆素-2″-O-鼠李糖苷浓度及药动学研究. 药物分析杂志, 2009, 29(1): 44-47.
[32] Xixiang Ying, Haibo Li, Zhengyun Chu, Yanjun Zhai, Aijing Leng, Xun Liu, Chun Xin, Wenjie Zhang, Tingguo Kang. HPLC determination of malondialdehyde in ECV304 cell culture medium for measuring the antioxidant effect of vitexin-4″-O-glucoside. Archives of Pharmacal Research, 2008, 31(7): 878-885.
[33] Haibo Li, Xin Yi, Jianmei Gao, Xixiang Ying, Hongquan Guan, Jianchun Li. The mechanism of hyperoside protection of ECV-304 cells against tert-butyl hydroperoxide-induced injury. Pharmacology, 2008, 82(2): 105-113.
[34] 张文洁, 张春梅, 王冬艳, 英锡相. 山里红叶提取物抗脂肪肝作用研究.中华中医药学刊, 2008, 26(3): 59-561.
[35] Xixiang Ying, Haibo Li, Zhili Xiong, Zhaoshu Sun, Shuang Cai, Wenliang Zhu, Yujin Bi, Famei Li. LC Determination of malondialdehyde concentrations in human endothelial cells application to the antioxidation of vitexin-2″-O-rhamnoside. Chromatographia, 2008, 67(9-10): 679-686.
[36] Xixiang Ying, Haibo Li, Zhili Xiong, Shuang Cai, Wenliang Zhu, Famei Li. VOR protective ECV-304 cells from TBHP-induced injury and determination of malondialdehyde by HPLC derivatizing with thiobarbituric acid. The 30th ISCC & 4th GC×GC & NISEC Symposium, Dalian 2007.6.
[37] Xixiang Ying, Xiumei Lu, Xiaohong Sun, Xiaoqin Li, Famei Li. Determination of vitexin-2″-O-rhamnoside in rat plasma by ultra-performance liquid chromatography electrospray ionization tandem mass spectrometry and its application to pharmacokinetic study. Talanta, 2007, 72(4): 1500-1506.
[38] Xixiang Ying, Shuo Gao, Wenliang Zhu, Yujin Bi, Feng Qin, Xiaoqin Li, Famei Li. High-performance liquid chromatographic determination and pharmacokinetic study of vitexin-2″-O-rhamnoside in rat plasma after intravenous administration. Journal of Pharmaceutical and Biomedical Analysis, 2007, 44(3): 802-806.
[39] 王守愚, 英锡相.HPLC 法测定心安胶囊中金丝桃苷. 中草药, 2005, 36(5): 704-705.
[40] 英锡相, 袁昌鲁, 张振秋, 刘红, 张晓丽, 李志强. 反相高效液相色谱法测定心安胶囊中牡荆素的含量. 中成药, 2002, 24(5): 342-344.
[41] 英锡相, 田福珍, 李绍维, 袁昌鲁. 心安胶囊工艺改进及山楂叶总黄酮含量的测定.辽宁中医杂志, 2001, 28(2): 113-114.
[42] 英锡相, 李绍维, 林延会, 袁昌鲁. 山楂叶植物学及化学成分研究近况.辽宁中医学院学报, 2001, 3(2): 98-99.

编 后 记

　　《博士后文库》(以下简称《文库》)是汇集自然科学领域博士后研究人员优秀学术成果的系列丛书。《文库》致力于打造专属于博士后学术创新的旗舰品牌,营造博士后百花齐放的学术氛围,提升博士后优秀成果的学术和社会影响力。

　　《文库》出版资助工作开展以来,得到了全国博士后管委会办公室、中国博士后科学基金会、中国科学院、科学出版社等有关单位领导的大力支持,众多热心博士后事业的专家学者给予积极的建议,工作人员做了大量艰苦细致的工作。在此,我们一并表示感谢!

《博士后文库》编委会